James Gleick

Chaos

– die Ordnung des Universums

Vorstoß in Grenzbereiche
der modernen Physik

Aus dem Amerikanischen
von Peter Prange

Droemer Knaur

Menschlich war die Musik, natürlich nur die Gesetze der Statik...
John Updike

CIP-Titelaufnahme der Deutschen Bibliothek

Gleick, James:
Chaos – die Ordnung des Universums: Vorstoss in Grenzbereiche d.
modernen Physik/James Gleick. Aus d. Amerikan. von Peter Prange. –
München: Droemer Knaur, 1988
Einheitssacht.: Chaos – making a new science ‹dt.›
ISBN 3-426-26335-1

Umschlaggestaltung: Kaselow Design, München
Satzarbeiten: Compusatz GmbH, München
Druck und Bindearbeiten: May & Co., Darmstadt
Printed in Germany
ISBN 3-426-26335-1

2   4   5   3   1

Inhalt

Vorwort

Im Jahr 1974 wunderte sich die Polizei des kleinen Städtchens Los Alamos/Neumexiko einige Zeit über das Verhalten eines Mannes, der Nacht für Nacht in der Dunkelheit umherstrich, kenntlich am glimmenden Schein seiner Zigarette, der durch die Seitenstraßen schwebte. Stundenlang wanderte der Mann ziellos umher im Licht der Sterne, das sich durch die dünne, klare Luft über das Tafelland ergoß. Die Polizisten waren freilich nicht die einzigen, die sich über ihn wunderten. Einigen Physikern des National Laboratorys war zu Ohren gekommen, ihr jüngster Kollege experimentiere mit einem Sechsundzwanzigstundentag, was bedeutete, daß sein Tag-und-Nacht-Rhythmus sich im Vergleich zu dem ihren langsam, aber sicher verschieben würde. Das aber streifte die Grenze zum Absonderlichen, selbst für die Verhältnisse der Theoretischen Abteilung des Instituts.

In den drei Jahrzehnten, seit J. Robert Oppenheimer die unwirtliche Landschaft von Neumexiko, die Stätte seiner Kindheit, für sein Atombombenprojekt ausgewählt hatte, war das National Laboratory von Los Alamos[1] (im folgenden abgekürzt NLLA) über die gesamte Fläche der öden und verlassenen Gegend gewachsen wie eine aufstrebende Stadt; es versammelte unter seinen Dächern Teilchenbeschleuniger, Gaslaser und chemische Labors, Tausende von Forschern, Verwaltungsbeamten und Technikern sowie eine der größten Anlagen von Supercomputern auf der Welt. Einige der älteren Forscher erinnerten sich noch an die hölzernen Gebäude, die man in den vierziger Jahren eilig auf die Felsen hingestellt hatte. Für den größten Teil der Belegschaft von Los Alamos, junge Männer und Frauen in lässigen Cordhosen und Sporthemden, waren jedoch die

7

Väter der Bombe Phantomgestalten. Der Ort des NLLA, in dem die abstraktesten Denkoperationen vollzogen wurden, war die Theoretische Abteilung, bekannt unter dem Namen Division T. Computer, gehörte in die Division C und Waffen in die Division X. Über hundert Physiker und Mathematiker arbeiteten in der Abteilung; sie wurden gut bezahlt und waren befreit von dem akademischen Zwang, zu lehren und zu publizieren. All diese Wissenschaftler waren ebenso brillant wie exzentrisch. Sie in Erstaunen zu versetzen war nicht gerade leicht.

Aber Mitchell Feigenbaum war ein ungewöhnlicher Mann. Er hatte nur einen unter seinem Namen publizierten Artikel vorzuweisen, und nichts, worüber er arbeitete, gab Anlaß zu besonderen Hoffnungen. Auf dem Kopf trug er eine wilde Mähne, die wie bei den Büsten deutscher Komponisten von seiner hohen Stirn nach hinten wallte. Er hatte einen unsteten, leidenschaftlichen Blick. Er sprach schnell und hastig und gebrauchte Artikel und Pronomina auf jene verschwommene Art, die den Mitteleuropäern eigen ist; dabei stammte er aus Brooklyn. Wenn er arbeitete, dann stets wie ein Besessener. Konnte er nicht arbeiten, so ging er spazieren, ob bei Tag oder bei Nacht, am liebsten aber bei Nacht. Der Vierundzwanzigstundentag schien ihn über die Maßen einzuengen. Dennoch gelangte sein Experiment in persönlicher Quasi-Periodizität zu einem Ende, als er einsah, daß es auf Dauer unerträglich war, bei Sonnenuntergang aufzuwachen, was ihm nach einiger Zeit alle paar Tage passiert wäre. Mit neunundzwanzig Jahren war er bereits ein Gelehrter unter Gelehrten, ein ständig ansprechbarer Mann mit Ideen, den andere Wissenschaftler, wenn sie gerade über einem besonders vertrackten Problem brüteten, häufig aufsuchten – vorausgesetzt, er war überhaupt auffindbar. Eines Abends kam er zur Arbeit, als der Direktor des NLLA, Harold Agnew, gerade nach Hause fahren wollte. Agnew war eine eindrucksvolle Erscheinung, einer der letzten Schüler Oppenheimers. In einem Instrumentenflugzeug, das die Enola

8

Gay begleitete, war er seinerzeit über Hiroshima geflogen, um die praktische Umsetzung der ersten Ergebnisse des NLLA zu fotografieren.

»Ich weiß, daß Sie Grips haben«,[2] sagte Agnew zu Feigenbaum. »Aber wenn Sie schon soviel Grips haben, warum lösen Sie dann nicht das Problem der Laserfusion?«

Selbst Feigenbaums Freunde fragten sich manchmal, ob er je eine eigenständige Arbeit veröffentlichen werde. So mühelos ihm die verblüffendsten Antworten auf ihre Fragen einfielen, sowenig schien er daran interessiert, seine eigene Forschung auf ein Thema zu konzentrieren, das wirklich der Mühe wert war. Er dachte nach über Wirbelbewegungen in Flüssigkeiten und Gasen. Und er dachte nach über das Problem der Zeit: Glitt sie gleichmäßig voran, oder bewegte sie sich in diskontinuierlichen Sprüngen vorwärts, wie eine Folge kosmischer Momentaufnahmen? Er dachte nach über die Fähigkeit des menschlichen Auges, feste Farben und Formen auszumachen in einem Universum, das doch, wie die Physiker wußten, ein in stetem Wandel begriffenes Quantenkaleidoskop darstellte. Er dachte nach über Wolken, die er von Flugzeugfenstern (bis ihm 1975 offiziell seine wissenschaftlichen Reisespesen gestrichen wurden, weil er zuviel ausgegeben hatte) oder auch von den Wanderpfaden oberhalb des NLLA beobachtete.

Die Wolken über den Gebirgsstädten des amerikanischen Westens haben kaum Ähnlichkeit mit den rußigen, tiefhängenden Dunstschleiern, die im Osten den Himmel bedekken. Über Los Alamos, im Windschatten eines vulkanischen Kessels, bilden die Wolken Formationen, die auf den ersten Blick zufällig scheinen könnten: Sie wachsen wie gleichförmige Ähren in die Höhe, oder sie rollen in breiten, vielfach gefurchten Strukturen dahin, die an die Oberfläche des menschlichen Gehirns erinnern. An stürmischen Nachmittagen jedoch, wenn am Himmel die Vorboten der nahenden elektrischen Entladung aufleuchten und zucken, heben sich die Wolken noch auf dreißig Meilen Entfernung deutlich

9

vom Himmel ab; sie filtern den Lichtschein und werfen ihn wieder zurück, bis schließlich der ganze Himmel ein einziges Schauspiel scheint, gleichsam als wollte die Natur einen subtilen Vorwurf an die Adresse der Physiker richten. Wolken repräsentierten einen Bereich der Natur, den die führenden Köpfe der Physik außer acht zu lassen pflegten, einen Aspekt der Wirklichkeit, die ungenau schien und voller Details, gegliedert zwar, doch nicht berechenbar. Feigenbaum dachte mit Vorliebe über derartige Dinge nach – ganz für sich im stillen und ohne sichtbare Ergebnisse.

Für einen Physiker war damals eine legitime Fragestellung zum Beispiel die der Laserfusion. Ebenso Drehung, Farbe und Geschmacksstoffe kleiner Partikel herauszufinden oder die Frage nach dem zeitlichen Ursprung des Universums zu erörtern. Wolkenbildungen zu begreifen war jedoch ein Problem für Meteorologen. Wie andere Physiker auch, bediente sich Feigenbaum einer untertreibenden, betont lässigen Ausdrucksweise, wenn er über solche Fragen sprach. »So was versteht sich von selbst«, sagte er etwa und meinte damit, jeder erfahrene Physiker müßte nach eingehender Prüfung und Überlegung zum gleichen Ergebnis gelangen. Als *nicht selbstverständlich* hingegen galten Arbeiten, die den Respekt der Fachkollegen und einen Nobelpreis verdienen könnten. Für die schwierigsten Probleme hingegen, die sich allenfalls nach einem langen Blick ins Innerste des Universums dem Verständnis erschlossen, hielten die Physiker das Wort *tief* bereit. Im Jahr 1974 – nur einige wenige seiner Kollegen wußten davon – arbeitete Feigenbaum an einem tiefen Problem: am Chaos.

Wo Chaos beginnt, hört die klassische Wissenschaft auf. Solange die Wissenschaft Physiker besaß, die nach Naturgesetzen forschten, blieb sie mit einer besonderen Form von Unwissenheit behaftet: über die Unordnung in der Atmosphäre, im stürmischen Meer, in den Fluktuationen wildlebender Tierpopulationen, in den Oszillationen von Herz und Gehirn. Die unregelmäßige Seite der Natur also, ihre diskontinuierliche und erratische Dimension, hatte für traditionelles Wissenschaftsverständnis die Bedeutung eines Vexierspiels oder, schlimmer noch, einer monströsen Absurdität.

In den siebziger Jahren aber bahnte eine kleine Schar von Wissenschaftlern in den Vereinigten Staaten und in Europa sich einen Weg durch die Unordnung. Mathematiker, Physiker, Biologen und Chemiker griffen die neue Fragestellung auf. Sie alle wurden angetrieben von dem Wunsch, zwischen den verschiedenen Formen von Unregelmäßigkeiten eine Art gemeinsamer Verbindung zu finden. Physiologen entdeckten eine überraschende Ordnung in dem Chaos, das im menschlichen Herzen entstehen und zur Hauptursache eines jähen, unerwarteten Todes werden kann. Ökologen erforschten den Aufstieg und Niedergang von Schwammspinnerpopulationen. Ökonomen ließen ihre alten Daten über Warenbestände und Preise beiseite und versuchten sich an einer neuen Art wirtschaftlicher Analyse. Die Einblicke, die sich hierbei ergaben, führten unmittelbar zur natürlichen Lebenswirklichkeit zurück – zu den Formationen der Wolken, den Bahnen der Blitze, den mikroskopischen Verästelungen der Blutgefäße, den galaktischen Trauben der Gestirne. Zu dem Zeitpunkt, als Michael Feigenbaum begann, über Chaos nachzudenken, war er einer von wenigen, vereinzelten Wissenschaftlern, die meist nicht einmal voneinander wußten.

Ein Mathematiker in Berkeley/Kalifornien hatte eine kleine Gruppe von Forschern zusammengebracht, die sich dem Ziel verschrieben hatte, neue Studien über »dynamische Systeme« durchzuführen. Ein Artenbiologe der Universität Princeton stand gerade kurz vor der Veröffentlichung eines leidenschaftlichen Plädoyers, mit dem er alle Wissenschaftler auf die verblüffend komplexen Verhaltensmuster hinweisen wollte, die einigen scheinbar simplen Modellen zu-

11

grunde lagen. Ein Geometer im Dienst der Firma IBM suchte nach einem neuen Terminus zur Beschreibung einer Gruppe von Formen – gezackte, verwickelte, zersplitterte, gedrehte, verschraubte, gebrochene Figuren –, die er für ein grundlegendes Organisationsprinzip der Natur hielt. Ein Physiker und Mathematiker in Frankreich hatte gerade die strittige These aufgestellt, die Turbulenzen in Flüssigkeiten könnten etwas mit einer seltsamen, endlos verschlungenen Struktur zu tun haben, die er »strange attractor« nannte, seltsamer Attraktor.

Doch nur zehn Jahre später war Chaos zum Kürzel für die am raschesten expandierende Forschungsrichtung innerhalb der modernen Wissenschaft geworden. Sie sollte unaufhaltsam das Gefüge des traditionellen Wissenschaftsbetriebs umgestalten. Chaoskongresse und Chaoszeitschriften haben mittlerweile Hochkonjunktur. Regierungsplaner,[3] die mit der Verwaltung der Forschungsgelder für den militärischen Sektor betraut sind, die Central Intelligence Agency (CIA) sowie das amerikanische Energieministerium investieren immer größere Summen in die Chaosforschung und rufen eigenständige Administrationsapparate zur Verwaltung dieser Gelder ins Leben. An jeder größeren Universität und jedem Forschungsinstitut befassen sich mehrere Experten schwerpunktmäßig mit Chaos und erst in zweiter Linie mit ihrem nominellen Spezialgebiet. In Los Alamos wurde sogar ein eigenes Forschungszentrum eingerichtet, das die Arbeiten über Chaos und damit zusammenhängende Fragen koordinieren soll; vergleichbare Institutionen finden sich mittlerweile an fast jeder Universität der USA.

Chaosforschung hat mittlerweile zu neuen, speziellen Techniken im Gebrauch von Computern geführt, zu neuartigen Formen graphischer Darstellungen, zu Bildern phantastischer und fragiler Formen, denen eine tiefere Komplexität zugrunde liegt. Die neue Wissenschaft schuf sich ihre eigene

Sprache, eine hochentwickelte Fachterminologie mit Begriffen wie »fractals« und »bifurcations«, »intermittencies« und »periodicities«, »foldet-towel diffeomorphisms« und »smooth noodle maps«. (Diese Begriffe verwenden auch deutsche Wissenschaftler. Es existieren weitgehend keine Übersetzungen, sondern nur Eindeutschungen. Der Gehalt der Begriffe wird aus dem Zusammenhang ersichtlich. A.d.R.) Die Begriffe bezeichnen neuartige Elemente der Bewegung von Teilchen,[4] etwa wie in der traditionellen Physik Quarks und Gluons neue Grundelemente der Materie bezeichneten. Für manche Physiker bedeutet Chaos denn auch eher eine Wissenschaft von Prozessen statt von Zuständen,[5] vom Werden statt vom Sein.

Nachdem die Wissenschaft sich seiner angenommen hat, scheint Chaos heute allgegenwärtig. Eine aufsteigende Säule von Zigarettenrauch löst sich in wildverschlungene Wirbel auf. Eine Fahne bewegt sich im Winde auf und ab. Das Tröpfeln eines undichten Wasserhahns folgt erst einem kontinuierlichen Muster, um dann in ein eher zufälliges überzugehen. Chaos zeigt sich in der Entwicklung des Wetters, im Flug eines Flugzeugs, im Stau von Autos[6] auf der Autobahn, in der Fließbewegung von Öl in einer unterirdischen Pipeline. Gleich welcher Art auch das Material sein mag – sein Verhalten gehorcht denselben, unlängst entdeckten Gesetzmäßigkeiten. Diese Erkenntnis[7] beginnt Einfluß zu nehmen auf die Weise, wie Aufsichtsräte angesichts unsicherer Marktchancen ihre Entscheidungen treffen, wie Astronomen die Struktur des Sonnensystems deuten und wie politische Theorien den Übergang von Spannungen in bewaffnete Konflikte erklären.

Chaos durchbricht die Grenzlinien, die bisher die einzelnen Wissenschaftsgattungen voneinander schieden. Als eine Wissenschaft, die von der umfassenden Natur der Systeme handelt, führte es Gelehrte der verschiedensten Bereiche zusammen, die bislang völlig getrennt voneinander gearbeitet hatten. »Vor fünfzehn Jahren schien die Wissenschaft auf

13

eine Krise ständig wachsender Spezialisierung zuzusteuern«,[8] bemerkte ein mit der Finanzierung wissenschaftlicher Forschungsobjekte betrauter Marineoffizier vor einem Publikum von Mathematikern, Biologen, Physikern und Medizinern. »Diese Tendenz zur Spezialisierung erfuhr eine geradezu dramatische Umkehrung infolge der Entdeckung der Chaosforschung.« Chaos fördert neuartige Probleme zutage, die nicht immer widerspruchsfrei aufgehen, scheinbar oft sogar den traditionellen Formen und Wegen wissenschaftlichen Denkens zuwiderlaufen. Es ermöglicht kühne Thesen über das Verhalten komplexer Strukturen. Die ersten Chaostheoretiker, jene Wissenschaftler, die diese neue Disziplin schufen, teilten eine besondere Sensibilität für bestimmte Fragen: Sie besaßen einen Blick für Muster und Strukturen, vor allem für solche, die simultan auf verschiedenen Ebenen erscheinen. Sie hatten ein Gespür für Zufälligkeiten und komplexe Gebilde, für ausgezackte Ecken und abrupte Sprünge. Die Chaosjünger – sie bezeichnen sich selbst gelegentlich als Jünger, Konvertiten oder Apostel – stellen Spekulationen an zu den Fragen von Determination und Willensfreiheit, über Probleme der Evolution und über das Wesen bewußter Intelligenzen. Sie tun dies mit der Gewißheit, einen Wissenschaftstrend umzukehren, der im Reduktionismus enden mußte, in der Analyse von Systemen in Gestalt ihrer konstituierenden Teile: Quarks, Chromosomen oder Neuronen. Die Vertreter der Chaostheorie aber nehmen für sich in Anspruch, den Blick auf das Ganze der Erscheinungen zu richten.

Die leidenschaftlichsten Verfechter dieser neuen Wissenschaft gehen sogar so weit, zu sagen,[9] die Wissenschaftsgeschichte des zwanzigsten Jahrhunderts werde aufgrund nur dreier Errungenschaften in Erinnerung bleiben: Relativitätstheorie, Quantenmechanik und Chaos. Chaosforschung, so behaupten sie, stelle die dritte große Revolution[10] dieses Jahrhunderts im Bereich der Naturwissenschaften dar. Wie die beiden anderen Revolutionen auch, rüttle

Chaos an den Grundlagen Newtonscher Physik. Ein Physiker drückt dies folgendermaßen aus: »Die Relativitätstheorie beendete die Newtonsche Illusion von Zeit und Raum als absoluten Kategorien; die Quantentheorie setzte dem Newtonschen Traum von einem exakt kontrollierbaren Meßprozeß ein Ende;[11] und nun erledigt die Chaostheorie Laplaces Utopie deterministischer Voraussagbarkeit.« Von all diesen drei Revolutionen aber bezieht sich Chaos auf das Universum als fühlbares und sichtbares Objekt unserer sinnlichen Wahrnehmung und auf Gegenstände auf der Ebene des Humanen selbst. Tägliche Erfahrung und reale Anschauung der Welt wurden so zu legitimen Themen wissenschaftlicher Erkenntnis. Lange Zeit bestand eine unterschwellige Ansicht, die man vielleicht nur selten offen auszusprechen wagte, daß die theoretische Physik nämlich allzuweit von der intuitiven menschlichen Einsicht in die Ordnung der Welt abgeirrt sei. Ob diese Auffassung nun fruchtbarer Dissens ist oder einfach bloße Häresie gegen Dogmen der Wissenschaft, läßt sich bis jetzt noch nicht mit Bestimmtheit sagen. Aber manche Beobachter, welche die Physik schon auf dem Weg ins Abseits sahen, betrachten die Chaostheorie nun mit einiger Hoffnung als einen Weg zurück von der Peripherie ins Zentrum.

Im Bereich der physikalischen Wissenschaft selbst läßt sich die Chaostheorie umschreiben als das Resultat einer Trendwende. Während des größten Teils des zwanzigsten Jahrhunderts bewegte sich ihr Hauptstrom in die Richtung der Teilchenphysik. Diese Disziplin erforschte die Grundbausteine der Materie bei immer höherer Energiezufuhr mit immer kleineren Meßwerten in immer kürzeren Zeitabständen. Die Teilchenphysik brachte Theorien über die grundlegenden Kräfte in der Natur und über den Ursprung des Universums hervor. Dennoch empfanden einige Nachwuchsphysiker zunehmendes Unbehagen angesichts dieser Ausrichtung der angesehensten aller Wissenschaften. Der Fortschritt der Forschung schien sich zu verlangsamen, die Benennung stets neuer Elementarteilchen müßig, das theoretische Grundkonzept erschöpft. In der neuaufkommenden Chaostheorie aber sahen die jüngeren Wissenschaftler die Option auf den Beginn eines grundlegenden Kurswechsels im Bereich der gesamten Physik. Allzulange, so meinten sie, hatten ebenso glänzende wie abstrakte Theorien über Hochenergiephysik und Quantenmechanik das Feld beherrscht.

Der Kosmologe Steven Hawking,[12] Inhaber des Newton-Lehrstuhls an der Universität Cambridge, sprach wohl als Stellvertreter seiner meisten Fachkollegen, als er 1980 in einer vielbeachteten Vorlesung unter dem Titel »Ist das Ende der theoretischen Physik in Sicht?« eine kritische Bilanz seiner Wissenschaft zog:

»Wir kennen bereits die physikalischen Gesetzmäßigkeiten, die jeder Erscheinung unserer täglichen Lebenswirklichkeit zugrunde liegen... Es ist aber gerade diesem lang andauernden Erkenntnisfortschritt der theoretischen Physik zu danken, wenn sich nun ein ungeheurer Aufwand an Maschinen und Geld als erforderlich erweist, um ein Experiment einzuleiten, dessen Resultat noch niemand vorhersehen kann.«

Hawkins war sich sehr wohl der Tatsache bewußt, daß die theoretische Einsicht in die Naturgesetze die Frage unbeantwortet läßt, wie diese Gesetze anzuwenden sind, und sei es auch nur auf das einfachste aller denkbaren Systeme. Vorhersagbarkeit ist ein anwendbares Kriterium unter Experimentbedingungen in einer Nebelkammer, in der zwei Partikel am Ende eines Durchlaufs durch einen Teilchenbeschleuniger kollidieren; ganz andere Fragen stellen sich jedoch angesichts des Strudels im Ablauf einer Badewanne, der Wetterveränderungen auf der Erde oder der Reaktionen eines menschlichen Gehirns.

Jene Physik, wie Hawkings sie betrieb und die die meisten Nobelpreise und die höchsten Summen für ihre Experimente bekam, wurde häufig als »revolutionär« bezeichnet. Zeitweise galt sie im ehrwürdigen Gebäude der Wissenschaften gar als die Eine Wahre Wissenschaft, als eine Theorie, die »alles« erklären konnte. Bis zu diesem Zeitpunkt hatte die Physik die Entwicklung von Energie und deren Zustandsformen in jeder nur denkbaren Weise untersucht, sieht man vom Ursprung des Universums einmal ab. Doch war die Entwicklung der Nachkriegsphysik wirklich revolutionär? Oder stellte sie nicht weit eher den Endpunkt einer Entwicklung dar, deren Grundlinien bereits Einstein, Bohr und die anderen Väter der Relativitätstheorie und der Quantenmechanik gezogen hatten? Zweifellos hatten die Errungenschaften der modernen Physik, von der Atombombe bis hin zum Transistor, das Antlitz des zwanzigsten Jahrhunderts entscheidend geprägt. Und doch schien das Forschungsgebiet der Teilchenphysik sich verengt zu haben. Kaum zwei Generationen war es her, daß dieser Wissenschaftszweig einen neuen theoretischen Ansatz hervorgebracht hatte, der das Weltbild und Wirklichkeitsverständnis auch der Nichtspezialisten grundlegend verändern sollte. Die Physik, wie Hawkins sie beschrieb, konnte ihre Mission zu Ende führen, ohne auf einige der grundlegenden Fragen zur Beschaffenheit der Natur eingehen zu müssen: Wie beginnt Leben? Was ist Turbulenz? Und vor allem: Wie kommt in einem Universum, das vom Prinzip der Entropie beherrscht wird und unweigerlich einem Zustand immer größerer Unordnung zustrebt, dennoch Ordnung zustande? Zur gleichen Zeit war der alltägliche Umgang mit Flüssigkeiten und mechanischen Systemen jedermann so vertraut und selbstverständlich, daß die Physiker im allgemeinen zu der Anschauung neigten, solche Phänomene bereits völlig begriffen zu haben. Dies war aber keineswegs der Fall.

Je weiter die durch Chaos hervorgerufene Revolution voranschreitet, um so unvoreingenommener wenden sich die profiliertesten Physiker Fragen zu, die in bezug zur menschlichen Lebenswirklichkeit stehen. Sie befassen sich nicht mehr ausschließlich mit Milchstraßensystemen, sondern auch mit Wolkenbildungen. Sie betreiben ihre einträglichen

Computerforschungen nicht mehr nur mit Großrechenanlagen, sondern auch mit PCs. Die Fachzeitschriften drucken Artikel, die z. B. die seltsame Dynamik eines auf eine Tischplatte aufprallenden Balles behandeln, unmittelbar neben Artikeln, die sich mit Fragen der Quantenphysik beschäftigen. Zunehmend setzt sich die Ansicht durch, daß hinsichtlich der Vorhersagbarkeit selbst einfachste Systeme schwierigste theoretische Probleme aufgeben. Und dennoch entsteht auch in solchen Systemen plötzlich Ordnung: Ordnung und Chaos existieren in einem. Nur eine ganz neue Art von Wissenschaft konnte es in Angriff nehmen, den gewaltigen Abgrund zu überbrücken, der zwischen zwei grundlegend verschiedenen Fragestellungen klafft: Was wissen wir über ein einzelnes Objekt – sei es ein Wassermolekül, eine Herzfaser oder ein Neuron –, und was wissen wir über die Vorgänge zwischen einer Million solcher Objekte?

Man beobachte einmal zwei Schaumkronen, die nebeneinander am unteren Ende eines Wasserfalls treiben. Was läßt sich darüber sagen, wie nahe sie an der Absturzkante des Wasser beisammen waren? Nichts. Nach den Begriffen der theoretischen Physik könnte Gott selbst all die Wassermoleküle genommen und durcheinandergeschüttelt haben. Traditionsgemäß pflegten Physiker nach komplexen Ursachen zu suchen, wo sie komplexe Resultate vor sich sahen. Stellten sie zum Beispiel eine zufällige Beziehung fest zwischen dem, was in ein System eingeht, und dem, was aus ihm herauskommt, so nahmen sie an, man müsse lediglich Zufallsfaktoren in eine realistische Theorie einbauen, sei es durch künstliche Störungen oder einen Irrtum. Die moderne Chaosforschung aber begann in den sechziger Jahren, als sich allmählich die Erkenntnis durchsetzte, daß simple mathematische Gleichungen Systeme darstellen können, von denen jedes Element sich so unberechenbar verhält wie ein Wasserfall. Geringe Abweichungen beim Input können unversehens zu ungeheuren Verschiebungen im Output führen, ein Phänomen, das man mit der Bezeichnung »sensitive

Abhängigkeit von den Anfangsbedingungen« charakteri-
sierte. Auf die Meteorologie übertragen, versteht man darunter die Erscheinung, die unter dem nur halb scherzhaften
Begriff »Schmetterlingseffekt« bekannt ist: die Vorstellung,
wonach ein einzelner Schmetterling, der mit seinen Flügeln
in Peking die Luft bewegt, einen Monat später Sturmsyste-
me über New York beeinflussen kann.

Als die Chaosforscher begannen, die Genealogie ihrer neu-
en Wissenschaft zu reflektieren, entdeckten sie in der Vergangenheit zahlreiche geistige Vorläufer. Eines aber war
klar. Für all die jungen Physiker und Mathematiker, die
diese neue Revolution anführten, war der Ausgangspunkt
der Schmetterlingseffekt.

1. Feigenbaum, Carruthers, Campbell, Farmer, Visscher, Kerr, Hasslacher, Jen.
2. Feigenbaum, Carruthers.
3. Buchal, Shlesinger, Wisnievski.
4. Yorke.
5. F. K. Browand, »The Structure of the Turbulent Mixing Layer«,
Physica 18D (1986), S. 135.
6. Japanische Wissenschaftler nahmen das Verkehrsproblem besonders ernst; vgl. etwa Toshimitsu Musha und Hideyo Higuchi, »The l/f
Fluctuation of a Traffic Current on an Expressway«, *Japapanese Journal of Applied Physics* (1976), S. 1271–75.
7. Mandelbrot, Ramsey; Wisdom, Marcus; Alvin M. Saperstein,
»Chaos – A Model for the Outbreak of War«, *Natura* 309 (1984),
S. 303 – 305.
8. Shlesinger.
9. Shlesinger.
10. Ford.
11. Joseph Ford, »What Is Chaos that We Should Be Mindful for It?«,
Vorabdruck, Georgia Institute of Technology, S. 12.
12. John Beslough, *Stephen Hawking's Universe* (Cambridge: Cambridge University Press, 1980); vgl. auch Robert Shaw, *The Dripping
Faucet as a Model Chaotic System* (Santa Cruz: Arial, 1984), S. 1.

Der Schmetterlingseffekt

*Physiker meinen oft, man brauche nur zu sagen, das und das
sind die Bedingungen, probieren wir, was dabei herauskommt.*
                                                    Richard P. Feynman

Die Sonne brannte von einem Himmel herab, der noch nie
eine Wolke gesehen hatte. Der Wind fegte über eine Erde,
die so glatt war wie Glas. Nie wurde es Nacht, und niemals
kam der Herbst, um dem Winter den Weg zu bahnen. Das
simulierte Wetter[1] in Edward Lorenz' neuartigem elektronischen Computer änderte sich nur langsam, aber zuverlässig;
es glich einem nie endenden, regenlosen Sommermittag, als
habe die ganze Welt sich in eine pazifische Insel verwandelt
oder in ein klimatisch besonders mildes Südkalifornien.
Durch sein Fenster aber konnte Lorenz sehen, wie das Wetter wirklich war: Morgennebel, die den Campus des Massachusetts Institute of Technology (im folgenden abgekürzt
MIT.) einhüllten, oder tiefe Wolken, die vom Atlantik her
über die Dächer zogen. Nebel und Wolken kamen in dem
Wettermodell niemals vor, das Lorenz in seinem Computer,
einem Royal McBee, konstruiert hatte. Von außen schien
dieser Apparat ein einziges Gewirr von Schaltungen und
Vakuumröhren; er füllte einen beträchtlichen Teil von Lorenz' Büro, machte einen enervierenden Lärm und gab ungefähr jede Woche einmal den Geist auf. Seine Geschwindigkeit wie auch seine Gedächtnisleistung war keineswegs
hinreichend, um auf wirklichkeitsgetreue Weise die Erdatmosphäre und die Ozeane zu simulieren. Dennoch konnte
Lorenz mit diesem Spielzeugwetter, das er 1960 schuf, seine
Kollegen faszinieren. Minute für Minute zeigte sein Appa-

rat das Verstreichen eines Tages auf, indem er eine Reihe von Nummern auf ein Blatt Papier schrieb. Wer mit der Deutung einer solchen Zahlenreihe vertraut war, konnte erkennen, wie eine Windströmung aus vorwiegend westlicher Richtung sich bald nach Norden, bald nach Süden und dann wieder nach Norden wandte. Digitalisierte Zyklonen (i. e. Tiefdruckgebiete) umzogen langsam eine idealisierte Weltkugel. Nachdem die Kunde von Lorenz' Experiment sich in der Fakultät verbreitet hatte, versammelten sich die anderen Professoren mit ihren Doktoranden und schlossen untereinander Wetten ab, was Lorenz' Wetter sich wohl als nächstes einfallen lassen werde. Auf geheimnisvolle Weise passierte nie zweimal hintereinander dasselbe.

Lorenz liebte das Wetter – eine wichtige Vorbedingung für einen wissenschaftlich arbeitenden Meteorologen. Er hatte Freude an seiner Launenhaftigkeit. Mit Vergnügen beobachtete er die vielfältigen Formen, die in der Erdatmosphäre entstehen und wieder vergehen – ganze Familien von Luftwirbeln und Zyklonen, die zwar mathematischen Grundregeln gehorchen, sie aber niemals einfach bloß reproduzieren. Betrachtete er die Wolken, meinte er eine Art von Struktur in ihnen wahrzunehmen. Früher hatte er befürchtet, das Studium der Meteorologie gleiche dem Versuch, mit einem Schraubenzieher einen Springteufel aus seiner Schachtel zu befreien. Nun aber fragte er sich, ob wissenschaftliches Denken überhaupt imstande sei, das Geheimnis zu durchdringen. Das Wetter besaß einen Reiz, den bloße Fragen nach Durchschnittswerten nicht zu erfassen vermochten. *Die tägliche Höchsttemperatur im Monat Juni beträgt in Cambridge/Massachusetts etwa vierzig Grad. Die Zahl der Regentage pro Jahr beträgt in Riad/Saudi-Arabien zehn.* Das waren Details. Entscheidend aber war, wie gewisse Grundmuster sich innerhalb der Atmosphäre mit der Zeit veränderten, und genau das war es, was Lorenz auf seinem Royal McBee simulierte.

Wie ein Gott herrschte er über sein Maschinenuniversum,

völlig frei, nach eigenem Belieben den Lauf der Naturgesetze festzulegen. Nach einer Reihe ganz und gar ungöttlicher Fehler und Irrtümer bestimmte er zwölf. Es handelte sich dabei um rein numerische Regeln,[2] um Gleichungen, die das Verhältnis von Temperatur und Luftdruck, von Luftdruck und Windgeschwindigkeit mathematisch ausdrückten. Lorenz tat dies in dem Bewußtsein, damit die von Newton gefundenen Gesetzmäßigkeiten in die Praxis umzusetzen, gewissermaßen die Instrumente bereitzustellen, deren sich ein Uhrmacher-Gott hätte bedienen können, um eine Welt zu schaffen und sie für alle Ewigkeit in Gang zu setzen. Aufgrund der deterministischen Wirkungsweise physikalischer Gesetze würden weitere Eingriffe sich dann erübrigen. Wer solche Modelle erstellte, ging von der stillschweigenden Voraussetzung aus, daß die Gesetze der Mechanik von der Gegenwart zur Zukunft eine Brücke mathematischer Sicherheit schlugen. Das Verständnis der Naturgesetze war in dieser Sicht gleichbedeutend mit dem Verständnis des Universums selbst. Diese Philosophie stand auch hinter der künstlichen Erzeugung von Wetter am Computerschirm.

Wenn deistische Philosophen des achtzehnten Jahrhunderts sich den Schöpfer als wohlwollende, passive Gottheit dachten, die kein Interesse daran hatte, in das Weltgeschehen einzugreifen, haben sie in gewisser Weise Lorenz an seinem Computer vorweggenommen. Er war ein Meteorologe ganz besonderer Prägung. Er besaß das ausgezehrte Gesicht eines Farmers mit überraschend strahlenden Augen. Er sah immer aus, als ob er lachen würde, auch wenn er das gar nicht tat. Nur selten sprach er über sich selbst oder seine Arbeit, aber er konnte zuhören. Oft schien er sich in einem fremdartigen Reich von Formen, Berechnungen und Träumen zu verlieren, zu dem selbst seine Kollegen keinen Zugang hatten. Sogar seine besten Freunde hatten das Gefühl, er verbringe einen großen Teil seiner Zeit weit von ihnen entfernt in einer völlig anderen Welt.

Schon als Kind war er ein Wetternarr gewesen und hatte Markierungen der Höchst- und Niedrigstwerte auf das Thermometer geklebt, das vor dem Haus seiner Eltern in West Hartford/Connecticut hing. Mehr Zeit aber verbrachte er im Hause mit mathematischen Denksportaufgaben als mit der Beobachtung des Thermometers. Manchmal machten er und sein Vater sich gemeinsam an die Lösung solcher Aufgaben; dabei stießen sie einmal auf ein besonders schwieriges Problem, das sich zuletzt als unlösbar erwies. Das sei nicht weiter schlimm, erklärte ihm sein Vater: man könne durchaus ein Problem lösen, indem man nachweise, daß es eine Lösung nicht gebe. Dieser Gedanke gefiel Lorenz, wie ihn überhaupt die Reinheit des mathematischen Denkens stets faszinierte.[3] Als er 1938 das Dartmouth College verließ, um zu studieren, stand für ihn fest, daß nur die Mathematik in Frage kam. Der Zweite Weltkrieg machte jedoch seinen Plan zunichte und zwang ihn, bei der amerikanischen Armee in der Wettervorhersage zu arbeiten. Nach dem Krieg beschloß Lorenz dann, bei der Meteorologie zu bleiben, um durch die Erforschung ihrer Grundregeln auch die Mathematik ein Stück voranzubringen. Zunächst machte er sich in der Wissenschaft einen Namen durch Publikationen zu traditionellen Fragestellungen, etwa zur allgemeinen Zirkulation der Atmosphäre. Zur gleichen Zeit aber dachte er weiterhin über die Möglichkeit gesicherter Wetterprognosen nach.

Ernsthafte Meteorologen betrachteten Wettervorhersagen damals als im Grunde unwissenschaftlich. Sie galten als naive Prophezeiungen von Technikern, die dafür nicht mehr benötigten als ein gewisses Maß an Intuition, um in den Wolkenbildungen und auf ihren Instrumenten das Wetter des folgenden Tages abzulesen. Das war bloßes Rätselraten. In Forschungszentren wie dem MIT konzentrierten die Meteorologen sich auf Probleme, für die sich auch Lösungen fanden. Lorenz war sich der Fragwürdigkeit von Wetterprognosen nur zu bewußt; er hatte ja selbst dieses Geschäft für die Piloten der Air Force betrieben. Dennoch widmete er dem Problem sein Interesse – ein mathematisches Interesse, wohlgemerkt.

Die Meteorologen waren nicht nur skeptisch gegenüber der Möglichkeit von Voraussagen, sondern hegten auch, wie fast alle seriösen Wissenschaftler in den sechziger Jahren, ein eingefleischtes Mißtrauen gegenüber Computern. Numerische Wettermodelle galten als wissenschaftliche Pseudoprobleme. Doch die Zeit war reif für diesen Ansatz. Die Kunst der Wettervorhersage schien gleichsam zweihundert Jahre lang auf die Erfindung einer Maschine gewartet zu haben, die gestützt auf unpersönliche und mechanische Kräfte jedwede Rechnung unbegrenzt reproduzieren konnte. Der Computer allein wurde so zur Einlösung der Newtonschen Verheißung, daß die Welt sich nach einem deterministischen Grundmuster entwickle und verhalte, gebunden durch Naturgesetze wie die Planeten durch die Gravitation und vorausberechenbar wie Sonnenfinsternisse oder Gezeiten. Theoretisch betrachtet, konnten nun mit Hilfe des Computers die Meteorologen genau das tun, was vor ihnen die Astronomen mit Bleistift und Rechenschieber getan hatten: anhand der Bedingungen seines Ursprungs und der physikalischen Gesetze, die seine Entwicklung bestimmten, die Zukunft des Universums ablesen. Die Gleichungen, mit denen sich die Bewegungen von Luft und Wasser beschreiben ließen, waren ebenso bekannt wie diejenigen, die sich auf die Bahnen der Planeten bezogen. Vollkommene Genauigkeit ihrer Berechnungen sollten die Astronomen nie erreichen, und in einem Sonnensystem, dessen innere Bewegung von neun Planeten, zahllosen Monden und Tausenden von Planetoiden bestimmt wird, war sie auch nicht einmal vorstellbar. Dennoch waren die Berechnungen der Planetenbahnen so exakt, daß ein staunendes Publikum darüber vergessen mußte, daß es sich dabei nur um näherungsweise Prognosen und nicht um »exakte« Berechnungen handelte. Behauptete ein Astronom etwa: »Der Halleysche Komet wird in sechsundsiebzig Jahren wieder auf der gleichen Bahn vorüberziehen«, so schien dies eine Aussage über ein unbestreitbares Faktum und nicht etwa nur eine Prognose. Numerische Voraussagen aufgrund deterministischer Gesetze legten die genauen Umlaufbahnen von Weltraumfähren und Flugkörpern fest. Warum also sollten sie nicht auch den Gang von Winden und Wolken vorherbestimmen können?

In Wahrheit war das Wetter eine unvergleichlich kompliziertere Angelegenheit, wenngleich regiert von denselben Grundgesetzen der Physik. Ein Computer mit hinreichender Rechenkapazität konnte der höchsten Intelligenz entsprechen, wie sie Laplace sich vorgestellt hatte, der Mathematiker und Philosoph, den wie kaum einen anderen das Newtonsche Denken begeistert hatte: »Sie (die höchste Intelligenz A.d.R.) würde die Bewegungen der größten Himmelskörper des Universums unter der gleichen Formel begreifen wie die des leichtesten Atoms; nichts wäre ihr ungewiß, und Zukunft wie Gegenwart lägen ausgebreitet vor ihrem Blick.«[4] Im Zeitalter von Einsteins Relativitätstheorie und Heisenbergs Unschärferelation mutet Laplace uns in seinem Optimismus beinahe komisch an, doch das moderne Wissenschaftsverständnis zeugt auch heute noch vielfach von seinem Traum. Ob bewußt oder unbewußt, bestand das Lebenswerk vieler Forscher des zwanzigsten Jahrhunderts – Biologen, Neurologen und Ökonomen – eben darin, ihr jeweiliges Universum in kleinste Atome aufzulösen, die dann ausnahmslos wissenschaftlichen Regeln gehorchten. In all diesen Wissenschaftszweigen aber kam eine Art von Newtonschem Determinismus zum Tragen. Die Väter der modernen Computertechnik behielten stets Laplace im Hinterkopf, und die Geschichte der Computertechnik und die Geschichte der Prognostik blieben miteinander verflochten, seit John von Neumann in den fünfziger Jahren dieses Jahrhunderts am Institute for Advanced Study in Princetown/New Jersey seine ersten Apparate entworfen hatte. Neumann hatte erkannt, daß die künstliche Erzeugung von Wetter eine ideale Aufgabe für einen Computer war.

Stets freilich gab es einen kleinen Kompromiß – so unscheinbar, daß die Forscher bei der Arbeit ihn meist vergaßen und gebannt den Blick auf einen bestimmten Punkt ihres Denksystems richteten wie auf eine unbezahlte Rechnung. Keine Meßmethode konnte je vollkommen sein. Forscher, die sonst unter Newtons Flagge segelten, schwenkten nun vorübergehend eine andere Fahne mit ungefähr folgender Aufschrift: Verfügt man über *annähernde* Kenntnis der Ausgangsbedingungen eines Systems und Kenntnisse der Naturgesetze, so läßt sich das *ungefähre* Verhalten dieses Systems voraussagen. Diese Annahme betraf das philosophische Herzstück der Wissenschaft. Ein Gelehrter pflegte seinen Studenten zu sagen: »Der Grundgedanke abendländischer Wissenschaft lautet, daß der Fall eines Blattes auf dem Planeten eines anderen Milchstraßensystems nicht in Rechnung gezogen werden muß, um die Bewegung einer Billardkugel auf einem Spieltisch hier auf Erden zu berechnen. Sehr kleine Nebenfaktoren dürfen vernachlässigt werden. Es gibt ein Prinzip der Konvergenz in der Wechselwirkung der Dinge, demzufolge beliebig kleine Einflüsse nicht beliebig große Wirkungen hervorrufen können.«[5]

Nach herkömmlicher Betrachtungsweise schien der Glaube an Näherungswerte und das Konvergenzprinzip durchaus begründet. Er funktionierte. Ein kleiner Fehler in der Vorhersage der Position des Halleyschen Kometen im Jahr 1910 konnte nur einen ebenso unbedeutenden Irrtum bei der Vorhersage seiner Ankunft im Jahr 1986 zur Folge haben, und selbst im Hinblick auf die Jahrmillionen, die noch kommen mochten, blieb der Irrtumsfaktor gering. Computer gehen, etwa bei der Steuerung von Weltraumfahrzeugen, von derselben Grundvoraussetzung aus: Ein annähernd genauer Input erzeugt einen annähernd exakten Output. Auch Wissenschaftler, die Wirtschaftsprognosen erstellen, vertrauen dieser Grundannahme, wenngleich sie weniger erfolgreich sind als Astronomen. Und ganz ähnlich operierten auch die Pioniere der weltweiten Wettervorhersage.

Mit seinem primitiven Computer war es Lorenz gelungen, die Wetterstruktur auf ihre reinste Grundform zu reduzieren. Doch in jeder Zeile seiner Computerausdrucke wiesen Wind und Temperatur sehr irdische Züge auf. Sie entsprachen seiner vielgepriesenen Intuition für das Wetter, seinem Gespür dafür, in welchen Zyklen es sich wiederholte, wobei sich mit der Zeit vertraute Muster herausbildeten, nach denen der Luftdruck anstieg und fiel, der Wind von Nord nach Süd drehte. Lorenz machte die Entdeckung, daß immer, wenn die Kurve ohne einen Höcker von oben nach unten verlief, gleich darauf ein doppelter Höcker folgte. Er bemerkte dazu: »Das ist die Art Regelmäßigkeit, mit der man eine Wettervorhersage berechnen konnte.«[6] Aber niemals stimmten die Wiederholungen der Kurven mit den vorhergehenden exakt genug überein. Es gab gewisse Grundmuster, aber durchsetzt von Störungen: eine geordnete Unordnung.

Um diese Grundmuster optisch anschaulich zu machen, entwickelte Lorenz ein einfaches Verfahren graphischer Darstellung. Statt nur die üblichen Ziffern auszuschreiben, ließ er den Computer eine gewisse Anzahl Zwischenräume ausdrucken, auf die der Buchstabe A folgte. Nun wählte er eine bestimmte Variable – etwa diejenige, die der Richtung einer Luftströmung entsprach. Langsam bewegten sich die A die Papierrolle entlang, bewegten sich in einer gewellten Linie auf und ab und hinterließen so eine lange Reihe von Hügeln und Tälern, die den Weg bezeichneten, den der Wind in südlicher und nördlicher Richtung über den Kontinent nahm. Von diesem geregelten Anblick, dessen deutlich erkennbare Zyklen sich stets wiederholten, allerdings niemals zweimal in genau derselben Weise, ging eine Art hypnotischer Faszination aus. In ihnen schien das System Schritt für Schritt dem Betrachter sein inneres Geheimnis offenbaren zu wollen.

An einem Wintertag des Jahres 1961 wollte Lorenz eine seiner Sequenzen in einem längeren Ausdruck beobachten. Tatsächlich aber fand er eine Abkürzung. Statt den gesamten Umlauf in Gang zu setzen, begann er mitten im System. Um die Maschine in Ausgangsposition zu bringen, gab er die Zahlen ein, wie sie seinem letzten Ausdruck entsprachen. Danach ging er hinunter in die Halle, um dem Lärm der Maschine zu entfliehen und eine Tasse Kaffee zu trinken. Als er eine Stunde später zurückkehrte, sah er etwas Unerwartetes, etwas, das den Keim einer neuen Wissenschaft enthielt.

Die neue Verlaufskurve hätte eigentlich eine genaue Verdoppelung der alten ergeben müssen. Lorenz hatte der Maschine exakt die gleichen Zahlen eingegeben. Sein Programm war unverändert. Doch während er wie gebannt auf den neuen Ausdruck starrte, machte er die Entdeckung, daß

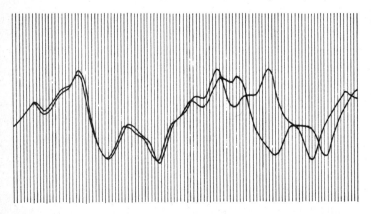

Wie zwei Wetterkurven divergieren: Von nahezu demselben Ausgangspunkt produzierte Edward Lorenz' künstliches Wetter Kurven, die immer weiter und weiter von einander abwichen, bis sie zuletzt keine Gemeinsamkeit mehr zeigten. (Aus Lorenz' Computerausdrukken aus dem Jahre 1961.)

sich der neue Wetterverlauf so gründlich von dem früheren unterschied, daß innerhalb nur weniger Monate alle Ähnlichkeit verschwunden war. Er sah auf die frühere Zahlenreihe und dann wieder auf die neue. Er hätte ebensogut nach dem Zufallsprinzip zwei Wetterverläufe aus dem Hut ziehen können. Sein erster Gedanke war, eine der Röhren sei kaputt.

Doch dann ging ihm plötzlich ein Licht auf.[7] Es lag kein Funktionsfehler vor. Das Problem bestand vielmehr in den Zahlen, die er eingegeben hatte. Im Gedächtnis des Computers waren sechs Dezimalstellen gespeichert: 0.506127. Auf dem Ausdruck aber erschienen aus Platzgründen nur drei: 0.506. Lorenz hatte sich für die kürzere, abgerundete Zahlenreihe entschieden, wobei er voraussetzte, daß die Abweichung – im Verhältnis eins zu tausend – belanglos sei.

Diese Annahme war keineswegs unvernünftig. Wenn ein Wettersatellit die Temperaturen der Wasseroberfläche des Ozeans mit einer Abweichung von einem Promille erfassen kann, schätzen seine Erfinder sich glücklich. Lorenz' Royal McBee führte nur das klassische Programm aus. Es stützte sich auf ein vollständig determiniertes System von Gleichungen. Wurde ein bestimmter Ausgangspunkt vorgegeben, so entwickelte sich das Wetter zu jeder Zeit in genau der gleichen Weise. Gab man einen geringfügig abweichenden Ausgangspunkt vor, so verlief auch die Wetterentwicklung auf nur geringfügig veränderte Weise. Eine geringe numerische Abweichung glich in ihrer Wirkung einem leichten Windstoß: und ohne Zweifel mußten diese schwachen Windstöße einander weitgehend ausgleichen oder völlig aufheben, noch lange bevor sie das Wetter spürbar beeinflussen konnten. Doch sollten in Lorenz' speziellem Gleichungssystem bereits geringfügige Fehler katastrophale Auswirkungen haben.[8]

Er beschloß nun, sich genauer anzusehen, wie zwei nahezu identische Wetterkurven sich so verschieden entwickelten. Er übertrug eine der Wellenlinien des Ausdrucks auf eine

Transparentfolie und legte sie über die andere, so daß er genau kontrollieren konnte, auf welche Weise sie voneinander abwichen. Zunächst stimmten zwei Höcker noch bis ins Detail überein. Danach aber begann eine der Linien um Haaresbreite abzuweichen. Bis die beiden Kurven den nächsten Höcker erreichten, zeigten sie sich deutlich phasenverschoben. Und bis zum dritten oder vierten Höcker war alle Gemeinsamkeit verschwunden.

Das mußten Ungenauigkeiten eines schwerfälligen Computers sein. Lorenz konnte ohne weiteres annehmen, mit dieser besonderen Maschine oder diesem besonderen Modell sei etwas nicht in Ordnung – und wahrscheinlich vermutete er zunächst auch etwas Derartiges. Es war durchaus nicht so, als hätte er Natrium und Chlor gemischt und plötzlich Gold erhalten. Doch seine mathematische Intuition, die seine Kollegen erst später begreifen lernten, versetzte Lorenz förmlich einen Stoß: etwas in seinem Weltbild war aus den Fugen geraten. Die praktische Bedeutung seiner Entdeckung war nahezu atemberaubend. Obwohl seine mathematischen Gleichungen zur grobe Parodien des Erdwetters darstellten, hatte er ihnen dennoch zugetraut, daß sie die tatsächlichen meteorologischen Verhältnisse in der Erdatmosphäre im wesentlichen richtig abbildeten. An diesem Tage aber[9] kam er erstmals zu dem Schluß, langfristige Wettervorhersagen seien prinzipiell unmöglich.

»Gewiß, wir hatten ohnehin keinen großen Erfolg,[10] doch jetzt besaßen wir eine Entschuldigung«, sagte er später. »Ich denke, einer der Gründe, weshalb die Leute Vorhersagen auf so lange Sicht für möglich halten, ist die Tatsache, daß es wirklich physikalische Erscheinungen gibt, über die man eindrucksvolle Vorhersagen machen kann: Sonnen- und Mondfinsternisse zum Beispiel, bei denen sich die Kräfte von Sonne, Mond und Erde zu einem komplizierten Zusammenspiel vereinen, oder auch die Gezeiten der Ozeane. Früher empfand ich die Vorhersage von Gezeiten eigentlich nie als eine Form der Prognose – ich faßte sie eher auf wie

Aussagen über tatsächliche Ereignisse. Aber natürlich handelt es sich in Wahrheit um eine Form von Prognose. Die Gezeiten verlaufen ebenso komplex wie die Bewegungen in der Atmosphäre. Beide haben periodische Aspekte: So läßt sich zum Beispiel vorhersagen, daß der nächste Sommer wärmer sein wird als der gegenwärtige Winter. Aber beim Wetter nehmen wir die Haltung ein, als ob wir bereits Bescheid wüßten. Was die Gezeiten angeht, so gilt unser Interesse allein dem voraussagbaren Teil, während der nicht voraussagbare Teil eng umgrenzt ist, wenn nicht gerade ein Sturm aufkommt.

Wenn der Durchschnittsamerikaner nun sieht, daß wir schon Monate im voraus die Gezeiten ziemlich genau vorhersagen können, wird er sich fragen: Warum können die Wissenschaftler das nicht auch mit der Erdatmosphäre? Es handelt sich lediglich um ein anderes Fließsystem, doch die Gesetze, denen es gehorcht, sind ungefähr genauso kompliziert. Ich begriff damals, daß *jedes* physikalische System, das keine Periodizität aufweist, auch keinerlei Vorhersagen erlaubt.«[9]

Die fünfziger und sechziger Jahre waren die Zeit eines unrealistischen Optimismus[11] bezüglich der Möglichkeiten der Wettervorhersage. Zeitungen und Zeitschriften waren voll von hochgespannten Erwartungen in die Möglichkeiten einer eigenen Wissenschaft vom Wetter, von der man sich nicht nur Vorhersagen, sondern sogar die Beeinflussung und Kontrolle der Wetterentwicklung erhoffte. Zwei neue Technologien reiften beide zu dieser Zeit heran: der digitale Computer und der Weltraumsatellit. Ein internationales Forschungsprogramm, das Global Atmosphere Research Program, das damals vorbereitet wurde, sollte die Früchte dieser technologischen Errungenschaften einbringen. Ihm lag das Konzept zugrunde, die menschliche Gesellschaft könne auf diese Weise die Launen und Unwägbarkeiten des

Wetters besiegen und vom Knecht des Wetters zum Herrn des Wetters aufsteigen. Geodetische Kuppeln – so dachte man – würden dereinst die Kornfelder bedecken. Flugzeuge würden Wolken aussäen. Wissenschaftler aber würden die Kunst erlernen, Regen zu machen oder Regenwolken zu vertreiben.

Der geistige Vater dieser Hoffnungen war von Neumann, der seinen ersten Computer unter anderem mit der ausdrücklichen Zielsetzung konstruierte, das Wetter unter Kontrolle zu bringen. Er scharte Meteorologen um sich und hielt vor Physikern atemberaubende Vorträge über seine Pläne und Ziele. Er hatte einen besonderen mathematischen Grund für seinen Optimismus. Er hatte erkannt, daß ein kompliziertes dynamisches System instabile Elemente aufweisen konnte, kritische Punkte, wo ein kleiner Anstoß zu gewaltigen Konsequenzen führen konnte, wie zum Beispiel bei einem Ball, der auf der Spitze eines Hügels balanciert. Von Neumann stellte sich vor,[12] daß mit dem Computer Wissenschaftler die Gleichungen für alle Verschiebungen der nächsten Tage errechnen könnten. Danach würde eine Art Zentralkomitee von Meteorologen Flugzeuge aussenden, um Rauchschirme abzuwerfen oder Wolken zu säen und das Wetter dadurch auf die gewünschte Weise zu steuern. Doch bei alledem ließ von Neumann die Möglichkeit von Chaos, der Instabilität eines *jeden* Elements, völlig außer acht.

In den achtziger Jahren widmete sich ein gewaltiger, aufgeblähter Behördenapparat[13] der Aufgabe, von Neumanns Auftrag auszuführen, zumindest was die Wetterprognosen betraf. Die angesehensten Fachleute der USA arbeiteten in einem schmucklosen Betonkasten in einer Kleinstadt in Maryland, unweit des Autobahnrings um Washington, in einem Ausguck auf dem Dach, der mit Radarschirmen und Radioantennen ausgerüstet war. Der Supercomputer dort entwarf ein Modell, das mit dem Lorenzschen nur noch den Grundgedanken gemeinsam hatte. Während Lorenz' Royal

McBee pro Sekunde lediglich sechzig Multiplikationen ausführen konnte, wurde die Geschwindigkeit eines Control Data Cyber 205 bereits in Megaflops gemessen, das heißt in Millionen von Gleitkommaoperationen pro Sekunde. Wo Lorenz mit zwölf Gleichungen schon hochzufrieden war, rechnete die moderne Großanlage mit Systemen von 500 000 Gleichungen. Dieses Modell konnte nachvollziehen, wie Feuchtigkeit der Luft Wärme zufügt oder entzieht, wenn sie kondensiert und verdampft. Digitale Winde wurden aufgehalten von digitalen Bergketten. Nachrichten trafen binnen Stundenfrist aus jedem Land der Welt, von Flugzeugen, Satelliten und Schiffen ein. Das National Meteorological Center produzierte immerhin die zweitbesten Wettervorhersagen der Welt.

Die besten aber stammten aus Reading, einer kleinen Universitätsstadt, die eine Fahrstunde von London entfernt liegt. Das European Centre for Medium Range Weather Forecasts befindet sich in einem bescheidenen, von Bäumen umstandenen Gebäude im unpersönlichen UNO-Stil – moderne Backstein- und Glasarchitektur. Die Räume sind mit Gaben aus aller Herren Länder geschmückt. Das Forschungszentrum entstand zur Blütezeit des Europagedankens; und eben damals beschlossen die meisten Nationen Westeuropas, einen Großteil ihrer Talente und Ressourcen in die Wettervorhersage zu investieren. Den Erfolg, der ihnen dabei beschieden war, schrieben die Europäer ihrem jungen, turnusmäßig wechselnden Personal zu – ohne Bürokraten –, und nicht zuletzt ihrem Cray Supercomputer, der dem amerikanischen Rivalen stets um eine Nasenlänge voraus schien.

Die Forschung nach besseren Wettervorhersagen markiert den Beginn, aber schwerlich das Ende des Computereinsatzes zum Entwurf komplexer Systeme. Dieselbe Technologie steht heute im Dienst zahlloser Naturwissenschaftler und Geisteswissenschaftler, die hoffen, Computer könnten ihnen Voraussagen über alles und jedes ermöglichen, angefangen mit kleinsten Windkanalströmungen, wie sie Hersteller von Propellern interessieren, bis zu großen Geldströmen, mit denen sich die Volkswirtschaftler beschäftigen. Tatsächlich wiesen ökonomische Vorhersagen in den siebziger und achtziger Jahren eine unverkennbare Ähnlichkeit mit der Wettervorhersage auf. Diese Prognosen hangelten sich durch komplizierte, mehr oder weniger willkürliche Ketten von Gleichungen, die dazu bestimmt waren, die in den Eingangsbedingungen vorgegebenen Meßwerte – worauf immer sie sich beziehen mochten, vom Luftdruck in der Atmosphäre bis hin zum Geldumlauf – umzuwandeln in realistische Prognosen künftiger Entwicklungen. Die Schöpfer solcher Programme ließen sich dabei von der Hoffnung leiten, daß ihre verschiedenen, zwangsläufig vereinfachenden Grundhypothesen keine allzu verzerrten Resultate herbeiführen würden. Wenn eines ihrer Modelle dennoch allzu verblüffende Ergebnisse zeitigte – etwa indem es die Sahara unter Wasser setzte oder Zinssätze einfach verdreifachte –, dann revidierte der Programmierer eben seine Gleichungen, um den Output mit den ursprünglichen Erwartungen wieder in Einklang zu bringen. In der Praxis jedoch bewiesen ökonomische Voraussagen lediglich eine schmähliche Unkenntnis darüber, was die Zukunft tatsächlich bereithielt. Doch viele Leute, die es eigentlich besser hätten wissen sollen, benahmen sich so, als glaubten sie selbst an die Ergebnisse ihrer Vorhersagen. Prognosen über Wirtschaftswachstum oder Arbeitslosenraten[14] wurden mit einer Pseudo-Genauigkeit von zwei oder drei Stellen hinter dem Komma getroffen. Regierungen und Forschungsfonds gaben Unsummen für solche Vorhersagen aus und machten sie zur Grundlage ihres Handelns, ohne daß jeweils eine wirkliche Notwendigkeit bestanden hätte und oftmals nur aus einem gesteigerten Sicherheitsbedürfnis heraus. Wahrscheinlich wußten sie sogar, daß Variablen wie »Verbrauchereinstellung« sich nicht so einfach bestimmen ließen wie »Feuchtigkeit« und daß all diese makellosen Differenzialgleichungen wohl kaum dazu geeignet sind, Entwicklungen in der Politik oder der Mode zu prognostizieren. Doch nur wenige schienen sich Rechenschaft darüber abzulegen, wie fragwürdig der Prozeß selbst war, in dem gewaltige Trendmodelle am Computer entworfen wurden – sogar wenn die eingespeisten Daten durchaus verläßlich schienen und die ihnen zugrundeliegenden Messungen rein physikalischer Natur waren, wie eben im Fall von Wettervorhersagen.

Zweifellos haben die Computer entscheidend dazu beigetragen, die Kunst der Wettervorhersage an eine Naturwissenschaft anzunähern. Die Vorhersagen des European Center erweckten den Anschein, die Welt spare Jahr für Jahr Milliarden Dollar durch Voraussagen, die statistisch immerhin besser waren als nichts. Tatsächlich aber gerieten auch die besten Voraussagen der Welt binnen zwei oder drei Jahren zur bloßen Spekulation auf die Zukunft und wurden nach weiteren sechs oder sieben Jahren völlig wertlos.

Die Ursache dafür war der Schmetterlingseffekt:[15] Kleine Details der Wetterlage, und in globaler Betrachtung gelten oftmals auch Gewitter und Schneestürme als kleine Details, können binnen kürzester Frist jede Vorhersage in Makulatur verwandeln. Irrtümer und Unsicherheiten vermehren sich in atemberaubendem Tempo und summieren sich zu einer ganzen Kette charakteristischer Einzelheiten; von Windhosen und Wetterböen bis hin zu kleinen, nur mit Hilfe von Satelliten wahrnehmbaren Luftwirbeln.

Moderne Wettermodelle arbeiten mit einem Netzwerk von Punkten im maßstabsverkleinerten Abstand von sechzig Meilen; doch selbst dann noch müssen mehrere Ausgangsdaten als Schätzwerte eingesetzt werden, denn Bodenstationen und Satelliten können nicht alles erfassen. Aber nehmen wir einmal an, die Erdoberfläche sei mit Sensoren bedeckt, die etwa einen halben Meter voneinander entfernt lägen und in diesem Abstand bis in die höchsten Lagen der Erdatmosphäre reichten. Nehmen wir ferner an, jeder dieser Sensoren liefere absolut präzise Daten bezüglich Temperatur, Luftdruck, Luftfeuchtigkeit und jedes anderen Wetterfaktors, den ein Meteorologe sich nur wünschen kann. Nun sollten genau zur Mittagszeit all diese Daten in einen unbegrenzt leistungsfähigen Computer eingespeichert werden, und dieser würde dann berechnen, was an jedem Punkt der Welt um 12.01, dann um 12.02, danach um 12.03 geschehen würde...

Selbst dieser Computer wäre nicht imstande, eine Voraussage darüber zu treffen, ob es in Princetown/New Jersey an irgendeinem Tag einen Monat später regnen oder ob die Sonne scheinen würde. Bereits am Mittag würden die Zwischenräume der Sensoren Schwankungen verdecken, die der Computer nicht vorausberechnen konnte: geringfügige Abweichungen von den Durchschnittswerten. Um 12.01 hätten diese Abweichungen bei dem einen halben Meter weiter entfernten Sensor bereits zu geringfügigen Berechnungsfehlern geführt. Bald aber würden diese Fehler sich in der Größenordnung von fünf Metern vervielfältigt haben und schließlich zu Weltmaßstäben anwachsen.

Aber selbst erfahrene Meteorologen weigern sich, die Schlußfolgerungen aus dieser Einsicht zu ziehen. Einer von Lorenz' ältesten Freunden war Robert White, Dozent für Meteorologie am MIT, nachmals Leiter der National Oceanic and Atmospheric Administration. Lorenz sprach mit ihm über den Schmetterlingseffekt und darüber, was er seiner Meinung nach für die Möglichkeit langfristiger Vorhersagen bedeuten könne. White antwortete ihm ganz im Geiste von Neumanns. »Um Vorhersagen geht es im Grunde gar nicht«, erklärte er. »Es handelt sich vielmehr um die Kontrolle über das Wetter.«[16] Sein Gedanke hierbei war, geringfügige Veränderungen, die sich im Rahmen menschlicher Einwirkungsmöglichkeiten hielten, könnten zu erwünschten Veränderungen großen Stils führen.

Lorenz sah diese Frage anders. Gewiß, Manipulationen der Wetterentwicklung waren grundsätzlich möglich. Man konnte das Wetter insoweit beeinflussen, daß es sich anders entwickelte, als es das von allein getan haben würde. Doch dies war nur möglich um den Preis des Verzichts, zu erfahren, welchen Verlauf das Wetter genommen hätte, wenn seine Entwicklung nicht von außen beeinflußt worden wäre. Das wäre etwa so, als würde man ein bereits gut gemischtes Päckchen Spielkarten noch einmal mischen. Es ist klar, daß dadurch das Spielglück sich ändern wird: doch ob im gewünschten Sinn, das läßt sich schwerlich voraussehen.

Bei Lorenz' Erkenntnis handelte es sich um reinen Zufall, ganz in der Tradition von Archimedes' Entdeckung in der Badewanne. Doch Lorenz war nicht der Mann, der *Heureka* gerufen hätte. Glück im Unglück hatte ihn an einen Ort gebracht, wo er geistig längst war. Nun wollte er die Auswirkungen seiner Entdeckung herausfinden, indem er prüfte, welche Bedeutung sie für das wissenschaftliche Verständnis von Fließbewegungen jedweder Art hatten.
Hätte Lorenz sich mit dem bloßen Schmetterlingseffekt begnügt – einer Metapher für die Unmöglichkeit von Voraussagen (Konsequenz wäre die reine Beliebigkeit) –, so hätte seine Lebensarbeit als Endergebnis nur eine sehr schlechte Nachricht für das naturwissenschaftliche Weltbild erbracht. Tatsächlich aber sah Lorenz in seinem Wettermodell mehr als bloße Beliebigkeit. Er nahm eine unterschwellige geometrische Struktur wahr – eine Ordnung, die sich nur als Zufälligkeit *maskierte*. Im Grunde war er ja ein Mathematiker im Gewand des Meteorologen, und er begann, eine Art wissenschaftlichen Doppellebens zu führen. Er veröffentlichte Aufsätze, deren Themen ganz in den Bereich der Meteorologie fielen, wie zum Beispiel über allgemeine Luftbewegungen der Atmosphäre. Doch gleichzeitig publizierte er von nun an Studien über rein mathematische Themen, die er zur Ablenkung mit einer Einleitung über Wetterforschung garnierte. Allmählich verschwanden diese Einleitungen ganz. Der Schmetterlingseffekt als meteorologisches

Phänomen wurde für Lorenz zum Ausgangspunkt seiner mathematischen Überlegungen.

Mehr und mehr wandte er seine Aufmerksamkeit auf die Frage nach der mathematischen Struktur von Systemen, die niemals zum Stillstand kamen – Systemen, die sich fast wiederholten, ohne daß es ihnen je völlig gelang. Wie jeder wußte, bildete das Wetter ein System dieser Art: Es war aperiodisch. Die Natur kennt eine Fülle weiterer Beispiele: Tierpopulationen, die nahezu gleichförmig entstehen und vergehen, oder Epidemien, die in geradezu provozierender Quasi-Regelmäßigkeit auftreten und wieder verschwinden. Sollte das Wetter je einen Zustand erreichen, der genau derselbe wäre, den es zuvor schon erreicht hatte, jeder Windstoß und jede Wolke müßten dann einem früheren Zustand identisch sein, dann würde es sich aller Wahrscheinlichkeit nach stets von neuem wiederholen, und die Wettervorhersage würde zu einem trivialen Problem.

Lorenz erkannte, daß es einen Zusammenhang geben mußte zwischen der Eigenschaft des Wetters, sich einfach nicht zu wiederholen, und der Unfähigkeit der Meteorologen, es vorherzusagen, genauer gesagt: einen Zusammenhang zwischen Aperiodizität und Unvorhersagbarkeit.[17] Es war zunächst eine schwierige Aufgabe, einfache Gleichungen zu finden, die genau jene Art von Unregelmäßigkeit produzierten, nach der Lorenz Ausschau hielt. Sein Computer tendierte zu repetitiven Zyklen, doch Lorenz suchte nach anderen Systemen von geringerem Schwierigkeitsgrad. Zuletzt hatten seine Bemühungen Erfolg. Er gab eine Gleichung ein, in der die Hitzemenge von Osten nach Westen variierte: ganz analog der tatsächlichen, weltweiten Differenz der Wärmemenge, die etwa zwischen der Ostküste der Vereinigten Staaten und dem Atlantischen Ozean durch die Sonneneinstrahlung erzeugt wird. Und diesmal zeigte sich, daß die Wiederholung verschwand.

Der Schmetterlingseffekt war kein Zufall, er beruhte vielmehr auf Notwendigkeit. Nehmen wir einmal an, geringe

Störfaktoren würden auch gering bleiben, obwohl sie sich im Gesamtverlauf eines Systems zu erheblichen Faktoren multiplizieren. Gerät das Wetter nun zufällig in einen Zustand, der demjenigen glich, den es zuvor durchlaufen hatte, würde es auch weiterhin nach dem Zufallsgesetz dem vorgegebenen Muster folgen. Praktisch gesprochen: Die Zyklen würden voraussagbar – und schließlich uninteressant. Um den Reichtum des tatsächlichen Erdwetters in all seiner Schönheit und Vielfalt zu reproduzieren, können wir uns kaum etwas Besseres wünschen als den Schmetterlingseffekt.

Natürlich gab es einen Fachausdruck für den Schmetterlingseffekt: sensitive Abhängigkeit von den Anfangsbedingungen. Doch die sensitive Abhängigkeit von Anfangsbedingungen war keine völlig neue Entdeckung. Sie findet sich bereits im amerikanischen Volkslied:

> »Weil ein Nagel fehlte, ging das Hufeisen verloren;
> weil ein Hufeisen fehlte, ging das Pferd verloren;
> weil ein Pferd fehlte, ging der Reiter verloren;
> weil ein Reiter fehlte, ging die Schlacht verloren;
> weil die Schlacht verloren war, ging auch das Königreich verloren.«[18]

Im praktischen Leben wie im Reich der Wissenschaft ist es eine bekannte Tatsache, daß eine Ereigniskette einen kleinen, auslösenden Effekt enthalten kann, von dem aus kleine Ursachen sich zu gewaltigen Wirkungen summieren. Doch Chaos bedeutet nun, daß es überall solche »Effekte« gibt. Sie entfalten ihre Wirkung in allen Bereichen. In Systemen wie dem Wetter stellt die sensitive Abhängigkeit von den Anfangsbedingungen eine unvermeidliche Konsequenz der Art und Weise dar, wie kleine Ursachen Wirkungen im großen Maßstab hervorrufen können.

Lorenz' Fachkollegen waren erstaunt darüber, daß er Aperiodizität und sensitive Abhängigkeit von den Anfangsbedingungen in seiner Spielzeugversion des tatsächlichen Wetters so täuschend nachahmen konnte: zwölf Gleichungen, die sich mit unbarmherziger mechanischer Strenge stets aufs neue reproduzierten. Wie aber konnte ein solcher unvorhersagbarer Reichtum – ein solches Chaos – aus einem einfachen deterministischen System hervorgehen?

Lorenz wandte sich von der Wetterforschung ab und sah sich nach einfacheren Wegen um, dieses komplexe Verhalten hervorzubringen. Er fand eine solche Möglichkeit in einem System von nur drei Gleichungen. Sie waren nichtlinear, was heißen soll, sie brachten Beziehungen zum Ausdruck, die nicht streng proportional waren. Lineare Beziehungen lassen sich durch eine gerade graphische Linie verdeutlichen. Sie lassen sich leicht fassen: *je mehr, desto besser.* Lineare Gleichungen sind einfach auflösbar, was sie für Lehrbücher prädestiniert. Lineare Systeme weisen eine wichtige modulare Eigenschaft auf: Sie lassen sich auseinandernehmen und wieder zusammensetzen. Die Teile passen stets wieder zusammen.
Nichtlineare Systeme hingegen sind in aller Regel nicht auflösbar; sie lassen sich nicht beliebig trennen und zusammenfügen. Bei Fließsystemen und mechanischen Systemen sind die nichtlinearen Terme die Merkmale, die im Bemühen um richtiges und einfaches Verständnis meist übergangen werden. Ein Beispiel hierfür ist die Reibung. Ohne Reibung ließe sich die Energiemenge, die zur Beschleunigung eines Eishockeypucks benötigt wird, durch eine lineare Gleichung ausdrücken. Durch die Reibung hingegen wird diese Beziehung komplexer: Die Menge der benötigten Energie hängt nun davon ab, wie schnell oder langsam sich der Puck bereits bewegt. Nichtlinearität bedeutet nun, daß die Durchführung des Spiels selbst seine Regeln verändern kann. Der Einfluß der Reibung läßt sich nicht als Konstante vorstellen, da er seinerseits vom Ausmaß der Geschwindig-

keit abhängig ist. Und umgekehrt hängt die Geschwindigkeit wiederum von der Reibung ab. Diese komplexe Wechselwirkung macht die Vorausberechnung nichtlinearer Systeme so schwierig, führt aber auch zu einer Vielfalt möglicher Zustände und Entwicklungen, wie sie in linearen Systemen niemals auftritt. In Fließsystemen läuft letzten Endes alles auf eine einzige klassische Gleichung hinaus, die Navier-Stokes-Gleichung. Dieses wahre Wunder an prägnanter Kürze setzt Fließgeschwindigkeit, Druck, Dichte und Viskosität zueinander in Beziehung: Nur leider ist sie nichtlinear. Die Natur derartiger Systeme läßt sich darum oft nicht bestimmen. Der Versuch einer genauen Analyse einer nichtlinearen Gleichung wie der Navier-Stokes-Gleichung erinnert an den Gang durch ein Labyrinth, dessen Wände sich bei jedem Schritt umbilden. Von Neumann hat das so ausgedrückt:[19] »Der Charakter der Gleichung… ändert sich zur gleichen Zeit in jederlei Hinsicht: sowohl ihre Ordnung als auch ihr Grad. Daraus folgen nahezu zwangsläufig große mathematische Schwierigkeiten.« Die Welt sähe anders aus – und die Wissenschaft könnte auf die Chaostheorie verzichten –, steckte in der Navier-Stokes-Gleichung nicht das Teufelchen der Nichtlinearität.

Eine besondere Art der Fließbewegung inspirierte Lorenz zu seinen drei Gleichungen: der Aufstieg von heißem Gas oder heißer Flüssigkeit, Konvektion genannt. In der Atmosphäre setzt die Konvektion heiße Luft in Bewegung, die von der durch Sonnenstrahlen erhitzten Erde aufsteigt. Doch konnte Lorenz mit gleicher Begeisterung auch über die Konvektion in einer Tasse heißen Kaffees reden.[20] In seiner Sicht handelte es sich hierbei um einen der unzähligen hydrodynamischen Prozesse im Gesamtsystem unseres Universums, deren künftigen Verlauf wir vielleicht vorhersagen möchten. Wie aber sollen wir vorausberechnen, in welchem Zeitraum eine Tasse Kaffee sich abkühlt? Ist der Kaffee lediglich warm, so verliert er diese Wärmemenge ohne irgendeine Art von hydrodynamischer Bewegung. Der Kaffee bleibt in einem gleichförmigen Zustand. Ist er hingegen heiß genug, so bringt eine konvektive Umwälzung heißen Kaffee vom Grund der Tasse an die kühlere Oberfläche. Die Konvektion beim Kaffee wird leicht sichtbar, wenn ein wenig Sahne in die Tasse gegeben wird. Die Wirbel können sich dabei äußerst kompliziert gestalten, das langfristige Schicksal eines derartigen Systems steht jedoch fest. Da die Hitze nachläßt und die Reibung die Bewegung einer aufgerührten Flüssigkeit verlangsamt, muß zwangsläufig die Bewegung zu einem definitiven Ende gelangen. Lorenz erklärte vor einer Versammlung von Wissenschaftlern: »Es fiele uns schwer, die Temperatur des Kaffees für die nächste Minute vorherzubestimmen, doch würde es uns kaum besondere Mühe machen, sie eine ganze Stunde vorauszusagen.«[21] Die Gleichungen, die das Verhalten einer abkühlenden Tasse Kaffee festlegen, müssen das Schicksal des Systems widerspiegeln. Sie müssen dissipativ sein. Die Temperatur muß gegen die allgemeine Raumtemperatur streben, die Geschwindigkeit der strömenden Flüssigkeit aber gegen Null.

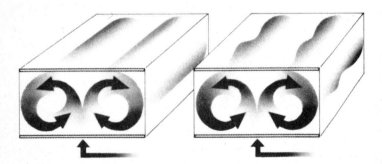

Rollende Flüssigkeit. Wenn eine Flüssigkeit oder ein Gas von unten her erhitzt werden, so organisieren sie sich in der Regel zu zylindrischen Rollen (links). Heiße Flüssigkeit steigt an der einen Seite empor, wobei sie Wärme verliert, und steigt an der anderen Seite wieder herab – der Vorgang der Konvektion. Wird die Wärmezufuhr verstärkt (rechts), so setzt eine Instabilität ein: Die Rolle beginnt der ganzen Länge des Zylinders nach vor und zurück zu flattern. Bei noch höherer Temperatur wird der Fluß regellos und turbulent.

Lorenz stellte für die Konvektion eine Reihe von Gleichungen auf [22] und führte sie auf ihre einfachsten Grundbestandteile zurück. Er schloß alles aus, was ihm unwesentlich schien, und nahm damit eine unrealistische Vereinfachung vor. Fast nichts von ihrer früheren Gestalt blieb übrig, doch beließ ihnen Lorenz den Charakter der Nichtlinearität. Mit den Augen des Physikers betrachtet, muteten die Gleichungen recht einfach an. Wer nur einen flüchtigen Blick auf sie warf – und in den folgenden Jahren taten das viele Wissenschaftler –, der konnte zu dem Schluß kommen, das *müßte* zu lösen sein.

»Tja«, bemerkte Lorenz dazu trocken, »das sollte man meinen, wenn man sie anschaut. Es finden sich zwar einige nichtlineare Glieder darin, aber wahrscheinlich denken Sie, es müßte doch irgendeine Möglichkeit geben, sie zu umgehen. Doch das eben geht nicht.«

Die einfachste Form der Konvektion ist die Bénar-Konvektion. In Lehrbüchern wird sie mit einem Behälter mit ebenem, erhitzbarem Boden und einem ebenfalls ebenen, kühlbaren Deckel dargestellt. Die Temperaturdifferenz zwischen dem heißen Boden und dem kühlen Deckel bestimmt die Strömung. Ist die Differenz gering, bleibt das System in Ruhe. Die Wärme wird wie durch einen Metalleiter nach oben geführt, ohne die natürliche Neigung der Flüssigkeit aufzuheben, in Ruhe zu verharren. Zudem ist das System stabil. Zufällige Bewegungen, wie sie entstehen können, wenn sich ein fortgeschrittener Student an der Apparatur zu schaffen gemacht hat, werden abgebaut, und das System kehrt in seinen Ruhezustand zurück.

Erhöht man jedoch die Hitze, so kommt ein ganz anderes Reaktionsmodell zum Vorschein. In dem Maße, in dem die Flüssigkeit an der Unterseite sich erhitzt, dehnt sie sich aus. Während sie sich ausdehnt, verliert sie an Dichte. Mit ihrer Dichte vermindert sich zugleich ihr Gewicht, und zwar genug, um die Reibung zu überwinden und an die Oberfläche zu drängen. In einem sorgfältig konstruierten Behälter entwickelt sich nun eine zylindrische Walze, an deren einer Seite heiße Flüssigkeit aufsteigt, während kühle Flüssigkeit an ihrer anderen Seite herabsinkt. Seitlich betrachtet, scheint dieser Vorgang eine unaufhörliche Kreisbewegung zu beschreiben. Außerhalb des Laboratoriums entwickelt die Natur oft ihre eigenen Konvektionszellen. Wenn die Sonne etwa den Wüstenboden aufheizt, so zeichnet die kreisende Luft oftmals geisterhafte Muster in die Wolken am Himmel oder den Sand auf der Erde.

Je mehr man die Hitze erhöht, um so komplexer wird das Geschehen. Die Walze bildet Wellen an der Längsseite. Lorenz' reduzierte Gleichungen waren entschieden zu einfach, um eine solche Komplexität zu beschreiben. Sie destillierten nur eine einzelne Eigenschaft der Konvektion her-

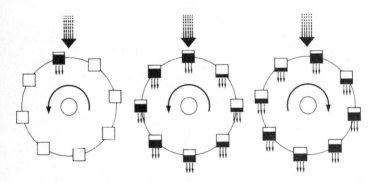

Das Lorenzsche Wasserrad. Das erste berühmte chaotische System, das Edward Lorenz entdeckte, entspricht exakt einer mechanischen Vorrichtung: einem Wasserrad.

Das Wasser fließt stetig von oben zu. Diese simple Vorrichtung kann jedoch unter bestimmten Umständen ein überraschend komplexes Verhalten zeitigen.

Die Rotation des Wasserrads teilt manche Eigenschaften der rotierenden Flüssigkeitszylinder beim Vorgang der Konvektion. Das Wasserrad ist gleichsam ein Querschnitt durch einen solchen Zylinder. Beide Systeme werden stetig angetrieben – durch Wasser oder durch Wärme –, und beide leiten Energie ab. Die Flüssigkeit verliert Wärme, die Radschaufeln verlieren Wasser. Bei beiden Systemen hängt das Langzeitverhalten von der Höhe der Antriebsenergie ab.

44

aus, die in der realen Welt auftritt: die Kreisbewegung heißer Flüssigkeit. Sie steigt kreisend auf wie ein Ferris-Rad.
Die Gleichungen berücksichtigten die Geschwindigkeit dieser Bewegung und die Übertragung der Hitze. Diese physikalischen Prozesse beeinflussen sich wechselseitig. Stieg ein
gegebenes Quantum der heißeren Flüssigkeit auf der Kreis-
bahn auf, so mußte es mit kälterer Flüssigkeit in Berührung
kommen und somit Wärme verlieren. Verlief die Kreisbewegung aber rasch genug, dann gab die aufsteigende Flüssigkeit auf ihrem Weg an die Oberfläche nicht alle über-
schüssige Hitze ab, bevor sie an der anderen Seite des Zylinders wieder herabzusinken begann. Sie stieß also gegen den
Impuls der hinter ihr aufströmenden warmen Flüssigkeit.
Auch wenn das Lorenzsche Modell die Konvektion nicht
vollständig nachbildete, so zeigte es doch immerhin genaue

Ist der Wasserzufluß beim Wasserrad nur gering, so kann die obere
Schaufel nie ausreichend vollaufen, um die Reibung zu überwinden,
und das Rad wird nie anfangen, sich zu drehen. (Nicht anders verhält
es sich bei einer Flüssigkeit oder einem Gas: Wenn die Wärme zu
gering ist, um die Viskosität zu überwinden, kann sie die Flüssigkeit
auch nicht in Bewegung setzen.)
Erfolgt der Zufluß rascher, so setzt das Gewicht der oberen Schaufel
das Rad in Bewegung (links). Das Wasserrad kann sich auf eine
kontinuierliche, stetige Rotation einspielen (Mitte).
Wird der Zufluß aber noch mehr erhöht (rechts), kann die Drehung
sich chaotisch entwickeln, weil nun nichtlineare Effekte in das System
treten. Wenn die Schaufeln den Wasserzustrom passieren, so hängt
die jeweilige Füllmenge von der aktuellen Geschwindigkeit der Drehung ab. Dreht sich das Rad schnell, so haben die Schaufeln nur wenig
Zeit, sich zu füllen. (Ganz ähnlich hat die Flüssigkeit in einer rasch
rotierenden Konvektion nur wenig Zeit, Wärme zu absorbieren.) Bei
hoher Drehgeschwindigkeit des Rads können die Schaufeln auf der
anderen Seite wiederum aufsteigen, bevor sie Zeit gefunden haben,
sich zu leeren. Das Resultat: Schwere Schaufeln auf der einen Seite,
die gerade aufwärtsstreben, können bewirken, daß die Drehung sich
verlangsamt und sich schließlich umkehrt.
Tatsächlich fand Lorenz in Versuchsreihen heraus, daß sich die Drehung oftmals umkehren kann, ohne sich auf einen steten Rhythmus
einzupendeln oder sich nach vorhersagbaren Mustern zu wiederholen.

Ähnlichkeiten mit realen Systemen. Seine Gleichungen beschreiben zum Beispiel sehr exakt einen elektrischen Dynamo – den Vorfahr moderner Generatoren, in dem elektrische Ströme über eine Scheibe fließen, die sich in einem Magnetfeld dreht. Wenn gewisse Voraussetzungen erfüllt sind, kann sich der Dynamo von allein umpolen. Nachdem die Lorenzschen Gleichungen größere Bekanntheit erlangt hatten, stellten einige Wissenschaftler die These auf, das Verhalten eines derartigen Dynamos könne eine Erklärung für ein anderes spezielles Umkehrphänomen liefern: das Magnetfeld der Erde. Man weiß, daß der »Geodynamo«[23] sich im Verlauf der Erdgeschichte mehrfach umgepolt hat, in Intervallen, die ebenso unberechenbar wie unerklärlich scheinen. Angesichts solcher Unregelmäßigkeiten suchten die Wissenschaftler in der Regel nach Erklärungen, die außerhalb des Systems lagen, und schlugen Ursachen vor wie zum Beispiel Meteoriteneinschläge. Vielleicht birgt der Geodynamo jedoch sein eigenes Chaos in sich.

Bei einem anderen System, das die Lorenzschen Gleichungen präzise beschreiben, handelt es sich um eine bestimmte

Der Lorenz-Attraktor. Dieses magische Bild, das an das Gesicht einer Eule oder die Flügel eines Schmetterlings erinnert, wurde zum Emblem der ersten Chaosforscher. Es enthüllte die Feinstruktur, die sich in einem ungeordneten Datenstrom verbarg. In herkömmlicher Darstellung konnten die wechselnden Werte einer beliebigen Variablen in einer sogenannten Zeitenfolge abgebildet werden (oben). Um die wechselnden Beziehungen dreier verschiedener Variablen zu zeigen bedurfte es aber eines anderen Verfahrens. Jedem Zeitpunkt ordnen die drei Variablen einen bestimmten Punkt im dreidimensionalen Raum zu. Sobald sich das System verändert, bildet die Punktbewegung die sich kontinuierlich verändernden Variablen ab.
Da sich das System nie exakt wiederholt, kann die Verlaufskurve sich nie überschneiden. Statt dessen windet sie sich ohne Ende in einer Schlinge nach der anderen. Die Bewegung des Attraktors ist abstrakt, doch veranschaulicht sie die Bewegung des wirklichen Systems. Der Übersprung etwa von einem Flügel des Attraktors zum anderen entspricht einer Umkehrung der Drehbewegung des Wasserrads oder einer Flüssigkeitskonvektion.

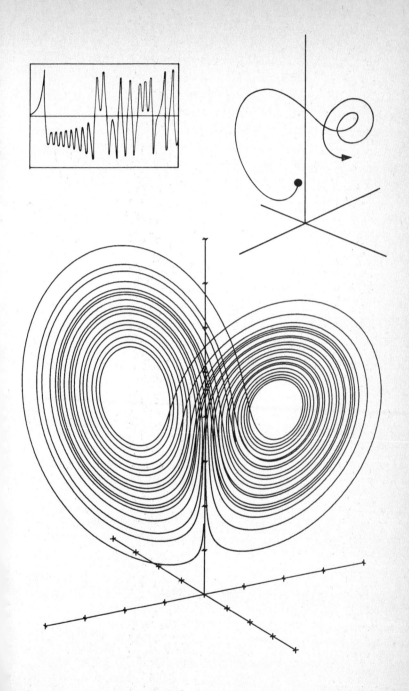

Art von Wasserrädern.[24] Sie stellen eine mechanische Analogie zur rotierenden Kreisbewegung der Konvektion dar, wie sie in einer Flüssigkeit stattfindet. An der Spitze eines derartigen Wasserrades rinnt das Wasser beständig in Behälter, die sich am Kranz des Rades befinden. Jeder dieser Behälter tropft unaufhörlich aus einem kleinen Leck. Fließt das Wasser nur langsam, so füllen sich die Behälter an der Spitze niemals rasch genug, um die Reibung zu überwinden. Fließt die Strömung jedoch rascher, so beginnt ihr Gewicht, das Rad zu drehen. Es kann sich eine kontinuierliche Rotation einstellen. Fließt die Strömung aber so rasch, daß die Behälter den ganzen Weg abwärts mit Wasser gefüllt bleiben, bis sie wieder auf der anderen Seite emporsteigen, so kann sich die Drehung des Rades verlangsamen oder ganz zum Stillstand kommen, um schließlich die Drehbewegung in entgegengesetzter Richtung wieder aufzunehmen.

Die Intuition eines Physikers angesichts eines so einfachen mechanischen Systems – genauer: seine Grundeinstellung gegenüber dem Chaos – sagt ihm, daß sich langfristig, sofern der Wasserstrom unverändert bleibt, ein stetiger Zustand herausbilden müsse. Demnach würde sich das Rad kontinuierlich in einer Richtung drehen oder aber beständig hin und her pendeln, indem es sich in immer gleichen Intervallen erst in die eine, dann in die andere Richtung bewegt. Lorenz aber kam zu einem anderen Schluß.

Drei Gleichungen[25] mit drei Variablen umschrieben vollständig die Bewegung dieses Systems. Lorenz' Computer druckte die sich ändernden Werte dieser drei Variablen aus: 0-10-0; 4-12-0; 9-20-0; 16-36-2; 30-66-7; 54-115-24; 93-192-74. Die drei Zahlen stiegen und fielen in dem Maße, in dem imaginäre Zeitintervalle verstrichen, fünf Zeiteinheiten, hundert Zeiteinheiten oder tausend.

Um die Daten graphisch darzustellen, benutzte Lorenz jede der drei Zahlenfolgen als Koordinaten, welche die Stelle eines Punktes im dreidimensionalen Raum bestimmten. Auf diese Weise erzeugte die Zahlenfolge eine Reihung von

Punkten, die einer kontinuierlichen Bahn folgten, und zeichnete so das System auf. Eine solche Bahn konnte bis zu einer bestimmten Stelle führen und dort zum Stillstand gelangen. Das bedeutete, das System hatte zu einem stabilen Zustand gefunden, in dem die Variablen für Geschwindigkeit und Temperatur keinem Wandel mehr unterworfen waren. Oder aber die Bahn beschrieb eine Schleife, die sich immer wieder aufs neue wand, was bedeuten würde, das System hätte ein Muster gefunden, das sich in periodischen Abständen wiederholte.

Lorenz' System aber tat nichts von beidem. Statt dessen weisen seine Kurven eine Art endloser Komplexität auf. Der Verlauf hält sich zwar innerhalb bestimmter Grenzen und springt nie über den Seitenrand hinaus, aber er wiederholt sich auch an keiner Stelle. Er zeigt vielmehr eine eigentümliche, unverwechselbare Form, eine Art dreidimensionaler Doppelspirale, vergleichbar einem Schmetterling mit zwei Flügeln. Diese Form deutete auf reine Unordnung hin, denn kein Punkt und kein Muster von Punkten waren je identisch. Gleichzeitig aber deutete das Bild auf eine neue Art von Ordnung.

Jahre später begannen die Augen von Physikern zu glänzen, wenn die Rede auf Lorenz' Aufsatz über diese Gleichungen kam – »dieses Wunderwerk von einem Aufsatz«. Man sprach darüber wie von einer prähistorischen Schriftrolle, die Geheimnisse der Ewigkeit enthielt. In den Tausenden von Aufsätzen, die die Fachliteratur zu Chaos inzwischen hervorgebracht hat, wurde wohl kaum einer öfter zitiert als der Beitrag »Deterministic Nonperiodic Flow«. Über Jahre hinweg rief kein anderer Gegenstand so viele Illustrationen, ja sogar Filmaufnahmen hervor wie diese geheimnisvolle Kurve am Ende der Aufzeichnung, die Doppelspirale, die unter dem Namen »Lorenz-Attraktor« bekannt wurde. Lorenz' Graphiken hatten zum ersten Mal vor Augen geführt, was es hieß, wenn man sagte: »Das ist kompliziert.« Der ganze Reichtum von Chaos war in ihnen enthalten.

Damals jedoch vermochten nur wenige diesen Reichtum zu erkennen. Lorenz beschrieb seine Entdeckung Willem Malkus, Professor für angewandte Mathematik am MIT. Malkus war ein untypischer Wissenschaftler, der auch die Arbeit von Fachkollegen zu schätzen wußte. Doch er lachte bloß dazu und sagte: »Ed, wir *wissen* – und zwar sehr genau –, daß Konvektion in Flüssigkeiten sich ganz und gar nicht so verhält.«[26] Zweifellos werde die Komplexität abklingen, meinte Malkus, und das System werde sich auf eine stetige und regelmäßige Bewegung einpendeln.

»Natürlich hatten wir das Wesentliche überhaupt nicht begriffen«, sagte Malkus fünfundzwanzig Jahre später – viele Jahre nachdem er in seinem Kellerlaboratorium selbst ein Wasserrad nach dem Lorenzschen Modell konstruiert hatte, um Skeptiker zu überzeugen. »Ed dachte überhaupt nicht in Begriffen herkömmlicher Physik. Er dachte vielmehr in Begriffen eines irgendwie generalisierten oder abstrahierten Modells, das Verhaltensmuster verdeutlichen sollte, die, wie er intuitiv spürte, für verschiedene Aspekte der natürlichen Lebenswirklichkeit charakteristisch waren. Er konnte uns das nur nicht richtig begreiflich machen. Vielmehr wurde uns erst im nachhinein klar, daß solche Gesichtspunkte ihn offenbar geleitet hatten.«

Nur wenige Laien sind sich bewußt, daß sich die verschiedenen Abteilungen der wissenschaftlichen Gemeinschaft hermetisch gegeneinander abschotten wie Schlachtschiffe mit geschlossenen Luken. Die Biologen hatten mit ihrer eigenen Fachliteratur genug zu tun, ohne sich auch noch um mathematische Arbeiten kümmern zu können. Desgleichen waren die Molekularbiologen viel zu sehr mit ihren eigenen Forschungen beschäftigt, um sich noch mit Populationsbiologie abzugeben. Auch Physiker wußten Besseres mit ihrer Zeit anzufangen, als sich durch meteorologische Fachzeitschriften zu quälen. Einige Mathematiker wären von Lorenz' Entdeckung sicherlich begeistert gewesen; nur zehn Jahre später waren Physiker, Astronomen und Biologen auf der Suche nach Ähnlichem, und manche machten dieselbe Entdeckung aufs neue. Doch Lorenz war Meteorologe, und so kam keinem Wissenschaftler dieser Fakultäten der Gedanke,[27] auf der Seite 130 der 20. Nummer des *Journal of Atmospheric Science* nach dem Chaos zu suchen.

1. Lorenz, Malkus, Spiegel, Farmer. Lorenz' Erkenntnisse finden sich in einem Aufsatz-Triptychon, dessen Mittelteil den Titel trägt »Deterministic Nonperiodic Flow«, *Journal of the Atmospheric Sciences* 20 (1963), S. 130–141; dieser Aufsatz wird flankiert von den Beiträgen »The Mechanics of Vacillation«, *Journal of the Atmospheric Sciences* 20 (1963), S. 448–464, und »The Problem of Deducing the Climate from the Governing Equations«, *Tellus* 16 (1964), S. 1–11. Alle drei Aufsätze zusammen bilden ein höchst elegantes Werk wissenschaftlicher Literatur, das Mathematiker und Physiker noch zwanzig Jahre später beeinflussen sollte. Einige von Lorenz' persönlichen Erinnerungen an sein erstes Computermodell von der Atmosphäre erschienen in »On the Prevalence of Aperiodicity in Simple Systems«, *Global Analysis*, hrsg. v. Mgrmela und J. Marsden (New York: Springer, 1979), S. 53–75.
2. Eine lesbare zeitgenössische Darstellung von Lorenz, in der er die problematische Verwendung von Gleichungen zur Simulation der Atmosphäre beschreibt, findet sich in »Large-Scale Motions of the Atmosphere: Circulation«, *Advances in Earth Science*, hrsg. v. P. M. Hurley (Cambridge, Mass.: The MIT Press, 1966), S. 95–109; eine frühe und einflußreiche Analyse dieses Problems bietet L. F. Richardson, *Weather Prediction by Numerical Process* (Cambridge: Cambridge University Press, 1922).
3. Lorenz. Über die Konflikte zwischen Mathematik und Meteorologie in seinem Denken berichtet »Irregularity: A Fundamental Property of the Atmosphere«, preisgekrönter Crafoord-Vortrag, gehalten an der Königlich-Schwedischen Akademie der Wissenschaften, Stockholm, den 28. September 1983, abgedruckt in *Tellus* 36A (1984), S. 98–110.
4. Pierre Simon de Laplace, *Essai philosophique sur les probabilités*, Paris 1812.
5. Winfree.
6. Lorenz.

7. »On the Prevalence«, S. 55.

8. Von allen Klassikern der Physik und Mathematik, die je über dynamische Systeme nachdachten, hat Jules Henri Poincaré die Möglichkeit von Chaos wohl am ehesten begriffen. In *La science et l'hypothèse* schreibt Poincaré:
»Eine sehr kleine Ursache, die unserer Aufmerksamkeit entgeht, ruft eine sehr große Wirkung hervor, die wir unmöglich übersehen können. Dann aber sagen wir, dieser Effekt sei ein Resultat des Zufalls. Wenn wir die Naturgesetze wie auch die Situation des Universums zum ursprünglichen Zeitpunkt exakt beschreiben könnten, so könnten wir auch die Situation dieses Universums in einem beliebigen späteren Augenblick exakt vorhersagen. Doch selbst gesetzt den Fall, daß die Naturgesetze keinerlei Geheimnisse vor uns verbergen würden, könnten wir die Situation nur näherungsweise erfassen. Sollte uns das in den Stand setzen, die folgende Situation mit derselben Näherung vorauszusagen, so ist das alles, wonach wir verlangen, und wir dürfen behaupten, das Phänomen war voraussagbar, es gehorcht den Naturgesetzen. Aber es verhält sich keineswegs immer so; mitunter kann es geschehen, daß kleine Abweichungen in den Anfangsbedingungen sehr große in den resultierenden Phänomenen hervorrufen. Ein kleiner Fehler in jenem bewirkt einen riesigen Fehler in diesem. Eine Vorhersage wird somit unmöglich...«
Poincarés Warnung, die er an der Schwelle dieses Jahrhunderts äußerte, geriet praktisch in Vergessenheit. In den Vereinigten Staaten war der einzige Mathematiker, der in den dreißiger und vierziger Jahren Poincarés Führung ernsthaft folgte, George D. Birkhoff, der, wie der Zufall es fügte, für kurze Zeit einen jungen Mann namens Edward Lorenz am MIT unterrichtete.

9. Lorenz; vgl. ferner »On the Prevalence«, S. 56.

10. Lorenz.

11. Woods, Schneider; einen breiten Überblick über die Meinung der Fachgelehrten zu dieser Zeit bietet »Weather Scientists Optimistic That New Findings Are Near«, *The New York Times*, 9. September 1963. S. 1.

12. Dyson.

13. Bonner, Bengtsson, Woods, Leith.

14. Peter B. Medawar, »Expectation and Prediction«, *Pluto's Republic* (Oxford: Oxford University Press, 1982), S. 301–304.

15. Obwohl Lorenz ursprünglich das Bild einer Seemöve benutzte, entstammt die Metapher, die sich schließlich durchsetzen sollte, Lorenz' Aufsatz »Predictability: Does the Flap of a Butterfly's Wings in Brazil Set Off a Tornado in Texas?«, Ansprache vor dem Jahreskongreß der American Association for the Advancement of Science in Washington, 29. Dezember 1979.

16. Lorenz, White.

17. »The Mechanics of Vacillation.«

18. George Herbert; zitiert in diesem Zusammenhang von Norbert Wiener, »Nonlinear Prediction and Dynamics«, *Collected Works With Commentaries*, hrsg. v. P. Masani (Cambridge, Mass.: MIT Press, 1981) Bd. 3, S. 371. Wiener antizipierte Lorenz, indem er zumindest die Möglichkeit der »Selbst-Amplitude kleiner Details der Wetterkarte« voraussah. »Ein Tornado«, schrieb er, »ist ein höchst lokales Phänomen, und schon relativ geringfügige Einflüsse können seinen exakten Verlauf bestimmen.«

19. John von Neumann, »Recent Theories of Turbulence« (1949), *Collected Works*, hrsg. v. A. H. Taub (Oxford: Pergamon Press, 1969), Bd. 6, S. 437.

20. »The Predictability of Hydrodynamic Flow«, *Transactions of the New York Adademy of Sciences*, II/25/4 (1963), S. 409−432.

21. Ibid., S. 410.

22. Diese Reihe von sieben Gleichungen zur Beschreibung der Konvektion hat Barry Saltzman von der Yale University ersonnen, den Lorenz besuchte. Für gewöhnlich verhielten sich die Saltzman-Gleichungen periodisch, nur eine Version »wollte sich einfach nicht beruhigen«, wie Lorenz sich ausdrückte. Lorenz stellte fest, daß während dieses chaotischen Verhaltens vier der Variablen gegen Null strebten – also konnten sie vernachlässigt werden. Barry Saltzman, »Finite Amplitude Convection as an Initial Value Problem«, *Journal of the Atmospheric Sciences* 19 (1962), S. 329.

23. Malkus; die Chaosdeutung der irdischen Magnetfelder ist auch heute noch heftig umstritten, da einige Wissenschaftler andere, extraterrestrische Erklärungen annehmen, etwa den Einfluß großer Meteoriten. Eine frühe Vorstellung des Gedankens, daß diese Umkehrungen von einem dem System innewohnenden Chaos herrühren, bietet K. A. Robbins, »A Moment Equatation Description of Magnetic Reversals in the Earth«, *Proceedings of the National Academy of Science* 73 (1976), S. 4297−4301.

24. Malkus.

25. Das klassische Modell, gemeinhin Lorenz-System genannt, ist:
$$dx/dt = 10(y-x)$$
$$dy/dt = -xz+28x-y$$
$$dz/dt = xy-(8/3)z.$$
Seit dieses Gleichungssystem zum erstenmal in »Deterministic Nonperiodic Flow« erschien, wurde es wieder und wieder analysiert. Ein maßgeblicher Fachbeitrag ist Colin Sparrow, *The Lorenz Equatations, Bifurcations, Chaos, and Strange Attractors* (Berlin: Springer, 1982).

26. Malkus, Lorenz.

27. »Deterministic Nonperiodic Flow« wurde Mitte der sechziger Jahre etwa einmal von der Fachwelt zitiert; zwei Jahrzehnte später wurde der Aufsatz über hundertmal pro Jahr zitiert.

Revolution

Die hauptsächliche Anstrengung besteht natürlich darin, den normalen Bereich zu verlassen, den statistischen Bereich.

Stephen Spender

Der Wissenschaftsgeschichtler Thomas S. Kuhn[1] beschreibt ein verwirrendes Experiment, das zwei Psychologen in den 1940er Jahren durchführten. Sie ließen ihre Versuchspersonen einen kurzen Blick auf Spielkarten werfen, immer nur auf jeweils eine, und die Karten dann benennen. Natürlich war ein Trick bei der Sache. Einige der Karten waren nämlich verändert: Es gab z. B. eine rote Piksechs oder eine schwarze Karokönigin.

Bei hoher Geschwindigkeit des Vorzeigens zeigten die Versuchspersonen keinerlei Anzeichen von Beunruhigung. Alles schien ganz einfach. Sie nahmen überhaupt keine Abweichungen wahr. Zeigte man ihnen eine rote Piksechs, so sagten sie alle entweder »Herzsechs« oder »Piksechs«. Doch wurden ihnen die Spielkarten länger gezeigt, dann meldeten sich bei den Versuchsteilnehmern erste Zweifel. Sie merkten, daß irgend etwas nicht stimmen konnte, auch wenn sie nicht recht begriffen, was es sein könnte. Manche gaben dann an, etwas Seltsames wäre ihnen aufgefallen, zum Beispiel ein roter Rand um ein schwarzes Herz.

Verlangsamte man aber das Tempo noch mehr, so kamen die meisten Versuchsteilnehmer dahinter. Sie sahen die falschen Karten und vollzogen den erforderlichen gedanklichen Kunstgriff nach, um das Spiel ohne Fehler fortzusetzen. Natürlich gelang das nicht jedem. Einige fühlten sich derart verwirrt, daß sie physische Schmerzen litten. »Ich kann die Karte nicht erkennen,[2] egal was für eine Karte es ist«, sagte ein Versuchsteilnehmer. »Es sah gar nicht wie eine richtige Karte aus. Ich weiß nicht, was für eine Farbe das jetzt ist, ob Pik oder Herz. Ich bin mir nicht mal mehr sicher, wie ein Pik eigentlich aussieht. Herrjeh!«

Etablierte Wissenschaftler, die einen kurzen, vagen Einblick in das Wirken der Natur erhaschen, sind kaum weniger gefeit gegen Angst und Verwirrung, wenn sie sich ähnlichen Inkongruenzen gegenübersehen. Doch Inkongruenzen können, wenn sie die Sichtweise eines Wissenschaftlers verändern, die bedeutendsten Fortschritte auslösen. Das jedenfalls behauptet Kuhn, und die Geschichte der Chaosforschung legt denselben Schluß nahe.

Kuhns Gedanken zur Vorgehensweise der Wissenschaft und zu den Ursachen wissenschaftlicher Revolutionen trugen ihm beim Erscheinen seines Buches 1962 Bewunderung wie auch Feindschaft ein, und die Kontroverse, die sie auslösten, kam bis heute nicht zur Ruhe. Die herkömmliche Auffassung war, daß sich wissenschaftlicher Fortschritt durch einen steten Zuwachs an Wissen vollzieht, indem jede neue Entdeckung der letzten hinzugefügt würde, und neue Theorien hingegen nur dann entstünden, wenn neue experimentelle Fakten sie erforderlich machten. Dieser Ansicht versetzte Kuhn einen empfindlichen Nadelstich. Er räumte auf mit der Vorstellung von Wissenschaft als einer wohlgeordneten Abfolge von Fragen und Antworten, um zu unterscheiden zwischen der alltäglichen Routine von Wissenschaftlern, wenn sie an legitimen, wohlverstandenen Fragestellungen innerhalb ihrer Disziplin arbeiten, und der außergewöhnlichen, unorthodoxen Forschung, die Revolutionen auslöst. Nicht von ungefähr erschienen in seiner Darstellung Wissenschaftler durchaus nicht als perfekte Rationalisten.

Nach Kuhns Ansicht besteht der normale Wissenschaftsbetrieb zum großen Teil aus Aufräumungsarbeiten.[3] Naturwissenschaftler modifizieren Experimente,[4] die schon unzählige Male durchgeführt worden sind. Theoretiker fügen einem Gebäude von Theorien hier einen Stein hinzu und erneuern dort ein Fensterbrett. Es könnte auch kaum anders sein. Wenn alle Wissenschaftler wirklich mit dem Anfang beginnen müßten, müßten sie die Grundvoraussetzungen ihres eigenen Denkens immer wieder neu in Frage stellen. Dann würden sie kaum jenes Niveau technischer Perfektion erreichen, das für sinnvolles Arbeiten unabdingbar ist. Zu Benjamin Franklins Zeiten[5] konnten die wenigen Wissenschaftler, die versuchten, das Wesen der Elektrizität zu begreifen, sich ihre eigenen Ausgangsprinzipien wählen – und etwas anderes blieb ihnen auch gar nicht übrig. Der eine Forscher sah in der elektrischen Anziehung den wichtigsten elektrischen Vorgang, weil er sich Elektrizität als eine Art von »effluvium« dachte, das von den Substanzen ausgehe. Ein anderer wiederum interpretierte Elektrizität als eine Strömung, die von leitfähigem Material transportiert werde. Diese Wissenschaftler konnten sich noch ebenso problemlos mit einem Laien unterhalten wie mit einem Kollegen; sie waren noch nicht in dem Stadium angelangt, in dem sie sich einer gemeinsamen, streng definierten Fachsprache bedienten, um die von ihnen untersuchten Phänomene zu beschreiben. Im Gegensatz dazu könnte ein Strömungsphysiker des 20. Jahrhunderts schwerlich die Kenntnisse seines Wissensgebiets erweitern, ohne zuerst eine Unmenge wissenschaftlicher Terminologie und mathematischer Technologie zu lernen. Zugleich aber gibt er dabei, ohne sich dessen bewußt zu sein, einen Großteil eben der Freiheit auf, die ihn in den Stand setzt, die Grundlagen seiner Wissenschaft in Frage zu stellen.

Zentrale Bedeutung für Kuhns Gedanken kommt seiner Sicht vom normalen Wissenschaftsbetrieb als einem Prozeß von Problemlösungen zu. Es geht dabei um die Lösungen von Problemen, auf die Studenten als erstes stoßen, wenn sie ihre Lehrbücher aufschlagen. Sie umschreiben einen allgemein anerkannten Kanon von Fertigkeiten, mit dem junge Wissenschaftler die höheren Fachsemester, ihre Abschlußarbeit und schließlich die Publikation von Aufsätzen in Fachzeitschriften bewältigen, eben die üblichen Grundlagen einer akademischen Karriere. »Normalerweise bringt ein akademischer Forscher keine Innovationen hervor, sondern er löst Puzzlespiele: die Puzzles aber, denen er seine Aufmerksamkeit widmet, sind gerade diejenigen, die ihm mit der vorhandenen Wissenschaftstradition sowohl vereinbar als auch mit deren Mitteln lösbar erscheinen.«[6]

Dennoch gibt es immer wieder Revolutionen. Eine neue Wissenschaft entwickelt sich aus einer anderen, die an einem toten Punkt angelangt ist. Oft trägt eine solche Revolution interdisziplinäre Züge – ihre entscheidenden Entdeckungen verdanken sie meist der Aktivität von Grenzgängern zwischen den einzelnen Wissenschaftszweigen. Die Probleme, die diese Theoretiker beschäftigen, gelten allgemein nicht als legitime Fragestellungen wissenschaftlicher Forschung. Dissertationsentwürfe werden zurückgewiesen oder Artikel nicht zum Druck übernommen. Ja die Theoretiker selbst sind unsicher, ob sie eine Lösung akzeptieren sollen, wenn sie eine neue Möglichkeit der Erklärung entdeckt haben. Schließlich setzen sie ihre Karriere aufs Spiel, wenn sie völlig unorthodoxe Meinungen vertreten. So arbeitet eine Handvoll einsamer, freier Denker, die nicht einmal imstande wären, die Richtung anzugeben, in die sie sich gerade bewegen, und die kaum ihren Kollegen zu berichten wagen, womit sie sich beschäftigen: Dieses romantische Bild liegt Kuhns Schema zugrunde, und es wurde immer wieder bestätigt, nicht zuletzt bei der Erforschung von Chaos.
Alle Wissenschaftler, die sich frühzeitig mit Chaos befaßten, kennen die Entmutigung oder sogar die offene Feindseligkeit der konventionelleren Kollegen. Eine Gruppe kalifornischer Examensstudenten wurde vorsorglich gewarnt, ihre Karrieren könnten in Gefahr geraten, wenn sie Doktorarbeiten über eine noch nicht anerkannte Disziplin schrieben,

von der ihre wissenschaftlichen Betreuer nicht viel verstünden. Ein Teilchenphysiker,[7] der von dieser neuen Art Mathemathik hörte, mochte sich insgeheim mit ihr befassen und sie als eine ebenso interessante wie schwierige Herausforderung erkennen, aber er war klug genug, seinen Kollegen lieber nichts davon zu erzählen. Ältere Professoren erlebten eine Art Midlife-crisis, wenn sie sich bei ihren Forschungen auf Fragen einließen, die höchstwahrscheinlich viele ihrer Kollegen nicht verstanden oder als unsinnig ablehnten. Gleichzeitig aber verspürten sie eine intellektuelle Erregung, wie sie nur wirklich Neues hervorbringt. Sogar Außenseiter, sofern sie ein Sensorium dafür besaßen, ließen sich davon anstecken. Freeman Dyson vom Institute for Advanced Study erlebte in den siebziger Jahren die Nachrichten über Chaos wie einen »Elektroschock«. Andere fühlten, daß sie zum erstenmal in ihrer Laufbahn Zeugen eines wirklichen Paradigmenwechsels wurden, eines grundlegenden Wandels innerhalb des wissenschaftlichen Weltbildes.

Die Forscher, die das Chaos zu jenem frühen Zeitpunkt bereits als wissenschaftliche Fragestellung akzeptierten, schwitzten Blut und Wasser über der Frage, wie sie ihren Gedanken und Einsichten eine publikationsfähige Form geben sollten. Ihre Forschungen bewegten sich im Niemandsland zwischen den Disziplinen – für Physiker beispielsweise waren sie zu abstrakt und für Mathematiker zu experimentell. Einige nahmen die Schwierigkeit, die neuen Ideen zu vermitteln, sowie den leidenschaftlichen Widerstand von seiten traditionell denkender Kreise gerade als Beweis für den revolutionären Charakter der neuen Wissenschaft. Oberflächliche Gedanken lassen sich leicht assimilieren. Ideen aber, die zur Revision des eigenen Weltbilds zwingen, rufen Widerstand hervor. Ein Physiker am Georgia Institute of Technology, Joseph Ford, zitierte Tolstoi als Beleg: »Ich weiß, daß es den meisten Menschen – diejenigen eingeschlossen, die mit den schwierigsten Fragen vertraut sind –

oft schwerfällt, die einfachsten und selbstverständlichsten Wahrheiten anzunehmen, wenn diese sie zwingen, die Unrichtigkeit von Schlußfolgerungen einzugestehen, die sie mit großem Vergnügen Kollegen berichteten, die sie voll Stolz an andere weitergaben und die sie, Faden für Faden, dem Gewebe ihres Lebens einwoben.«[8]

Viele Vertreter der klassischen Forschungsrichtung nahmen nur auf verschwommene Weise von der neuaufkommenden Wissenschaft Notiz. Einige aber, vor allem konservative Strömungsphysiker, lehnten sie offen ab. Zunächst muteten die Ansprüche, die im Namen der Chaostheorie erhoben wurden, völlig konfus und unwissenschaftlich an. Zudem wurde Chaos von Mathematikern betrieben, die als unkonventionell und schwierig galten.

Als die Zahl der Chaostheoretiker immer mehr zunahm, runzelten die Mitglieder vieler Fakultäten die Stirn über diese irregeleiteten Scholaren; andere wiederum unterstützten sie. Manche Zeitschriften sabotierten nach einem ungeschriebenen Gesetz alle Beiträge, die sich auf die Chaostheorie bezogen; gleichzeitig aber wurden neue Zeitschriften gegründet, die sich ausschließlich mit Chaos beschäftigten. Die Chaotisten oder Chaologen, wie sie mitunter genannt wurden,[9] erschienen mit unverhältnismäßiger Häufigkeit in den Jahreslisten wichtiger wissenschaftlicher Gesellschaften und Auszeichnungen. Bis zur Mitte der achtziger Jahre brachte ein akademischer Umverteilungsprozeß Chaosforscher in einflußreiche Positionen innerhalb der Universitätshierarchien. Forschungszentren und Institute wurden gegründet, die sich auf die Erforschung »nichtlinearer Dynamik« und »komplexer Systeme« spezialisieren sollten.

Chaos ist inzwischen nicht allein eine Theorie, sondern ebenso eine Methode, nicht nur ein Kanon von Glaubenssätzen, sondern ebenso eine neue Art, Wissenschaft zu betreiben. Chaos schuf sich seine eigene Technik im Gebrauch von Computern, eine Technik, die nicht nach der gewaltigen

Geschwindigkeit von Großrechnern verlangt, sondern lieber mit bescheideneren Maschinen arbeitet, die eine flexible Interaktion ermöglichen. Für Chaosforscher wurde die Mathematik zur experimentellen Wissenschaft, wobei der Computer an die Stelle von Laboratorien voller Reagenzgläser und Mikroskope trat. Graphischen Darstellungen kam dabei eine Schlüsselstellung zu. »Für einen Mathematiker ist es Selbstquälerei, ohne Bilder zu arbeiten«, sagt ein Chaosforscher dazu. »Wie sonst könnte man die Beziehung zwischen der einen Bewegung und einer andern erkennen? Wie sonst könnte man überhaupt Intuition entwickeln?«[10] Einige tun ihre Arbeit mit dem ausdrücklichen Hinweis, es handle sich dabei keineswegs um eine Revolution. Andere wiederum verwenden mit Bedacht Kuhns Begriff des Paradigmenwechsels, um den Wandel zu beschreiben, dessen Kronzeugen sie sind.

Die Art und Weise, mit der frühe Aufsätze über Chaos zu den Ausgangsprinzipien zurückkehrten, erinnerte an die Epoche Benjamin Franklins, an das Zeitalter der Aufklärung. Wie Kuhn bemerkt, nehmen die herkömmlichen Wissenschaften ein allgemeines Korpus von Erkenntnissen als gegebene Voraussetzung ihrer Forschungen an. Um ihre Kollegen nicht zu langweilen, beginnen und schließen Wissenschaftler ihre Aufsätze dabei in der Regel mit esoterischen Sprüchen. Im Gegensatz dazu lasen sich Artikel über Chaos seit den späten 70er Jahren geradezu missionarisch, von der Vorrede bis zu den Schlußformeln. Sie formulierten neue Glaubenssätze und riefen am Ende oft zu Taten auf.

Die Ergebnisse[11] wirken auf uns heute ebenso erregend wie provozierend. *Ein theoretisches Bild des Übergangs von der Bewegung zur Turbulenz ist gerade im Entstehen. Das Zentrum der Chaostheorie ist auf mathematischem Wege erreichbar.[12] Chaos kündigt heute, wie niemand bestreiten wird, die Zukunft an. Um aber sich in die Zukunft zu bewegen, muß man einen Großteil der Vergangenheit über Bord werfen.[13]*

Neue Hoffnungen, neue Methoden und, was am wichtigsten scheint, eine neue Sichtweise. Revolutionen finden nicht allmählich statt.[14] Alte Fragestellungen erscheinen in neuem Licht, und andere Probleme geraten erstmalig ins Blickfeld. Der Prozeß ähnelt der Umgestaltung eines ganzen Industriezweigs, der sich für eine neue Produktion rüstet. Mit Kuhns Worten: »Es ist, als würde die gesamte Wissenschaftsgemeinde auf einen anderen Planeten versetzt, auf dem vertraute Gegenstände in neuartigem Licht erscheinen und zugleich mit völlig unbekannten Gegenständen verknüpft sind.«[15]

Die Labormaus[16] dieser neuen Wissenschaft war das Perpendikel: das Emblem der klassischen Mechanik, ein Musterbeispiel genau determinierter Bewegung, Inbegriff pünktlichster Regelhaftigkeit. Ein Pendel schwingt am Ende eines Stabes hin und her. Was könnte weiter entfernt sein von der Willkür der Turbulenz?

Was für Archimedes die Badewanne und für Newton der Apfel war, das war – folgt man der landläufigen, ungesicherten Legende – für Galilei die Lampe im Gewölbe einer Kirche, die nach vorn und rückwärts schwang, wieder und wieder, ohne Unterbrechung, und so seinem Bewußtsein ihre einförmige Botschaft eingrub. Christian Huygens verwandelte die Vorhersagbarkeit der Pendelbewegung in eine Form der Zeitmessung und schickte damit die europäische Zivilisation auf eine Straße ohne Wiederkehr. Foucault benutzte im Pantheon zu Paris ein zwanzig Stockwerke hohes Perpendikel, um die Rotation der Erde vorzuführen. Jede Wanduhr und jede Armbanduhr (jedenfalls bis zur Ära der Quarzuhr) war auf ein Pendel von einer gewissen Größe und Form angewiesen. (In dieser Hinsicht bedeutet die Oszillation von Quarz keinen entscheidenden Unterschied.) Im Weltraum, der keine Reibung kennt, geht alle periodische Bewegung auf die Umlaufbahnen der Himmelskörper zurück. Auf der Erde aber läßt sich jede Form regelmäßiger Schwingung auf irgendeine Abart des Pendels zurückführen. Elektronische Schaltkreise lassen sich exakt durch dieselben Gleichungen beschreiben, die auch die Bewegung eines hin- und herschwingenden Pendels erfassen. Die elektronischen Schwingungen erfolgen zwar um viele Millionen Male schneller, doch ihre physikalische Grundstruktur ist in beiden Fällen die gleiche. Im zwanzigsten Jahrhundert jedoch ist die klassische Mechanik lediglich noch in Klassenzimmern und routinemäßigen Ingenieursprojekten von Belang. Perpendikel zierten Wissenschaftsmuseen und belebten die Andenkengeschäfte von Flughäfen in Gestalt rotierender »space balls« aus Plastik. Kein Physiker im Bereich der Forschung gab sich mehr mit Perpendikeln ab.

Doch das Pendel hielt noch einige Überraschungen parat. Es wurde erneut zum Prüfstein, wie seinerzeit bei Galileis Revolution des Weltbildes. Wenn Aristoteles ein Pendel betrachtete,[17] so meinte er ein Gewicht zu sehen, das zur Erde strebte, dabei aber heftig nach vorn und rückwärts schwang, weil es durch das Seil dazu gezwungen wurde. In moderner Sicht kommt uns das lächerlich vor. Dem Betrachter, der in den klassischen Begriffen von Bewegung, Trägheit und Schwerkraft denkt, fällt es nicht leicht, dem in sich konsequenten Weltbild Gerechtigkeit widerfahren zu lassen, das hinter Aristoteles' Interpretation der Pendelbewegung steht. Für Aristoteles war physikalische Bewegung keine Menge oder Kraft, sondern weit eher eine Art des Wandels, so wie das Wachstum einer Person eine Art Veränderung darstellt. Ein fallendes Gewicht strebt einfach dem ihm am meisten gemäßen Zustand zu – demjenigen Zustand also, den es erreicht, wenn es sich selbst überlassen bleibt. In ihrem Kontext war Aristoteles' Betrachtungsweise durchaus sinnvoll. Als hingegen Galilei die Bewegung des Pendels verfolgte, sah er eine meßbare Regelmäßigkeit. Um sie zu erklären, war eine Revolution im Verständnis bewegter Objekte erforderlich. Galileis Vorteil gegenüber den Griechen der Antike war keineswegs, daß er über neue und bessere Daten verfügte. Im Gegenteil, seine Versuchsanordnung, um die Bewegungen eines Pendels zu bestimmen, war sehr einfach. Er rief ein paar Freunde zusammen und ließ sie die Schwingungen des Pendels im Verlauf von vierundzwanzig Stunden zählen – ein reichlich mühseliges Experiment. Galilei sah die Regelmäßigkeit vielmehr deshalb, weil er bereits über eine Theorie verfügte, die sie voraussagte. Er verstand, was Aristoteles noch nicht begreifen konnte: einem Gegenstand in Bewegung wohnt die Tendenz inne, seine Bewegung beizubehalten (Gesetz der Trägheit). Eine Änderung in Geschwindigkeit oder Richtung dieser Bewegung war demnach nur durch irgendeine von außen hinzukommende Kraft zu erklären, wie zum Beispiel die Reibung.

Tatsächlich hatte seine Theorie eine so große Macht über sein Denken, daß er eine Regelmäßigkeit entdeckte, die *nicht* existierte. Er stellte die Behauptung auf, daß ein Pendel von einer bestimmten Länge nicht allein eine bestimmte Zeit einhielte, sondern stets dieselbe Zeit, ganz gleich, wie groß oder spitz der Schwingungswinkel auch sei. Ein weiter ausschwingendes Pendel hat einen weiteren Weg zu beschreiben, aber zufällig bewegt es sich genau um so viel schneller, daß die Zeit für eine Pendelbewegung gleich bleibt. Mit anderen Worten, die Zeitdauer der Schwingung hängt nur von der Amplitude ab. »Wenn zwei Freunde abwechselnd die Schwingungen zählen, wobei der eine von ihnen die weiten Ausschläge zählt und der andere die kurzen, so werden sie herausfinden, daß sie nicht nur zehn, sondern hundert Schwingungen zählen können, ohne bei einer einzigen, und sei es nur teilweise, nicht übereinzustimmen.«[18] Galilei kleidete seine These in Kategorien des Experiments, doch die dahinterstehende Theorie verlieh ihr Überzeugungskraft – und zwar so nachdrücklich, daß sie noch heute im Physikunterricht der meisten Gymnasien gelehrt wird wie das Evangelium. Und dennoch ist sie falsch.

Bei der Regelmäßigkeit, die Galilei entdeckte, handelt es sich in Wahrheit nur um einen Näherungswert. Der sich ändernde Winkel der Pendelbewegung führt eine leichte Nichtlinearität in die Gleichungen ein. Bei geringer Amplitude scheint dieses Fehlerelement fast nicht existent. Doch es ist vorhanden und nachweisbar selbst in einem Experiment von so primitiver Art, wie Galilei es beschrieb.

Geringfügige Abweichungen waren leicht zu ignorieren. Wer Experimente durchführt, bemerkt sehr bald, daß er in einer nicht »perfekten« Welt lebt. In den Jahrhunderten, die seit Galilei und Newton vergangen sind, galt die Suche nach experimenteller Regelhaftigkeit als vordringliches Anliegen. Ein Experimentator hält nach Quantitäten Ausschau, die sich gleichbleiben, oder nach Quantitäten, die gleich Null sind. Doch das bedeutet, kleinere Ungenauigkeiten außer acht zu lassen, die das Zustandekommen eines sauberen Bildes verhindern. Wenn ein Chemiker in ein und derselben Substanz zwei Substanzen in einer konstanten Proportion von 1:2,001 findet, am nächsten Tag jedoch ergibt sich 1:2,003 und am dritten 1:1,998, dann wäre er ein Narr, wenn er nicht nach einer Theorie Ausschau hielte, die eine definitive Beziehung von 1:2 postuliert.

Um seine bereinigten Resultate nicht zu gefährden, mußte auch Galilei Störfaktoren ignorieren, die ihm durchaus bekannt waren: die Reibung und den Luftwiderstand. Der Luftwiderstand ist im Experiment eine notorische Plage. Diese Komplikation galt es auszuschalten, um zum Kern der neuen Wissenschaft von der Mechanik vorzustoßen. Fällt eine Feder schneller als ein Stein? Alle Erfahrungen mit fallenden Objekten besagen das Gegenteil. Die Geschichte von Galilei, der Kugeln vom Turm zu Pisa in die Tiefe fallen läßt, ist ein Stück Mythos, eine Geschichte darüber, wie Wahrnehmungen sich *wandeln* durch die Erfindung einer wissenschaftlichen Idealwelt, deren Regelhaftigkeit sich von der Unordnung in der Erfahrungswelt wohltuend unterscheidet.

Die Wirkung der Schwerkraft auf eine gegebene Masse von der Wirkung des Luftwiderstands zu trennen, war eine brillante intellektuelle Leistung. Sie ermöglichte es Galilei, in das Wesen von Trägheit und Antriebskraft (kinetischer Energie) einzudringen. Aber dennoch verhalten sich Pendel in der realen Welt letzten Endes genau so, wie Aristoteles' sonderbares Paradigma es voraussagt. Sie kommen zum Stillstand.

Als die Physiker den Grundstein für den nächsten Paradigmenwechsel legten, dämmerte vielen von ihnen, daß ihre Kenntnisse über simple Systeme wie das Pendel erhebliche Lücken aufwiesen. In unserem Jahrhundert wurden dissipative Prozesse wie die Reibung erkannt, und Studenten lernten, sie in ihren Gleichungen zu berücksichtigen. Und die gleichen Studenten lernten auch, daß nichtlineare Systeme im allgemeinen unlösbar seien, was durchaus stimmt, und daß es sich dabei um Ausnahmen handle – was vollkommen falsch ist. Die klassische Mechanik beschrieb das Verhalten ganzer Klassen bewegter Gegenstände wie Pendel und Doppelpendel, spiralförmiger Sprungfedern und gekrümmter Gerten, gezogener und gebogener Drähte. Die Mathematik befaßte sich mit Fließsystemen und elektrischen Systemen. Aber fast niemand vermutete während der klassischen Ära jenes Chaos, das in dynamischen Systemen lauerte, wenn man der Nichtlinearität zu ihrem Recht verhalf.

Ein Physiker konnte Turbulenzen oder komplexe Systeme nicht wirklich begreifen, wenn er nicht das Verhalten von Pendeln verstand, und zwar auf eine Weise, wie sie in der ersten Hälfte des zwanzigsten Jahrhunderts unvorstellbar war. In dem Maß, in dem die Chaosforschung die Analyse verschiedener Systeme zu vereinheitlichen begann, erweiterte sich das Gebiet der Pendeldynamik, bis sie schließlich Hochtechnologien wie Lasertechnik und supraleitende Josephsonsche Kontakte umfaßte. Einige chemische Reaktionen zeigten ein Verhalten, das an das Pendel erinnerte, gleich dem schlagenden Herzen. Mit einemmal tat sich ein

Feld auf, das sich, wie ein Physiker schrieb, »bis hin zur physiologischen und psychiatrischen Medizin« erstreckte, »zu ökonomischen Vorhersagen, vielleicht sogar bis auf die Evolution der Gesellschaft«.[19]

Stellen wir uns eine Kinderschaukel vor. Die Schwingung beschleunigt sich während der Bewegung nach unten, verlangsamt sich während des Weges nach oben und verliert stets ein wenig von ihrer Geschwindigkeit durch die Reibung. Sie erhält einen regelmäßigen Impuls, nehmen wir einmal an, über ein Getriebe. Unser Gefühl sagt uns, daß, wo immer die Schwingung ihren Ausgang nehmen mag, sie sich schließlich auf ein regelmäßiges Auf und Ab einpendeln wird, wobei die Schwingung jedesmal bis zur gleichen Höhe ausschlägt. Das kommt auch durchaus vor.[20] Aber, so seltsam es klingen mag,[21] die Schwingung kann ebenso unregelmäßige Züge annehmen, erst oben, dann unten, wobei sie niemals einen stetigen Zustand erreicht und niemals ein bestimmtes Schwingungsmuster zweimal wiederholt.

Dieses überraschend unregelmäßige Verhalten ist auf eine nichtlineare Verdrillung der Energieströme innerhalb dieses einfachen Oszillators und um ihn herum zurückzuführen. Die Schwingung wird zum einen abgeschwächt, zum andern angetrieben: abgeschwächt, weil die Reibung versucht, sie zum Stillstand zu bringen, und angetrieben, weil sie einen regelmäßig wiederkehrenden Impuls erhält. Selbst wenn ein arretiertes System sich im Gleichgewicht zu befinden scheint, befindet es sich in Wahrheit durchaus nicht im Gleichgewicht. Die Welt aber ist voll von solchen Systemen, angefangen mit dem Wetter, das abgeschwächt wird durch die Reibung sich bewegender Luft- und Wassermassen sowie durch die Ableitung von Hitze in den Weltraum, zugleich jedoch wieder angetrieben wird durch die stetige Zufuhr von Sonnenenergie.

Aber die Unberechenbarkeit war nicht der Grund, weshalb seit den sechziger und siebziger Jahren Physiker und Mathematiker das Pendel wieder ernst zu nehmen begannen. Die

Unberechenbarkeit war lediglich der Aufhänger, der die Aufmerksamkeit auf sich zog. Wissenschaftler, die sich mit chaotischer Dynamik befaßten, machten die Entdeckung, daß dem unregelhaften Verhalten einfacher Systeme ein *kreativer* Prozeß zuzuordnen war. Er brachte die Komplexität hervor: hochorganisierte Muster, die manchmal stabil und manchmal instabil waren, manchmal endlich und manchmal unendlich, die jedoch stets die Faszination besaßen, die lebende Objekte haben. Das war der Grund, weshalb sich Wissenschaftler mit solchen Spielereien abgaben. Eines jener Spielzeuge, das unter dem Namen »Space Balls« oder »Space Trapez« verkauft wird,[22] besteht aus zwei Kugeln, die sich an zwei entgegengesetzten Enden eines Stabes befinden. Darüber ist wie der Querstrich eines T ein Pendel angebracht, an dessen unterem Ende eine dritte, schwerere Kugel befestigt ist. Die untere Kugel schwingt vor und zurück, während die obere Stange frei rotiert. Alle drei Kugeln enthalten kleine Magneten. Einmal in Gang gesetzt, bewegt sich der gesamte Apparat unaufhörlich, denn im Sockel befindet sich ein batteriegespeister Elektromagnet. Die Maschine registriert die Annäherung der untersten Kugel und versetzt ihr jedesmal, wenn sie passiert, einen kleinen elektrischen Impuls. Manchmal bewegt sich der Apparat in einer stetigen rhythmischen Schwingung. Dann wieder scheint die Bewegung chaotisch zu verlaufen, sich unaufhörlich zu verändern, um immer wieder neue Überraschungen hervorzubringen.

Bei einem anderen weitverbreiteten Pendelspielzeug handelt es sich um ein sogenanntes sphärisches Pendel – ein Pendel, das nicht einfach vor- und zurückschwingt, sondern sich in jede Richtung bewegt. Rings um seinen Sockel sind einige kleinere Magneten angebracht. Die Magneten üben ihre Anziehung auf das Metallgewicht des Pendels aus, und das Pendel kommt zum Stillstand, sobald es von einem dieser Magneten angezogen wird. Der Witz besteht darin, das Pendel in Schwingung zu versetzen, um dann zu raten, welcher der Magneten das Spiel gewinnen wird. Selbst wenn nur drei Magneten in Form eines Triangels angeordnet sind, läßt sich die Bewegung des Pendels nicht vorhersagen. Es wird eine Weile zwischen A und B hin- und herschwingen, dann zu B und C übergehen, um danach – gerade wenn es sich auf C einzupendeln scheint – zu A zurückspringen. Nehmen wir nun an, ein Wissenschaftler wolle systematisch das Verhalten dieses Spielmechanismus untersuchen. Zu diesem Zweck fertigt er sich folgende Skizze an: Gegeben sei ein Ausgangspunkt; das Gewicht wird an dieser Stelle festgehalten und wieder losgelassen; der Punkt wird jeweils rot, blau oder grün eingezeichnet, je nachdem, bei welchem Magneten das Pendelgewicht gerade landet. Wie wird nun diese Skizze aussehen? Sie wird Zonen von kräftigem Rot, Blau oder Grün enthalten, möchte man meinen – eben jene Zonen, zu denen das Gewicht, angezogen von den Magneten, zuverlässig zurückkehrt. Ebenso aber wird die Skizze Zonen haben, in denen die drei Farben zu unendlicher Komplexität ineinander verwoben sind. Einem roten Punkt benachbart – und zwar unabhängig davon, von welchem Abstand aus man sie betrachtet und wie sehr man die Skizze vergrößert – finden sich grüne und blaue Punkte. Praktisch wird es also nicht möglich sein, die endgültige Ruhestellung des Pendels vorauszusagen.

Vertreter der klassischen Dynamik gehen davon aus, daß die Festlegung von Gleichungen eines Systems gleichbedeutend sei mit dessen Verständnis. Wie könnte man auch besser seine wesentlichen Merkmale erfassen? Zur Beschreibung einer Kinderschaukel oder eines Spielzeugpendels berücksichtigen diese Gleichungen den Winkel des Pendels, seine Geschwindigkeit, seine Reibung und die Kraft, die es bewegt. Doch aufgrund geringfügiger nichtlinearer Faktoren in diesen Gleichungen ist die klassische Dynamik außerstande, auch nur die einfachsten praktischen Fragen über das zukünftige Verhalten des Systems zu beantworten. Der Computer kann diese Fragen zwar angehen, indem er das System simuliert und jeden seiner Zyklen mit hoher Geschwindigkeit durchrechnet. Doch bringt diese Simulation ihr eigenes Problem mit sich. Die geringe Ungenauigkeit, die in jede Berechnung eingebaut ist, nimmt in rasantem Tempo zu, da es sich hier um Systeme mit sensitiver Abhängigkeit von den Anfangsbedingungen handelt. Nicht lange, und die Anzeige des Computers verschwindet, während er verzweifelt zu piepsen beginnt.

Aber ist es wirklich unvorhersagbar? Lorenz stieß zwar auf das Phänomen der Unberechenbarkeit, ebenso aber auch auf bestimmte Strukturen. Andere Wissenschaftler entdeckten gleichfalls Spuren von Ordnung inmitten scheinbar zufälliger Verhaltensmuster. Das Beispiel des Pendels war so simpel, daß man es ignorieren konnte. Die Forscher aber, die sich entschieden, es nicht zu ignorieren, erkannten, daß Pendelversuche eine provozierende Botschaft übermittelten. Ihnen wurde allmählich klar, daß die Physik noch so perfekt die Grundgesetze der Pendelbewegung erklären mochte, dieses Verständnis sich jedoch nicht auf lange Zeit aufrechterhalten lassen würde. Die mikroskopischen Details waren vollkommen klar, das makroskopische Verhalten aber blieb mysteriös. Die traditionelle Methode, Systeme lokal zu betrachten – ihre Mechanismen zu isolieren und dann zusammenzufügen –, begann zu zerbröckeln. Bei Pendeln, Strömungen, elektronischen Schaltkreisen und Laserstrahlen erschien die Kenntnis der Grundgleichungen plötzlich nicht mehr als die angemessene Form der Erkenntnis.

Im Verlauf der sechziger Jahre machten wissenschaftliche Einzelgänger Entdeckungen, die denen von Lorenz sehr ähnlich waren: etwa ein französischer Astronom,[23] der sich mit galaktischen Umlaufbahnen befaßte, und ein japanischer Elektroingenieur,[24] der elektronische Schaltkreise konstruierte. Doch der erste bewußte und großangelegte Versuch, die Abweichung globalen Verhaltens von lokalem Verhalten zu begreifen, kam aus dem Lager der Mathematiker. Zu ihnen gehörte Stephen Smale von der University of

California in Berkeley, der sich bereits durch die Lösung höchst esoterischer Probleme mehrdimensionaler Topologie einen Namen gemacht hatte. Ein junger Physiker[25] fragte Smale einmal im Gespräch, woran er gerade arbeite. Die verblüffende Antwort lautete: »Oszillatoren.« Es war absurd. Oszillatoren – genauso wie Pendel, Spiralfedern oder elektrische Schaltkreise – betrafen Probleme, mit denen Physiker im Verlauf ihrer Ausbildung frühzeitig abschlossen. Sie waren zu einfach. Wie nur konnte ein großer Mathematiker sich mit solchen elementaren Fragen der Physik abgeben? Erst Jahre später sollte der junge Mann sich darüber klarwerden, daß Smale[26] es auf nichtlineare Oszillatoren, chaotische Oszillatoren abgesehen hatte und an ihnen Dinge wahrnahm, die *nicht* zu sehen die meisten Physiker gelernt hatten.

Smale ging von einer falschen Voraussetzung aus. Streng mathematisch nahm er an, fast alle dynamischen Systeme tendierten dazu, sich auf ein Verhaltensmuster einzuspielen, das keine allzu großen Überraschungen barg. Wie er jedoch bald einsehen mußte, lagen die Dinge so einfach nicht.

Smale war einer derjenigen Mathematiker, die nicht allein Probleme lösen, sondern auch ihren Kollegen Probleme zur Lösung aufgeben. Sein historisches Verständnis und seine Intuition für den Ablauf natürlicher Prozesse ermöglichten ihm, ruhig und gelassen die Behauptung auszusprechen, daß eine ganze Ära ungeprüfter wissenschaftlicher Forschung nun der Anstrengungen eines Mathematikers bedurfte. Wie ein erfolgreicher Geschäftsmann wog er er die Risiken ab und plante kühl seine Strategie; und er besaß Führungsqualitäten. Wo Smale voranschritt, folgten viele nach. Das Ansehen, das er genoß, beschränkte sich nicht auf den Bereich der Mathematik. Zu Beginn des Vietnamkrieges organisierten er und Jerry Rubin »Internationale Protesttage« und unterstützten Versuche, die Züge anzuhalten, in denen Truppen nach Kalifornien transportiert wurden. Im Jahr 1966, als das Komitee zur Bekämpfung von »Un-American Activities« ihn unter Strafandrohung vorladen wollte, reiste er nach Moskau, um am Internationalen Mathematikerkongreß teilzunehmen. Dort nahm er die Fields-Medaille in Empfang, die höchste Auszeichnung seines Faches.

Eine Szene dieses Sommers in Moskau[27] sollte zum unzerstörbaren Bestandteil der Smale-Legende werden. Fünftausend aufgeregt debattierende Mathematiker hatten sich dort versammelt. Die politischen Spannungen zwischen den Systemen befanden sich auf ihrem Höhepunkt. Petitionen liefen um. Als die Konferenz sich bereits ihrem Ende näherte, entsprach Smale der Bitte eines nordvietnamesischen Reporters und gab auf der Haupttreppe der Moskauer Universität eine Pressekonferenz. Er begann mit einer Verurteilung der amerikanischen Invasion in Vietnam, danach aber – seine politischen Gegner begannen sich schon die Hände zu reiben – ließ er eine Verurteilung der sowjetischen Invasion in Ungarn und der Verweigerung politischer Freiheitsrechte in der Sowjetunion folgen. Er hatte kaum zu Ende gesprochen, da wurde er schon hastig in einem Wagen weggebracht und von sowjetischen Beamten verhört. Nach seiner Rückkehr nach Kalifornien[28] entzog ihm die Nationale Wissenschaftsstiftung sein Forschungsstipendium.

Die Fields-Medaille war die Anerkennung für eine berühmte Arbeit Smales auf dem Gebiet der Topologie, einem Teilbereich der Mathematik, der im zwanzigsten Jahrhundert, besonders in den fünfziger Jahren, Konjunktur hatte. Die Topologie befaßt sich mit Eigenschaften, die unverändert bleiben, wenn Formen durch Drehen, Strecken, Dehnen, Drücken oder Quetschen verändert werden. Ob eine Form eckig oder rund, groß oder klein ist, spielt keine Rolle in den Augen der Topologie, weil diese Eigenschaften einer Veränderung durch Strecken oder Ziehen unterliegen. Topologen fragen vielmehr danach, ob eine Form verbunden ist, ob sie Lücken aufweist oder ob sie verknotet ist. Sie stellen sich Flächen vor – nicht allein im ein-, zwei- oder dreidimensionalen Kosmos des Euklid, sondern in zahlreichen Dimensionen –, die sich visuell nicht mehr veranschaulichen lassen. Topologie ist gleichsam eine Gummigeometrie. Ihren Inhalt bilden eher qualitative als quantitative Aspekte. Sie geht davon aus, daß ohne Kenntnis der Maße keine Aussagen über die Gesamtstruktur möglich sind. Smale hatte ein historisch überfälliges Problem der Topologie gelöst, die Poincaré-Hypothese, für Räume von fünf und mehr Dimensionen, und sich dadurch den unangefochtenen Ruf eines führenden Vertreters seines Faches erworben. In den späten fünfziger Jahren jedoch vertauschte er die Topologie mit einem gänzlich unbekannten Gebiet: Er begann mit der Erforschung dynamischer Systeme.

Beide Problembereiche, Topologie und dynamische Systeme, gingen zurück auf Henri Poincaré, der in ihnen nur zwei Seiten derselben Medaille sah. Poincaré war um die Jahrhundertwende der letzte bedeutende Mathematiker, dem es gelang, einen Zusammenhang zwischen einer geometrischen Abstraktion und den Bewegungsgesetzen der physikalischen Welt herzustellen. Zugleich war er der erste, der die Möglichkeit von Chaos begriff. Seine Schriften deuteten auf eine Art von Unvorhersagbarkeit, die beinahe ebenso streng war wie diejenige, die später Lorenz entdecken sollte. Während aber die Topologie nach Poincarés Tod als Fach weiterblühte, verkümmerte die Erforschung dynamischer Systeme. Selbst die Bezeichnung kam außer Gebrauch: Das Themengebiet, dem Smale sich nominell zuwandte, war das Gebiet der Differentialgleichungen. Differentialgleichungen beschreiben die Art und Weise, in der Systeme sich während eines gegebenen Zeitraums beständig verändern. Die traditionelle Methode bestand darin, solche Systeme lokal zu untersuchen: Physiker oder Ingenieure betrachteten eine Serie von Möglichkeiten zu einer bestimmten Zeit. Wie Poincaré wurde Smale hingegen von dem Wunsch angetrieben, sie auf globale Weise zu verstehen: Er wollte den gesamten Bereich von Möglichkeiten auf einmal erfassen.

Jede beliebige Reihe von Gleichungen zur Beschreibung eines dynamischen Systems – etwa die Lorenzschen – erlaubt, bestimmte Parameter an den Anfang zu setzen. Im Fall der thermischen Konvektion steht ein Parameter für die Viskosität der Flüssigkeit. Große Änderungen der Parameter können in einem System zu großen Verschiebungen führen – zum Beispiel, ob sich ein fester Dauerzustand oder periodische Oszillation abzeichnet. Doch die Physiker gingen davon aus, daß sehr geringe Veränderungen nur sehr kleine Verschiebungen der Zahlen zur Folge haben könnten, nicht aber qualitative Verhaltensänderungen.

Die Verbindung zwischen Topologie und dynamischen Systemen besteht darin, daß ein Mathematiker sämtliche Verhaltensweisen eines Systems als geometrische Kontur veranschaulichen kann. Bei einem einfachen System könnte dies auf eine Art gekrümmter Oberfläche hinauslaufen; bei einem komplexen System auf eine Mannigfaltigkeit vieler Dimensionen. Ein einzelner Punkt einer solchen Oberfläche repräsentiert den Zustand eines Systems in einem Augenblick, der in der Zeit fixiert ist. Schreitet ein System in der Zeit fort, gerät der Punkt in Bewegung und beschreibt eine Bahn über die Oberfläche. Eine geringe Krümmung der Kontur entspräche einer Veränderung der Parameter des Systems, durch Erhöhung der Viskosität einer Flüssigkeit oder durch geringe Verlangsamung der Bewegung eines Pendels. Figuren von ungefähr gleichem Aussehen entsprachen ungefähr denselben Verhaltensmustern. Wer die Kontur abbilden konnte, hatte auch das System begriffen.

Als Smale sich den dynamischen Systemen zuwandte, betrieb man Topologie, wie die meisten Disziplinen der reinen Mathematik, mit einer ausgeprägten Geringschätzung für die Frage ihrer Anwendbarkeit in der realen Welt. Die Anfänge der Topologie lagen nahe am Bereich der Physik, doch bei den Mathematikern war ihr physikalischer Ursprung in Vergessenheit geraten, und die Konturen wurden um ihrer selbst willen untersucht. Von diesem Ethos war auch Smale völlig durchdrungen. Er war sozusagen der Reinste der Reinen. Zugleich aber leitete ihn die Vorstellung, die abstrakte, esoterische Entwicklung der Topologie könne nun ihren Beitrag zur Physik liefern, ganz in dem Sinne, wie Poincaré es um die Jahrhundertwende beabsichtigt hatte.

Zufällig enthielt einer der ersten Beiträge, die Smale liefern sollte, gerade seine irrige Grundvoraussetzung. Physikalisch ausgedrückt, führte er ein Naturgesetz folgender Art ein: Ein System kann zwar unregelmäßiges Verhalten zeigen, doch das unregelmäßige Verhalten kann nicht *stabil* sein. Stabilität – »Stabilität in Smales Sinn«, wie Mathematiker manchmal sagen sollten – war eine kritische Eigenschaft. Stabiles Verhalten in einem System meinte ein Verhalten, das sich nicht allein deshalb verflüchtigte, weil irgendeine Zahl ein wenig verändert wurde. Jedes System konnte sowohl stabile als auch instabile Verhaltensmomente enthalten. Die Gleichungen, die einen Bleistift beschreiben, der auf seiner Spitze steht, finden eine brauchbare mathematische Lösung, wenn das Zentrum der Schwerkraft direkt über der Spitze liegt – doch kann man einen Bleistift nicht auf seine Spitze stellen, denn die Lösung ist instabil. Die geringste Störung entfernt das System von dieser Lösung. Andererseits bleibt eine Glasmurmel, die sich auf dem Boden einer Schüssel befindet, an ihrem Platz, denn auch wenn sie eine leichte Störung erfährt, rollt sie wieder an den Ausgangspunkt zurück. Die Physiker setzten voraus, daß jedes Verhalten, das sie als regelhaft beobachten konnten, stabil sein müsse, da in realen Systemen geringfügige Änderungen aufgrund von Stör- und Meßfaktoren unvermeidlich sind. Nie kennt man die Parameter genau. Sucht man nach einem Modell, das in physikalischer Hinsicht realistisch und gleichzeitig wenig anfällig gegenüber kleinen Störungen ist

74

– so ihr Gedanke –, müßte es fraglos ein stabiles Modell sein. Die schlechte Nachricht kam mit der Post, kurz nach Weihnachten 1959, als sich Smale mit seiner Frau, seinen zwei kleinen Kindern und einer Unmenge Windeln für einige Zeit in einem Apartment in Rio de Janeiro einquartiert hatte. Mit Hilfe seiner Grundannahme hatte er eine Klasse von Differentialgleichungen definiert, die alle strukturell stabil waren. Jedes beliebige chaotische System, so postulierte er, konnte durch ein System derselben Klasse in jeder beliebigen Annäherung bestimmt werden. Diese Annahme aber stellte sich als falsch heraus. Der Brief eines Fachkollegen[29] belehrte Smale darüber, daß viele Systeme sich keineswegs so wohlerzogen verhielten, wie er sie sich vorgestellt hatte, und bot auch gleich ein Gegenbeispiel: ein System, das Chaos und Stabilität zugleich aufwies. Dieses System war robust. Setzte man es einer geringfügigen Störung aus, wie ihr jedes natürliche System fortwährend unterworfen ist, so blieb seine eigenartige Struktur davon unberührt. Robust und eigenartig![30] Smale studierte den Brief mit ungläubigem Staunen, das sich nur langsam verflüchtigte.

Chaos und Instabilität – Termini, die damals erst im Begriff standen, zu formalen Definitionen heranzuwachsen – waren keineswegs dasselbe. Ein chaotisches System konnte stabil sein, wenn sein besonderes Merkmal von Instabilität trotz geringer Störungen fortbestand. Lorenz' System bildete dafür ein Beispiel; und einige Jahre später sollte Smale auf Lorenz' Forschungen aufmerksam werden und feststellen, daß hier ein anderer einfacher Präzedenzfall vorlag, der seiner Grundannahme widersprach. Das Chaos, das Lorenz entdeckt hatte, verhielt sich bei aller Unberechenbarkeit so stabil wie eine Glasmurmel in einer Schüssel. Man konnte diesem System Störungen zufügen, es schütteln, darin rühren, seine Bewegung beeinträchtigen – doch danach, wenn alles sich wieder beruhigt hatte und die kurzfristigen Störungen abgeklungen waren wie ein Echo im Gebirge, kehrte das System zu genau demselben Muster von Unregelmäßigkeit zurück, das es vorher aufgewiesen hatte. Es verhielt sich lokal unberechenbar und global stabil. Wirklich dynamische Systeme gehorchten einem komplexeren Geflecht von Regeln, als irgend jemand je zuvor gedacht hatte. Das Beispiel, das der Brief von Smales Kollegen beschrieb, war ein anderes einfaches System, das eine Generation früher entdeckt worden und keineswegs in Vergessenheit geraten war. Zufällig handelte es sich dabei um ein verkapptes Pendel, ein oszillierendes elektronisches Schaltsystem. Es war nichtlinear, und von Zeit zu Zeit erhielt es einen Impuls, wie eine Kinderschaukel.

Es handelte sich um eine einfache Vakuumröhre,[31] die in den zwanziger Jahren ein niederländischer Elektroingenieur namens Balthasar van der Pol erfunden hatte. Ein heutiger Physikstudent würde das Verhalten eines solchen Oszillators anhand der Linie beobachten, die auf dem Bildschirm des Oszilloskops erscheint. Van der Pol verfügte über kein Oszilloskop; er konnte seinen Stromkreis nur verfolgen, indem er die sich verändernden Töne in einem Telefonhörer auffing. Freudig registrierte er Regelmäßigkeiten im Verhalten, wenn er den Strom veränderte, den er zuführte. Der Ton wechselte von Frequenz zu Frequenz, als würde er eine Treppe hinaufsteigen; er verließ eine Frequenz und stabilisierte sich dann auf der nächsten. Doch einmal innerhalb eines gewissen Zeitraum bemerkte van der Pol etwas Sonderbares. Das Verhalten klang unregelmäßig, und zwar auf eine Weise, für die er keine Erklärung hatte. Unter den gegebenen Umständen aber sah er keinen Anlaß zur Beunruhigung. »Wie oft hört man ein irreguläres Geräusch im Telefonhörer, bevor die Frequenz zum nächstgeringeren Wert überspringt«,[32] schrieb er in einem Brief an die Zeitschrift *Nature*. »Doch das ist ein untergeordnetes Phänomen.« Er war einer von jenen vielen Wissenschaftlern, die zwar bereits einen flüchtigen Einblick in Chaos erhielten, aber noch nicht über die nötigen Begriffe verfügten, um die Signale des Chaos zu verstehen. Für Techniker, die sich mit dem Bau von Vakuuumröhren beschäftigten, war die Frequenzerfassung von Bedeutung. Für Mathematiker aber, die sich bemühten, das Wesen der Komplexität zu begreifen, stellte sich als Verhaltensmuster von wirklichem Interesse das »unregelmäßige Geräusch« heraus, das durch die widersprüchlichen Impulse von höherer und geringerer Frequenz hervorgerufen wurde.

Obwohl sachlich unrichtig, führte Smales Voraussetzung ihn direkt auf die Spur eines neuen Weges zum Verständnis der vollen Komplexität dynamischer Systeme. Verschiedene Mathematiker hatten sich ein anderes Bild über die Möglichkeiten des van der Polschen Oszillators gemacht. Smale hob nun ihre Arbeit auf eine neue Ebene. Der einzige Oszilloskopbildschirm, über den er verfügte, war sein Verstand – ein Verstand, den er jahrelang in der Erforschung des Universums der Topologie geschärft hatte. Smale verschaffte sich ein Bild über die gesamte Skala von Möglichkeiten des Oszillators, des gesamten Phasenraums, wie Physiker es nannten. Jeder Zustand des Systems zu einem fixen Augenblick wurde dargestellt als ein Punkt im Phasenraum. Änderte sich das System auf irgendeine Weise, so bewegte dieser Punkt sich zu einer neuen Position im Phasenraum. Änderte das System sich jedoch stetig, so beschrieb der Punkt eine Kurve.

Für ein einfaches System wie das Pendel mochte der Phasenraum genau ein Rechteck bilden: Der Winkel des Pendels in einem gegebenen Augenblick legte die Ost-West-Position des Punktes fest, und die Geschwindigkeit des Pendels bestimmte seine Nord-Süd-Position. Für ein Pendel, das regelmäßig nach vorn und zurück schwang, ergab sich als Kurve durch den Phasenraum eine Schleife, die sich stets von neuem wand in genau demselben Maß, in dem das System immer wieder dieselbe Folge von Positionen durchlief.

Statt nun auf irgendeine einzelne Kurve zu achten, konzentrierte sich Smale auf das Verhalten des gesamten Raums, während das System sich änderte – etwa wenn mehr Antriebsenergie zugeführt wurde. Intuitiv richtete er seine Aufmerksamkeit von der physikalischen Natur des Systems auf eine neue Art von Geometrie. Seine Werkzeuge waren topologische Transformationen von Konturen im Phasenraum – Umwandlungen wie Dehnen und Stauchen. Mitunter hatten diese Transformationen eine klare physikalische Bedeutung. Dissipation (Ableitung von Energie) in einem System oder der Verlust von Reibungsenergie bedeuteten, daß das Muster dieses Systems im Phasenraum zusammenschrumpfte wie ein Ballon, der an Luft verliert – um schließlich in dem Augenblick, da das System völlig zum Stillstand kam, zu einem einzigen Punkt zusammenzuschrumpfen. Um sich die ganze Komplexität von van der Pols Oszillator vor Augen zu führen, machte er sich klar, daß der Phasenraum völlig neue komplexe Kombinationen von Transformationen zu durchlaufen hätte. Rasch veränderte er seine bisherige Vorstellung, wie globales Verhalten zu veranschaulichen sei, und entwarf ein völlig neues Modell. Seine Entdeckung – ein bleibendes Abbild von Chaos in den folgenden Jahren – war eine Struktur, die unter dem Namen »horseshoe«, Hufeisen,[33] bekannt wurde.

Um sich eine einfache Vorstellung von Smales Hufeisen zu machen,[33] nehme man ein Rechteck und presse seine Ober- und Unterseite so lange, bis man einen waagrechten Balken erhält. Danach nehme man eines der Enden des Balkens, falte es und drehe es um das andere, so daß eine C-Form entsteht, ähnlich einem Hufeisen. Sodann denke man sich das so entstandene Hufeisen eingefügt in ein neues Rechteck und wiederhole mit Pressen, Falten und Ziehen dieselbe Prozedur.

Der ganze Vorgang ähnelt der Arbeit eines mechanischen Bonbonautomaten[34] mit rotierenden Armen, die das Bonbon dehnen, seine Form verdoppeln, es erneut dehnen und so fort, bis das Bonbon eine lange, dünne Form angenommen hat, die mehrmals in sich selbst einbeschrieben ist. Smale realisierte sein Hufeisen über eine Reihe topologischer Schritte und, von mathematischen Gesichtspunkten einmal abgesehen, bot das Hufeisen eine deutliche visuelle Analogie zu der sensitiven Abhängigkeit von den Anfangsbedingungen, die Lorenz wenige Jahre später in der Erdatmosphäre entdecken sollte. Wählt man zwei nahe beieinanderliegende Punkte in dem ursprünglichen Körper aus, so läßt sich nicht vorhersagen, wo sie am Ende zu liegen kommen. Sie werden infolge des vielfachen Faltens und Dehnens beliebig weit auseinandergetrieben. Genauso können am Ende des Prozesses zwei Punkte nah beisammen liegen, die anfangs weit voneinander entfernt waren.

Ursprünglich hatte Smale gehofft, alle dynamischen Systeme durch die Prozesse des Dehnens und Stauchens beschreiben zu können – unter Verzicht auf den Prozeß des Faltens oder zumindest auf solche Fältelungen, die drastisch die Stabilität eines Systems verringerten.[35] Doch das Falten erwies sich als notwendig; es ermöglichte drastische Änderungen im dynamischen Verhalten von unerwarteter Komplexi-

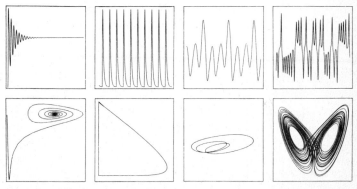

Abbildungen von Abläufen im Phasenraum: Traditionelle Abläufe und Kurven (oben) und Kurven im Phasenraum (unten) sind zwei verschiedene graphische Darstellungen derselben Daten, um sich ein Bild vom Langzeitverhalten eines Systems zu machen. Das erste System (links) läuft auf einen stabilen Zustand zu, auf einen Punkt im Phasenraum. Das zweite wiederholt sich periodisch, es bildet einen zyklischen Kreislauf. Das dritte wiederholt sich einem komplexeren »Dreivierteltakt«, also mit einem Zyklus mit der Periode »drei«. Das vierte System ist ein Chaos-System.

tät. Smales Hufeisen bildete das erste von zahlreichen neuartigen geometrischen Mustern, die bei Mathematikern und Physikern eine neue Form von Intuition zum Verständnis möglicher Bewegungsabläufe in komplexen Systemen begünstigten. Es war in mancher Hinsicht zu artifiziell, um sich praktisch verwerten zu lassen, und es erinnerte noch zu sehr an eine Schöpfung der Topologie, um Physiker zu reizen. Doch es war ein Ausgangspunkt. Im Lauf der sechziger Jahre versammelte Smale in Berkeley um sich eine Gruppe junger Mathematiker, die seine Begeisterung für diese neue Sichtweise dynamischer Systeme teilten. Weitere zehn Jahre sollten verstreichen, bis ihre Arbeit ungeteilte Aufmerksamkeit in den angewandten Wissenschaften fand. Dies geschah, als die Physiker endlich zu begreifen begannen, daß Smale einen ganzen Zweig der Mathematik auf den Boden der realen Welt zurückgeholt hatte. Daraufhin meinten sie, ein goldenes Zeitalter sei angebrochen.[36]

»Das ist der Paradigmenwechsel par excellence«, sagte

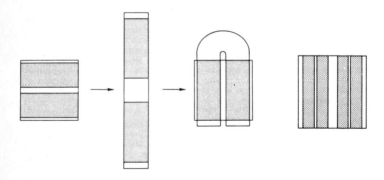

Smales Hufeisen. Diese topologische Transformation bot eine Basis für das Verständnis chaotischer Eigenschaften dynamischer Systeme. Das Prinzip ist sehr einfach: Ein Raum wird in eine Richtung ausgedehnt, in einer anderen gestaucht und dann gefaltet. Wiederholt man den Vorgang, so entsteht eine Art Mischstruktur, vergleichbar einer Rolle mehrerer übereinandergeschichteter Lagen Kuchenteig. Zwei Punkte, die am Ende eng beieinanderliegen, können sich anfangs weit voneinander entfernt befunden haben.

Ralph Abraham,[37] einer von Smales Mitarbeitern und späterer Professor für Mathematik an der University of California in Santa Cruz.

»Als ich 1960 als Mathematiker zu arbeiten begann, also vor noch nicht allzulanger Zeit, wurde die moderne Mathematik in ihrer Gesamtheit, *ich betone: in ihrer Gesamtheit*, von den Physikern abgelehnt, selbst von den fortschrittlichsten Köpfen der theoretischen Physik. So wurden zum Beispiel differenzierbare Dynamik, globale Analysis, Mannigfaltigkeiten von Abbildungen und Differentialgeometrie abgelehnt. Alles, was gerade ein oder zwei Jahre nach dem entstanden war, worauf Einstein sich berufen hatte, wurde abgelehnt. Die Beziehung zwischen Mathematikern und Physikern hatte in den dreißiger Jahren mit einer Scheidung geendet. Die Leute sprachen nicht mehr miteinander. Sie hegten nur gegenseitige Verachtung füreinander. Theoretische Physiker verweigerten ihren Studenten die Erlaubnis, ihre Kurse in Mathematik bei Mathematikern zu absolvieren: *Lernen Sie Ihre Mathematik bei uns, wir bringen Ihnen schon bei, was Sie wissen müssen. Die Mathematiker sind gerade auf einem entsetzlichen Ego-Trip und werden Sie nur verwirren.* Das war 1960. Doch 1968 hatte sich die Situation in ihr Gegenteil verkehrt.«

Endlich begriffen auch Physiker, Astronomen und Biologen, daß sie sich mit den neuen Entdeckungen auseinandersetzen mußten.

Ein anspruchsloses kosmisches Geheimnis[38]: der Große Rote Jupiterfleck, ein riesiges, wirbelndes Oval, einem gewaltigen Sturm vergleichbar, der nie seinen Ort wechselt und niemals zum Stillstand kommt. Wer die Bilder sah, die Voyager 2 1978 zur Erde sendete, erkannte den vertrauten Anblick einer Turbulenz wieder, wenngleich einer Turbulenz ungeheuren Ausmaßes. Der Fleck war einer der markantesten Punkte des Sonnensystems – »dieser rote Fleck, der da rollt wie ein entzündetes Auge inmitten zuckender Augenbrauen«,[39] wie John Updike ihn beschrieben hatte. Doch *worum* handelte es sich eigentlich? Zwanzig Jahre nachdem Lorenz, Smale und andere Forscher ein neues Verständnis von Strömungsbewegungen begründet hatten, erwies sich das überirdische Jupiter-Wetter als eines der zahlreichen Probleme, an denen die durch die Chaostheorie gewandelte Sichtweise natürlicher Prozesse sich zu bewähren hatte.

Drei Jahrhunderte lang handelte es sich um ein typisches Beispiel für eine Paradoxie: Je mehr man weiß, desto weniger weiß man. Nicht lange nachdem Galilei zum ersten Mal seine Teleskope auf den Jupiter gerichtet hatte, bemerkten die Astronomen einen Fleck auf dem großen Planeten. Robert Hooke sah ihn im Jahre 1600. Donato Creti verewigte ihn in der Bildergalerie des Vatikan. Als ein einfacher Farbtupfer hätte der Fleck keiner großen Erklärung bedurft. Doch die Teleskope wurden genauer, und das neue Wissen gebar neue Ungewißheit. Je mehr die Astronomen an Einzelheiten über den großen Fleck in Erfahrung bringen konnten, um so weniger verstanden sie das Phänomen als Ganzes. Das vorige Jahrhundert brachte eine ganze Reihe von Erklärungsversuchen hervor. Einer folgte dem andern gleichsam auf den Fersen. Hier ein paar Beispiele:

Die Lava-Theorie. Wissenschaftler des späten neunzehnten Jahrhunderts dachten an einen riesigen ovalen See aus geschmolzener Lava, die einem Vulkan entströmte. Oder vielleicht mochte die Lava auch aus einer Öffnung geströmt sein, die ein Planetoid in eine dünne, feste Kruste geschlagen hatte.

Die Neu-Mond-Theorie. Ein deutscher Gelehrter schlug im Gegensatz dazu die Erklärung vor, es handle sich bei dem Fleck um einen neuen Mond, der eben im Begriff sei, von der Oberfläche des Planeten aufzusteigen.

Die Ei-Theorie. Ein sperriges neues Faktum war aufgetaucht: Man hatte beobachtet, daß der Fleck sich leicht auf den Hintergrund des Planeten hin zubewegte. Daher interpretierte eine 1939 aufgestellte Hypothese den Fleck als einen mehr oder weniger massiven Körper, der in der Atmosphäre dahintrieb, ähnlich wie ein Ei in einer Salzlösung. Varianten dieser Theorie – einschließlich der Annahme einer dahintreibenden Blase aus Wasserstoff oder Helium – blieben jahrzehntelang im Umlauf.

Die Gassäulen-Theorie. Und noch ein neues Faktum: Obwohl der Fleck sich bewegte, bewegte er sich doch niemals weit von seinem Ausgangspunkt fort. So stellten Wissenschaftler in den sechziger Jahren die Theorie auf, es handle sich bei dem Fleck um die Spitze einer Gassäule, die vermutlich aus einem Krater aufsteige.

Und dann kam Voyager. Viele Astronomen dachten, das Geheimnis werde sich nun lichten, sobald sie nur nahe genug an den Fleck herankämen. Und tatsächlich lieferte Voyager auf seinem Nahflug eine ganze Fülle neuer Daten, doch die Daten waren nicht alles. Die Weltraumbilder von 1978 zeigten gewaltige Winde und farbenprächtige Stürme mit aufsehenerregenden Details; die Astronomen sahen den Fleck selbst wie ein hurrikanähnliches System wirbelnder Strömungen, das die Wolken beiseite schob und in Zonen ost-westlicher Winde eingebettet war, die rings um den Planeten horizontale Bänder woben. *Hurrikan* schien darum die beste aller denkbaren Beschreibungen, aus verschiedenen Gründen aber war sie dennoch nicht angemessen. Irdische Hurrikane bewegen sich in zyklonischer Richtung, oberhalb des Äquators im Gegenuhrzeigersinn und unterhalb im Uhrzeigersinn, wie alle Stürme in der Erdatmosphäre – die Rotation des Roten Flecks aber verläuft antizyklonisch. Und, was noch wichtiger ist: Hurrikane kommen innerhalb von Tagen zur Ruhe.

Und je gründlicher die Astronomen die Bilder von Voyager untersuchten, desto deutlicher wurde ihnen, daß der ganze

Planet möglicherweise nur eine sich bewegende Fließmasse sein könnte. Sie waren darauf fixiert, nach einem festen Planeten Ausschau zu halten, der von einer papierdünnen Atmosphäre umgeben war wie die Erde. Doch wenn der Jupiter überhaupt einen festen Kern besaß, dann lag er weit von der Oberfläche entfernt. Der Planet erschien plötzlich als ein gewaltiges, dynamisches Strömungssystem, und mittendrin war der Rote Fleck, der sich wieder und wieder drehte, ohne sich von dem Chaos rings umher stören zu lassen.

Der Fleck wurde zum Gestalttest. Die Wissenschaftler sahen jeweils das in ihm, was ihre Intuition ihnen zu sehen erlaubte. Ein Strömungsphysiker, der sich eine Turbulenz als regelloses und zufälliges Phänomen dachte, brachte keinerlei Voraussetzungen mit, um sich eine stabile Insel in ihrer Mitte zu erklären. Voyager hatte das Geheimnis nur noch vergrößert und die Gemüter in doppelter Hinsicht irritiert,[40] denn er zeigte nur kleinformatige Auschnitte der Strömung, und diese waren zu winzig, als daß man sie von der Erde aus wahrnehmen konnte, nicht einmal mit den leistungsstärksten Teleskopen. Diese kleinen Bilder deuteten auf raschen Zerfall; sie zeigten Wirbel, die innerhalb eines Tages oder noch kürzerer Fristen auftauchten und wieder verschwanden. Der Fleck selbst aber erwies sich als stabil. Was hielt ihn in Gang? Und was hielt ihn an seinem Platz?

Die NASA bewahrt diese Bilder in etwa einem halben Dutzend Archiven auf, die über die ganzen USA verteilt sind. Eines dieser Archive befindet sich an der Universität von Cornell. In seiner Nähe hatte in den frühen achtziger Jahren Philip Marcus, ein junger Astronom und Vertreter der angewandten Mathematik, sein Arbeitszimmer. Nach Voyager war Marcus einer von einer Handvoll Wissenschaftler in den Vereinigten Staaten und in England, die nach Wegen suchten, ein Modell des Roten Flecks zu konstruieren. Sie hatten sich von der Hurrikantheorie und ihren Ablegern freigemacht und angemessenere Analogien im Bereich irdischer Strömungen entdeckt. Der Golfstrom beispielsweise verläuft den westlichen Atlantik hinab und dreht und verzweigt sich dabei in geheimnis- und beziehungsvollen Bahnen. Er bildet kleine Wellen aus, die sich zu Schlingen und Kurven weiterentwickeln. Diese treiben von der Hauptströmung fort und bilden langsame, langanhaltende, antizyklonische Wirbel. Eine andere Parallelerscheinung lieferte ein spezielles Phänomen der Meteorologie, das unter dem Namen »blocking« bekannt ist. Manchmal hält sich ein Hochdrucksystem in Küstennähe, wo es sich langsam dreht, über Wochen oder Monate hin, ungeachtet der üblichen Ost-West-Drift. Die »Blocking«-Theorie setzte den herkömmlichen Modellen weltweiter Wettervorhersage ein Ende. Zugleich aber gab sie den Meteorologen auch Anlaß zur Hoffnung, brachte sie doch regelmäßige Muster von ungewohnter Beständigkeit hervor.

Marcus betrachtete die Aufnahmen der NASA stundenlang, die prachtvollen Hasselblad-Bilder der ersten Menschen, die den Mond betraten, und die Bilder der Jupiter-Turbulenz. Da die Newtonschen Gesetze universale Gültigkeit beanspruchen, programmierte Marcus einen Computer mit einem System von Strömungsgleichungen. Die Wetterverhältnisse auf dem Jupiter zu erfassen bedeutete, Regeln zu erstellen für das Verhalten einer dichten Masse von Wasserstoff und Helium, die einem erloschenen Stern ähnelte. Der Planet dreht sich in nur 9 Stunden und 55 Minuten einmal um sich selbst. Die Drehung erzeugt eine starke Corioliskraft, ein seitlich ablenkendes Moment, wie es etwa auf eine Person einwirkt, die über ein Karussell läuft. Die Corioliskraft hält den Fleck in Bewegung.

Hatte Lorenz seine Miniaturmodelle des Erdwetters dazu benutzt, simple Linien auf Endlospapier zu drucken, bediente Marcus sich nun viel leistungsstärkerer Computer, um eindrucksvolle Farbbilder zu erstellen. Zuerst fertigte er Konturdiagramme an. Doch vermochte er kaum wahrzunehmen, was auf ihnen vorging. Dann machte er Dias und fügte die Einzelbilder zu einem ablaufenden Film zusammen. Es war wie eine Offenbarung. In leuchtenden Blau-, Rot- und Gelbtönen verschmolz ein Schachbrettmuster rotierender Wirbel zu einem Oval, das eine unheimlich anmutende Ähnlichkeit mit dem Großen Roten Fleck auf den echten Filmaufnahmen der NASA aufwies. »Man sieht diesen großformatigen Fleck,[41] selbstvergessen wie eine Muschel inmitten der kleinformatigen chaotischen Strömung, und diese chaotische Strömung saugt Energie auf wie ein Schwamm. Man sieht diese kleinen, filigranen und faserigen Strukturen vor dem Hintergrund eines Meeres von Chaos.« Der Fleck ist ein System, das sich selbst organisiert, erzeugt und reguliert durch dieselben nichtlinearen Verdrillungen, die auch die unberechenbare Unruhe um ihn herum bewirken. Er ist ein »stabiles Chaos«.

Als Student der höheren Semester hatte Marcus klassische Physik studiert. Er hatte lineare Gleichungen gelöst und Experimente durchgeführt, die so angelegt waren, daß ihr Resultat mit der linearen Analysis übereinstimmen mußte. Es war ein behütetes Dasein gewesen, aber schließlich widersetzen nichtlineare Gleichungen sich jeder Lösung. Warum also die Zeit eines Examensstudenten mit ihnen vertrödeln? Persönliche Befriedigung war in der Ausbildung vorprogrammiert. Hielt er seine Gleichungen innerhalb gewisser Grenzen, so mochten die linearen Näherungswerte genügen, und er wurde mit dem erwarteten Resultat belohnt. Irgendwann freilich mußte unvermeidlich die wirkliche Welt sich störend eindrängen, und Marcus nahm etwas wahr, worin er erst Jahre später die Signatur von Chaos erkennen sollte. Damals aber stutzte er und fragte: »Gee, wo ist hier der Haken?« Und er bekam zur Antwort: »Ah, das ist nur ein Fehler im Experiment, halt dich doch nicht damit auf.«[42]

Doch im Gegensatz zu den meisten andern Physikern lernte Marcus schließlich die Lorenzsche Lektion, nach der ein deterministisches System in seinem Verhalten sehr viel mehr Phänomene zeigt als nur periodische Wiederholungen. Er begriff, daß man zugleich nach ungebändigter Unordnung suchen mußte, und er wußte auch, daß inmitten dieser Unordnung Inseln der Ordnung auftauchen konnten. So brachte er für das Problem des Großen Roten Flecks auf dem Jupiter die Grundeinsicht mit, daß ein komplexes System zur gleichen Zeit Turbulenz und Kohärenz, Chaos und Stabilität, aufweisen kann. Er verstand seine Arbeit im Rahmen einer neu entstehenden Wissenschaft, die eine völlig neue methodische Schule schuf, indem sie den Computer als Instrument für ihre Experimente benutzte. Und er war bereit, sich selbst als Vertreter einer neuen Generation von Wissenschaftlern zu definieren: nicht in erster Linie als Astronom, Strömungsphysiker oder Mathematiker, sondern als Chaosspezialist.

1. Kuhns Interpretation wissenschaftlicher Revolutionen wurde stets aufs neue analysiert und in Frage gestellt während der fünfundzwanzig Jahre, seit der Wissenschaftsgeschichtler sie erstmals vortrug, zu einer Zeit also, da Lorenz seinen Computer programmierte, um das Wetter zu simulieren. Zur Darstellung von Kuhns Thesen beziehe ich mich vorrangig auf *The Structures of Scientific Revolutions*, 2. erw. Aufl. (Chicago: University of Chicago Press, 1970); vgl. ferner *The Essential Tension: Selected Studies in Scientific Tradition and Change* (Chicago: University of Chicago Press, 1977); »What Are Scientific Revolutions?« (Occasional Paper No. 18, Center for Cognitive Science, Massachusetts Institute of Technology); sowie Kuhn, Interview. Eine weitere nützliche und bedeutende Analyse zu dem Thema bietet I. Bernard Cohen, *Revolutions in Science* (Cambridge, Mass.: Belknap Press, 1985).
2. *Structure*, S. 62—65; dort zitiert sind J. S. Bruner und Leo Postman,

»On the Perception of Incongruity: A Paradigm«, *Journal of Personality* XVIII (1949), S. 206.

3. *Structure*, S. 24.

4. *Tension*, S. 229.

5. *Structure*, S. 13–15.

6. *Tension*, S. 234.

7. Cvitanović.

8. Ford, Interview, und »Chaos: Solving the Unsolvable, Predicting the Unpredictable«, *Chaotic Dynamics and Fractals*, hrsg. v. M. F. Barnsley und S. G. Demko (New York: Academic Press, 1985).

9. Michael Berry führt folgende Defintion des *Oxford English Dictionary* an: »Chaologie (selten): ›Geschichte oder Beschreibung von Chaos.‹« Berry, »The Unpredictable Bouncing Rotator: A Chaology Tutorial Machine«, Manuskript, H. H. Wills Physics Laboratory, Bristol.

10. Richter.

11. Diese Ergebnisse bei J. Crutchfield, M. Nauenberg und J. Rudnick, »Scaling for External Noise at the Onset of Chaos«, *Physical Review Letters* 46 (1981), S. 933.

12. Alan Wolf, »Simplicity and Universality in the Transition of Chaos«, *Nature* 305 (1983), S. 182.

13. Joseph Ford, »What Is Chaos, That We Should Be Mindful of It?«, Manuskript, Georgia Institute of Technology, Atlanta.

14. »What Are Scientific Revolutions?«, S. 23.

15. *Structure*, S. 111.

16. Yorke und andere.

17. »What Are Scientific Revolutions?«, S. 2–10.

18. Galileo, *Opere* VIII. 277; ferner VIII. 129–130.

19. David Tritton, »Chaos in the Swing of a Pendulum«, *New Scientist*, 24. Juli 1986, S. 37. Dies ist ein gut lesbarer, allgemeinverständlicher Essay über die philosophischen Implikationen des chaotischen Verhaltens von Pendeln.

20. Praktisch gesprochen: Wenn jemand ein Pendel in Gang setzt, kann er stets eine mehr oder weniger regelmäßige Bewegung erzeugen, vermutlich indem er einem eigenen unterbewußten nichtlinearen Rückkopplungsmechanismus folgt.

21. Unter den vielen Analysen der möglichen Komplikationen bei einem einfach angetriebenen Pendel bieten eine gute Zusammenfassung D. D'Humieres, M. R. Beasley, B. A. Huberman und A. Libchaber, »Chaotic States and Routes to Chaos in the Forced Pendulum«, *Physical Review* A 26 (1982), S. 3483–3496.

22. Michael Berry untersuchte die Physik dieses Spielzeugs sowohl theoretisch als auch experimentell. In »The Unpredictable Bouncing Rotator« beschreibt er eine Fülle von Verhaltensweisen, die allein in Begriffen der Chaosdynamik verständlich sind: »KAM tori, bifurca-

tion of periodic orbits, Hamiltonian chaos, stable fixed points and strange attractors.«

23. Hénon.

24. Ueda.

25. Fox.

26. Smale, Yorke, Guckenheimer, Abraham, May, Feigenbaum; eine knappe, anekdotisch gewürzte Zusammenfassung von Smales Gedankengängen während dieser Zeit bietet »On How I Got Started in Dynamical Systems«, in Steve Smale, *The Mathematics of Time: Essays on Dynamical Systems, Economic Processes, and Related Topics* (New York: Springer, 1980), S. 147–151.

27. Raymond H. Anderson, »Moscow Silences a Critical American«, *The New York Times*, 27. August 1966, S. 1; Smale, »On the Steps of Moscow University«, *The Mathematical Intelligencer* 6/2, S. 21–27.

28. Smale.

29. Dieser Kollege war N. Levinson. Mehrere Stränge, die in der Geschichte der Mathematik auf Poincaré zurückgehen, kamen hier zusammen. Die Arbeit von Birkhoff gehört dazu. In England verfolgten Mary Lucy Cartwright und J. E. Littlewood die Hinweise, die Balthasar van der Pol im chaotischen Verhalten von Oszillatoren ausgemacht hatte. All diese Mathematiker waren sich der Möglichkeit von Chaos in einfachen Systemen bewußt, doch Smale besaß wie die meisten akademisch ausgebildeten Mathematiker von ihren Arbeiten keinerlei Kenntnis, bis er Levinsons Brief las.

30. Smale, »On How I Got Started«.

31. Van der Pol beschrieb seine Arbeit in *Nature* 120 (1927), S. 363–364.

32. Ibid.

33. Smales definitive Darlegung seiner Arbeit findet sich in »Differentiable Dynamical Systems«, *Bulletin of the American Mathematical Society* (1967), S. 747–817 (desgleichen in *The Mathematics of Time*, S. 1–82).

34. Rössler.

35. Yorke.

36. Guckenheimer, Abraham.

37. Abraham.

38. Marcus, Ingersoll, Williams; Philip S. Marcus, »Coherent Vortical Features in a Turbulent Two-Dimensional Flow and the Great Red Spot of Jupiter«, vorgelegt beim 110. Kongreß der Acoustical Society of America, Nashville, Tennessee, 5. November 1985.

39. John Updike, »The Moons of Jupiter«, *Facing Nature* (New York: Knopf, 1985), S. 74.

40. Ingersoll; ferner Andrew P. Ingersoll, »Order from Chaos: The Atmosphere of Jupiter and Saturn«, *Planetary Report* 4/3; S. 8–11.

41. und 42. Marcus.

Das Auf und Ab des Lebens

Das Ergebnis eines neu entwickelten mathematischen Modells sollte man beständig in Vergleich setzen zur eigenen Intuition bezüglich dessen, was vernunftgemäßes biologisches Verhalten ausmacht. Deckt ein derartiger Vergleich Widersprüche auf, so müssen folgende Möglichkeiten in Betracht gezogen werden:
a. Im formalen mathematischen Modell ist ein Irrtum enthalten;
b. Die Grundvoraussetzungen sind unzutreffend und/oder stellen eine zu grobe Vereinfachung dar;
c. Die eigene Intuition hinsichtlich biologischer Prozesse ist unzureichend entwickelt;
d. Ein grundlegend neues Prinzip wurde entdeckt.

Harvey J. Gold:
Mathematical Modeling of Biological Systems

Gefräßige Fische[1] und schmackhaftes Plankton. Feuchte Regenwälder voll unbekannter Reptilien. Vögel, die unter Baldachinen von Blättern dahingleiten, Insekten, die umherschwirren und summen wie Elektronen in einem Teilchenbeschleuniger. Frostzonen, in denen Wühlmäuse und Lemminge in präzisen Vierjahreszyklen auftauchen und wieder verschwinden, im unerbittlichen Kampf mit der Natur. Ökologen stellt sich die Welt dar als ein einziges vertracktes Laboratorium, als ein Schmelztiegel, in dem fünf Millionen verschiedene Spezies interagieren.[2] Oder sind es fünfzig Millionen? Die Ökologen wissen es bis heute nicht. Mathematisch geschulte Biologen schufen in diesem Jahrhundert eine neue Disziplin, die Ökologie, die von der bunten Vielfalt des wirklichen Lebens abstrahierte und ganze Arten als dynamische Systeme behandelte. Die Ökologen machten sich das elementare Rüstzeug der theoretischen Physik zunutze, um Ebbe und Flut des Lebens zu beschreiben. Einzelne Arten vermehren sich an einem Ort mit beschränkten Nahrungsressourcen, verschiedene Arten ringen miteinander um einen Platz im Dasein, Epidemien verbreiten sich in Massenpopulationen – all das ließ sich isolieren. Wenn schon nicht in den Laboratorien, dann gewiß in den Köpfen der theoretischen Biologen.

Als sich in den siebziger Jahren die Chaosforschung als eine neue Disziplin zu etablieren begann, schienen die Biologen dazu bestimmt, eine besondere Rolle in diesem Prozeß zu übernehmen. Sie bedienten sich mathematischer Modelle, waren sich aber gleichzeitig bewußt, daß diese Modelle nur eine schwache Annäherung an die brodelnde Welt der Wirklichkeit zu leisten vermochten. Umgekehrt gestattete ihnen ihre Kenntnis dieser Grenzen, sich über die Bedeutung einiger Überlegungen klarzuwerden, die unter Mathematikern bis dahin als interessante Sonderfälle gegolten hatten. Wenn reguläre Gleichungen Ketten unregelmäßigen Verhaltens hervorrufen konnten, so mußten bei einem Ökologen gleich mehrere Alarmglocken schrillen. Unregelmäßiges Verhalten war denn auch der Punkt, an dem die Ökologen einsetzten. Physiker konnten regelmäßige Systeme beobachten oder sie selbst in ihren Laboratorien konstruieren. Oder sie konnten komplizierte Systeme in ihre Einzelteile zerlegen, um sie dann in aller Exaktheit zu analysieren. Biologen aber waren von Anfang an auf Vereinfachungen angewiesen.

Bei den Gleichungen, die im Bereich der Populationsbiologie angewandt wurden, handelte es sich im wesentlichen um Gegenstücke jener Modelle, die Physiker für ihre Teildarstellungen des Kosmos benutzten. Doch die Komplexität der realen Phänomene, die das Objekt der Biowissenschaften bildeten, übertraf alles, was sich im Laboratorium eines Physikers untersuchen ließ. Die mathematischen Modelle der Biologen waren vom Ansatz her Karikaturen der Wirklichkeit,[3] ebenso wie auch die Modelle der Ökonomen, Demographen, Psychologen und Stadtplaner, wann immer diese »unexakten« Wissenschaften danach trachteten, ihren Untersuchungen variabler Systeme ein »exaktes« Profil zu verleihen. Die Standards waren eben verschieden. Einen Physiker mutete ein System wie etwa das der Lorenzschen Gleichungen so simpel an, als wäre es völlig transparent. Einem Biologen aber schienen selbst diese Gleichungen höchst vertrackt und kompliziert: Sie waren dreidimensional, unendlich variabel und analytisch nicht zu lösen. Selbstverständlich benutzte Lorenz – obwohl seine Gleichungen exakte und vollständige Beschreibungen realer Objekte wie Wasserräder und Elektrodynamos darstellten – sein Modell auch als Metapher für komplizierte Systeme wie das Wetter oder eine Turbulenz. Seine Arbeit entsprach nicht strengen mathematischen Maßstäben, war aber andererseits auch nicht einfach physikalischer Art. Sie war eher dem Geist der Forschungen verwandt, die Biologen betrieben, insofern Lorenz das Wesen natürlicher Prozesse zu abstrahieren suchte.

Innere Notwendigkeit zwang die Biologen zur Entwicklung eines besonderen Arbeitsstils. Die Verknüpfung mathematischer Beschreibungen mit realen Systemen hatte auf andere als die herkömmliche Weise zu erfolgen. Ein Physiker, der ein bestimmtes System untersucht (zum Beispiel zwei Pendel, die durch eine Feder miteinander verbunden sind), beginnt mit der Wahl der entsprechenden Gleichungssysteme. Sofern dies möglich ist, schlägt er sie in irgendeinem Handbuch nach; wird er dort nicht fündig, leitet er die gesuchten Gleichungen von den Ausgangsprinzipien ab. Er weiß, wie Pendel agieren, und er kennt die Funktionsweise von Federn. Dann löst er die Gleichungen – falls er dazu imstande ist. Im Gegensatz hierzu könnte ein Biologe die richtigen Gleichungen nie aus bloßem Nachdenken über eine bestimmte Tierpopulation ableiten. Er müßte vielmehr Daten sammeln und nach Gleichungen suchen, die ein entsprechendes Ergebnis hervorbringen. Was geschieht, wenn man tausend Fische in einen See setzt, dessen Nahrungsreserven begrenzt sind? Und was passiert, wenn man fünfzig Haie hinzufügt, von denen jeder pro Tag zwei Fische frißt?

Was geschieht mit einem Virus, das zu Todesfällen in einer bestimmten Größenordnung führt und sich in einem bestimmten Verhältnis gemäß der Bevölkerungsdichte ausbreitet? All diese Probleme idealisierten die Wissenschaftler so weit, bis sie sich auf griffige Formeln bringen ließen.

Doch das Verfahren funktionierte. Die Populationsbiologie lernte eine ganze Menge über die Geschichte des Lebens, etwa über Fragen der Wechselbeziehungen zwischen Raubtier und Beutetier oder wie sich eine Veränderung der Bevölkerungsdichte eines Landes auf die Verbreitung eines Seuchenerregers auswirkt. Zeigte ein bestimmtes mathematisches Modell eine aufsteigende Linie, erreichte es einen Zustand des Gleichgewichts oder strebte es gegen Null, so erlaubte dies den Biologen Mutmaßungen hinsichtlich der Umstände, unter denen eine reale Population oder eine reale Epidemie dasselbe tun würden.

Eine hilfreiche Vereinfachung bestand darin, die Welt in festgelegte Zeitintervalle einzuteilen, vergleichbar einem Zifferblatt, auf dem der Uhrzeiger sich Sekunde für Sekunde ruckartig voranbewegt, statt beständig weiterzugleiten. Differentialgleichungen beschreiben Prozesse, die über einen gegebenen Zeitraum hin einer Veränderung unterworfen sind, die nicht abrupt erfolgt; doch lassen Differentialgleichungen sich nur schwer berechnen. Einfachere Gleichungssysteme – »Differenzgleichungen« – lassen sich dagegen auf Prozesse anwenden, die sich sprunghaft von Zustand zu Zustand bewegen. Zum Glück leben viele Tierpopulationen im genauen Einjahresrhythmus. Jahrweise Veränderungen sind oftmals bedeutsamer als kontinuierlich ablaufende Veränderungen. Im Gegensatz zum Menschen haben viele Insekten eine genau festgelegte Fortpflanzungsphase, so daß ihre Generationen sich nicht überschneiden. Um die Nachtfalterpopulationen des nächsten Sommers oder die Blasenwurmepidemie des nächsten Winters vorherzusagen, müßte ein Ökologe nur das entsprechende Diagramm des laufenden Jahres kennen. Ein alljährliches

Schaubild ist freilich nur ein Schatten der realen, komplizierten Struktur des Systems, doch in verschiedenen praktischen Anwendungen liefert bereits diese unscharfe Abbildung die Information, die ein Wissenschaftler benötigt.

Die Mathematik der Ökologie verhält sich zur Mathematik
Steve Smales wie die zehn Gebote zum Talmud: eine Reihe
brauchbarer Regeln, die nicht übermäßig schwer zu begreifen sind. Zur Beschreibung des alljährlichen Bevölkerungs-
wandels bedienen sich die Biologen eines Formalismus, den
jeder Gymnasiast mühelos begreifen kann. Nehmen wir
einmal an, die Nachtfalterpopulation des jeweils folgenden
Jahres hinge vollkommen von derjenigen des laufenden Jahres ab. Es ließe sich eine Tabelle denken, die alle spezifischen Möglichkeiten umfaßt – 31 000 Nachtfalter im laufenden Jahr bedeuten 35 000 im nächsten Jahr und so weiter.
Oder die Beziehung zwischen allen Zahlen des laufenden
Jahres und allen Zahlen für das folgende Jahr lassen sich als
Regel denken – als eine Funktion. Die Population (X) des
folgenden Jahres stellt sich dar als Funktion (F) der Population des laufenden Jahres: nächstes $Xn=F(Xn+1)$.

Jede Teilfunktion läßt sich graphisch darstellen und erhält
unmittelbar ihren Sinn aus ihrer Gesamtstruktur.

Um den zeitlichen Verlauf einer Population zu verfolgen,
braucht man in einem einfachen Modell wie diesem nur eine
Grundkurve anzunehmen und dann dieselbe Funktion stets
von neuem anzuwenden. Will man die Populationsstruktur
eines dritten Jahres berechnen, muß man diese Funktion
nur auf das Ergebnis des vorangegangenen Jahres anwenden und so fort. Die ganze Geschichte der Populationen
wird durch diesen Prozeß funktionaler Wiederholung re-
konstruierbar – eine Rückkoppelungsspirale, wobei der
»output« eines Jahres als »input« des folgenden Jahres
dient. Eine Rückkoppelung kann außer Kontrolle geraten,
etwa dann, wenn die Töne eines Lautsprechers durch ein
Mikrophon zurückgeleitet werden, worauf ein unerträglich
schrilles Pfeifen ertönt. Genauso kann eine Rückkoppelung

aber auch Stabilität herbeiführen, etwa wenn ein Thermostat die Temperatur eines Hauses reguliert: Jede Temperatur, die einen bestimmten Fixpunkt übersteigt, führt zu Abkühlung, und jeder Temperaturwert unterhalb dieses Fixpunkts bewirkt neuerliches Heizen.

Zahlreiche verschiedene Varianten von Funktionen lassen sich denken. Eine naive Annäherung an die Populationsbiologie würde wohl eine Funktion nahelegen, die zu einem alljährlichen Anwachsen der Population um einen bestimmten Prozentsatz führt, sagen wir um zehn Prozent. Dies entspräche einer linearen Funktion: nächstes $X = r(X)$, und damit dem von Malthus entwickelten klassischen Schema eines Bevölkerungswachstums, das sich unbehelligt von der Nahrungsmittelversorgung und moralischen Prinzipien entfaltet. Der Parameter r bezeichnet die Wachstumsrate der Bevölkerung. Angenommen, er betrage 1,1; dann wäre, wenn die Bevölkerung des laufenden Jahres mit zehn angesetzt wird, die des nächstfolgenden Jahres elf. Beträgt der »input« 20 000, so liegt der »output« bei 22 000. Die Bevölkerung wächst in immer größerem Maßstab an wie Geld, das samt Zins und Zinseszins lange Zeit unangetastet auf einem Sparkonto liegt.
Ökologen wurden sich schon vor Generationen darüber klar, daß sie anspruchsvollere Verfahren brauchten. Ein Ökologe etwa, der an wirkliche Fische in einem wirklichen Teich dachte, hatte nach einer Funktion zu suchen, die den grausamen Realitäten des Lebens Rechnung trug – zum Beispiel der Realität des Hungers und des Kampfs ums Dasein. Vermehren sich die Fische zu sehr, wird ihnen mit der Zeit das Futter knapp. Eine zahlenmäßig geringe Fischpopulation wird rapide anwachsen. Eine übermäßige Fischpopulation hingegen wird reduziert. Ein anderes Beispiel bieten gewöhnliche Käfer. Angenommen, jemand gehe am ersten August jeden Jahres in den Garten und zähle dort die

Käfer. Der Einfachheit halber lasse er dabei insektenfressende Vögel und Insektenkrankheiten außer Betracht und beschränke sich ausschließlich auf die gegebene Futtermenge. Einige wenige Käfer werden sich vermehren; der größere Teil von ihnen aber wird den ganzen Garten kahlfressen und so sich selbst zum Hungertod verurteilen.

In Malthus' Vision eines ungehemmten Bevölkerungswachstums steigt die lineare Wachstumsfunktion stetig an. Zur Erstellung eines realistischeren Szenarios aber benötigt ein Ökologe eine Gleichung mit einigen zusätzlichen Gliedern, die eine Beschränkung des Wachstums berücksichtigen, wenn die Bevölkerung zu sehr anwächst. Die wirklichkeitsgetreueste Funktion, die sich hierbei finden ließe, müßte bei geringer Bevölkerungsdichte steil ansteigen, bei Zwischenwerten das Wachstum gegen Null reduzieren und steil nach unten abfallen, sobald die Bevölkerung eine große Dichte erreicht hat. Durch Wiederholen des Prozesses kann ein Ökologe das langfristige Verhalten einer Bevölkerungsentwicklung beobachten – vermutlich wird sie irgendeinen stabilen Zustand erreichen. Ein erfolgreicher Beutezug eines Ökologen ins Gebiet der Mathematik würde ihn zu etwa folgenden Aussagen führen: Hier ist eine Gleichung; und hier eine Variable, welche die Vermehrungsrate bezeichnet; diese Variable hier bezeichnet die natürliche Sterblichkeitsrate; diese Variable hingegen bezeichnet die zusätzliche Sterblichkeit infolge von Hunger oder Vertilgung durch andere Tiere. Und siehe da: Die Population wird mit *dieser* Geschwindigkeit anwachsen, bis sie *dieses* Gleichgewichtsniveau erreicht hat.

Wie aber findet man eine solche Funktion? Verschiedene Gleichungen können sich als tauglich erweisen, und die möglicherweise einfachste von ihnen stellt eine Modifikation der linearen Version von Malthus dar: nächstes $\times = r\times(1\text{-}\times)$. Auch hier steht der Parameter r für eine Wachstumsrate, die sich höher oder niedriger ansetzen läßt. Das neue Glied, 1-$\times$, hält den Bevölkerungszuwachs innerhalb gewisser Grenzen, denn wenn × anwächst, vermindert sich 1-×.* Mit einem einfachen Taschenrechner könnte man irgendeinen Ausgangswert annehmen, sodann eine Wachstumsrate ansetzen und schließlich die Rechnung ausführen, um die Bevölkerungsrate des folgenden Jahres zu ermitteln.

In den 1950er Jahren[4] suchten einige Ökologen nach Variationen dieser speziellen Gleichung, die bekannt war als »logistische Differenzengleichung«. In Australien zum Beispiel wendete W. E. Ricker sie auf reale Fischgründe an. Die Ökologen waren sich darüber klar, daß der Wachstumsparameter r einen wesentlichen Aspekt des Modells darstellte. In den physikalischen Systemen, denen diese Gleichungen entlehnt waren, entsprach dieser Parameter der Erwärmungsmenge, der Reibungsmenge oder der Menge irgend-

---

* Der Einfachheit halber wird in diesem hochabstrakten Modell der Begriff »Population« als ein Bruch zwischen null und eins ausgedrückt; null repräsentiert dabei das Aussterben der Population, eins steht für die größtdenkbare Bevölkerungsdichte.
Man beginne folgendermaßen: Man wähle für r einen willkürlichen Wert, zum Beispiel 2,7, und setze als Ausgangsbevölkerung 0,02 an. Eins minus 0,02 ergibt 0,98. Man multipliziere mit 0,02, und man erhält 0,0196. Man multipliziere diesen Wert mit 2,7, und man erhält 0,0529. Die Population, die auf sehr niedrigem Niveau einsetzte, hat sich mehr als verdoppelt. Man wiederhole diesen Vorgang – wobei die neue Populationsrate als Ansatzpunkt dient –, und man erhält 0.1353. Schon mit einem billigen programmierbaren Rechner ist diese Folge durch steten Knopfdruck zu erzielen. Die Population steigt an auf 0.3159, dann auf 0.5835, dann auf 0.6562: Die Zuwachsrate verlangsamt sich. Danach – die Sterblichkeitsrate übersteigt infolge Nahrungsmittelmangels die Vermehrungsrate – erhält man den Wert 0.6092. Dann 0.6428, danach 0.6199, dann 0.6362, schließlich 0.6249. Die Ziffern scheinen vor- und zurückzuspringen, sich dabei jedoch an eine fixe Zahl heranzuarbeiten: 0.6328, 0.6273, 0.6312, 0.6285, 0.6304, 0.6291, 0.6300, 0.6294, 0.6299, 0.6295, 0.6297, 0.6296, 0.6297, 0.6296, 0.6296, 0.6296, 0.6296, 0.6296, 0.6296, 0.6296. Geschafft!
In den Tagen, da man noch mit Papier und Bleistift oder mit Hilfe kurbelgetriebener Additionsmaschinen rechnete, gelangte die numerische Untersuchung niemals über diesen Punkt hinaus.

einer anderen vertrackten Größe. Mit einem Wort: dem Betrag der Nichtlinearität. In einem Teich mochte er der Fruchtbarkeit der Fische entsprechen, der Tendenz der Populationskurve, nicht allein in die Höhe zu schnellen, sondern auch wieder abzufallen, was man mit dem hochtrabenden Terminus »biotisches Potential« umschrieb. Die Frage war, inwieweit diese verschiedenen Parameter den Endzustand einer im Wandel begriffenen Population beeinflußten. Die nächstliegende Antwort hierauf besagt: Ein niedrigerer Parameter wird zur Folge haben, daß diese idealisierte Population zum Schluß auf einem niedrigeren Niveau anlangt. Ein höherer Parameter hingegen führt zu einem höheren Dauerzustand. Diese Vermutung erweist sich für viele Parameter als zutreffend – doch nicht für alle. Gelegentlich versuchten sich Ricker verwandte Forscher auch an noch höheren Parametern. Und wenn sie dies taten, müssen sie unweigerlich auf Chaos gestoßen sein.

Seltsamerweise zeigt die kontinuierliche Abfolge der Zahlen ein irritierendes Verhalten – eine ziemliche Qual für jemanden, der seine Rechnung mit einer Handkurbel ausführen muß. Die Zahlen wachsen natürlich nicht ins Uferlose an, aber sie nähern sich auch keinem stabilen Endzustand. Offensichtlich jedoch brachte keiner dieser frühen Ökologen die Energie auf, am laufenden Band Zahlen zu produzieren, die ihm partout nicht den Gefallen tun wollten, an ein Ende zu gelangen. Sprang die Populationsziffer unaufhörlich vor und zurück, so waren die Ökologen überzeugt, sie kreise um einen verborgenen Gleichgewichtszustand. Und dieses Gleichgewicht war entscheidend. Der Gedanke, es könnte vielleicht *kein* Gleichgewicht geben, kam den Ökologen überhaupt nicht in den Sinn.

Nachschlagewerke[5] und Lehrbücher, in denen die logistische Gleichung und deren ungleich komplexere Ableitungen abgehandelt wurden, zogen im allgemeinen nicht einmal die Möglichkeit in Betracht, daß Chaos hier am Werk sein könnte. In seinem 1968 erschienenen Standardwerk

Mathematical Ideas in Biology gab J. Maynard Smith eine Musterinterpretation der in Frage kommenden Möglichkeiten: Populationen, so Smith, blieben oftmals annähernd konstant oder fluktuierten mit »ziemlich regelmäßiger Periodizität« um einen angenommenen Gleichgewichtspunkt. Dabei war er keineswegs so naiv, zu meinen, reale Populationen könnten niemals erratisches Verhalten zeigen. Er nahm lediglich an, erratisches Verhalten habe nichts zu tun mit der Art mathematischer Modelle, wie er sie beschrieb. Auf jeden Fall hatten die Biologen sich derartige Modelle vom Leib zu halten. Sobald die Modelle den Kenntnissen ihrer Urheber über das Verhalten realer Populationen zuwiderliefen, lieferte irgendein fehlendes Merkmal die Erklärung für diese Diskrepanz: etwa die Altersstruktur innerhalb der betreffenden Population, Einschränkungen durch das Terrain oder bestimmte geographische Gegebenheiten oder auch die Schwierigkeit, mit zwei Geschlechtern gleichzeitig rechnen zu müssen.

Wichtiger aber war noch, daß in den Hinterköpfen der Ökologen[6] stets die Annahme herrschte, eine erratische Zahlenkette bedeute nichts weiter, als daß ein Rechenapparat verrückt spiele oder ungenau arbeite. Die stabilen Lösungen galten als die eigentlich interessanten. Ordnung war eine Art Selbstbelohnung. Schließlich war es ein hartes Ge-

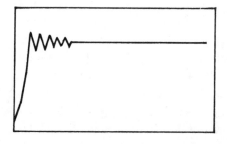

Eine Population erlangt ihr Gleichgewicht, nachdem sie angestiegen ist, ihren Höhepunkt erreicht hat und dann wieder abgefallen ist. »Steady state« in Zeichnung: Gleichgewichtszustand.

schäft, die richtigen Gleichungen herauszufinden und die Rechnungen durchzuführen. Niemand hatte daher Lust, Zeit an ein Arbeitsgebiet zu verschwenden, das zu Fehlergebnissen führte und die gewünschte Stabilität vermissen ließ. Und kein guter Ökologe konnte je vergessen, daß seine Gleichungen ungeheuer vereinfachende Versionen der realen Phänomene darstellten. Alles, worauf es bei solchen Vereinfachungen ankam, war die Darstellung regelmäßigen Verhaltens. Warum also all diese Schwierigkeiten auf sich nehmen, bloß um am Ende Chaos gegenüberzustehen?

Später einmal sollte es heißen, James Yorke habe Lorenz entdeckt und der Chaostheorie ihren Namen gegeben. Der zweite Teil der Aussage trifft tatsächlich zu.
Yorke war Mathematiker, sah sich selbst aber als Philosoph, obwohl es unter beruflichen Gesichtspunkten nicht ohne Risiko war, so etwas laut zu sagen. Er war ein brillanter Kopf und hatte gewinnende Umgangsformen, ein lässiger Bewunderer des gleichfalls lässigen Steven Smale. Wie jedermann fand er Smale ziemlich schwer verständlich; im Gegensatz zu den meisten anderen Leuten aber begriff er, warum Smale so schwer verständlich war. Als Yorke gerade zwanzig Jahre alt war, versammelte er an der Universität von Maryland einen interdisziplinären Kreis von Nachwuchswissenschaftlern um sich, das sogenannte Institute for Physical Science, dessen Leiter er später wurde. Er repräsentierte den Typ des Mathematikers, der sich verpflichtet fühlt, seinem Verständnis der Wirklichkeit praktischen Nutzen abzugewinnen. So veröffentlichte er einen Bericht über die Ausbreitung der Gonorrhöe, der immerhin die Bundesregierung in Washington dazu bewog, ihre nationale Strategie zur Eindämmung dieser Krankheit zu ändern.[7] Während der Ölkrise von 1970 fungierte er als offizieller Sachverständiger für den Staat Maryland und wies zutreffend – wenngleich ohne sich durchsetzen zu können – darauf hin, daß das

100

auf gerade und ungerade Zahlen aufgebaute System zur Beschränkung des Benzinverkaufs nur die Schlangen der Wartenden vergrößern konnte.[8] In der Zeit der Antikriegs-demonstrationen gab die Regierung die Aufnahme eines Spionageflugzeugs frei, um den Eindruck zu erwecken, als hätten sich auf dem Höhepunkt einer Massenkundgebung nur spärliche Menschenmengen rings um das Washingtondenkmal versammelt.[9] Yorke indes untersuchte den Schatten, den das Denkmal warf, und führte so den Beweis, daß die Aufnahme tatsächlich erst eine halbe Stunde nach dem fraglichen Zeitpunkt aufgenommen worden war, als die Demonstration sich schon zu verlaufen begann.

In seinem Institut verfügte Yorke über eine ganz ungewöhn-liche Freiheit, an Problemen zu arbeiten, die außerhalb traditioneller Wissenschaftsdomänen lagen, und er pflegte intensiven Kontakt zu Fachleuten aus einem weiten Kreis von Wissenschaftsdisziplinen. Einer dieser Experten, ein Strömungsphysiker, stieß 1972 auf Lorenz' Studie aus dem Jahre 1963, den Aufsatz »Deterministic Nonperiodic Flow«, und war außer sich vor Begeisterung; er verteilte Kopien dieses Textes an jedermann, der ihm eine abnahm. Eine Kopie schickte er an Yorke.

Für Yorke bedeutete Lorenz' Aufsatz gedruckte Magie,[10] nach der er stets gesucht hatte, ohne zu wissen, daß sie existierte. Es war, mathematisch betrachtet, ein Schock, mit einem *chaotischen System* zu beginnen, das Smales ur-sprünglichem, optimistischem Klassifikationsschema Hohn sprach. Aber es handelte sich nicht allein um Mathematik, sondern um ein lebendiges physikalisches Modell, das Bild einer Flüssigkeit in Bewegung, und Yorke begriff sofort, daß dies etwas war, worauf er die Physiker seit einiger Zeit hatte aufmerksam machen wollen. Smale hatte die Mathe-matik in die Richtung derartiger physikalischer Probleme gelenkt, doch Yorke war sich darüber im klaren, daß die Terminologie der Mathematiker eine fortdauernde Barriere der Verständigung darstellte. Hätte wenigstens die akademische Welt einer Symbiose von Mathematikern und Physikern Raum geboten – aber sie tat es nicht. Obgleich Smales Arbeiten über dynamische Systeme zögernd diese Kluft zu überwinden begannen, sprachen Mathematiker und Physiker weiterhin zwei verschiedene Sprachen. Der Physiker Murray Gell-Mann bemerkte einmal: »Den Mitgliedern der Fakultäten ist ein bestimmter Personentypus geläufig, der auf Mathematiker wie ein versierter Physiker wirkt und auf Physiker wie ein versierter Mathematiker. Sehr zu Recht wollen sie mit dieser Art Leuten nichts zu schaffen haben.«[11] Die Standards beider Fachgebiete waren verschieden. Physiker verfügten über Theoreme, Mathematiker über Vermutungen. Die Gegenstände, aus denen ihre Gedankenwelt sich zusammensetzte, waren verschieden, und ebenso ihre Beispiele.

Smale etwa hatte seine Freude an Beispielen folgender Art: Man nehme eine beliebige Zahl, einen Bruch zwischen eins und null, und verdopple sie. Sodann eliminiere man alles links vom Komma. Danach wiederhole man den gesamten Vorgang. Da die meisten Zahlen im Detail irrational und unvorhersagbar sind, ist das Ergebnis des gesamten Vorgangs eine unvorhersagbare Zahlenreihe. Ein Physiker mochte darin lediglich eine banale mathematische Bizarrerie erblicken, völlig bedeutungslos, zu einfach und zu abstrakt zugleich, um irgendwelchen Nutzen zu bringen. Smale jedoch erkannte instinktiv, daß dieser mathematische Trick unzähligen physikalischen Systemen zugrunde liegen mußte. Für einen Physiker war ein legitimes Beispiel eine Differentialgleichung, die sich in einfacher Form zu Papier bringen ließ. Als Yorke Lorenz' Aufsatz zum ersten Mal zu Gesicht bekam, begriff er sofort – obgleich sich der Beitrag in einer Zeitschrift für Meteorologie verbarg –, daß es sich hier um ein Beispiel handelte, das Physiker verstehen würden. Er gab Smale eine Kopie des Aufsatzes,[12] auf die er seine Anschrift geklebt hatte, so daß Smale sie zurücksenden konnte. Smale aber war verblüfft, als er sah, daß dieser

Meteorologe – *vor bereits zehn Jahren* – eine Form von Chaos entdeckt hatte, die Smale selbst früher für mathematisch undenkbar hielt. Er brachte eine Unzahl Fotokopien von »Deterministic Nonperiodic Flow« in Umlauf. Das sollte später zu der Legende führen, Yorke habe Lorenz entdeckt: Jede Kopie dieses Aufsatzes, die irgendwo in Berkeley auftauchte, trug Yorkes Anschrift.

Yorke wußte, daß die Physiker *gelernt* hatten, Chaos zu ignorieren. Dabei begegnet man im Alltagsleben Lorenz' Entdeckung der sensitiven Abhängigkeit von den Anfangsbedingungen auf Schritt und Tritt. Ein Mensch verläßt morgens dreißig Sekunden zu spät das Haus, ein Blumentopf verfehlt seinen Kopf um ein paar Millimeter, und zuletzt überfährt ihn ein Lastwagen. Oder, weniger dramatisch: Er versäumt den Bus, der alle zehn Minuten abfährt – und damit auch die Verbindung zu seinem Zug, der nur jede volle Stunde den Bahnhof verläßt. Geringe Abweichungen vom regulären Ablauf können gewaltige Folgen zeitigen. Jeder Baseballspieler, der einen ihm zugeworfenen Ball anvisiert, weiß, daß ein annähernd gleicher Schlag nicht zu einem annähernd gleichen Resultat führen muß, sondern daß es auf Millimeter ankommt. Wissenschaft jedoch, das war etwas anderes.

In didaktischer Hinsicht bestand – und besteht – der Lehrbetrieb in Physik und Mathematik zu einem großen Teil darin, Differentialgleichungen an die Tafel zu schreiben und den Studenten ihre Lösung zu erläutern. Differentialgleichungen waren eine Erfindung für eine computerlose Welt, in der Gelehrte noch darauf angewiesen waren, lediglich mit Papier und Bleistift Berechnungen des Naturgeschehens vorzunehmen. Sie stellen die Wirklichkeit als Kontinuum dar und gleiten von Punkt zu Punkt und von Zeit zu Zeit, statt sich in diskrete Koordinatenpunkte oder Zeitschritte zu gliedern. Wie jeder Student der naturwissenschaftlichen Disziplinen weiß, sind Differentialgleichungen schwer zu lösen. Aber in zweieinhalb Jahrhunderten hat die Wissenschaft ein beeindruckendes Gebäude von Kenntnissen über sie aufgetürmt: Handbücher und Verzeichnisse von Differentialgleichungen, zusammen mit zahlreichen verschiedenen Lösungsansätzen, die dazu dienen, ein Integral »in geschlossener Form« angeben zu können, wie ein Naturwissenschaftler es ausdrücken würde. Ohne Übertreibung läßt sich behaupten, daß das anstrengende Geschäft der Differentialrechnung seit dem Mittelalter die meisten Erfolge der Wissenschaft möglich gemacht hat; und mit gleicher Berechtigung läßt sich sagen, daß sie als geniale Schöpfung einen Ehrenplatz unter den zahlreichen Versuchen des Menschen beanspruchen darf, die ihn umgebende, sich wandelnde Welt abzubilden. Zugleich aber ist es mehr als wahrscheinlich, daß ein Wissenschaftler während all der Zeit, die er benötigt, sich in dieser Art des Nachdenkens über die Natur zu üben und mit ihrer mühsamen Theorie und Praxis vertraut zu machen, ein wesentliches Faktum aus den Augen verliert: Die meisten Differentialgleichungen sind nicht lösbar.

»Wenn Sie die Lösung einer Differentialgleichung aufschreiben können«, sagte Yorke einmal,[13] »ist diese zwangsläufig nichtchaotisch, denn um sie aufzuschreiben, braucht man regelmäßige Invariablen – Faktoren also, die konstant bleiben wie der Drehimpuls. Es lassen sich immerhin genügend solche Invariablen finden, um eine Lösung zu Papier zu bringen. Und das ist genau die Methode, die Möglichkeit von Chaos auszuschalten.«

Lösbare Systeme sind solche, wie sie in Lehrbüchern vorgeführt werden. Sie zeigen das gewünschte Verhalten. Angesichts eines nichtlinearen Systems stehen Wissenschaftler vor der Notwendigkeit, lineare Näherungswerte einzusetzen oder eine andere unsichere Annäherung durch die Hintertür zu suchen. Die Lehrbücher machen Studenten nur mit den wenigen nichtlinearen Systemen vertraut, die solchen Verfahrensweisen Raum lassen. Sensitive Abhängigkeit von den Anfangsbedingungen kommt nicht in ihnen vor. Nichtlineare Systeme, die wirkliches Chaos enthalten, sind nur selten Gegenstand von Studium und Unterricht. Wenn nun Wissenschaftler auf derartige Dinge stießen – und das kam durchaus vor –, so legte ihre gesamte Ausbildung ihnen nahe, sie als Ausnahmen außer acht zu lassen. Nur ganz wenige waren imstande, sich Rechenschaft darüber abzulegen, daß die lösbaren, geordneten linearen Systeme die eigentlichen Ausnahmen darstellten. Das heißt, nur wenige begriffen das innere Wesen der nichtlinearen Natur.[14] Enrico Fermi rief einmal aus: »In der Bibel steht nirgends, daß alle Naturgesetze linear ausdrückbar sind!«[15] Und der Mathematiker Stanislaw Ulam fügte hinzu, wer das Studium von Chaos als »nichtlineare Wissenschaft« bezeichne, könne ebensogut die Zoologie definieren als »die Wissenschaft nichtelephantischer Tiere«.[16]

Yorke aber hatte das Problem begriffen. »Die erste Botschaft lautet: Unordnung existiert. Physiker und Mathematiker sind auf der Suche nach Regelmäßigkeiten. Doch die Leute müssen über Unordnung Bescheid wissen, wenn sie sich mit ihr befassen. Ein Automechaniker, der nichts über verdreckte Ventile weiß, ist kein guter Mechaniker.«[17] Wissenschaftler ebenso wie Nichtwissenschaftler, so glaubte Yorke, können sich leicht über die Komplexität täuschen, wenn sie sich nicht in angemessener Weise auf sie einstellen. Warum bestehen Spekulanten auf der Existenz von Zyklen bei Gold- und Silberpreisen? Weil Periodizität letztlich das komplexeste Verhaltensmuster bedeutet, das sie sich vorstellen können. Begegnet ihnen eine komplizierte Preisentwicklung, suchen sie nach einer Periodizität, die sich hinter einer zufälligen Störung verbirgt. Und wissenschaftliche Experimentatoren – sei es im Bereich der Physik oder der Chemie oder der Biologie – denken kaum anders. »In der Vergangenheit beobachteten die Leute chaotisches Verhalten in zahllosen Einzelheiten«, sagt Yorke dazu. »Sie machen ein physikalisches Experiment, und das Experiment zeigt Abweichungen auf. Also versuchen sie, es zu stabilisieren, oder sie geben auf. Sie erklären die Abweichungen mit der Behauptung, daß eine Störung vorliege oder daß die Experimentanordnung Fehler enthalte.«

Yorke kam zu dem Schluß, das Werk von Lorenz und Smale enthalte eine Botschaft, welche die Physiker nicht wahrnähmen. Deshalb verfaßte er einen Aufsatz für die Fachzeitschrift, der er die weiteste Verbreitung zutraute, das *American Mathematic Monthly* (als Mathematiker fühlte er sich hoffnungslos davon überfordert, seine Gedanken in eine Form zu bringen, die physikalische Fachzeitschriften akzeptieren konnten; erst einige Jahre später griff er zu dem Trick, Physiker als Mitarbeiter hinzuzuziehen). Yorkes Aufsatz war bereits aufgrund seiner wissenschaftlichen Leistung bedeutend;[18] seinen größten Einfluß aber verdankte er am Ende vor allem dem geheimnisvollen, hinterhältigen Titel: »Period Three Implies Chaos« (»Periode Drei impliziert Chaos«). Seine Kollegen gaben ihm den Rat, einen nüchterneren Titel zu suchen. Yorke konsternierte sie hier mit einem Wort, das später stellvertretend für eine immer größere Zahl von Arbeiten über Formen deterministischer Unordnung stehen sollte. Er sprach darüber auch mit seinem Freund Robert May, einem Biologen.

May kam durch Zufall zur Biologie[19], gleichsam durch die Hintertür. Als Sohn eines glänzenden Anwalts begann er in seiner Geburtsstadt Sydney in Australien als theoretischer Physiker, habilitierte sich dann aber in Harvard in angewandter Mathematik. 1971 ging er für ein Jahr ans Institute for Advanced Study in Princeton; statt dort die Arbeit durchzuführen, die er geplant hatte, landete er zu seiner eigenen Überraschung an der Universität Princeton, um Vorlesungen für Biologen zu halten.

Selbst heute noch verfügen Biologen kaum über mathematische Kenntnisse, die wesentlich über die Differentialrechnung hinausgehen. Leute mit Neigung und Eignung für die

Mathematik zieht es im allgemeinen eher zur Mathematik und Physik als zu den Biowissenschaften. May bildete eine Ausnahme. Seine Interessen galten zunächst den abstrakten Problemen Stabilität und Komplexität, den mathematischen Erklärungen für die Möglichkeit der Koexistenz rivalisierender Konkurrenten. Doch bald begann er sich mit einfachsten ökologischen Fragen über das Verhalten einzelner Populationen in einem gegebenen Zeitraum zu beschäftigen. Da die Systeme selbst bereits einfach waren, blieben auch ihre Modelle weniger metaphorisch und lagen jener Art von Wirklichkeitsdarstellung näher, wie Physiker sie anstrebten. Zu der Zeit, als er endgültig Mitglied der Fakultät in Princeton wurde – später sollte er Forschungsdekan der Universität werden –, hatte er bereits viele Stunden dem Studium einer Version der logistischen Differenzengleichung gewidmet und sich dabei ebenso der mathematischen Analysis wie eines simplen Taschenrechners bedient.

Während seiner Zeit in Sydney hatte er einmal folgende Frage in Form einer Gleichung am schwarzen Brett als Lösungsaufgabe für Examensstudenten ausgeschrieben, weil das Problem ihn zu ärgern begann. »Was in Gottes Namen passiert, wenn lambda größer wird als der Akkumulationspunkt?«[20] Die Frage bedeutete: Was geschah, wenn die Wachstumsrate einer Bevölkerung in ihrer Neigung zu raschem Anstieg oder Niedergang einen kritischen Punkt überschritt? May setzte verschiedene Werte in diesen nichtlinearen Parameter ein und machte die Entdeckung, daß er das System dadurch dramatisch verändern konnte. Eine Erhöhung des Parameters bedeutete, den Grad der Nichtlinearität zu erhöhen, und dies wiederum veränderte nicht allein die Quantität des Resultats, sondern ebenso auch dessen Qualität. Es betraf nicht allein den endlichen Gleichgewichtszustand der Population, sondern zugleich die Frage, ob die Population diesen Zustand überhaupt erreichen würde.

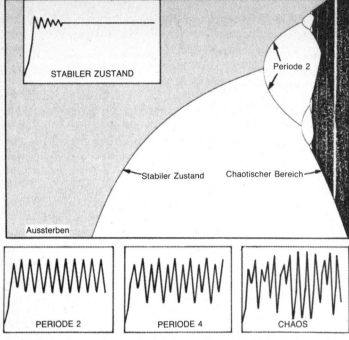

STABILER ZUSTAND

Periode 2

Stabiler Zustand

Chaotischer Bereich

Aussterben

| PERIODE 2 | PERIODE 4 | CHAOS |

Periodische Verdopplungen und Chaos. Statt mit Hilfe einzelner Diagramme das Verhalten von Populationen unterschiedlich hoher Fruchtbarkeit darzustellen, benutzten Robert May und andere Wissenschaftler ein »Bifurkations-Diagramm«, um alle Informationen in einem einzigen Schaubild zu vereinen.

Das Diagramm zeigt, wie Veränderungen eines Parameters – hier der Vermehrung und Reduzierung einer freilebenden Population – das Endverhalten dieses einfachen Systems verändert. Verschiedene Werte für den Parameter sind von links nach rechts dargestellt; die Endpopulation ist in die Vertikalachse eingetragen. Die Erhöhung des Parameterwertes bedeutet gewissermaßen eine Verschärfung des Systems, insofern seine Nichtlinearität zunimmt.

Bei niedrigem Parameter (links) strebt die Bevölkerung gegen Null. Bei steigendem Parameter (Mitte) erhöht sich das Gleichgewichtsniveau der Gesamtbevölkerung. Steigt der Parameter noch mehr an, bricht der Gleichgewichtszustand entzwei, ganz ähnlich, wie die Erhöhung der Wärmezufuhr bei einer Flüssigkeitskonvektion Instabilität hervorruft. Die Bevölkerung beginnt zwischen zwei verschiedenen Niveaus zu oszillieren. Die Teilungen oder Bifurkationen erfolgen zunehmend rascher. Schließlich verwandelt sich das System in Chaos (rechts), und die Bevölkerungszahl weist unendlich viele verschiedene Werte auf. (Zum Anschwellen der chaotischen Zone vgl. S. 114/115).

War der Parameter niedrig angesetzt, so fand Mays Modell zu einem dauerhaften Zustand. War der Parameter dagegen hoch gewählt, so brach der stetige Zustand auseinander, und die Population oszillierte um zwei wechselnde Werte. Lag der Parameter sehr hoch, so begann das System – das identische System – sich gänzlich unberechenbar zu verhalten. Aber warum? Was genau geschah in den Grenzzonen zwischen den verschiedenen Formen von Verhalten? May wurde aus dieser Frage nicht klug, und seinen Studenten ging es nicht anders.

May erstellte ein Programm zur intensiven numerischen Erforschung des Verhaltens dieser einfachsten aller Gleichungen. Sein Programm war demjenigen Smales analog: Er versuchte, diese eine einfache Gleichung *auf einmal* zu begreifen, nicht lokal also, sondern global. Die Gleichung war um vieles einfacher als alles, womit Smale sich vorher befaßt hatte. Es schien kaum glaublich, daß ihre Möglichkeiten, Ordnung und Unordnung hervorzubringen, nicht schon längst erschöpft waren. Aber sie waren es nicht. Tatsächlich war Mays Programm nur ein Anfang. Er untersuchte Hunderte von verschiedenen Werten des Parameters, setzte die Rückkoppelungsschleife in Gang und hielt Ausschau, ob – und wo – sich die Zahlenreihe bei einem Fixpunkt einpendelte. Mehr und mehr konzentrierte er sich auf die kritische Grenzlinie zwischen Stetigkeit und Oszillation. Es war, als hätte er seinen eigenen Fischteich, in dem er vollkommene Kontrolle über Vermehrung und Reduzierung der Fische besaß. Immer noch benutzte May die logistische Gleichung »nächstes $\times = r \times (1-\times)$« und vergrößerte den Parameter so langsam wie nur irgend möglich. Betrug der Parameter 2,7, so belief sich der Wert der Population auf 0,6292. Wuchs der Parameter langsam an, so stieg auch die Population langsam, wobei sie eine sich von der linken zur rechten Seite der Graphik bewegende, gleichfalls leicht ansteigende Linie beschrieb.

Sobald der Parameter aber den Wert Drei überstieg, brach

die Kurve plötzlich in zwei Teile auseinander. Mays fiktive Fischpopulation pendelte sich nun nicht mehr auf einen einzigen Wert ein, sondern oszillierte statt dessen in wechselnden Jahren zwischen zwei Punkten. Die Population begann bei einem geringen Wert, stieg an und fluktuierte sodann, bis sie schließlich beständig vor- und zurückschnellte. Packte man fester zu – indem man den Wert des Parameters noch etwas mehr erhöhte –, so spaltete sich die Oszillation von neuem und führte zu einer ganzen Reihe von Zahlen, die sich auf vier verschiedene, im Vierjahresrhythmus wiederkehrende Werte einpendelten.* Die Population stieg und fiel nun exakt nach einer regelmäßigen Vierjahrestabelle. Der Zyklus hatte sich somit erneut verdoppelt – von zunächst einem Jahr auf zwei und dann auf vier. Noch einmal erwies sich das daraus resultierende zyklische Verhalten als stabil: Verschiedene Startwerte für die Populationen konvergierten im selben Vierjahreszyklus.

Wie bereits Lorenz zehn Jahre zuvor entdeckt hatte, lag die einzige Möglichkeit, sich bei solchen Zahlen einen Überblick zu verschaffen, in der Erstellung einer Graphik. May skizzierte eine grobe Kurve, die all sein Wissen über ein derartiges System mit verschiedenen Parametern zusammenfaßte. Der Wert des Parameters wurde auf der horizontalen Achse aufgetragen, von links nach rechts ansteigend. Die Population wurde vertikal dargestellt. Für jeden Parameter zeichnete May einen Punkt, der das Endresultat darstellte, nachdem das System seinen Gleichgewichtszustand erreicht hatte. Auf der linken Seite, wo der Parameter nied-

---

*Bei einem Parameter von 3,5 und einem Anfangswert von 0,4 erhält man etwa folgende Zahlenreihe:
0,3908, 0,8332, 0,4862, 0,8743,
0,3846, 0,8284, 0,4976, 0,8750,
0,3829, 0,8270, 0,4976, 0,8750,
0,3829, 0,8270, 0,5008, 0,8750,
0,3828, 0,8269, 0,5009, 0,8750,
0,3828, 0,8269, 0,5009, 0,8750 usw.

rig war, ergab sich als Resultat nur ein Punkt; verschiedene Parameter produzierten so eine Linie, die leicht von links nach rechts anstieg. Sobald der Parameter den ersten kritischen Punkt passierte, hatte May zwei Populationen zu registrieren: Die Kurve teilte sich und bildete so ein seitliches Y oder eine Gabel. Dieser Teilung entsprach eine Population, die von einem Einjahreszyklus zu einem Zweijahreszyklus überging.

Stieg der Parameter weiter an, so verdoppelte sich die Zahl der Punkte erneut, und dann wieder von neuem. Es war verblüffend: ein höchst komplexes Verhalten von zugleich aufreizender Regelmäßigkeit. »Die Schlange in der Wiese der Mathematik«, wie May sich ausdrückte. Die Verdoppelungen stellten sich dar als Bifurkationen, Gabelungen, und jede solche Bifurkation signalisierte, daß sich das Wiederholungsschema einen Schritt weiter entfaltete. Eine Population, die ursprünglich stabil gewesen war, oszillierte jedes zweite Jahr zwischen verschiedenen Größen. Eine Population, die in einem Zweijahreszyklus gewechselt hatte, wechselte nun zum Drei- und Vierjahreszyklus und ging damit zur Periode vier über.

Diese Bifurkationen folgten rascher und rascher aufeinander – 8, 16, 32... –, um mit einemmal abzubrechen. Nach einem bestimmten Punkt, dem »Akkumulationspunkt«, gibt die Periodizität dem Chaos den Weg frei; es erscheinen Fluktuationen, die sich nicht mehr stabilisieren. Ganze Abschnitte der Kurve sind schwarz eingefärbt. Betrachtet man eine Tierpopulation, die dieser einfachsten aller nichtlinearen Gleichungen folgt, so könnte der Wechsel von Jahr zu Jahr völlig zufällig erscheinen, etwa als wäre er durch umweltbedingte Störungen verursacht. Doch in der Mitte dieser komplexen Struktur tauchen plötzlich von neuem stabile Zyklen auf. Obgleich der Parameter ansteigt – was schließlich bedeutet, daß die Nichtlinearität das System immer stärker und stärker ins Chaos treibt –, erscheint unversehens eine Lichtung mit einer regelmäßigen Periode: einer vertrackten Periode, wie 3 oder 7. Das Muster der sich wandelnden Population wiederholt sich selbst in einem Zyklus von drei oder sieben Jahren. Danach beginnen die Bifurkationen, die jeweils eine Verdoppelung der Periode anzeigen, überall mit höherer Geschwindigkeit, passieren rasch Zyklen von 3, 6, 12... oder 7, 14, 28... und brechen dann plötzlich erneut ab, und wieder beginnt das Chaos.

Zunächst konnte May dieses gesamte Bild nicht sehen. Doch die Teilstücke, die er berechnen konnte, waren alarmierend genug. In einem System der wirklichen Welt nähme ein Beobachter nur die vertikalen Teilstücke wahr, die einem Parameter zu einer gegebenen Zeit entsprächen. Er sähe nur eine Form des Verhaltens – vielleicht einen stabilen Zustand, vielleicht einen Siebenjahreszyklus, vielleicht auch reine Zufälligkeit. Es wäre ihm unmöglich, sich darüber klarzuwerden, daß dasselbe System, bei nur leichter Veränderung einiger Parameter, Verhaltensmuster völlig verschiedener Art zeigen könnte.

James Yorke analysierte dieses Verhalten mit mathematischer Strenge in seinem Aufsatz »Period Three Implies Chaos«. Er führte den Beweis, daß *jedes* eindimensionale System, in dem an irgendeiner Stelle ein regulärer Zyklus der Periode drei erscheint, sowohl regelmäßige Zyklen von jeder anderen Länge aufweist als auch völlig chaotische Zyklen. Eben diese Entdeckung traf Physiker wie Freeman Dyson wie »ein elektrischer Schlag«. Sie schien aller Intuition zuwiderzulaufen. Man könnte meinen, es sei ziemlich einfach, ein System zu erstellen, das sich nach Periode drei reproduziert, ohne jemals Chaos hervorzubringen. Yorke bewies, daß dies nicht möglich war.

So provozierend der Gedanke auch war,[21] Yorke glaubte, der Sensationswert seines Aufsatzes sei größer als die mathematische Substanz. Zu einem gewissen Teil traf dies auch zu. Einige Jahre später besuchte er einen internationalen Kongreß in Ostberlin und fand dabei Zeit für Besichtigungen und Rundfahrten, unter anderem zu einer Bootsfahrt auf der Spree. Plötzlich näherte sich ihm ein Russe, der aufgeregt versuchte, ihm etwas mitzuteilen. Mit Hilfe eines polnischen Freundes verstand Yorke schließlich, daß der Russe von sich behauptete, dasselbe Ergebnis gefunden zu haben wie er. Der Russe weigerte sich jedoch, auf Details einzugehen, und kündigte lediglich an, er werde Yorke seinen Aufsatz zusenden. Vier Monate später traf er ein. In der Tat war A.N. Sarkovski[22] als erster durchs Ziel gegangen, und zwar mit einem Aufsatz des Titels »Coexistence of Cycles of a Continuous Map of a Line into Itself«. Yorke aber hatte mehr vorgelegt als nur ein mathematisches Ergebnis. Er hatte eine Botschaft an die Adresse der Physiker gesandt: Chaos ist überall; es ist stabil, und es besitzt eine Struktur. Außerdem fundierte er die Annahme, daß komplizierte Systeme, die traditionell durch kontinuierliche Differentialgleichungen ausgedrückt werden, sich ebensogut in Form von leicht faßbaren, segmentierten Schaubildern darstellen ließen.

Die Begegnung der beiden frustrierten, gestikulierenden Mathematiker auf dem Spreedampfer war symptomatisch für die permanenten Kommunikationsprobleme zwischen Wissenschaftlern der westlichen Welt und des Ostblocks. Teilweise aufgrund sprachlicher Verständigungsschwierigkeiten, teilweise aufgrund der eingeschränkten Reisemöglichkeiten auf sowjetischer Seite entdeckten Wissenschaftler im Westen oft unter Aufbietung allen Scharfsinns Erkenntnisse aufs neue, die in der sowjetischen Literatur bereits bekannt waren. Das Aufkommen der Chaostheorie in den Vereinigten Staaten und Europa inspirierte eine beeindruckende Zahl gleichzeitiger Forschungsarbeiten in der Sowjetunion; andererseits führte es auch zu erheblichem Erstaunen, denn viele Aspekte der neuen Wissenschaft wurden in Moskau als nicht mehr ganz so neu empfunden. Sowjetische Mathematiker und Physiker[23] verfügten bereits über eine ansehnliche Chaosforschung, die auf die Studien N. Kolmogorovs aus den fünfziger Jahren zurückreichte.

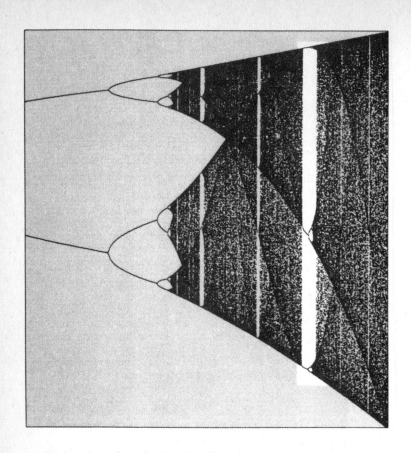

Zudem besaßen sie eine Tradition *gemeinsamer Zusammen-arbeit*, die den Gegensatz zwischen Mathematikern und Physikern, wie er anderswo bestand, überdauert hatte.

So waren sowjetische Wissenschaftler empfänglich für Smales Arbeiten – sein Hufeisen hatte in den sechziger Jahren großes Aufsehen erregt. Ein brillanter theoretischer Physiker, Yasha Sinai, beeilte sich, ähnliche Systeme in thermodynamische Begriffe zu übertragen. Ebenso verbreitete sich Lorenz' Werk, als es in den siebziger Jahren endlich von der westlichen Physik rezipiert wurde, gleichzeitig auch in der Sowjetunion, wo Afraimovich, Bykov und Shilnikov es zum erstenmal überzeugend darstellten. Und im Jahre 1975, als

114

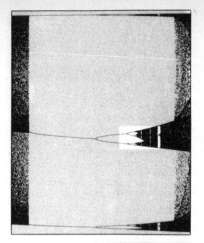

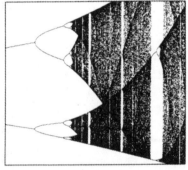

Abschnitte von Ordnung in-mitten von Chaos. Noch bei der simpelsten Gleichung zeigt sich, daß die chaotische Zone eines Bifurkations-Diagramms eine höchst verwikkelte Struktur besitzt – weitaus geordneter, als Robert May ursprünglich annehmen konnte. Zunächst erzeugen die Bifurkationen Periode 2, 4, 8, 16 usw. Dann setzt Chaos ein, ohne regelmäßige Perioden. Doch wenn das System weiter vorangetrieben wird, erscheinen plötzlich Abschnitte mit merkwürdigen Perioden. Eine stabile Periode 3 taucht auf (Anstieg oben rechts), und die Periodenverdoppelung beginnt von neuem: 6, 12, 24 usw. Die Struktur ist von unendlicher Tiefe. Vergrößert man einzelne Segmente (wie das Mittelstück von Periode 3, unten rechts), so sind sie dem Gesamtdiagramm ähnlich.

sich Yorke und May noch um die Aufmerksamkeit ihrer Kollegen mühen mußten, sammelten Sinai und andere rasch ein hochkarätiges Team von Physikern um sich, das sein Zentrum in Gorki hatte. In den letzten Jahren legten einige westliche Chaosexperten[24] großen Wert darauf, regelmäßig in die Sowjetunion zu reisen, um sich auf dem laufenden zu halten; die meisten von ihnen mußten sich jedoch mit der westlichen Version ihrer Wissenschaft begnügen.

Im Westen waren Yorke und May die ersten, die den Schock der Periodenverdoppelung erlebten und an die Gemeinschaft der Wissenschaftler weitergaben. Die wenigen Mathematiker, die das Problem überhaupt zur Kenntnis genommen hatten, behandelten es als technische Angelegenheit oder numerische Merkwürdigkeit: Sie betrachteten es mehr oder weniger als eine Spielerei. Dabei hielten sie das Problem keineswegs für trivial. Doch sie sahen darin eine Frage, die nur ihre eigene Welt betraf.

Die Biologen hatten die Bifurkationen auf dem Weg zum Chaos übersehen, weil sie nicht über genügend mathematischen Sachverstand verfügten und weil ihnen die Motivation fehlte, *unregelmäßiges* Verhalten zu erforschen. Die Mathematiker hatten diese Bifurkationen zwar wahrgenommen, doch nur um gleich wieder zur Tagesordnung überzugehen. May aber, der mit je einem Fuß in diesen beiden Welten stand, begriff, was für einen erstaunlichen und tiefen Bereich er hier betreten hatte.

Um einen tieferen Blick in dieses einfachste aller Systeme zu tun,[25] brauchten die Wissenschaftler Computer mit höherer Leistung. Frank Hoppensteadt vom Courant Institute of Mathematical Sciences der Universität New York verfügte über einen so leistungsfähigen Computer, daß er sich entschloß, einen Film herzustellen.

Hoppensteadt, ein Mathematiker, der später ein starkes Interesse für biologische Fragen entwickelte, fütterte die logistische nichtlineare Gleichung viele hundert Millionen Male in seinen Control Data 6600 ein. Dann fotografierte er den Bildschirm des Computers einzeln bei tausend verschiedenen Werten des Parameters und hielt so Tausende unterschiedlicher Einstellungen fest. Zuerst erschienen die Bifurkationen, nach ihnen Chaos – und schließlich, inmitten von Chaos, tauchten geordnete Segmente auf, die allerdings höchst vergänglich waren: flüchtige Segmente periodischer Wiederholungen. Während er auf seinen Film starrte, war Hoppensteadt zumute, als fliege er durch eine ihm völlig fremde Landschaft. Einen Augenblick lang schien sie keineswegs chaotisch. Dann aber bot sie ein Bild unberechenbaren Durcheinanders. Die Verwunderung, die Hoppenstedt nun überkam, sollte ihn nie mehr ganz verlassen.[26]

May sah Hoppensteadts Film. Er hatte begonnen, auch auf anderen Gebieten nach Analogien zu suchen, beispielsweise in der Genetik, der Ökonomie und der Strömungsphysik. Als ein Herold von Chaos hatte er gegenüber den Vertretern der reinen Mathematik zwei Vorteile: Zum einen lief er nicht Gefahr, bloße Gleichungen als vollkommene Abbilder der Wirklichkeit aufzufassen. Er wußte, daß sie lediglich Metaphern waren. Daher konnte er die Frage stellen, wie weit der Geltungsbereich dieser Metaphern überhaupt reiche. Sein anderer Vorzug war, daß die Erkenntnisse der Chaosforschung schon sehr bald eine leidenschaftliche Kontroverse in seinem eigenen Fachgebiet auslösten.

Lange schon hatte die Populationsbiologie als ein Forum für Kontroversen allgemeiner Art fungiert. So bestand in den biologischen Fakultäten beispielsweise eine Spannung zwischen Molekularbiologen und Ökologen. Die Molekular

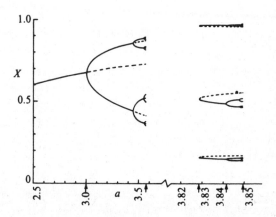

Der Grundriß des Bifurkationsdiagramms, wie May es zunächst erfaßte, bevor Berechnungen leistungsstärkerer Computer seine Struktur in ihrem ganzen Reichtum offenbarten.

biologen waren der Ansicht, *wirkliche* Wissenschaft zu betreiben, die sich spröden, schwierigen Problemen widmete, während die Arbeit der Ökologen ihnen vage schien. Umgekehrt sahen die Ökologen in den technischen Meisterleistungen der Molekularbiologie lediglich kluge Darstellungen im Grunde altbekannter Probleme.

Innerhalb der Ökologie selbst,[27] so sah es jedenfalls May, betraf eine zentrale Kontroverse der frühen siebziger Jahre das Wesen von Bevölkerungsveränderungen. Die Ökologen waren in verschiedene Lager gespalten, die sich meist nach persönlichen Gesichtspunkten gruppierten. Die einen interpretierten die Botschaft, welche die Welt aussandte, als wohlgeordnet: Populationen verhielten sich regelmäßig und stetig – von Ausnahmen abgesehen. Andere verstanden die Botschaft in genau entgegengesetztem Sinn: Populationen fluktuierten in erratischer Weise – von Ausnahmen abgesehen. Nicht zufällig teilten sich diese rivalisierenden Lager auch in der Frage nach der Anwendbarkeit strenger mathematischer Verfahrensweisen auf komplexe biologische Probleme. Die Anhänger der These, Populationen verhielten sich regelmäßig, behaupteten, sie würden durch deterministische Mechanismen geregelt. Diejenigen wiederum, die Populationen als erratische Phänomene betrachteten, hielten dagegen, Populationen würden von unberechenbaren Milieufaktoren manipuliert, so daß alle deterministischen Einflüsse hinfällig würden. Entweder produzierte deterministische Mathematik stetiges Verhalten, oder zufällige äußere Störungen führten zu zufälligem Verhalten. Das war die Alternative.

In diese Debatte trug die Chaosforschung eine erstaunliche Botschaft hinein: einfache deterministische Modelle konnten ein Phänomen hervorbringen, das wie zufälliges Verhalten anmutete. Das Grundmuster wies zwar eine zarte, subtile Struktur auf, seine Teilstücke aber waren von zufälligen Störungen nicht zu unterscheiden. Diese Entdeckung betraf das Kernstück der Kontroverse.

Je mehr biologische Systeme May durch das Prisma chaotischer Modelle betrachtete, um so mehr Ergebnisse fand er heraus, die der üblichen Intuition der Praktiker völlig zu widersprechen schienen. Auf dem Feld der Epidemiologie zum Beispiel galt die Erkenntnis als gesichert, daß Seuchen in regelmäßigen oder unregelmäßigen Zyklen auftreten. Blasenwürmer, Polio und Röteln – sie alle treten massenhaft auf und vergehen wieder. May machte die Beobachtung, daß diese Oszillationen sich durch ein nichtlineares Modell wiedergeben ließen, und fragte sich, was wohl geschehen würde, wenn ein derartiges System einen plötzlichen Stoß erhielte – eine Störung von der Art einer Schutzimpfung etwa. Der gesunde Menschenverstand legt nun die Annahme nahe, das System bewege sich in diesem Fall langsam und gleichmäßig in die gewünschte Richtung. Tatsächlich aber, so fand May heraus, ist das Eintreten gewaltiger Oszillationen wahrscheinlich. Selbst wenn der langfristige Trend eine solide Umkehrung erfahren sollte, wird der Weg zu einem neuen Gleichgewicht durch überraschende Spitzen unterbrochen. Und wirklich stießen Mediziner bei der Durchführung realer Fürsorgeprogramme – etwa der englischen Kampagne zur Ausrottung der Röteln – auf Oszillationen von genau der Art, wie Mays Modell sie vorhersagte. Doch würde jeder Beamte einer Gesundheitsbehörde angesichts eines heftigen, kurzfristigen Anstiegs von Röteln, Gonorrhöe oder Aids annehmen, die Schutzimpfung habe versagt.

Innerhalb weniger Jahre vermittelte das Studium von Chaos der theoretischen Biologie bedeutsame Impulse und führte zu einer wissenschaftlichen Partnerschaft zwischen Biologen und Physikern, wie sie wenige Jahre zuvor noch undenkbar schien. Ökologen und Epidemiologen gruben alte Daten aus, die frühere Wissenschaftler als widersprüchlich verworfen hatten. Man fand deterministisches Chaos in den Aufzeichnungen über Blasenwurmepidemien in New York City[28] und in den zweihundert Jahre währenden Verschiebungen der kanadischen Luchspopulationen, wie sie die Trapper der Hudson's Bay Company bezeugen konnten. Molekularbiologen begannen Proteine als bewegte Systeme zu sehen. Physiologen betrachteten Organe nun nicht mehr so sehr als statische Strukturen, sondern zunehmend als Komplexe von Oszillationen, von denen sich einige regelmäßig, andere wiederum unregelmäßig verhalten.

May wußte, in allen Wissenschaftsbereichen hatten Fachleute komplexes Verhalten von Systemen beobachtet und diskutiert. Jede Disziplin aber glaubte, ihre spezielle Art von Chaos betreffe nur sie allein. Der Gedanke konnte einen mutlos machen. Was aber, wenn offensichtliche Unordnung von einfachen Modellen ausgehen konnte? Und was, wenn *dieselben* einfachen Modelle auf komplexe Phänomene verschiedener Gebiete anwendbar waren? May erkannte, daß die erstaunlichen Strukturen, mit deren Erforschung er eben erst begonnen hatte, keine innere Verbindung zur Biologie aufwiesen. Er fragte sich, wie viele andere Fachwissenschaftler wohl mit ihm staunten. Und er brachte zu Papier, was er später einmal seinen »messianischen« Artikel nennen sollte, einen Beitrag für *Nature* von 1976.[29]

Um die Welt wäre es besser bestellt, behauptete May, wenn jeder Student einen Taschenrechner erhalte zusammen mit der Ermunterung, ein wenig mit der logistischen Differenzgleichung zu spielen. Diese simple Rechenoperation, so legte er feinsinnig in seinem *Nature*-Artikel dar, könne ein Gegengewicht zu den verschrobenen Ansichten über die Möglichkeiten dieser Welt schaffen, die in der herkömmlichen wissenschaftlichen Ausbildung wurzelten. Sie könne das Denken der Menschen über die verschiedensten Gegenstände beeinflussen, von Theorien über Konjunkturzyklen bis hin zu Modellen über die Verbreitung von Gerüchten. Chaosforschung solle gelehrt werden, schlug May vor. Es sei an der Zeit, sich darüber klarzuwerden, daß die Standardausbildung eines Wissenschaftlers ein falsches Bild vermittele. Zu welcher Perfektion die lineare Mathematik auch noch heranreifen mochte mit ihren Fourier-Transformationen, ihren orthogonalen Funktionen und ihren Regressionstechniken – nach Mays Überzeugung änderte all dies nichts daran, daß sie die Wissenschaftler zur Selbsttäuschung verleite über den nahezu vollständig nichtlinearen Charakter dieser Welt. »Die mathematische Intuition stellte ein unzulängliches Rüstzeug bereit, um den Studenten mit dem bizarren Verhaltensmuster zu konfrontieren, das selbst die einfachsten unsteten nichtlinearen Systeme zeigen«,[30] schrieb er.

»Nicht allein auf dem Gebiet wissenschaftlicher Forschung, sondern ebenso auf demjenigen der Politik und Wirtschaft stünden wir alle besser da, wenn mehr Leute zu der Einsicht kämen, daß einfache nichtlineare Systeme nicht notwendigerweise auch einfache dynamische Eigenschaften zeitigen.«

1. May, Schaffer, Yorke, Guckenheimer. Mays berühmter Aufsatz über die Erfahrungen von Chaos in der Populationsbiologie ist »Simple Mathematical Models with Very Complicated Dynamics«, *Nature* 261 (1976), S. 459–467. Vgl. ferner: »Biological Populations with Nonoverlapping Generations: Stable Points, Stable Cycles, and Chaos«, *Science* 186 (1974), S. 645–7; sowie May und George F. Oster, »Bifurcations and Dynamic Complexity in Simple Ecological Models«, *The American Naturalist* 110 (1976), S. 573–599. Einen hervorragenden Überblick über die Entwicklung mathematischer Populationsmodelle in der Zeit vor Chaos liefert Sharon E. Kingsland, *Modeling Nature: Episodes in the History of Population Ecology* (Chicago: University of Chicago Press, 1985).
2. May und John Seger, »Ideas in Ecology: Yesterday and Tomorrow«, Manuskript, Princeton University, S. 25.
3. May und George F. Oster, »Bifurcations and Dynamic Complexity in Simple Ecological Models«, *The American Naturalist* 110 (1976), S. 573.

4. May.

5. J. Maynard Smith, *Mathematical Ideas in Biology* (Cambridge: Cambridge University Press, 1968), S. 18; Harvey J. Gold, *Mathematical Modeling of Biological Systems*.

6. May.

7. *Gonorrhea Transmission Dynamics and Control*, hrsg. v. Herbert W. Hethcote und James A. Yorke (Berlin: Springer, 1984).

8. Mit Hilfe von Computersimulationen fand Yorke heraus, daß das System Autofahrer dazu zwang, öfters die Tankstellen anzusteuern und mit vollerem Tank als sonst zu fahren. Auf diese Weise vermehrte das System die Benzinmenge, die zu jedem Augenblick ungenutzt in den Autos der ganzen Nation gelagert wurde.

9. Flughafenberichte sollten Yorkes Ergebnisse später bestätigen.

10. Yorke.

11. Murry Gell-Mann, »The Concept of the Institute«, *Emerging Synthesis in Science*, Akten der Gründungstagung des Santa Fe Institute (Santa Fe: The Santa Fe Institute, 1985), S. 11.

12. Yorke, Smale.

13. Yorke.

14. Ein gut lesbarer Essay über Linearität, Nichtlinearität und die Verwendung von Computern zum Verständnis des Unterschieds ist David Campbell, James P. Crutchfield, Doyne Farmer und Erica Jen, »Experimental Mathematics: The Role of Computation in Nonlinear Science«, *Communications of the Association for Computing Machinery* 28 (1985), S. 374–384.

15. Fermi, zitiert bei S. M. Ulam, *Adventures of a Mathematician* (New York: Scribener's, 1976). Ulam beschreibt auch den Ursprung eines weiteren bedeutenden Strangs im Verständnis der Nichtlinearität, des Fermi-Pasta-Ulam-Theorems. Bei der Erforschung von Problemen, die vielleicht mit der neuen Großrechenanlage in Los Alamos gelöst werden könnten, untersuchten die Wissenschaftler ein dynamisches System, das lediglich aus einer schwingenden Saite bestand – ein einfaches Modell, »das zudem einen im physikalischen Sinn korrekten, geringfügigen nichtlinearen Term aufweist«. Dabei fanden sie Muster heraus, die zu einer unerwarteten Periodizität verschmolzen. Ulam berichtet: »Die Ergebnisse waren qualitativ völlig verschieden von den Resultaten, die selbst Fermi mit seiner gründlichen Kenntnis der Wellenbewegungen erwartet hatte. (...) Zu unserer Verblüffung begann die Saite eine Folge von musikalischen Tönen zu spielen...« Fermi betrachtete die Ergebnisse als unwichtig, und sie fanden kaum Verbreitung. Einige wenige Mathematiker und Physiker aber spürten ihnen nach, und sie fanden schließlich Eingang in den Wissenskanon von Los Alamos. *Adventures*. S. 226–228.

16. Zitiert in »Experimental Mathematics«, S. 374.

17. Yorke.

18. Verfaßt zusammen mit seinem Schüler Tien-Yien Li, »Period Three Implies Chaos«, *American Mathematical Monthly* 82 (1975), S. 985–992.

19. May.

20. May; eben diese scheinbar unbeantwortbare Frage veranlaßte ihn, von analytischen Methoden zu numerischen Experimenten überzugehen, in der Hoffnung, daß diese zumindest die Intuition beflügelten.

21. Yorke.

22. »Coexistence of Cycles of a Continous Map of a Line into Itself«, *Ukrainian Mathematics Journal* 16 (1964), S. 61.

23. Sinai, persönliche Mitteilung vom 8. Dezember 1986.

24. Zum Beispiel Feigenbaum, Cvitanović.

25. Hoppensteadt, May.

26. Hoppensteadt.

27. May.

28. William M. Schaffer und Mark Kot, »Nearly One-dimensional Dynamics in an Epidemic«, *Journal of Theoretical Biology* 112 (1985), S. 403–427; Schaffer, »Stretching and Folding in Lynx Fur Returns: Evidence for a Strange Attractor in Nature«, *The American Naturalist* 124 (1984), S. 798–820.

29. »Simple Mathematical Models«, S. 467.

30. Ibid.

Eine Geometrie der Natur

*Und doch zeigt sich eine Beziehung, eine zarte Beziehung, die sich
ausdehnt wie der Schatten einer Wolke auf Sand, ein Schatten auf der
Flanke eines Hügels.*

Wallace Stevens, »Connoisseur of Chaos«

Über die Jahre hatte sich Benoit Mandelbrot ein eigenes
Bild von der Realität im Kopf zurechtgelegt.[1] 1960 war es
noch mehr die Ahnung einer Idee, ein schwaches, ver-
schwommenes Bild. Aber Mandelbrot erkannte es, als er es
auf der Tafel in Hendrik Houthakkers Büro vor sich sah.
Mandelbrot war ein Hansdampf in allen Gassen der Mathematik, der in der Abteilung für reine Forschung der International Business Machines Corporation (IBM) sein Auskommen gefunden hatte. Er hatte sich unter anderem mit Volkswirtschaft befaßt und Untersuchungen zur Einkommensverteilung innerhalb eines Wirtschaftssystems angestellt.
Houthakker, Professor für Nationalökonomie in Harvard,
hatte Mandelbrot zu einem Gastvortrag eingeladen, und als
der junge Mathematiker im Littauer Center eintraf, dem
stattlichen Gebäude der wirtschaftswissenschaftlichen Fakultät im Norden des Universitätsgeländes, mußte er zu
seiner Verblüffung feststellen, daß seine Ergebnisse bereits
an der Tafel des älteren Kollegen standen. Leicht verärgert
machte er einen Witz – *wie kommt mein Diagramm auf Ihre
Tafel, noch ehe ich meinen Vortrag gehalten habe?* –, aber
Houthakker verstand nicht, was Mandelbrot meinte. Das
Diagramm hatte nichts mit Einkommensverteilung zu tun;
es stellte die Entwicklung des Baumwollpreises innerhalb
einer Spanne von acht Jahren dar.
Aber auch für Houthakker hatte das Diagramm seine Unge-

124

reimtheiten. Volkswirtschaftler gingen im allgemeinen von der Annahme aus, daß der Preis eines Artikels wie Baumwolle von zweierlei Impulsen bestimmt würde, von denen einer regelmäßig, der andere willkürlich erfolge. Langfristig würden die Preise von den realen Kräften der Wirtschaft bestimmt werden – von den Konjunkturschwankungen der Textilindustrie Neuenglands oder der Öffnung neuer internationaler Handelswege. Kurzfristig würden die Preise mehr oder weniger willkürlich fluktuieren. Leider stimmten Houthakkers Daten nicht mit diesen Annahmen überein. Sie enthielten zu viele große Sprünge. Die meisten Preisänderungen waren natürlich gering, aber die kleinen Änderungen waren im Verhältnis zu den großen nicht so zahlreich, wie er erwartet hatte. Die Distributionskurve fiel nicht schnell genug ab. Sie hatte einen langen Schwanz.

Das Standardmodell für die graphische Darstellung der Verteilung von Zufallsvariablen war und ist die Glockenkurve. Dabei liegen die meisten Werte um den Durchschnittswert in der Mitte der Kurve, dort also, wo der Glockenkörper ansteigt. Auf beiden Seiten fallen niedrige und hohe Extremwerte steil ab. Für den Statistiker hat die Glockenkurve dieselbe Bedeutung wie das Stethoskop für den Internisten. Sie ist das Instrument, zu dem er zuerst greift. Die Kurve entspricht der zur allgemeinen Norm gewordenen sogenannten Gauß-Verteilung von Variablen – oder einfach der Normalverteilung. Sie macht eine Aussage über das Wesen des Zufalls. Die Verteilung der Werte ist dadurch charakterisiert, daß die meisten Werte sich um einen Mittelwert gruppieren und sich in einer einigermaßen gleichmäßigen Kurve um diesen Wert streuen. Als Mittel freilich, sich einen Weg durch den Dschungel der Volkswirtschaft zu bahnen, ließ diese Standardmethode einiges zu wünschen übrig, oder, wie es Nobelpreisträger Wassily Leontief [2] ausgedrückt hat: »Auf keinem Gebiet der empirischen Untersuchung hat der massive Einsatz so raffinierter statistischer Methoden zu so nichtssagenden Ergebnissen geführt.«

Houthakker konnte seinen Graphen verändern, wie er wollte, die Schwankungen des Baumwollpreises ließen sich nicht im Modell der Glockenkurve unterbringen. Dafür ergaben sie ein Bild, dessen Eigenschaften Mandelbrot in letzter Zeit immer häufiger und zu seiner Überraschung auf den verschiedensten Gebieten begegnet war. Anders als die meisten Mathematiker verließ sich der in Polen geborene und in Frankreich ausgebildete Mandelbrot bei der Auseinandersetzung mit Problemen auf seine Gabe, Muster und Formen intuitiv zu erfassen. Er mißtraute der Analyse und verließ sich statt dessen auf die Bilder seiner Gedanken. Und ihm war bereits die Idee gekommen, daß zufällige, stochastische Phänomene möglicherweise Gesetzen mit ganz anderen Eigenschaften gehorchen könnten. Auf der Heimfahrt in das gigantische IBM-Forschungszentrum in Yorktown Heights, New York, im bewaldeten Hügelland des nördlichen Westchester County, hatte er Computerlochkarten mit Houthakkers Baumwollpreisen in einer Box bei sich. Zu Hause angekommen, bat er das Landwirtschaftsministerium in Washington um sämtliche bis 1900 zurückreichenden Daten. Wie die Wissenschaftler anderer Zweige waren auch die Volkswirtschaftler dabei, die Schwelle ins Computerzeitalter zu überschreiten. Ganz allmählich wurde ihnen bewußt, daß sie dadurch die Möglichkeit bekamen, in einem bisher

THE
NORMAL
LAW OF ERROR
STANDS OUT IN THE
EXPERIENCE OF MANKIND
AS ONE OF THE BROADEST
GENERALIZATIONS OF NATURAL
PHILOSOPHY ◆ IT SERVES AS THE
GUIDING INSTRUMENT IN RESEARCHES
IN THE PHYSICAL AND SOCIAL SCIENCES AND
IN MEDICINE AGRICULTURE AND ENGINEERING ◆
IT IS AN INDISPENSABLE TOOL FOR THE ANALYSIS AND THE
INTERPRETATION OF THE BASIC DATA OBTAINED BY OBSERVATION AND EXPERIMENT

Die Glockenkurve.

unvorstellbaren Maß Informationen zu sammeln, zu organisieren und zu manipulieren. Allerdings war nicht jede Art von Information verfügbar, und einigermaßen komplette Datenreihen mußten immer noch in eine Form gebracht werden, in der sie verarbeitet werden konnten. Auch hatte die Zeit der Lochkartenstanzer gerade erst begonnen. Die Forscher der exakten Wissenschaften hatten es leichter, ihre Tausende oder Millionen von Meßdaten zu sammeln. Volkswirtschaftler hatten es wie Biologen mit einer Welt lebendiger Wesen zu tun, die mit einem eigenen Willen ausgestattet waren. Volkswirtschaftler beschäftigen sich zudem mit den am schwersten zu fassenden Geschöpfen überhaupt.

Immerhin produzierte die Volkswirtschaft ein konstantes Angebot an Zahlen. Für Mandelbrot boten die Baumwollpreise eine ideale Datenquelle. Die Preislisten waren vollständig und reichten weit zurück. Sie deckten lückenlos ein Jahrhundert ab und mehr. Baumwolle war ein Teil der Welt des An- und Verkaufs von Waren mit einem zentralen Markt – und damit einer zentralen Buchführung –, da um die Jahrhundertwende der ganze Baumwollhandel vom Süden nach Neuengland über die New Yorker Börse abgewickelt wurde und auch die Preise in Liverpool mit denen von New York verbunden waren.

Auch wenn Volkswirtschaftler kaum Mittel besaßen, wenn es darum ging, Waren- oder Börsenpreise zu analysieren, bedeutete dies nicht, daß es ihnen etwa an einem grundlegenden Standpunkt fehlte, wie Preisveränderungen funktionierten. Im Gegenteil, sie beriefen sich vielmehr auf eine ganze Reihe von Glaubensartikeln. Einer davon war die Überzeugung, daß kleine, vorübergehende Schwankungen nichts zu tun hatten mit großen, langfristigen Veränderungen. Rasche Fluktuationen unterliegen dem Zufall. Die kleinen Hochs und Tiefs im Verlauf alltäglicher Transaktionen sind nur Randerscheinungen, unvorhersagbar und ohne jedes Interesse. Ganz anders hingegen verhält es sich mit langfristigen Veränderungen. Die großen Pendelbewegungen von Preisen über Monate oder Jahre oder gar Jahrzehnte hinweg werden von tiefsitzenden, makroökonomischen Kräften bestimmt, den Trends von Kriegen und Rezessionen, von Kräften also, die ein theoretisches Verständnis ermöglichen sollten. Mit einem Wort: Auf der einen Seite gab es das Wirrwar kurzfristiger Fluktuationen, auf der anderen deutliche Signale langfristiger Veränderungen.

Wie der Zufall es wollte, fand diese Dichotomie keinen Platz in dem Abbild der Wirklichkeit, das Mandelbrot gerade entwickelte. Statt kleine Veränderungen von großen zu trennen, fügte sein Bild beide zusammen. Er suchte nicht nach Mustern, die sich im einen oder im andern Maßstab abzeichneten, sondern durchgängig in jedem Maßstab. Ihm war keinswegs klar, wie er das Bild zeichnen sollte, das vor seinem geistigen Auge stand, doch wußte er, daß darin irgendeine Form von Symmetrie herrschen mußte, keine Symmetrie von rechts und links, von oben und unten, sondern eine Symmetrie großer und kleiner Maßstäbe.

Als Mandelbrot nun seine Baumwollpreise in die IBM-Rechner einspeiste, fand er tatsächlich die verblüffenden Ergebnisse heraus, nach denen er suchte. Die Zahlenwerte, die vom Standpunkt einer normalen Distribution Abweichungen hervorriefen, erzeugten vom Standpunkt der Skalierung oder Maßstabsänderung aus betrachtet Symmetrie. Jede einzelne Preisveränderung war zufällig und unvorhersagbar. Die Sequenzen von Veränderungen aber waren unabhängig vom Maßstab: die Kurven der täglichen und der monatlichen Preisentwicklung paßten perfekt zusammen. So unglaublich es klingen mag, Mandelbrot fand heraus, daß das Ausmaß der Fluktuation über einen Zeitraum von fünfundsechzig stürmischen Jahren, in die der Zweite Weltkrieg und eine wirtschaftliche Depression fielen, konstant geblieben war.

Innerhalb einer Menge völlig ungeordneter Daten herrschte eine unerwartete Art von Ordnung. Angesichts der voll-

128

kommen willkürlichen Zahlen, die er untersuchte, fragte Mandelbrot sich, warum überhaupt noch ein Gesetz gelten solle und wie es sowohl auf das persönliche Einkommen als auch auf Baumwollpreise bezogen werden könne.

Allerdings hatte Mandelbrot nur spärliche wirtschaftswissenschaftliche Kenntnisse und war kaum in der Lage, sich Nationalökonomen verständlich zu machen. Als er einen Aufsatz über seine Entdeckungen veröffentlichte, stellte er ihm eine erläuternde Einleitung voran, in der ein Student Mandelbrots die Ergebnisse in die Sprache der Wirtschaftswissenschaftler übersetzte. Mandelbrot wandte sich bald anderen Interessen zu. Dennoch war er nach wie vor fest entschlossen, das Phänomen der Skalierung zu erforschen. Maßstäbe schienen eine Eigenschaft mit einem gewissen Eigenleben zu sein – wie eine Signatur.

Jahre später wurde er anläßlich einer Gastvorlesung mit folgenden Worten vorgestellt: »Er unterrichtete Nationalökonomie in Harvard, Ingenieurswissenschaften in Yale und Physiologie an der Einstein School of Medecine.« Er bemerkte dazu stolz: »Wenn ich die Liste meiner früheren Tätigkeiten höre, frage ich mich manchmal, ob ich überhaupt existiere. Die Schnittfläche solcher verschiedener Teilmengen muß zweifellos Null sein.«[3] Tatsächlich existierte er seit seinen frühen Tagen bei IBM an einer ganzen Reihe verschiedener Sachgebiete vorbei. Er war stets ein Außenseiter, der sich etwa auf unorthodoxe Weise einer altmodischen Frage der Mathematik zuwandte, in Disziplinen forschte, deren Vertreter ihn kaum als Fachmann akzeptierten. Er hielt mit seinen großartigsten Ideen hinterm Berge, um seine Aufsätze überhaupt veröffentlichen zu können – und er überlebte hauptsächlich dank des Vertrauens seiner Arbeitgeber in Yorktown Heights. Er unternahm Ausflüge in Wissensbereiche wie Nationalökonomie und zog sich dann wieder zurück. Er hinterließ frappierende

Ideen, selten jedoch wohlbegründete Beiträge zu wissenschaftlicher Arbeit.

In der Geschichte der Chaosforschung machte Mandelbrot seinen eigenen Weg. Doch das Bild der Realität, das 1960 in seinem Kopf Gestalt annahm, entwickelte sich von einer wunderlichen Theorie zu einer leistungsfähigen Geometrie. Für Physiker, die auf den Arbeiten solcher Männer wie Lorenz, Smale, Yorke und May aufbauten, blieb dieser stachelige Mathematiker ein intelligenter Kauz – seine Techniken und seine Terminologie jedoch wurden zum unverzichtbaren Bestandteil ihrer neuen Wissenschaft.

Die Beschreibung würde zwar kaum die Zustimmung eines Zeitgenossen finden, der ihn in seinen späteren Jahren kannte – mit seiner eindrucksvollen Stirn und der langen Liste von Titeln und Ehrungen –, doch läßt sich die Persönlichkeit Benoit Mandelbrots am besten aus der Situation eines Flüchtlings begreifen. Er wurde 1924 in Warschau als Sohn einer jüdisch-litauischen Familie geboren.[4] Sein Vater war Textilgroßhändler, seine Mutter Zahnärztin. Aufgeschreckt durch die geopolitische Lage, zog die Familie 1936 nach Paris, nicht zuletzt weil Mandelbrots Onkel dort lebte. Dieser Scholem Mandelbrojt war Mathematiker. Nach Ausbruch des Krieges floh die Familie erneut vor den Nazis, wobei sie bis auf ein paar Koffer ihr ganzes Hab und Gut zurücklassen mußte, um sich dem Flüchtlingsstrom anzuschließen, der die Straßen südlich von Paris verstopfte. Schließlich gelangten sie in die Stadt Tulle.

Eine Zeitlang ging Benoit bei einem Werkzeugmacher in die Lehre, wo er aufgrund seiner Körpergröße und seines gebildeten Elternhauses gefährlich auffiel. Es war eine Zeit unvergeßlicher Anblicke und Ängste. Dennoch erinnerte Mandelbrot sich später kaum persönlicher Not; vielmehr blieben ihm die Freundschaften mit Lehrern aus Tulle und Umgebung im Gedächtnis, darunter mit einigen hervorragenden Gelehrten, die ebenfalls der Krieg dorthin verschleppt hatte. Alles in allem aber verlief seine Schulbildung in unregelmäßigen Sprüngen. Er behauptete, nach seinem fünften Lebensjahr nie das Alphabet oder, noch bedeutsamer, das Einmaleins gelernt zu haben. Aber er hatte Talent.

Nachdem Paris befreit war, absolvierte und bestand er die sich über Monate hinstreckende mündliche und schriftliche Zulassungsprüfung für die École Normale und die École Polytechnique trotz mangelnder Vorbereitung. Unter anderem bestand der Test aus einer oberflächlichen Zeichenprüfung, und Mandelbrot entdeckte eine brachliegende Begabung: er war imstande, die Venus von Milo zu kopieren. In den mathematischen Teilen des Examens – Aufgaben in formaler Algebra und Integralrechnung – gelang es ihm, seine lückenhaften Kenntnisse mit Hilfe seiner geometrischen Intuition zu verbergen. Er hatte bemerkt, daß er sich vor dem geistigen Auge fast jedes analytische Problem in einer bestimmten »geometrischen« Form vorstellen konnte. Hatte er aber eine Form gefunden, so konnte er sie transformieren, indem er ihre Symmetrien veränderte oder sie harmonisierte. Oftmals führten seine Transformationen zu einer direkten Lösung des entsprechenden Problems. In Physik und Chemie, wo er keine Geometrie anwenden konnte, bekam er schlechte Noten. In der Mathematik aber schmolzen Fragen, die er mit herkömmlichen Verfahrensweisen nie hätte beantworten können, dank seiner Formenmanipulationen dahin wie Schnee in der Sonne.

Die École Normale und École Polytechnique sind Eliteschulen, zu denen es weder im amerikanischen noch im deutschen Universitätsbetrieb Parallelen gab. Zur damaligen Zeit bereiteten sie gemeinsam weniger als dreihundert Studenten pro Jahrgang auf ihre Karrieren in der Forschung und Verwaltung Frankreichs vor. Mandelbrot begann in der École Normale, der kleineren und angeseheneren der beiden Schulen, doch wechselte er bereits nach wenigen Tagen zur Polytechnique. Schon war er ein Bourbaki-Flüchtling.[5] Vielleicht nirgendwo sonst als in Frankreich mit seiner Vorliebe für autoritätsmächtige Akademien und überkommene

Unterrichtstraditionen konnte ein Phänomen wie Bourbaki entstehen. »Bourbaki« begann als Klub, den Scholem Mandelbrojt und eine Handvoll unbekümmerter junger Mathematiker in den frühen Wirren des Ersten Weltkriegs gegründet hatten. Die ersten Mitglieder suchten nach Möglichkeiten, die französische Mathematik neu zu begründen. Die kriegsbedingten demographischen Verschiebungen hatten eine Alterskluft zwischen Universitätslehrern und Studenten zur Folge und führten zu einem tiefen Riß in der Kontinuität der akademischen Welt. Diese brillanten jungen Köpfe machten sich nun ans Werk, neue Grundlagen für die praktische Mathematik zu schaffen. Der Name ihrer Gruppe war selbst ein Insiderwitz, entlehnt aufgrund seines befremdlich-anziehenden Klanges – so wurde jedenfalls später vermutet – von einem französischen General griechischer Abstammung aus dem 19. Jahrhundert namens »Bourbaki«. Der Klub wurde aus spielerischem Übermut geboren, der bald verschwinden sollte.

Die Mitglieder trafen sich in geheimen Versammlungen. Heute sind nicht einmal mehr alle Namen bekannt. Ihre Zahl war streng begrenzt. Wenn ein Mitglied ausschied, was die Satzung im Alter von fünfzig Jahren verlangte, wurde von der verbleibenden Gruppe ein neues gewählt. Sie waren die besten und glänzendsten Mathematiker des Landes, und ihr Einfluß verbreitete sich bald über den ganzen Kontinent. Zum Teil war Bourbaki eine Reaktion auf Poincaré, den großen alten Mann des späten 19. Jahrhunderts, einen phänomenalen, überaus fruchtbaren Denker und Schriftsteller, der sich allerdings nicht allzusehr um formale Strenge kümmerte. Poincaré konnte z. B. sagen: Ich weiß, daß dies richtig sein muß, warum soll ich es also noch beweisen? Die Bourbaki-Jünger hingegen glaubten, Poincaré habe die Mathematik auf dünnen Boden gestellt, und die Gruppe machte sich abgeschirmt von der Welt daran, eine gewaltige Abhandlung in immer fanatischerem Stil zu schreiben mit dem Ziel, ihre Disziplin ins rechte Gleis zu bringen. Im Zentrum stand die logische Analyse. Ein Mathematiker hatte mit unumstößlichen Prinzipien zu beginnen und alles andere aus ihnen abzuleiten. Die Gruppe betonte den Primat der Mathematik innerhalb des Wissenschaftsgebäudes und beharrte auf ihrer Unabhängigkeit von allen anderen Einzeldisziplinen. Mathematik war Mathematik – ihr Wert bestand keineswegs in ihrer Anwendung auf reale, physikalische Phänomene. Vor allem aber lehnte die Bourbaki-Gruppe das Hilfsmittel der Veranschaulichung ab. Ein Mathematiker lief stets Gefahr, von seinem Wahrnehmungsapparat in die Irre geleitet zu werden. Der Geometrie war nicht zu trauen. Mathematik sollte rein, formal und streng sein.

Die Ausbreitung dieser Ansichten war kein ausschließlich französisches Phänomen. Auch in den Vereinigten Staaten entzogen sich Mathematiker mehr und mehr den Forderungen der physikalischen Wissenschaften mit der gleichen Entschlossenheit, mit der sich Künstler und Schriftsteller den Forderungen des allgemeinen Publikumsgeschmacks entzogen. Sie waren von einer extremen Empfindlichkeit beseelt. Die Themen der Mathematiker wurden autonom, ihre Methode formal axiomatisch. Voller Stolz konnte ein Mathematiker sagen, seine Arbeit erkläre rein gar nichts, weder in der Welt noch in der Wissenschaft. Diese Haltung hatte manche gute Folge, und die Mathematiker hegten und pflegten sie. Selbst Steve Smale, obwohl gerade er die Wiedervereinigung von Mathematik und Naturwissenschaft vorantrieb, glaubte zutiefst (Smale glaubte alles zutiefst), daß *Mathematik ausschließlich auf sich selbst beruhen müsse*.[6] Mit der Autonomie kam Klarheit. Und Klarheit ging ihrerseits Hand in Hand mit der Exaktheit axiomatischer Methodik. Jeder ernsthafte Mathematiker wird der These beipflichten, daß Exaktheit die charakteristische Stärke der Disziplin ist, das Stahlgerüst, ohne das alles zusammenbrechen würde. Exaktheit erlaubt einem Mathematiker, eine Gedankenlinie aufzugreifen, die Jahrhunderte zurückführt, um sie mit sicherem Zugriff weiterzuentwickeln.

Dennoch zeitigten die Anforderungen der Exaktheit unbeabsichtigte Konsequenzen bei Mathematikern des zwanzigsten Jahrhunderts. Ein Sachgebiet entwickelt sich in einer bestimmten Art von Evolution.[7] Ein Forscher greift ein Problem auf, indem er eine Entscheidung trifft, auf welchem Weg er es lösen will. Oftmals betraf diese Entscheidung eine Wahl zwischen einem Pfad, der mathematisch gangbar war, und einem Pfad, der vom Standpunkt des Naturverständnisses aus interessierte. Für einen Mathematiker war die Wahl eindeutig: Er würde vorerst jede offensichtliche Verbindung mit der Natur aufgeben. Am Ende aber würden seine Studenten vor einer ähnlichen Wahl stehen und eine ähnliche Entscheidung treffen müssen.

Nirgendwo waren diese Werte so fest verwurzelt wie in Frankreich, und die Bourbaki-Gruppe sollte dort einen Erfolg erleben, den ihre Gründer kaum geahnt haben können. Lehre, Stil und Notation dieses Kreises wurden obligatorisch. Er erreichte eine unanfechtbare Stellung, die aus der Führung der besten Studenten und einer stetig fließenden Produktion erfolgreicher Mathematik rührte. Seine Vorherrschaft über die École Normale war ebenso total wie für Mandelbrot unerträglich. Er floh aus der Eliteschule wegen der Bourbaki-Dogmatik, und ein Jahrzehnt später floh er aus Frankreich aus demselben Grund, um in den Vereinigten Staaten seinen Wohnsitz zu nehmen. Innerhalb weniger Jahrzehnte sollte die unbarmherzige Abstraktheit der Bourbaki-Jünger an dem Schock zugrunde gehen, den ihr die Möglichkeiten des Computers versetzten, weil eine neue Mathematik der graphischen Darstellung entstand. Allerdings zu spät für Mandelbrot, der unfähig gewesen war, den Formalismus »Bourbakis« zu ertragen, und nicht bereit, seine geometrische Intuition aufzugeben.

Mandelbrot lebte in dem Glauben, er schaffe seine eigene Mythologie. Dem Eintrag zu seiner Person im *Who's Who* fügte er folgende Bemerkung hinzu: »Die Wissenschaft wäre (wie der Sport) verloren, wenn sie den Wettbewerb über alles andere stellen wollte und den Regeln des Wettbewerbs gehorchte durch den allseitigen Rückzug in eng umgrenzte Spezialgebiete. Die wenigen Gelehrten, die sich als Nomaden aus Überzeugung verstehen, sind von wesentlicher Bedeutung für das Wohl der klassischen Disziplinen.« Dieser Nomade aus Überzeugung, der sich andernorts auch Pionier aus Notwendigkeit nannte,[8] zog sich aus der akademischen Welt zurück, als er Frankreich verließ, um Schutz unter dem Dach des IBM-Forschungszentrums Thomas J. Watson zu suchen. In einem dreißig Jahre währenden Aufstieg aus obskuren Regionen in ein Prominentendasein wurde seine Arbeit von keiner der zahlreichen Disziplinen, an die er sich wandte, positiv aufgenommen. Selbst Mathematiker sagten ohne jeden boshaften Unterton, was immer Mandelbrot auch sei, einer der Ihren sei er nicht.

Er fand ganz allmählich seinen eigenen Weg, ermutigt durch seine außerordentliche Kenntnis vergessener Seitenpfade der Wissenschaftsgeschichte. Er wagte sich in die mathematische Linguistik vor, um ein Gesetz zur Verteilung von Wörtern zu formulieren. (Um den Formalismus zu verteidigen, verwies er darauf, daß das linguistische Problem seine Aufmerksamkeit in Gestalt einer Buchbesprechung erregte, die er aus dem Papierkorb seines Onkels gezogen hatte, um in der Pariser Metro etwas zum Lesen zu haben.) Er entwickelte eine Spieltheorie. Er arbeitete sich in die Wirtschaftswissenschaften ein und hängte das Fach wieder an den Nagel. Er schrieb über maßstabsunabhängige Regelmäßigkeiten in der Distribution großer und kleiner Städte. Der allgemeine Rahmen aber, der sein Werk zusammenhielt, blieb im Hintergrund und war nur unvollkommen ausgebildet.

Zu Beginn seiner Zeit bei IBM, bald nach seiner Studie über Warenpreise, stieß er auf ein praktisches Problem, das seinen Firmengönnern große Sorgen bereitete. Ratlos standen die Ingenieure vor dem Problem der Nebengeräusche in Telefonleitungen, die für die Informationsübertragung von Computer zu Computer benutzt wurden. Elektrischer Strom leitet die Information in diskreten Datenpaketen, und die Ingenieure wußten, je mehr sie den Strom verstärkten, um so besser konnten sie die Nebengeräusche dämpfen. Manche spontane Geräusche aber, so fanden sie heraus, konnten sie mit keinerlei Mitteln beseitigen. Immer wieder geschah es, daß solche Geräusche ein Signal tilgten und damit einen Fehler verursachten.

Obwohl Übertragungsgeräusche ihrer Natur nach zufällig sind, wußte man doch, daß sie gebündelt auftraten. Perioden fehlerfreier Kommunikation waren gefolgt von Fehlerperioden. Im Gespräch mit den Ingenieuren erfuhr Mandelbrot bald, daß sie eine allseits bekannte Erfahrung mit diesen Fehlern gemacht hatten, die aber nie publiziert worden war, weil sie zu keiner der klassischen Theorien passen wollte: Je gründlicher sie die Fehlerbündel untersuchten, desto komplizierter schien ihre Struktur. Mandelbrot fand einen Weg, die Fehlerverteilung so zu beschreiben, daß er exakt die beobachteten Muster voraussagen konnte. Doch war das Ergebnis höchst eigenartig. Denn es erwies sich als unmöglich, eine *durchschnittliche* Fehlerrate zu berechnen – eine durchschnittliche Fehlerzahl pro Stunde oder pro Minute oder pro Sekunde. Im *Durchschnitt* betrachtet, so Mandelbrots Schema, waren die Fehler fast unendlich dünn gestreut.

Seine Beschreibung basierte darauf, daß er immer tiefere Einschnitte zwischen Perioden fehlerfreier Übertragung und Fehlerbündeln machte. Angenommen, man unterteile einen Tag in Stunden. Eine Stunde mag nun verstreichen, ohne daß Fehler auftreten. Dann wieder treten in einer Stunde zahlreiche Fehler auf. Dann vergeht wieder eine Stunde ohne Fehler.

Nun aber nehmen wir an, daß die Stunden mit auftretenden Fehlern in kleinere Perioden von zwanzig Minuten unterteilt werden. Auch hier stellt sich heraus, daß manche Perioden völlig fehlerfrei sind, während andere Fehlerbündel enthalten. Tatsächlich behauptete Mandelbrot – wider alle Intuition –, daß sich niemals ein Zeitabschnitt finden lasse, der eine kontinuierliche Fehlerverteilung aufweise. In jeder Fehlerperiode, wie kurz sie auch sein möge, würden stets Perioden völlig fehlerfreier Übertragung auftreten. Darüber hinaus entdeckte er eine geometrische Beziehung zwischen den Fehlerbündeln und den Abschnitten fehlerfreier Übertragung. Gleichgültig, ob im Stunden- oder Sekundenmaßstab, die Proportion zwischen fehlerfreien und fehlerbehafteten Perioden blieb konstant. (Einmal schien zu Mandelbrots großem Schrecken ein Datenschub seinem Schema zu widersprechen, doch stellte sich heraus, daß die Ingenieure versäumt hatten, die absoluten Extremfälle aufzuzeichnen, in der Annahme, sie seien irrelevant.)

Die Ingenieure besaßen kein Erklärungsmodell zum Verständnis von Mandelbrots Beschreibung – wohl aber die Mathematiker. Im Grunde wandte Mandelbrot nur eine abstrakte Konstruktion an, die bekannt war als die Cantor-Menge, so genannt nach dem deutschen Mathematiker Georg Cantor aus dem 19. Jahrhundert. Um eine Cantor-Menge zu bilden, beginne man mit einem Zahlenintervall von null bis eins, dargestellt durch ein Liniensegment. Nun entferne man das mittlere Drittel (durch Tilgung vom ersten Drittel bis zum zweiten Drittel, doch unter Beibehaltung dieser Punkte). Damit bleiben zwei Segmente übrig, von denen man wiederum das jeweilige mittlere Drittel entferne (vom ersten Neuntel zum zweiten Neuntel und vom siebten zum achten Neuntel). Übrig bleiben vier Segmente, von denen man wiederum das jeweilige mittlere Drittel entferne – und so unendlich weiter. Was bleibt übrig? Ein merkwürdiger »Staub« von Punkten, zu Bündeln geordnet, unendlich viele, doch unendlich dünn gestreut. Mandelbrot stellte sich die Übertragungsfehler als eine in der Zeitenfolge geordnete Cantor-Menge vor.

Diese hoch abstrakte Beschreibung besaß durchaus praktische Bedeutung für Wissenschaftler, die sich um eine Entscheidung zwischen verschiedenen Strategien zur Fehlerkontrolle bemühten [9]. Insbesondere ging aus ihr hervor, daß die Ingenieure, statt die Signalstärke zu erhöhen, um die Störgeräusche mehr und mehr zu dämpfen, sich lieber in der Einsicht, daß Fehler unvermeidlich sind, mit einem bescheidenen Signal begnügen und Strategien anwenden sollten, um diese Fehler zu ermitteln und zu korrigieren. Mandelbrot änderte auch die Art und Weise, wie die IBM-Inge-

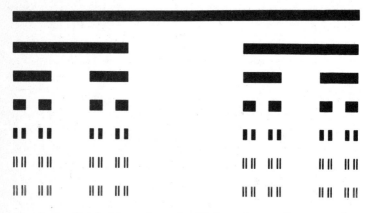

Der Cantor-Staub. Man nehme eine Linie; sodann entferne man das mittlere Drittel; weiter entferne man das mittlere Drittel der verbleibenden Segmente und so fort. Die Cantor-Menge ist der Punktestaub, der schließlich übrig bleibt. Die Punkte sind unendlich viele, doch ihre Gesamtlänge ist 0.

Die paradoxen Eigenschaften solcher Konstruktionen verwirrten die Mathematiker des 19. Jahrhunderts, Mandelbrot aber erkannte in der Cantor-Menge ein Modell für das Auftreten von Fehlern bei elektronischen Übertragungen. Ingenieure sahen sich konfrontiert mit Perioden fehlerfreier Übertragung, die unterbrochen waren von Perioden, in denen Fehler zum Ausbruch kamen. Bei näherer Betrachtung zeigte sich, daß auch die Fehlerbündel fehlerfreie Perioden enthielten. Und so weiter – ein Beispiel von fraktaler Zeit. Im Vergleich verschiedener Zeiteinheiten, von Stunden bis hin zu Sekunden, entdeckte Mandelbrot, daß die Beziehung zwischen fehlerhafter und fehlerfreier Übertragung konstant blieb. Solche Nebel, so behauptete er, seien bei der Abbildung von Intermittenz unabdingbar.

nieure über die Ursache der Störgeräusche in Telefonleitungen dachten. Fehlerhäufungen hatten die Ingenieure stets dazu veranlaßt, nach jemandem Ausschau zu halten, der irgendwo einen mechanischen Hebel ansetzen könnte. Mandelbrots Skalierungsmuster aber legten nahe, daß auf der Basis spezifischer lokaler Ereignisse die Geräusche sich nie würden erklären lassen.

Mandelbrot wandte sich anderen Daten zu, die die Flüsse der Welt betrafen. Seit Jahrtausenden haben die Ägypter den Wasserpegel des Nils aufgeschrieben. Das sind Informationen, die nicht nur vorübergehendes Interesse hervorrufen. Im Vergleich mit anderen großen Strömen der Welt ist der Nil besonders starken Schwankungen unterworfen; in manchen Jahren führt er starkes Hochwasser, in anderen wiederum bildet er nur noch ein Flüßchen zwischen Schlammbänken. Mandelbrot klassifizierte diese Schwankung in den Begriffen zweier Effekte, die auch in der Nationalökonomie geläufig sind. Er nannte sie den Noah- und den Joseph-Effekt. Der Noah-Effekt bedeutet Diskontinuität: Wenn eine Quantität sich verändert, kann sie sich nahezu beliebig rasch verändern. Wirtschaftswissenschaftler nahmen für gewöhnlich an, daß sich Preise kontinuierlich veränderten – je nachdem schnell oder langsam, aber kontinuierlich in dem Sinne, daß sie auf ihrem Weg von einem Punkt auf der Skala zum anderen alle dazwischenliegenden Stufen durchlaufen. Dieses Bild des Bewegungsablaufs war der Physik entlehnt, wie so manches andere auch, das Mathematiker auf den Bereich der Ökonomie übertrugen. Aber es war falsch. Preise können sich in momentanen Sprüngen entwickeln, so plötzlich wie eine neue Nachricht aus dem Fernschreiber kommen kann und tausend Börsenmakler ihre Meinung ändern. Jede Börsenstrategie, so behauptete Mandelbrot, sei zum Scheitern verurteilt, wenn sie von der Annahme ausgehe, daß eine Aktie bei einem Kursverlauf von sechzig auf zehn Dollar irgendwann einmal für fünfzig Dollar verkauft werden müsse.

Der Joseph-Effekt bedeutete Beharrung.[10] *Sieben Jahre kommen, da wird großer Überfluß in ganz Ägypten sein. Nach ihnen aber werden sieben Jahre Hungersnot heraufziehen.* Wenn das biblische Gleichnis Periodizität zum Ausdruck bringen soll, dann natürlich in stark vereinfachter Weise. Aber Überschwemmungen und Dürrezeiten wechseln sich seit Jahrtausenden ab. Trotz eines stets unterschwelligen Zufallsfaktors läßt sich behaupten: Je länger ein Ort an Dürre gelitten hat, desto größer die Wahrscheinlichkeit, daß er weiterhin daran leidet. Darüber hinaus förderte die Analyse des Nilpegels zutage, daß die Beharrung über Jahrhunderte ebenso wie über Jahrzehnte hinweg Gültigkeit besaß. Der Noah- und der Joseph-Effekt weisen in zwei verschiedene Richtungen, doch vereinigen sie sich in einer Erkenntnis: Tendenzen sind zum einen reale Phänomene der Natur, doch können sie zum andern so rasch verschwinden, wie sie aufgetreten sind.

Diskontinuität, Geräuschbündel, Cantor-Staub – derlei Phänomene besaßen in der Geometrie der vergangenen zweitausend Jahre keinen Platz. Die Grundelemente der klassischen Geometrie sind Linien und Flächen, Kreise und Kugeln, Dreiecke und Kegel. Sie stellen eine drastische Abstraktion der Realität dar, und sie inspirierten die mächtige philosophische Tradition der platonischen Harmonielehre. Euklid schuf aus diesen Elementen eine Geometrie, die zwei Jahrtausende Gültigkeit hatte. Sie ist bis heute die einzige Geometrie, die die meisten Menschen in ihrem Leben kennenlernen. Künstler sahen in ihr ein Schönheitsideal, ptolemäische Astronomen bauten darauf eine Theorie des Universums auf. Doch im Hinblick auf das Verständnis von Komplexität stellte sie sich als die falsche Form von Abstraktion heraus.

Wolken sind keine Kugeln,[11] bemerkt Mandelbrot häufig. Berge sind keine Kegel. Die Bahn eines Blitzes ist keine gerade Linie. Die neue Geometrie spiegelt ein Universum wider, das gezackt und widerborstig ist und nicht abgerun-

det und glatt. Sie ist eine Geometrie der Gruben und Buk-
kel, der Aufbrüche und Knäuel, der Wirren und Verwick-
lungen. Zum Verständnis der natürlichen Komplexität bedurfte es des Verdachts, daß Komplexität nicht reiner Zufall
ist, nicht reine Beliebigkeit. Ein neuer Glaube war erforderlich: daß etwa bei der Bahn eines Blitzes nicht ihre Richtung
von vorrangigem Interesse sei, sondern die Verteilung der
Zickzackbewegungen. Mandelbrots wissenschaftliche Arbeit beinhaltete die Behauptung, daß solch merkwürdige
Formen Bedeutung in sich bergen. Die Gruben und Knäuel
sind mehr als nur Schönheitsfehler, die die Formen der
klassischen Euklidischen Geometrie verunstalten. Oftmals
sind sie der Schlüssel zum Wesen der Dinge.

Aber was zum Beispiel ist das Wesen einer Küstenlinie?
Mandelbrot stellte sich diese Frage in einem Aufsatz, der
einen Wendepunkt in seinem Denken markierte. Die einfache Frage war: »Wie lang ist die Küste Britanniens?«

Mandelbrot war auf diese Frage in einem obskuren, post-
hum veröffentlichten Artikel des englischen Wissenschaftlers L. F. Richardson gestoßen, der sich seinerzeit schon an
erstaunlich viele Themen herangetastet hatte, die später
zum Kanon der Chaosforschung gehören sollten. Er schrieb
über numerische Wettervorhersagen in den zwanziger Jahren, untersuchte Flüssigkeitsturbulenzen, indem er einen
Sack mit weißem Wurzelkraut in den Cape Cod Canal warf,
und fragte 1926 in einem Aufsatz: »Besitzt der Wind Geschwindigkeit?« (»Auf den ersten Blick mag die Frage unsinnig erscheinen«, schrieb er, »doch gewinnt sie bei näherer
Betrachtung.«) Als Richardson sich dem Verlauf von Küstenlinien und verzweigten Nationalgrenzen zuwandte,[12]
konsultierte er Enzyklopädien in Spanien und Portugal,
Belgien und den Niederlanden und entdeckte dabei Unterschiede von über zwanzig Prozent in den geschätzten Län-
gen der gemeinsamen Grenzen.

Mandelbrots Analyse des Problems mutete seine Zuhörer
entweder als schon schmerzhaft offensichtlich oder als ab-

surd und abwegig an. Er entdeckte, daß die meisten Menschen die Frage auf eine der zwei folgenden Weisen beantworteten: »Keine Ahnung, das ist nicht mein Fach«, oder aber: »Keine Ahnung, aber ich werd's im Lexikon nachschlagen«.

Doch tatsächlich, so behauptete er, ist jede Küste – in gewissem Sinne – unendlich lang. In einem andern Sinn hängt die Antwort von der Länge unserer Meßlatte ab. Fassen wir einmal folgende plausible Meßmethode ins Auge. Angenommen, ein Geometer nimmt einen Meßzirkel, stellt ihn auf einen Meter ein und wandert damit die Küste entlang. Die resultierende Meterzahl ist nur eine Annäherung an die wahre Länge, weil der Zirkel Ausbuchtungen überspringt und kleiner wird als ein Meter, doch der Geometer schreibt die Zahl unverdrossen auf. Dann stellt er den Zirkel auf eine

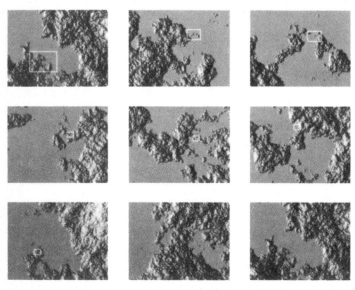

Eine fraktale Küste. Ein computergenerierter Küstenverlauf: Die Details sind zufällig, aber die fraktale Dimension ist konstant, so daß das Ausmaß der Unebenheit und Unregelmäßigkeit stets gleich erscheint, gleichgültig, wie stark das Bild vergrößert wird.

kürzere Länge ein – sagen wir dreißig Zentimeter – und wiederholt den Vorgang. Er wird nun eine größere Gesamtlänge erzielen, weil der Zirkel mehr Details berücksichtigen kann, und es sind mehr als drei Schritte zu je dreißig Zentimetern nötig, um eine Strecke von einem Meter zurückzulegen. Er schreibt die neue Zahl auf, justiert den Zirkel auf zehn Zentimeter und fängt wieder von vorne an. Dieses mentale Experiment unter Verwendung imaginärer Meßzirkel ist eine Möglichkeit, die Beobachtung eines Objekts in verschiedenen Abständen, sprich in verschiedenen Maßstäben, in ihrem Effekt zu quantifizieren. Ein Beobachter, der versucht, von einem Satelliten aus die Länge der britischen Küste zu schätzen, wird zu einer niedrigeren Schätzung gelangen als ein Beobachter, der ihre Buchten und Strände entlangwandert. Dessen Schätzung aber wird wiederum niedriger ausfallen als die einer Schnecke, die es mit jedem Kieselstein zu tun hat.

Der gesunde Menschenverstand legt nahe, daß all diese Schätzungen, obwohl sie immer größer werden, sich irgendwann einem bestimmten Grenzwert annähern, der wahren Länge der Küste. In anderen Worten, die Messungen sollten konvergieren. Und wenn eine Küste Euklidische Gestalt besäße, etwa die Form eines Kreises, so würden diese Additionen immer kleinerer Streckenabschnitte in der Tat konvergieren. Doch fand Mandelbrot heraus, daß die gemessene Länge einer Küste, je kleiner der Maßstab wird, ins Grenzenlose wächst, wobei jede Bucht und Landzunge immer kleinere Buchten und Landzungen im Gefolge hat – bis schließlich hinab zum atomaren Maßstab, wo der Prozeß dann an ein Ende gelangt.

Da die Euklidischen Messungen – nach Länge, Tiefe und Breite – das Wesen unregelmäßiger Formen nicht erfassen können, begann Mandelbrot über eine andere Idee nachzudenken, die Idee der Dimension. Dimension ist ein Begriff, der für einen Wissenschaftler eine weitaus reichere Bedeutung besitzt als für einen Nichtwissenschaftler. Wir leben in einer dreidimensionalen Welt, will heißen, wir brauchen drei Zahlenwerte, um einen Punkt zu bestimmen: zum Beispiel Länge, Breite und Höhe. Diese drei Dimensionen stellen wir uns als Richtungsvektoren vor, die im rechten Winkel aufeinanderstoßen. Das ist immer noch das Erbe der Euklidischen Geometrie, in der der Raum drei Dimensionen besitzt, eine Fläche zwei, eine Linie eine, und ein Punkt keine.

Der Abstraktionsprozeß,[13] der es Euklid ermöglichte, sich ein- oder zweidimensionale Objekte vorzustellen, spielt noch in unseren Gebrauch alltäglicher Dinge hinein. Eine Straßenkarte etwa ist bei aller praktischen Zwecksetzung ein durch und durch zweidimensionales Ding, eine Fläche. Sie benutzt ihre zwei Ebenen, um uns Informationen zu vermitteln, die durch und durch zweidimensionaler Natur sind. In Wirklichkeit sind Landkarten natürlich ebenso dreidimensional wie alles andere auch, doch ist ihre Dicke so gering (und so irrelevant im Hinblick auf ihren Zweck), daß wir sie vernachlässigen können. Im Endeffekt ist und bleibt eine Landkarte zweidimensional, selbst wenn sie zusammengefaltet wird. Genauso ist im Endeffekt ein Faden eindimensional, wie im Endeffekt ein Partikel keinerlei Dimension besitzt.

Was aber ist die Dimension eines Garnknäuels? Mandelbrots Antwort lautet: Das hängt ganz vom jeweiligen Standpunkt ab. Aus großem Abstand betrachtet, ist das Knäuel nicht mehr als ein Punkt, also ohne Dimension. Von näherem erscheint das Knäuel als ein kugelförmiger Raum, der drei Dimensionen einnimmt. Bei noch größerer Nähe kommt das Garn in den Blick, und der Gegenstand wird eindimensional, auch wenn die eine Dimension zweifellos so oft um sich selbst gewickelt ist, daß sie dreidimensionalen Raum beansprucht. Die Frage, wie viele Zahlenwerte wir brauchen, um einen Punkt zu bestimmen, bleibt weiterhin sinnvoll.[14] Bei großer Distanz brauchen wir gar keinen – der Punkt ist alles, mehr nicht. Bei näherer Entfernung brauchen wir drei. Bei noch näherer Entfernung genügt einer – jede beliebige Position entlang des Garnfadens ist einmalig, gleichgültig ob das Garn gerade abgespult oder zu einem Knäuel aufgewickelt ist.

Und in mikroskopischer Perspektive: Das Garn entpuppt sich als ein Gefüge von dreidimensionalen Säulen, die Säulen gliedern sich in eindimensionale Fasern, das feste Material löst sich in nulldimensionale Punkte auf. Mandelbrot berief sich, wenn auch nicht im mathematischen Sinn, auf die Relativität: »Die Vorstellung, daß ein numerisches Ergebnis von der Relation zwischen Objekt und Betrachter abhänge, ist in den Köpfen der Physiker unseres Jahrhunderts zutiefst verwurzelt und selber eine beispielhafte Illustration des Sachverhalts.«

Doch auch philosophische Erwägungen beiseite gelassen, erweist sich die tatsächliche Dimensionalität eines Gegenstandes als verschieden von seinen üblichen drei Dimensionen. Eine Schwäche in Mandelbrots Argumentation schien sein Rückgriff auf vage Begriffe zu sein: »bei großer Distanz«, »bei näherer Entfernung«. Was aber dazwischen? Gewiß, es gab keine feste Grenze, wo ein Garnknäuel sich von einem dreidimensionalen in einen eindimensionalen Gegenstand verwandelte. Doch statt eine Schwäche zu sein, führte gerade die nur undeutliche Definition dieser Übergänge zu einer neuen Idee über das Problem der Dimensionen.

Mandelbrot schritt über die Dimensionen 0, 1, 2, 3... zu einer scheinbaren Unmöglichkeit hinaus: zu gebrochenzahligen Dimensionen. Der Begriff ist ein gedanklicher Hochseilakt. Nichtmathematikern verlangt er eine einstweilige Aufhebung des Zweifels ab. Dennoch erweist er sich als überaus wirkungsmächtig.

Gebrochenzahlige Dimensionen bieten eine Möglichkeit, Eigenschaften zu messen, die sich herkömmlicherweise

Definitionen entziehen: der Grad an Unebenheit oder Ge-
brochenheit oder Irregularität innerhalb eines Gegenstandes. Ein verschlungener Küstenverlauf weist trotz seiner
Unmeßbarkeit in Begriffen der *Länge* dennoch einen gewissen charakteristischen Grad an Unebenheit auf. Mandelbrot ermittelte nun bestimmte Wege, die gebrochenzahlige
oder fraktale Dimension realer Objekte zu berechnen
– einige Techniken zur Konstruktion einer Form unf einige
Daten vorausgesetzt –, und konnte mit Hilfe seiner Geometrie eine Behauptung über die unregelmäßigen Muster machen, die er in der Natur untersucht hatte. Diese Behauptung besagte, daß der Grad der Unregelmäßigkeit über
verschiedene Maßstäbe hinweg stets konstant bleibt. Überraschend häufig stellt sich diese Behauptung als wahr heraus. Wieder und wieder offenbart die Welt regelmäßige
Unregelmäßigkeit.

Eines Winternachmittags im Jahre 1975[15] kam Mandelbrot
– der sich der parallelen Strömungen, die sich in der Physik
abzeichneten, durchaus bewußt war – bei der Vorbereitung
seines ersten Hauptwerkes in Buchform zu dem Schluß, daß
er einen Namen für seine Formen, seine Dimensionen, seine
Geometrie brauche. Sein Sohn war gerade von der Schule
heimgekehrt, und Mandelbrot blätterte gedankenverloren
in dem lateinischen Wörterbuch des Jungen. Da stieß er auf
das Adjektiv *fractus*, abgeleitet von dem Verb *frangere*,
brechen. Die Bedeutungen der wichtigsten verwandten
Wörter im Englischen – *fraction* (Bruch) und *fracture* (Frak-
tur) – schienen dazu zu passen. Und Mandelbrot schuf das
im Englischen wie im Französischen und mit geringfügiger
Abweichung auch im Deutschen gültige Wort (als Substan-
tiv und Adjektiv) *fractal*.

Ein Fraktal bietet dem geistigen Auge eine Möglichkeit, die
Unendlichkeit zu schauen. Man stelle sich ein Dreieck vor,
dessen Seiten jeweils einen Meter lang sind. Nun denke man

sich eine bestimmte Transformation – eine bestimmte, wohl definierte, leicht zu wiederholende Reihe von Regeln. Man nehme das mittlere Drittel einer jeden Seite und füge ein neues Dreieck hinzu, das identisch ist in der Form, aber nur ein Drittel so groß. Das Ergebnis ist ein Davidsstern. Statt aus drei Segmenten von einem Meter besteht der Umriß der Form nun aus zwölf Segmenten von 33,3 Zentimetern. Statt drei Ecken gibt es nun sechs.

Nun nehme man jede der zwölf Seiten und wiederhole die Transformation, indem man ein wiederum kleineres Dreieck im mittleren Drittel der Kante anfügt. Nun noch einmal und so unendlich fort. Der Umriß wird immer detaillierter, so wie eine Cantor-Menge eine immer dünnere Streuung aufweist. Die Gestalt ähnelt einer Art idealer Schneeflocke.

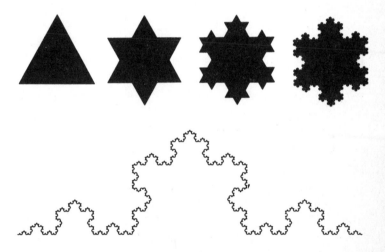

Die Kochsche Schneeflocke. »Ein grobes, aber anschauliches Modell einer Küstenlinie«, mit Mandelbrot zu sprechen. Um eine Kochsche Kurve zu konstruieren, beginne man mit einem Dreieck von der Seitenlänge 1. In der Mitte einer jeden Seite füge man ein neues Dreieck von einem Drittel Größe hinzu und so fort. Die Länge des Umfangs beträgt $3 \times 4/3 \times 4/3 \times 4/3...$ usw. ad infinitum. Dennoch bleibt der Flächeninhalt geringer als der Flächeninhalt, den ein um das ursprüngliche Dreieck geschlagener Kreis umschreibt. Folglich begrenzt eine unendlich lange Linie einen endlich großen Flächeninhalt.

147

Sie ist bekannt als die Kochsche Kurve – eine Kurve ist jede verbundene Linie, ob gerade oder gewunden –, so genannt nach Helge von Koch, dem schwedischen Mathematiker, der sie 1904 als erster beschrieb.

Bei näherem Nachdenken erhellt, daß die Kochsche Kurve einige interessante Eigenschaften besitzt. Zunächst einmal ist sie eine fortlaufende Schleife, die sich nie überschneidet, da die Seitenlänge der neu hinzukommenden Dreiecke stets so kurz ist, daß ein Zusammenstoß vermieden wird. Ferner fügt jede neue Transformation der Innenfläche der Kurve ein kleines Areal hinzu, obwohl der Gesamtflächeninhalt begrenzt bleibt und den des ursprünglichen Dreiecks nicht wesentlich übersteigt. Schlägt man mit einem Zirkel einen Kreis um das ursprüngliche Dreieck, so ragt die Kurve nie über ihn hinaus.

Dennoch ist die Kurve selbst unendlich lang, so lang wie eine Euklidische Gerade, die sich bis zu den Enden eines unbegrenzten Universums erstreckt. So wie die erste Transformation ein ein Meter langes Segment durch vier Segmente von jeweils 33,3 Zentimetern ersetzt, so multipliziert jede Transformation die Gesamtlänge mit vier Dritteln. Dieses paradoxe Ergebnis – eine unendliche Strecke innerhalb eines begrenzten Raums – verwirrte so manchen Mathematiker, der um die Jahrhundertwende darüber nachdachte. Die Kochsche Kurve war ein Monstrum; sie mißachtete jede vernünftige intuitive Vorstellung von Formen und unterschied sich – das verstand sich beinahe von selbst – auf geradezu krankhafte Weise von allen Phänomenen, die sich in der Natur auffinden ließen.

Unter den gegebenen Umständen blieben ihre Arbeiten zur damaligen Zeit ohne größere Folgen. Doch andere, ähnlich skurrile Mathematiker dachten sich weitere Formen aus, die vergleichbar bizarre Eigenschaften wie die Kochsche Kurve aufwiesen. So gab es Peano-Kurven, Sierpiński-Teppiche und Sierpiński-Manschetten. Um einen solchen Teppich herzustellen, nehme man ein Quadrat, teile es durch Drittelung der Kanten in neun gleich große Quadrate und entferne das mittlere. Sodann wiederhole man die Operation mit den acht verbleibenden Quadraten, indem man in der Mitte eines jeden einzelnen ein quadratisches Loch ausschneidet. Die Manschette entsteht auf dieselbe Weise, nur daß man Dreiecke statt der Quadrate anlegt. Sie besitzt die schwer vorstellbare Eigenschaft, daß jeder beliebige Punkt eine Verzweigung ist, eine Gabelung innerhalb der Struktur. Schwer vorstellbar, gewiß, aber im Grunde braucht man sich nur den Eiffelturm vor Augen zu führen,[16] eine anschauliche, dreidimensionale Annäherung an das Modell, deren Holme und Streben und Träger sich in ein Gerüst immer dünner werdender Glieder verzweigen, ein schimmerndes Netzwerk feinster Verästelungen. Gustave Eiffel konnte die Konstruktion natürlich nicht bis ins Unendliche so weitertreiben, aber er wußte als Ingenieurs den Vorteil zu schätzen, daß er auf diese Weise Gewicht einsparen konnte, ohne daß die Struktur an Stabilität einbüßte.

Der Geist vermag nicht das ganze unendliche Universum in sich selbst eingeschriebener Komplexität bildlich zu fassen. Wer sich aber Formen vorstellt wie ein Geometer, dem eröffnet diese Art von Strukturwiederholung in immer feineren Maßstäben eine völlig neue Welt. Diese Formen zu erforschen, gleichsam mit dem geistigen Finger die Kanten ihrer Möglichkeiten entlangzufahren, war eine Art Spiel, und Mandelbrot fand ein kindliches Vergnügen daran, Variationen zu erblicken, die vor ihm niemand gesehen oder begriffen hatte. Wenn sie noch keine Namen besaßen, taufte er sie: Seile und Laken, Schwämme und Schäume, Quark und Manschetten.

Die Fraktaldimension erwies sich als genau die richtige Maßeinheit für diese sonderbaren Gebilde. In gewisser Hinsicht entsprach der Grad der Irregularität der Möglichkeit des Gegenstands, Raum in sich zu fassen. Eine einfache,

Euklidische, eindimensionale Linie beansprucht keinerlei Raum. Der Umriß einer Kochschen Kurve aber mit seiner unendlichen Länge, die einem begrenzten Flächeninhalt einbeschrieben ist, beansprucht Raum. Die Kurve ist mehr als eine Linie und zugleich weniger als eine Fläche. Sie ist größer als eine eindimensionale und zugleich kleiner als eine zweidimensionale Form. Durch Anwendung von Techniken, die Mathematiker Anfang des Jahrhunderts entwickelt haben und die seitdem in Vergessenheit geraten sind,[17] gelang es Mandelbrot, die gebrochenzahlige Dimension genau zu charakterisieren. Für die Kochsche Kurve ergibt die unendlich wiederholte Multiplikation mit vier Dritteln einen Dimensionswert von 1,2618.

Bei der Verfolgung dieses Pfads kamen Mandelbrot zwei Vorteile zustatten gegenüber den wenigen anderen Mathematikern, die über solche oder ähnliche Formen nachdachten. Zum einen hatte er Zugang zu den Großrechenanlagen der Firma IBM. Solche Berechnungen waren eine neue Aufgabe, die auf ideale Weise dem computertypischen Stumpfsinn mit enormer Rechengeschwindigkeit entsprach. So wie die Meteorologen dieselben wenigen Berechnungen für Millionen benachbarter Punkte in der Atmospähre durchführen mußten, so mußte Mandelbrot eine leicht zu programmierende Transformation immer wieder und wieder durchführen. Geniale Intuition konnte die Transformationen ersinnen und sich ihre Konsequenzen vorstellen. Computer konnten sie zeichnen – manchmal mit überraschenden Ergebnissen. Die Mathematiker der frühen zwanziger Jahre gelangten rasch an eine Grenze der manuellen Kalkulation, vergleichbar der Grenze, der sich die Väter der Biologie ohne die Hilfe des Mikroskops gegenübersahen. Will man Einblick gewinnen in ein Universum immer feinerer Strukturen, kann die Vorstellungskraft nur bis zu einem gewissen Punkt weiterhelfen.

Mit Mandelbrots Worten: »Es bestand eine klaffende Lücke von hundert Jahren, während der die Zeichnung keinerlei

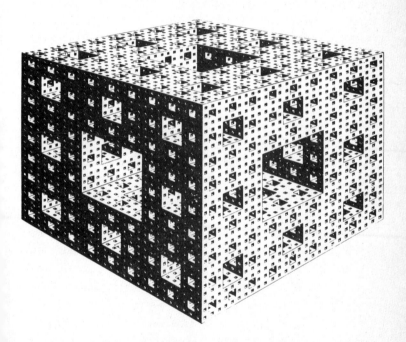

Konstruktion mit Löchern. Zu Beginn dieses Jahrhunderts ersannen einige Mathematiker monströs anmutende Objekte mit Hilfe der Technik, ihnen unendlich viele Teile hinzuzufügen oder fortzunehmen. Eine solche Form ist der Sierpiński-Teppich, der dadurch entsteht, daß man ein Neuntel aus der Mitte eines Quadrats ausschneidet; sodann schneide man entsprechend die Mittelstücke der acht verbleibenden Quadrate aus und so fort. Das dreidimensionale Gegenstück dazu ist der Mengersche Schwamm, ein fest aussehendes Gitterwerk, das einen unendlichen Oberflächeninhalt aufweist, jedoch keinerlei Volumen besitzt.

151

Rolle innerhalb der Mathematik spielte, weil die Möglichkeiten von Hand, Bleistift und Lineal erschöpft waren. Man hatte sie begriffen und abgehakt. Und den Computer gab es noch nicht.

Als ich mich in das Spiel mischte, war Intuition ein Fremdwort. Intuition mußte man sich aus seinem eigenen Gekritzel schaffen. Die Intuition, wie sie damals mit den herkömmlichen Mitteln trainiert wurde – Hand, Bleistift und Lineal –, fand diese Formen ziemlich monströs, ja krankhaft. Die alte Intuition führte in die Irre. Die ersten Bilder waren für mich eine ziemliche Überraschung. Dann sollte ich manche Bilder von früheren Bildern her wiedererkennen, und so ging es weiter.

Intuition ist nicht etwas, das fix und fertig da ist. Ich habe meine Intuition trainiert, um Formen als evident anzuerkennen, die ich ursprünglich als absurd ablehnte, und ich meine, das könnte eigentlich jedermann tun.«[18]

Mandelbrots zweiter Vorteil bestand in dem Bild von der Realität, das er sich bei seinen Erfahrungen mit Baumwollpreisen, Störgeräuschen bei elektronischer Datenübertragung und Wasserstandspegeln von Flüssen zu formen begonnen hatte. Das Bild gewann nun zunehmend an Schärfe. Seine Studien unregelmäßiger Muster in natürlichen Vorgängen und seine Untersuchungen unendlich komplexer Formen besaßen einen gemeinsamen intellektuellen Nenner: die Eigenschaft der *Selbst-Ähnlichkeit*.

Selbst-Ähnlichkeit ist Symmetrie in verschiedenen Maßstäben. Sie impliziert Rekursion, Muster im Muster. Mandelbrots Preisdiagramm und Flußdiagramm zeigten Selbst-Ähnlichkeit, weil sie nicht nur Details in immer feineren Maßstäben produzierten, sondern Details mit bestimmten konstanten Abmessungen. Monströse Formen wie die Kochsche Kurve weisen Selbst-Ähnlichkeit auf, weil sie auch noch bei der stärksten Vergrößerung immer die gleiche Struktur haben. Die Selbst-Ähnlichkeit ist in die Technik der Kurvenerzeugung eingebaut – dieselbe Transformation wird in immer kleineren Maßstäben wiederholt. Selbst-Ähnlichkeit ist eine leicht erkennbare Eigenschaft. Bilder von ihr finden sich überall in unserer Kultur: in den unendlichen Widerspiegelungen eines Menschen, der zwischen zwei Spiegeln steht, oder in der Cartoonzeichnung eines Fischs, der einen kleineren Fisch auffrißt, der einen kleineren Fisch auffrißt, der einen kleineren Fisch auffrißt usw. Mandelbrot zitiert in diesem Zusammenhang mit Vorliebe Jonathan Swift: »Nun, der Naturforscher beobachtet einen Floh, zu dem es kleinere Flöhe gibt, die sie anbeten, und zu diesen gibt es wiederum kleinere Flöhe, die sie beißen, und so weiter ad infinitum.«

Der beste Ort, um im Nordosten der Vereinigten Staaten Erdbeben zu untersuchen,[19] ist das geophysikalische Observatorium Lamont-Doherty, ein Komplex wenig anziehender Gebäude, die sich in den südlichen Wäldern des Staates New York am Westufer des Hudson verbergen. In Lamont-Doherty beschäftigte sich Christopher Scholz, ein Professor der Columbia University, der sich auf die Form und Struktur der Erdkruste spezialisiert hat, erstmals mit Fraktalen.
Während Mathematiker und Vertreter der theoretischen Physik Mandelbrots Arbeiten abschätzig betrachteten, war Scholz genau der Typ des pragmatisch arbeitenden Wissenschaftlers, der nur allzu bereit war, sich die Werkzeuge der Fraktalgeometrie zu eigen zu machen. Er war auf Benoit Mandelbrots Namen in den sechziger Jahren gestoßen. Mandelbrot arbeitete als Volkswirtschaftler, und Scholz hielt sich als Examensstudent am MIT auf, wo er eine Menge Zeit damit verbrachte, über eine vertrackte Frage der Seismologie zu brüten. Es war seit zwanzig Jahren bestens bekannt, daß die Verteilung großer und kleiner Erdbeben einem besonderen mathematischen Muster folgte, und zwar genau demselben Skalierungsmuster, das anscheinend auch die Distribution der individuellen Einkommen innerhalb

der freien Marktwirtschaft regierte. Diese Verteilung war überall auf der Welt zu beobachten, wo Erdbeben auftraten und gemessen wurden. In Anbetracht der Tatsache aber, wie unregelmäßig und unvorhersagbar sich Erdbeben ansonsten verhielten, war die Frage der Mühe wert, welche Art physikalischer Prozesse diese Regelmäßigkeit erklären könnte. So zumindest erschien es Scholz. Die meisten Seismologen waren zufrieden damit, den Sachverhalt zu registrieren, um sich danach anderen Aufgaben zuzuwenden.

Scholz erinnerte sich an Mandelbrots Namen, und 1978 kaufte er ein großzügig illustriertes, merkwürdig gelehrtes und mit Gleichungen gespicktes Buch des Titels: *Fractals, Chance and Dimension*. Es war, als hätte Mandelbrot in diesem einen verschachtelten Band alles zusammengetragen, was er über das Universum wußte oder vermutete. Innerhalb weniger Jahre wurden von diesem Buch und seiner erweiterten und verbesserten Neuauflage unter dem Titel *The Fractal Geometry of Nature* mehr Exemplare verkauft als je zuvor von einem Werk der höheren Mathematik. Der Stil war abstrus und ermüdend, manchmal auch witzig oder literarisch, aber immer schillernd. Mandelbrot selbst nannte das Buch »Manifest und Fallsammlung«.[20]

Wie wenige Kollegen in einigen anderen Fachgebieten, (Wissenschaftler, die über die materiellen Aspekte der Natur arbeiteten) verbrachte Scholz sieben Jahre damit, herauszufinden, was er mit diesem Buch anfangen sollte. Denn das lag keineswegs auf der Hand. *Fractals* war, wie Scholz sich ausdrückte, »keine Bedienungsanweisung, sondern ein Panoptikum«.[21] Zufälligerweise aber beschäftigte Scholz sich eingehend mit Oberflächen, und Oberflächen fand er in dem Buch praktisch auf jeder Seite. Die Verheißung, die aus Mandelbrots Ideen zu ihm sprach, wollte ihm nicht mehr aus dem Sinn. Er machte sich daran, eine Methode zu entwickeln, Fraktale zu benutzen, um die Gegenstände aus der Welt seines Faches zu beschreiben, zu klassifizieren und zu messen.

Bald schon merkte er, daß er daran nicht alleine arbeitete, obwohl es noch einige Jahre dauern sollte, bis allenthalben Vorträge und Seminare über Fraktale gehalten wurden. Die einende Idee der Fraktalgeometrie brachte Wissenschaftler zusammen, die ihre eigenen Beobachtungen für ganz und gar fachspezifisch hielten und keinen systematischen Weg sahen, sie zu begreifen. Die Einsichten der Fraktalgeometrie halfen nun Forschern, die sich damit beschäftigten, wie Dinge miteinander verschmelzen, sich verzweigen oder auseinanderbrechen. Sie bietet eine Methode, Materialien zu beobachten – die mikroskopisch zerklüfteten Oberflächen von Metallen, die winzigen Löcher und Kanäle porösen, ölhaltigen Felsgesteins, die Trümmerlandschaften eines Erdbebengebiets.

Nach Scholz' Ansicht war es Aufgabe der Geophysiker, die Oberfläche der Erde zu beschreiben – die Oberfläche, deren Überschneidungslinien mit den weiten Ozeanen die Küsten ausmachen. Auf der festen Erdkruste aber gibt es noch andersgeartete Oberflächen, die Oberflächen von Spalten. Abweichungen und Frakturen bestimmen die Struktur der Erdoberfläche in solchem Maße, daß sie zum Schlüssel jeder guten Beschreibung werden. Sie sind für eine brauchbare Beschreibung noch wichtiger als die Materialien, aus denen die jeweiligen Teile der Erdoberfläche bestehen. Die Frakturen zerfurchen die Erdoberfläche in drei Dimensionen und erzeugen so, um eine drollige Bezeichnung von Scholz aufzugreifen, die »Schizosphäre«. Sie bestimmen den Fluß von Fluiden im Boden – den Fluß von Wasser, von Öl, von Erdgas. Sie bestimmen das Verhalten von Erdbeben. Das Verständnis von Oberflächen war ein überaus bedeutendes Problem, und Scholz fand innerhalb seiner Disziplin keinen befriedigenden Ansatz. Und de facto gab es auch kein Erklärungsmodell.

Geophysiker betrachteten Oberflächen in eben der Weise, wie sonst jedermann auch: als Formen. Eine Oberfläche konnte flach sein, oder sie konnte eine besondere Form haben. Man konnte etwa den Umriß eines VW Käfers nehmen und die Oberfläche als eine Kurve darstellen. Die Kurve würde man in der gewohnten Euklidischen Weise berechnen können. Auch ließe sich dazu eine Gleichung finden. Scholz zufolge aber würde man auf diese Weise die Oberfläche nur durch ein eingeschränktes Spektrum betrachten, etwa so, wie wenn man das Universum durch einen Rotfilter anschaute – man kann zwar sehen, was innerhalb dieser besonderen Wellenlänge des Lichts geschieht, doch es entgeht einem alles, was sich in den Wellenlängen der anderen Farben abspielt, gar nicht erst zu reden von der Infrarotstrahlung und den Radiowellen. Das Spektrum entspricht bei dieser Analogie dem Maßstab. Wenn wir uns die Oberfläche eines Volkswagens in den Begriffen der Euklidischen Geometrie vorstellen, so erfassen wir sie nur im Maßstab eines Beobachters, der zehn oder auch hundert Meter entfernt steht. Wie aber verhält es sich mit einem Beobachter aus einem oder gar einhundert Kilometern Entfernung? Oder mit einem Beobachter in einem Abstand von einem Millimeter oder einem Mikron?

Stellen wir uns einmal vor, wir würden die Erdoberfläche so nachzeichnen, wie sie aus einer Distanz von einhundert Kilometern im Weltraum erscheint. Die Linie verläuft auf und ab, über Bäume, Hügel, Gebäude hinweg und auch – vielleicht irgendwo auf einem Parkdeck – über einen Volkswagen. In diesem Maßstab betrachtet, ist seine Oberfläche nichts weiter als eine Beule unter vielen anderen Beulen, ein Stück Zufall.

Oder stellen wir uns vor, wir würden den Volkswagen näher und näher betrachten, ihn mit Vergrößerungsglas und Mikroskop immer dichter zu uns heranbringen. Zuerst erscheint die Oberfläche glatter, wenn die Rundungen der Stoßstangen und der Motorhaube aus dem Blick geraten. Doch dann erweist sich die mikroskopische Oberfläche des Stahls ihrerseits als bucklig, und zwar auf offensichtlich zufällige Weise. Sie mutet an wie ein Chaos.

Scholz entdeckte, daß die Fraktalgeometrie eine leistungsfähige Methode bereitstellte, die besondere Unebenheit der Erdoberfläche zu beschreiben, und Metallurgen kamen im Hinblick auf die verschiedenen Oberflächen von Stahl zu demselben Ergebnis. Die Fraktaldimension einer Metalloberfläche etwa enthält oftmals Informationen, die Aussagen über die Belastbarkeit des Materials zulassen. Und die Fraktaldimension der Erdoberfläche enthält desgleichen Hinweise auf manche entscheidende Eigenschaften. Scholz dachte an eine klassische geologische Formation, eine Geröllhalde an einem Berghang. Aus der Entfernung gesehen besitzt sie eine Euklidische Form der zweiten Dimension. Kommt der Geologe aber näher, wird er bald feststellen, daß er sich weniger auf ihr als in ihr bewegt – das Geröllfeld hat sich in Felsbrocken von Autogröße aufgelöst. Seine tatsächliche Dimension beträgt etwa 2,7, da die überhängenden und aufgefalteten Felsoberflächen nahezu einen dreidimensionalen Raum füllen, vergleichbar der Oberfläche eines Schwammes.

Fraktale Beschreibungen fanden Anwendung auf eine Fülle von Problemen, die mit den Eigenschaften von Oberflächen verknüpft sind, die eine andere berühren. Der Kontakt zwischen Reifenprofilen und Asphalt ist ein solches Problem. Ebenso der Kontakt in Maschinenkupplungen oder der Elektrokontakt. Kontakte zwischen Oberflächen zeitigen Eigenschaften, die weitgehend unabhängig sind von dem betreffenden Material. Von diesen Eigenschaften stellt sich vielmehr heraus, daß sie von der fraktalen Qualität der Beulen auf Beulen auf Beulen abhängen. Eine ebenso einfache wie wichtige Konsequenz der Fraktalgeometrie von Oberflächen ist, daß Oberflächen bei Kontakt sich nicht überall berühren. Die Unebenheiten, die sich bei jedem Maßstab ergeben, verhindern das. Selbst bei Felsgestein unter enormem Druck zeigt sich, daß in ausreichend kleinem Maßstab betrachtet Lücken zurückbleiben, die den Abfluß von Flüssigkeit erlauben. Nach Scholz ist dies der

Humpty-Dumpty- oder auch Splittereffekt. Er bewirkt, daß zwei Teile einer zersprungenen Kaffeetasse nie wieder zusammengefügt werden können, auch wenn sie im groben Maßstab wieder zusammenzupassen scheinen – in einem kleineren Maßstab müssen die unregelmäßigen Auszackungen unweigerlich aufeinanderstoßen.

Scholz wurde in seinem Fach bekannt als einer der wenigen Geophysiker, die Fraktaltechniken übernahmen. Er wußte, daß viele seiner Kollegen diese kleine Schar als schrullige Außenseiter betrachteten. Wenn er das Wörtchen »fraktal« im Titel eines Aufsatzes verwandte, konnte er sicher sein, daß man ihn entweder für bewundernswert informiert oder aber, weit weniger bewundernswert, für einen Trittbrettfahrer hielt. Selbst die Abfassung eines Aufsatzes zwang ihn zu der schwierigen Entscheidung, ob er für ein kleines Publikum »Fraktal-Eingeweihter« schreiben sollte oder für eine breitere Leserschaft innerhalb der Geophysik, die aber einer Erklärung der grundlegenden Begriffe bedurfte. Am Ende gelangte Scholz zu dem Schluß, daß die Werkzeuge der Fraktalgeometrie unverzichtbar seien.

»Es ist ein einzigartiges Modell, das uns ermöglicht, der ganzen Fülle wechselnder Dimensionen auf der Erde zu begegnen«,[22] sagte er. »Es stellt ein mathematisches und geometrisches Rüstzeug für Beschreibungen und Vorhersagen bereit. Ist man erst einmal über den Berg und hat das Paradigma begriffen, so kann man anfangen, Dinge auszumessen und in völlig neuer Weise über sie nachzudenken. Sie erscheinen in einem ganz anderen Licht. Es ist die Erfahrung einer neuen Sichtweise. Sie ist von der alten Sicht der Dinge ganz und gar verschieden – sie ist viel offener.«

Wie groß ist dieses Ding? Wie lange wird es halten? Dies sind die fundamentalsten Fragen, die ein Wissenschaftler an einen Gegenstand herantragen kann. Sie sind so fundamental für die Art und Weise, in der Menschen die Welt begrifflich fassen, daß wir leicht übersehen, daß sie ein gewisses Vorurteil enthalten. Sie legen nahe, daß Größe und Dauer – Eigenschaften also, die vom jeweiligen Maßstab abhängen – Eigenschaften mit einer bestimmten Bedeutung sind, Eigenschaften, die uns dabei helfen können, einen Gegenstand zu beschreiben oder zu klassifizieren. Wenn ein Biologe ein menschliches Wesen beschreibt oder ein Physiker ein Quark, so sind Fragen nach Größe und Dauer durchaus angemessene Fragen. In ihrer groben physikalischen Struktur sind Tiere äußerst eng mit einem bestimmten Maßstab verknüpft. Man stelle sich nur einmal einen Menschen im doppelten Maßstab seiner eigentlichen Größe vor, bei völlig gleichen Proportionen, und man hat eine Struktur vor Augen, deren Knochengerüst unter ihrem eigenen Gewicht zusammenbrechen müßte. Der Maßstab ist wichtig.

Die physikalischen Prozesse bei einem Erdbeben sind weitgehend unabhängig vom Maßstab. Ein großes Erdbeben ist nichts weiter als eine maßstabserweiterte Version eines kleinen Erdbebens. Das unterscheidet unter anderem Erdbeben von Tieren – ein zehn Zentimeter großes Tier muß ganz anders strukturiert sein als ein ein Zentimeter großes Tier, und ein hundert Zentimeter großes Tier braucht wieder eine andere Architektur, wenn seine Knochen nicht unter der vermehrten Masse einknicken sollen. Wolken dagegen sind wie Erdbeben maßstabsunabhängige Phänomene. Ihre charakteristische Regellosigkeit – beschreibbar in Begriffen der Fraktaldimension – verändert sich keineswegs, wenn sie in verschiedenen Maßstäben betrachtet werden. Das ist der Grund, weshalb Flugpassagiere jegliches Gefühl für Entfernungen verlieren. Sie können nicht einschätzen, wie weit entfernt eine Wolke gerade ist. Ohne die Hilfe solcher Hinweise wie Dunstbildung in der Luft zwischen Flugzeugfenster und Wolke ist eine zwanzig Meter weit entfernte Wolke nicht zu unterscheiden von einer, die zweitausend Meter weit weg ist. Tatsächlich hat die Analyse von Satellitenaufnahmen eine invariante Fraktaldimension bei Wolken gezeigt, die aus einer Entfernung von mehreren hundert Meilen betrachtet wurden.

Es fällt schwer, mit der Gewohnheit zu brechen, sich Dinge in Begriffen vorzustellen, die darauf abzielen, wie groß sie sind oder wie lang sie halten. Die Fraktalgeometrie behauptet nun, daß bei manchen Naturelementen die Suche nach einem charakteristischen Maßstab nur zu Verwirrung führt. Nehmen wir als Beispiel einen Hurrikan. Per definitionem bezeichnet das Wort einen Sturm von einer gewissen Größe. Doch diese Definition wurde der Natur von Menschen aufgezwungen. In Wirklichkeit aber, so beginnen Meteorologen zu begreifen, bilden tumultuarische Luftbewegungen ein Kontinuum, angefangen vom aufwirbelnden Straßenkehricht an einer Hausecke bis hin zu den großen Zyklonensystemen, wie sie sich vom Weltraum aus beobachten lassen. Kategorien führen da in die Irre. Die Enden des Kontinuums und die Mitte des Kontinuums sind aus einem Stück.

Oftmals sind die Gleichungen für Fließbewegungen dimensionslos, was nichts anderes heißt, als daß sie sich unter Vernachlässigung des Maßstabs anwenden lassen. Maßstabsverkleinerte Flugzeugflügel und Schiffsschrauben können im Windkanal oder im Laborbassin getestet werden. Und abgesehen von einigen Einschränkungen, verhalten sich kleine Stürme fast genauso wie große.

Blutgefäße, von der Aorta bis zu den Kapillaren, formen ein weiteres solches Kontinuum. Sie verzweigen und teilen sich und verzweigen sich weiter, bis sie so eng werden, daß einzelne Blutzellen im Gänsemarsch durch sie hindurchgleiten müssen. Ihrem Wesen nach sind diese Verzweigungen fraktal. Ihre Struktur erinnert einen an monströse Phantasiegebilde, die Mandelbrots Vorläufer um die Jahrhundertwende ersannen. Es ist eine physiologische Notwendigkeit, daß Blutgefäße ein Stück weit mit den Dimensionen zaubern müssen. Wie die Kochsche Kurve zum Beispiel eine unendlich lange Linie in eine kleine Fläche »hineinquetscht«, so bringt das Kreislaufsystem eine riesige Oberfläche in einem beschränkten Volumen unter. In Begriffen der Körperresourcen gesprochen, ist Blut äußerst kostbar und Raum sehr knapp. Die fraktal strukturierte Natur hat die Arbeit so effizient aufgeteilt, daß in den meisten Gewebearten keine Zelle sich weiter als drei oder vier Zellen von einem Blutgefäß entfernt befindet. Dennoch nehmen Gefäße und Blut nur wenig Raum ein, nicht mehr als fünf Prozent des Körpers. Das ist, wie Mandelbrot es einmal ausgedrückt hat, das Shylock-Syndrom. Man kann kein Pfund lebendes Fleisch aus einem menschlichen Leib herausschneiden, ohne Blut zu vergießen, und selbst bei einem Milligram ist dies unmöglich.

Diese vorzügliche Struktur – im Grunde zwei ineinander verwobene Bäume von Venen und Arterien – ist in der Physiologie keineswegs eine Ausnahme. Der Körper ist voll solcher komplexer Organisationsformen. Das Gewebe im Verdauungstrakt weist Undulationen in Undulationen auf. Auch die Lungen müssen eine größtmögliche Oberfläche auf kleinstmöglichem Raum unterbringen. Die Fähigkeit eines Tieres, Sauerstoff aufzunehmen, wächst grob gesprochen proportional mit dem Oberflächeninhalt seiner Lungen. Die menschliche Lunge hat eine Oberfläche, die größer ist als ein Tennisplatz. Als erschwerende Komplikation tritt hinzu, daß dieses Labyrinth von Luftröhrenästen auch noch möglichst effizient mit den Arterien und Venen zusammenarbeiten muß.

Jeder Medizinstudent weiß, daß Lungen den Sinn haben, einer großen Oberfläche Platz zu bieten. Aber jeder Anatom wird so ausgebildet, daß er die Dinge zu einem Zeitpunkt immer nur auf dem Hintergrund eines Maßstabs sieht – zum Beispiel die Millionen von Alveolen, jene mikroskopisch kleinen Säcke an den Enden der sich verzweigenden Luftröhrenäste. In der Fachsprache der Anatomie steckt die Tendenz, die Gemeinsamkeiten *unabhängig* vom Maßstab zu verschleiern. Der Zugang mittels der Fraktaltheorie hingegen erfaßt die Gesamtstruktur in Begriffen der Verzwei-

161

gung, die sie erzeugt und die sich vom größten bis zum kleinsten Maßstab durchhält. Anatomen untersuchen das Gefäßsystem, indem sie Blutgefäße der Größe nach klassifizieren – Arterien und Arteriolen, Venen und Venülen. Diese Kategorien erweisen sich in mancherlei Hinsicht als durchaus sinnvoll. In anderer Hinsicht aber führen sie auch in die Irre. Mitunter hat es den Anschein, als würden die Lehrbücher um die Wahrheit herumreden: »Beim graduellen Übergang von einem Arterientypus zum anderen ist es manchmal schwierig, den dazwischenliegenden Bereich zu klassifizieren. Manche Arterien mittlerer Größe haben Wände, die an größere Arterien gemahnen, während manche großen Arterien Wände wie mittelgroße Arterien aufweisen. Diese Arterien des Übergangsbereichs ... werden darum auch Arterien des gemischten Typs genannt.«[23]

Nicht sogleich, sondern erst zehn Jahre nachdem Mandelbrot seine physiologischen Spekulationen veröffentlicht hatte, begannen einige Vertreter der theoretischen Biologie fraktal organisierte Kontrollstrukturen im ganzen Körper zu orten.[24] Die herkömmliche »Exponential«-Beschreibung der Bronchialverästelungen erwies sich als weitgehend falsch; es stellte sich heraus, daß eine fraktale Beschreibung den Fakten weit eher entsprach. Das Harnsammelsystem erwies sich als fraktal organisiert. Desgleichen der Gallengang in der Leber oder das Netzwerk besonderer Fasern im Herzen, die elektrische Impulse an die kontrahierenden Muskeln entsenden.[25] Diese Struktur, bei Herzspezialisten unter dem Namen His-Purkinje-Netzwerk bekannt, regte eine besonders wichtige Forschungsrichtung an. Ein beträchtlicher Teil der Arbeit sowohl beim gesunden wie beim abnormen Herzen hängt davon ab, wie minuziös die Muskelzellen der linken und rechten Herzkammer zeitlich miteinander koordinieren. Verschiedene mit Chaos vertraute Kardiologen[26] fanden heraus, daß das Frequenzspektrum der Herztöne ganz ähnlich wie Erdbeben und ökonomische Phänomene fraktalen Gesetzen folgten. Sie behaupteten, ein Schlüssel zum Verständnis des Herzrhythmus sei der fraktale Aufbau des His-Purkinje-Netzwerks, eines Labyrinths verästelter Pfade, die so organisiert sind, daß sie auch bei immer kleinerem Maßstab stets dasselbe Aussehen behalten.

Wie aber gelang es der Natur, eine so hochkomplizierte Architektur hervorzubringen? Mandelbrots Antwort lautet, daß die Komplikationen nur auf dem Hintergrund der traditionellen Euklidischen Geometrie entstehen. Als Fraktale können verzweigte Strukturen völlig transparent und einfach beschrieben werden; es bedarf lediglich einiger weniger Informationen. Vielleicht besitzen die simplen Transformationen, die die von Koch, Peano und Sierpiński ersonnenen Formen ermöglichten, ihre Analogie in den kodierten Anweisungen eines Gens. Die DNS kann zwar gewiß nicht die riesige Zahl von Bronchien, Bronchiolen und Alveolen festlegen, wohl aber kann sie einen Wiederholungsprozeß von Bifurkationen und Weiterentwicklungen bestimmen. Solche Prozesse paßten zu den Absichten der Natur. Als die Firma E. I. DuPont de Nemours & Company sowie die US Army schließlich damit anfingen, [27] Gänsedaunen auf synthetischem Wege nachzubilden, stellte sich am Ende heraus, daß das phänomenale Luftspeichervermögen des Naturprodukts von den fraktalen Knoten und Verästelungen herrührte, in denen das Basisprotein der Daune, Keratin, strukturiert ist. Auf diese Weise gelangte Mandelbrot tatsächlich von Lungen- und Gefäßbäumen zu echten, in der Botanik vorkommenden Bäumen, die Sonnenlicht aufnehmen und dem Wind standhalten müssen, Bäumen mit fraktalen Zweigen und fraktalen Blättern. Und Vertreter der theoretischen Biologie begannen darüber zu spekulieren, ob fraktale Skalierung nicht nur ein vereinzeltes, sondern gar ein universales Phänomen der Morphogenese sei. Sie behaupteten, das Verständnis, wie solche Muster enkodiert und generiert würden, sei eine der bedeutendsten Herausforderungen der Biologie.

»Ich fing an, in den Mülleimern der Wissenschaft nach ähnlichen Phänomenen zu stöbern, denn ich vermutete, daß meine Beobachtungen keine Ausnahmen waren, sondern vielleicht sehr weit verbreitet. Ich hörte Vorlesungen und blätterte in alten Fachzeitschriften, meistens zwar ohne Ergebnis, doch dann und wann stieß ich auf eine interessante Entdeckung. Es war gewissermaßen der Zugang eines empirischen Naturforschers, nicht der eines Theoretikers. Aber mein Spiel zahlte sich aus.«[28]

Nachdem er die Früchte seines lebenslangen Sammelns von Ideen über die Natur und die Geschichte der Mathematik in einem Buch zusammengetragen hatte, erntete Mandelbrot einen unerhörten akademischen Erfolg. Er wurde eine feste Größe im universitären Gastvorlesungsbetrieb. Jeder kannte seine unvermeidlichen Kästen voller bunter Dias und sein strähniges weißes Haar. Er bekam immer mehr Preise und andere akademische Auszeichnungen, und sein Name wurde beim Laienpublikum bekannter als der eines jeden anderen Mathematikers. Zum Teil lag das am ästhetischen Reiz seiner Fraktalbilder, zum Teil auch daran, daß Tausende von Hobbyprogrammierern mit ihren Mikrocomputern sich seine Welt selber erschließen konnten. Nicht zuletzt aber hatte sein Erfolg seinen Grund darin, daß er sich zu verkaufen verstand. Sein Name erschien auf einer kleinen Liste, die ein Wissenschaftshistoriker von Harvard, I. Bernard Cohen, zusammengestellt hatte.[29] Cohen hatte die Annalen der Entdeckungen in vielen Jahrgängen durchforscht auf der Suche nach Wissenschaftlern, die ihre eigenen Arbeiten zu »Revolutionen« erklärten. Insgesamt fand er nicht mehr als sechzehn. Robert Symmer, ein schottischer Zeitgenosse Benjamin Franklins, dessen Ideen über Elektrizität in der Tat radikal neu waren, nur leider falsch. Jean-Paul Marat, heute nur noch bekannt aufgrund seines blutigen Beitrags zur Französischen Revolution. Von Liebig. Hamilton. Charles Darwin natürlich. Virchow. Cantor. Einstein. Minkowski. Von Laue. Alfred Wegener – die Kontinentalverschiebung. Just. James Watson – die Strukturanalyse der DNS. Und Benoit Mandelbrot.

In den Augen reiner Mathematiker hingegen blieb Mandelbrot ein Außenseiter, der so erbittert wie je gegen die Wissenschaftspolitik kämpfte. Auf der Höhe seines Erfolgs wurde er von manchen seiner Kollegen geschmäht, die ihn im Verdacht hatten, auf pathologische Weise von der Vorstellung besessen zu sein, in die Geschichte eingehen zu müssen. Sie behaupteten, er schikaniere sie förmlich, damit sie ihm den schuldigen Respekt zollten. Keine Frage, in den Jahren, da er in seiner Disziplin als Häretiker galt, feilte er an Anerkennungsstrategien nicht weniger als an seinen eigentlichen wissenschaftlichen Leistungen. Wenn Artikel erschienen, die auf Ideen der Fraktalgeometrie basierten, kam es vor, daß er die Autoren anrief oder anschrieb, um sich darüber zu beklagen, daß sie ihn oder sein Buch nicht erwähnt hatten.

Seine Bewunderer jedoch wollten ihm seine Egozentrik gerne nachsehen in Anbetracht der Schwierigkeiten, die er hatte überwinden müssen, um Anerkennung für sein Werk zu finden. »Zugegeben, er hat tatsächlich etwas von einem Größenwahnsinnigen an sich, er besitzt ein unglaubliches Ego. Aber weil er so schöne Sachen macht, lassen es ihm die Leute gern durchgehen«,[30] meinte ein Zeitgenosse. Und ein anderer fügte hinzu: »Er hatte so viele Schwierigkeiten mit seinen Fachkollegen, daß er schon, allein um zu überleben, die Strategie entwickeln mußte, überall für sich selbst Reklame zu machen. Hätte er es nicht getan, wäre er auch nicht so überzeugt gewesen, daß er die richtigen Visionen hatte, und er wäre nie so erfolgreich gewesen.«[31]

Der übliche Handel, Anerkennung einzuklagen und zu spenden, kann im Wissenschaftsbetrieb zur Obsession werden. Mandelbrot tut beides in reichlichem Maße. In seinem Buch häuft sich die erste Person Singular: »*Ich behaupte... Ich ersann und entwickelte... und erprobte... Ich konnte bestätigen... Ich weise nach... Ich prägte... Bei meinen Rei-*

sen durch neu erschlossenes und noch dünn besiedeltes Land fiel mir häufig das Recht zu, die Landmarken zu benennen.«
Viele Wissenschaftler stieß dieser Stil ab. Auch die Tatsache, daß Mandelbrot ebenso wortreich auf seine Vorgänger verwies, konnte sie nicht besänftigen, denn manche von diesen Vorgängern waren reichlich dubiose Gestalten (und alle, wie seine Kritiker bemerkten, ruhten in sicherem Frieden). Sie meinten, das sei nur seine ganz persönliche Methode, sich ins Zentrum aller Dinge zu setzen und aufzutreten wie der Papst, der nach allen Seiten seinen Segen erteilt.[32] Und sie schossen zurück. Wissenschaftler konnten zwar kaum noch das Wort *fraktal* vermeiden, doch wenn sie Mandelbrots Namen umgehen wollten, so konnten sie die Fraktaldimension als die *Hausdorff-Besicovitch-Dimension* bezeichnen. Auch verübelten sie ihm – besonders Mathematiker –, wie er sich frei in den verschiedensten Gebieten betätigte, seine Behauptungen und Vermutungen äußerte, die harte Arbeit des wissenschaftlichen Beweises jedoch andern überließ.

Das war in der Tat eine legitime Kritik. Wenn ein Wissenschaftler äußert, daß etwas vermutlich wahr sei, ein anderer dies aber exakt nachweist, wer von beiden hat dann mehr dazu beigetragen, die Wissenschaft voranzutreiben? Ist die Formulierung einer Vermutung bereits eine Entdeckung? Oder ist sie nur die kaltblütige Formulierung auf eine These? Mathematiker haben sich stets solchen Problemen gegenübergesehen, doch die Debatte nahm an Heftigkeit zu, als der Computer eine immer wichtigere Rolle zu spielen begann. Wissenschaftler, die Computer benutzten, um ihre Experimente durchzuführen, wurden allmählich Forschern im Labor vergleichbar, im spielerischen Umgang mit Regeln, die Entdeckungen ohne den üblichen Theorem-Beweis ermöglichten, den Theorem-Beweis der traditionellen Fachbeiträge.

Mandelbrots Buch war ein Rundumschlag, vollgestopft mit Einzelheiten aus der Geschichte der Mathematik. Wohin die Chaosforschung auch zielen mochte, Mandelbrot fand immer einen Grund für die Behauptung, daß er als erster am Ziel gewesen sei. Da machte es wenig aus, daß die meisten Leser seine Quellenangaben konfus oder sogar nutzlos fanden. Sie mußten seine außerordentliche Intuition anerkennen, mit der er die Richtung von Fortschritten in Bereichen erkannte, die er nie im eigentlichen Sinn studiert hatte, und zwar von der Seismologie bis hin zur Physiologie. Es war manchmal schon unheimlich und oft genug auch ärgerlich. Selbst ein Bewunderer Mandelbrots rief einmal erbost aus: »Auch ein Mandelbrot hat nicht die Gedanken *aller* gedacht, bevor sie selbst sie gedacht haben.«[33]

Im Grunde spielt es kaum eine Rolle. Ein Genie muß nicht immer Einsteins Heiligenmiene zur Schau tragen. Jahrzehntelang glaubte Mandelbrot, er müsse mit seinen Arbeiten Schacher treiben. Er mußte völlig neue Ideen hinter Begriffen verstecken, mit denen er sich keinerlei Blöße gab. Er mußte seine visionären Einleitungen streichen, damit seine Artikel publiziert wurden. Als er die erste Fassung seines Buchs schrieb (es erschien 1975 in Frankreich), behauptete er vorsichtig, es enthalte keine allzu großen Überraschungen. Darum schrieb er ausdrücklich »Manifest und Fallsammlung«. Er taktierte mit der Wissenschaftspolitik.

»Die Politik beeinflußte den Stil in einer Richtung, die ich später bereuen sollte. So schrieb ich etwa: ›Es ist nur natürlich, daß... Es ist eine interessante Beobachtung, daß...‹ Nun, tatsächlich war es alles andere als natürlich, und die interessante Beobachtung war in Wirklichkeit das Ergebnis äußerst langer Nachforschung und Suche nach dem Beweis und intensiver Selbstkritik. Aus dem Buch sprach eine philosophische und abgehobene Haltung, die ich für notwendig hielt, damit es akzeptiert wurde. Die Wissenschaftpolitik war damals so beschaffen, daß die Ankündigung eines radikalen Aufbruchs das Ende des Leserinteresses bedeutet hätte.

Später wurden mir Äußerungen dieser Art wieder vorgehalten, etwa wenn Leute behaupteten: ›Es ist nur eine natürliche Beobachtung, daß...‹ Dafür habe ich jedoch den Kopf nicht hingehalten.«[34]

Rückblickend erkannte Mandelbrot, daß Wissenschaftler der verschiedensten Disziplinen auf seine Herangehensweise in den stets gleichen, leider vorhersagbaren Stufen reagierten. Die erste Stufe war die Frage: Wer sind Sie und warum interessieren Sie sich für unser Fach? Zweitens: In welchem Zusammenhang steht das mit dem, was Sie bisher betrieben haben, und warum erklären Sie das nicht auf der Grundlage unseres Wissens? Drittens: Sind Sie auch sicher, daß dies richtige Mathematik ist? (Ja, das bin ich.) Warum aber wissen wir dann nichts davon? (Weil sie zwar richtig ist, aber noch sehr unbekannt.)

Mathematik unterscheidet sich in dieser Hinsicht beträchtlich von der Physik und anderen angewandten Wissenschaften. Hat sich ein Zweig der Physik überlebt und ist unproduktiv geworden, so gehört er in der Regel für immer der Vergangenheit an. Er mag noch als ein historisches Kuriosum gelten, vielleicht dient er auch noch einem modernen Wissenschaftler als Quelle der Inspiration, doch sein Absterben hat meist gute Gründe. Die Mathematik hingegen ist voller Kanäle und Seitenarme, die in einer Epoche nirgendwohin zu führen scheinen, um in einer anderen zu Hauptströmungen der Forschung zusammenzufließen. Die mögliche Anwendung eines reinen Gedankens kann nie vorausgesagt werden. Aus eben diesem Grund schätzen Mathematiker ihre Arbeit auf ästhetische Weise und bemühen sich um Eleganz und Schönheit wie Künstler. Dies ist auch der Grund dafür, warum Mandelbrot bei seinen antiquarischen Nachforschungen auf so viele gute mathematische Werke stieß, die nur darauf warteten, abgestaubt zu werden.

Die vierte Stufe nun war: Was halten Vertreter dieser Zwei-

168

ge der Mathematik von Ihrer Arbeit? (Sie kümmern sich nicht darum, weil sie angeblich nichts zur Mathematik beiträgt. Tatsächlich aber sind sie verblüfft, daß ihre Ideen die Wirklichkeit abbilden.)

Am Ende stand das Wort *fraktal* für eine Möglichkeit, Formen zu beschreiben, zu berechnen und zu reflektieren, die unregelmäßig und fragmentarisch sind, zerklüftet und aufgebrochen – angefangen bei den kristallinen Formen einer Schneeflocke bis hin zu den diskontinuierlichen Nebeln von Galaxien. Eine fraktale Kurve beinhaltete eine organisierte Struktur, die sich hinter der abschreckenden Komplexität solcher Formen verbarg. Gymnasiasten konnten Fraktale begreifen und mit ihnen spielen; sie waren so ursprünglich wie die Elemente des Euklid. Einfache Computerprogramme, mit denen man Fraktalbilder zeichnen konnte, gingen bei Computerfreaks von Hand zu Hand.

Die begeistertste Aufnahme unter Vertretern der angewandten Wissenschaften fand Mandelbrot bei Forschern, die mit Öl oder Felsgestein oder Metallen arbeiteten, besonders in Forschungszentren der Industrie. Mitte der achtziger Jahre etwa arbeitete nahezu die Hälfte aller Wissenschaftler im riesigen Exxon-Forschungszentrum an fraktalen Problemen.[35] Bei General Electric[36] wurden Fraktale zu Strukturprinzipien bei der Untersuchung von Polymeren wie auch – obwohl diese Arbeiten streng geheim durchgeführt wurden – von Problemen der Reaktorsicherheit. In Hollywood fanden Fraktale ihre witzigste Anwendung bei der Schaffung traumhaft-realistischer terrestrischer und extraterrestrischer Landschaften mit filmischen Spezialeffekten.

Die Muster, die Männer wie Robert May und James Yorke während der frühen siebziger Jahre in den Randbezirken zwischen regelhaftem und chaotischem Verhalten entdeckten, wiesen unerwartete Regelmäßigkeiten auf, die sich nur in der Relation von großen und kleinen Maßstäben beschreiben ließen. Die Strukturen, die den Schlüssel zur nichtlinearen Dynamik enthielten, stellten sich als fraktal heraus. Und auf einer ganz unmittelbaren und praktischen Ebene hielt die Fraktalgeometrie eine Reihe von Techniken bereit, die Physiker, Chemiker, Seismologen, Metallurgen, Wahrscheinlichkeitsrechner, Physiologen aufgreifen sollten. Diese Forscher entdeckten Anwendungsmöglichkeiten innerhalb von Bereichen, die sich von der Suche nach Ölvorkommen in Erdschichten über die Synthetisierung von Polymeren bis hin zur Stahlhärtung erstreckte. Sie waren überzeugt – und sie versuchten andere zu überzeugen –, daß Mandelbrots Geometrie die Geometrie der Natur sei.

Sie übten gleichfalls einen unwiderlegbaren Einfluß auf die orthodoxe Mathematik und Physik aus. Dennoch gelang es Mandelbrot selber nie, volle Anerkennung in diesen Wissenschaftsgemeinden zu erlangen. Doch auch so flößte er noch den puristischsten Mathematikern Zweifel ein. Ein Mathematiker erzählte Freunden bei einer Gelegenheit, er sei eines Nachts aufgewacht, noch zitternd am ganzen Leibe von einem Alptraum.[37] In diesem Traum war der Mathematiker gestorben, und plötzlich hörte er eine Stimme, die unzweifelhaft die Stimme Gottes war: »Weißt du«, sagte der Herr, »es war wirklich etwas dran an diesem Mandelbrot.«

Der Begriff Selbst-Ähnlichkeit klingt in unserem Kulturraum nicht unvertraut. Ein alter Strang im westlichen Denken würdigt diese Idee. Leibniz etwa stellte sich vor, ein Wassertropfen enthalte ein ganzes wimmelndes Universum, das seinerseits Wassertropfen und darin weitere Universen enthalte. »Die Welt in einem Sandkorn schaun«, schrieb Blake. Wissenschaftler neigten nur allzugern dazu. Als die Spermien entdeckt wurden, hielt man einen jeden Samenfaden für einen Homunkulus, für ein winziges, doch voll entwickeltes Menschlein.

Aber die Idee der Selbst-Ähnlichkeit als wissenschaftliches Prinzip sollte rasch an Bedeutung verlieren, und zwar aus gutem Grund. Sie stimmte nicht mit den Fakten überein.

Spermien sind nicht einfach maßstabsverkleinerte menschliche Wesen – sie stellen die Wissenschaft vor viel interessantere Fragen –, und der Prozeß der ontogenetischen Entwicklung eines Menschen aus einer befruchteten Eizelle ist ein weitaus interessanterer Vorgang als eine bloße Vergrößerung. Der frühe Sinn der Selbst-Ähnlichkeit rührte von den Beschränkungen der menschlichen Erfahrung von Maßstäben her. Wie sonst sollte man sich riesengroße und winzig kleine, rasend schnelle und kriechend langsame Phänomene vorstellen, wenn nicht als Erweiterungen des Bekannten?

Der Mythos begann zu sterben, als der menschliche Horizont sich durch den Gebrauch von Teleskopen und Mikroskopen weitete. Die ersten Entdeckungen waren Beobachtungen, daß jeder Wandel des Maßstabs neue Phänomene und neue Verhaltensformen mit sich brachte. Für moderne Teilchenphysiker hat dieser Prozeß nie aufgehört. Jeder neue Beschleuniger mit seinem Zuwachs an Energie und Geschwindigkeit erweiterte das wissenschaftliche Sichtfeld auf kleinere Partikel und kürzere Zeiteinheiten, und jede Erweiterung scheint neue Informationen zutage zu fördern, ja jede Erweiterung scheint neue Klassen von Teilchen hervorzubringen. Forscher konzentrieren sich zwangsläufig auf meßbare Unterschiede.

Auf den ersten Blick scheint die Idee der maßstabsübergreifenden Konsistenz weniger Informationen zu verheißen. Dies liegt zum Teil daran, daß ein paralleler Trend innerhalb der Wissenschaft sich gegen den Reduktionismus wandte. Wissenschaftler brechen Dinge auseinander und schauen sie gesondert an. Wenn sie die Interaktion subatomarer Teilchen untersuchen wollen, fügen sie zwei oder drei zusammen. Das ist schon kompliziert genug. Die Macht der Selbst-Ähnlichkeit zeigt sich jedoch auf einem weit komplexeren Niveau. Es handelt sich darum, das Ganze ins Auge zu fassen.

Obwohl Mandelbrot den umfassendsten geometrischen Gebrauch von der Idee machte, war die neuerliche Heraufkunft von maßstabsüberschreitenden Ideen in den sechziger und siebziger Jahren eine intellektuelle Strömung, die gleichzeitig an vielen Orten zu spüren war. Selbst-Ähnlichkeit lag implizit dem Werk von Edward Lorenz zugrunde. Sie war Teil seines intuitiven Verständnisses der Feinstruktur seiner Diagramme, die sein Gleichungssystem erzeugte, einer Struktur, die er nur ahnen, aber nicht mit Hilfe von Computern sehen konnte, die 1963 verfügbar waren. Die Skalierung wurde auch Teil einer Bewegung innerhalb der Physik, die – noch direkter als Mandelbrots Arbeiten – in die Disziplin einmündete, die heute unter dem Namen Chaosforschung firmiert. Selbst in weit entfernt liegenden Forschungsbereichen begannen Wissenschaftler in Begriffen von Theorien zu denken, die sich verschiedener Maßstabshierarchien bedienten, beispielsweise in der Evolutionsbiologie. Dort fand man bald heraus, daß eine ganzheitliche Theorie Entwicklungsmuster sowohl bei Genen als auch bei individuellen Organismen, Arten und Artenfamilien auf einmal in Rechnung stellen mußte.

Es mag paradox anmuten, daß die Würdigung von Skalierungsphänomenen ausgerechnet derselben Erweiterung des menschlichen Blickfeldes entsprang, die die früheren, naiven Ideen von Selbst-Ähnlichkeit zum Verschwinden brachten. Im späten 20. Jahrhundert wurden auf zuvor nicht für möglich gehaltene Weise Bilder unglaublich kleiner wie unvorstellbar großer Phänomene zu Bestandteilen unserer alltäglichen Erfahrung. Wir begegnen heute in unserem Kulturraum Fotografien von Galaxien und Atomen. Niemand muß sich mehr wie noch Leibniz fragen, wie sich das Universum wohl im mikroskopischen oder teleskopischen Maßstab darstellen mag – Mikroskope und Teleskope haben solche Bilder allgemein verfügbar gemacht. Da der Geist aber begierig ist, in der Erfahrung Analogien aufzuspüren, waren neue Formen des Vergleichs zwischen groß und klein unausbleiblich – und einige von ihnen erwiesen sich als produktiv. Manche Wissenschaftler, die sich zur Fraktalgeometrie hingezogen fühlten, empfanden intuitiv gewisse Parallelen zwischen ihrer neuen mathematischen Ästhetik und den Wandlungen in der Kunst während der zweiten Hälfte dieses Jahrhunderts. Sie fühlten, daß sie einen inneren Enthusiasmus der Kultur im ganzen zum Ausdruck brachten. In Mandelbrots Augen war der Inbegriff euklidischen Empfindens außerhalb der Mathematik die Architektur des Bauhauses. Ein ähnliches Beispiel bietet die Malerei, deren Werte am besten in den bunten Quadraten von Josef Albers zum Vorschein kamen: sparsam, geordnet, linear, reduktionistisch, geometrisch. *Geometrisch* – in der Bedeutung des Wortes, die es Tausende von Jahren innehatte. Gebäude, die geometrisch genannt werden, setzen sich aus einfachen Formen zusammen, geraden Linien und Kreisen, die mit wenigen Zahlenwerten beschrieben werden können. Die Mode der geometrischen Architektur und Malerei kam und verschwand. Architekten liegt nichts mehr daran, kastenförmige Wolkenkratzer wie das Seagram Building in New York zu bauen, das einst hochgelobt und vielfach nachgeahmt wurde. Für Mandelbrot und seine Nachfolger liegt der Grund klar auf der Hand. Einfache Formen sind unmenschlich. Sie finden keinen Widerhall in der Art und Weise, wie die Natur aufgebaut ist und wie die menschliche Wahrnehmung die Welt erfaßt. Um mit Gert Eilenberger, einem deutschen Physiker zu sprechen, der sich der nichtlinearen Wissenschaft anschloß, nachdem er sich auf das Gebiet der Supraleiter spezialisiert hatte: »Woher kommt es, daß die Silhouette eines sturmgepeitschten, kahlen Baums vor einem winterlichen Abendhimmel schön anmutet, die Silhouette eines Mehrzweck-Universitätsgebäudes dagegen nicht, trotz aller Anstrengungen des Architekten? Mir scheint, die Antwort ergibt sich, wenn vielleicht auch ein wenig spekulativ, aus den neuen Einsichten in dynamische Systeme. Unser ästhetisches Empfinden wird angeregt durch das harmonische Gefüge von Ordnung und Unordnung, wie es uns in natürlichen Gegenständen begegnet – in Wolken, Bäumen, Ge-

173

birgszügen oder Schneekristallen. Ihre Formen gehen allesamt auf dynamische Prozesse zurück, die physikalische Gestalt angenommen haben, und besondere Formen von Ordnung und Unordnung sind typisch für sie.«[38]

Eine geometrische Form besitzt einen *Maßstab*, eine charakteristische Größe. Mandelbrot zufolge entbehrt befriedigende Kunst eines Maßstabs, und zwar in dem Sinn, daß sie wichtige Elemente in allen Maßstäben enthält. Gegen das Seagram Building hält er die Architektur der Beaux-Arts mit ihren Skulpturen und Wasserspeiern, ihren Ecksteinen und Pilastern, ihren Kartuschen und Schneckenverzierungen, ihren kanellierten und gezackten Gesimsen. Ein klassizistisch-manieristischer Beaux-Arts-Bau wie die Pariser Oper mit ihrer Stilmischung hat keinen Maßstab, weil er jeden Maßstab in sich schließt. Ein Betrachter entdeckt bei jedem Abstand ein Detail, das seinen Blick auf sich zieht. Die Komposition verwandelt sich mit jedem Schritt näher, und neue Strukturelemente treten ins Spiel.

Die harmonische Struktur einer bestimmten Architektur zu würdigen ist ein Sache, die ungeordneten Strukturen der Natur zu bewundern aber eine ganz andere. Mittels ästhetischer Begriffe und Werte brachte die neue Mathematik der Fraktalgeometrie die Naturwissenschaft in Einklang mit der typisch modernen Vorliebe für die ungezähmte, unzivilisierte, nicht domestizierte Natur. Früher standen Regenwälder, Wüsten, Dickicht und Ödland stellvertretend für alles, was die Gesellschaft sich unterjochen sollte. Wollten die Menschen aus der Vegetation ästhetischen Genuß ziehen, so schauten sie sich Gärten an. John Fowles drückte dies in einer Beschreibung Englands im 18. Jahrhundert folgendermaßen aus: »Diese Epoche hegte für die ungeregelte oder ursprüngliche Natur keinerlei Sympathie. Sie bedeutete aggressive Wildnis, eine garstige, erdrückende Erinnerung an den Sündenfall, an die ewige Verbannung des Menschen aus dem Garten Eden... Selbst die Naturwissenschaften der Zeit ... waren der ungebändigten Natur gegenüber im Grunde feindlich eingestellt und sahen in ihr bloß etwas, das es zu zähmen, zu klassifizieren, zu benutzen und auszubeuten galt.«[39] Mit dem Ende des zwanzigsten Jahrhunderts aber hat sich die Kultur gewandelt, und mit ihr wandelte sich die Wissenschaft.

So fand die Wissenschaft am Ende doch noch Verwendung für all die obskuren und phantasievollen Ableger der Cantor-Menge und der Kochschen Kurve. Anfangs mochten diese Formen noch als Beweisstücke innerhalb des Scheidungsprozesses zwischen Mathematik und Physik gedient haben, dem Ende einer Ehe, die seit Newton die Wissenschaft beherrscht hatte. Mathematiker wie Cantor und Koch hatten sich an ihrer eigenen Originalität ergötzt. Sie glaubten, die Natur zu überlisten – dabei übersahen sie jedoch die Einschränkungen, denen ihre eigene Sichtweise der natürlichen Schöpfung unterlag. Auf der anderen Seite wandte sich auch der Hauptstrom der angesehenen Physik von den Dingen der alltäglichen Erfahrung ab. Als die Quantenmechanik und die Erforschung des Atomkerns ins Zentrum des Interesses rückten, überließ man die Mechanik von Objekten und Fluiden, die groß genug waren, daß man sie sehen konnte, den Ingenieuren. Erst später, nachdem Steven Smale die Mathematiker zu den dynamischen Systemen zurückgeführt hatte, konnte ein Physiker sagen: »Wir schulden den Astronomen und Mathematikern Dank, daß sie uns, den Physikern, das Feld besser bestellt übergeben haben, als wir es ihnen vor siebzig Jahren hinterließen.«[40]

Doch trotz Smale und trotz Mandelbrot sollten es unterm Strich die Physiker sein, die die Chaosforschung zu einer neuen Wissenschaft gestalteten. Mandelbrot besorgte die unverzichtbare Sprache und einen ganzen Katalog verblüffender Ansichten der Natur. Aber die Physiker wollten mehr. Wie Mandelbrot selbst zugab, war sein Programm eher *Beschreibung* als *Erklärung*. Er konnte natürliche Phänomene zusammen mit ihrer Fraktaldimension auflisten – Seeküsten, Flußnetze, Baumrinden, Galaxien –, und Wis-

senschaftler konnten diese Daten benutzen, um Voraussagen zu treffen. Aber Physiker wollten mehr als nur das.[41] Sie
wollten wissen, *warum*. Es gab Formen in der Natur – nicht
sichtbare Formen, sondern eingewoben in die Struktur von
Bewegung –, die darauf warteten, entdeckt zu werden.

1. Mandelbrot, Gomory, Voss, Barnsley, Richter, Mumford, Hubbard, Shlesinger. Benoit Mandelbrots Bibel ist *The Fractal Geometry
of Nature* (New York: Freeman, 1977). Ein Interview von Anthony
Barcellos ist abgedruckt in *Mathematical People*, hrsg. v. Donald J.
Albers und G. L. Alexanderson (Boston: Birkhäuser, 1985). Zwei
Aufsätze von Mandelbrot, zwar weniger bekannt, doch ungemein
interessant, sind »On Fractal Geometry and a Few of the Mathematical Questions it has Raised«, *Proceedings of the International Congress
of Mathematics*, 14. bis 16. August 1983, Warschau, S. 1661–1675;
sowie »Towards a Second Stage of Indeterminism in Science,« Manuskript, IBM Thomas J. Watson Research Center, Yorktown Heights,
New York. Die Zeitschriftenbeiträge über die Anwendung von Fraktalen sind zu zahlreich, um hier alle aufgelistet zu werden, doch seien
zwei nützliche Beispiele genannt: Leonard M. Sander, »Fractal
Growth Processes«, *Nature* 322 (1986), S. 789–793; Richard Voss,
»Random Fractal Forgeries: From Mountains to Music«, *Science and
Uncertainty*, hrsg. v. Sara Nash (London: IBM United Kingdom,
1985).
2. Zitiert in *Fractal Geometry*, S. 423.
3. Woods Hole Oceanographic Institute, August 1985.
4. Mandelbrot.
5. Mandelbrot, Richter. Bis heute wurde über Bourbaki nur wenig
geschrieben. Eine spielerische Einführung bietet Paul R. Halmos,
»Nicolas Bourbaki«, *Scientific American* 196 (1957), S. 88–89.
6. Smale.
7. Peitgen.
8. »Second Stage«, S. 5.
9. Mandelbrot; *Fractal Geometry*, S. 74; J. M. Berger und Benoit
Mandelbrot, »A New Model for the Clustering of Errors on Tele-
phone Circuits«, *IBM Journal of Research and Development* 7 (1963),
S. 224–236.

10. *Fractal Geometry*, S. 248.
11. Ibid., S. 1.
12. Ibid., S. 27.
13. Ibid., S. 17.
14. Ibid., S. 18.
15. Mandelbrot.
16. *Fractal Geometry*, S. 131, und »On Fractal Geometry«, S. 1663.
17. Die beiden Mathematiker, denen die erstmalige Verwendung des Begriffs »fractal dimension« zugeschrieben wird, sind F. Hausdorff und A. S. Besicovich.
18. Mandelbrot.
19. Scholz; C. H. Scholz und C. A. Aviles, »The Fractal Geometry of Faults and Faulting«, Manuskript, Lamont-Doherty Geophysical Observatory; C. H. Scholz, »Scaling Laws for Large Earthquakes«, *Bulletin of the Seismological Society of America* 72 (1982), S. 1–14.
20. *Fractal Geometry*, S. 24.
21. Scholz.
22. Scholz.
23. William Bloom und Don W. Fawcett, *A Textbook of Histology* (Philadelphia: W. B. Saunders, 1975).
24. Einen Überblick über diese Ideen bietet Ary L. Goldberger, »Nonlinear Dynamics, Fractals, Cardiac Physiology, and Sudden Death«, *Temporal Disorder in Human Oscillatory Systems*, hrsg. v. L. Rensing, U. An der Heiden, M. Mackey (New York: Sringer, 1987).
25. Goldberger, West.
26. Ary L. Goldberger, Valmik Bhargava, Bruce J. West und Arnold J. Mandell, »On a Mechanism of Cardiac Electrical Stability: The Fractal Hypothesis«, *Biophysics Journal* 48 (1985), S. 525.
27. Barnaby J. Feder, »The Army May Have Matched Goose«, *The New York Times*, 30. November 1986, 4/16.
28. Mandelbrot.
29. I. Bernhard Cohen, *Revolution in Science* (Cambridge, Mass.: Belknap, 1985), S. 46.
30. Mumford.
31. Richter.
32. So wie Mandelbrot später Feigenbaum die Anerkennung versagen konnte. Statt auf die *Feigenbaum numbers* und *Feigenbaum universality* zu verweisen, zitierte Mandelbrot in der Regel P. J. Myrberg, einen Mathematiker, der Iterationen bei quadratischen Abbildungen in den frühen sechziger Jahren untersucht hatte.
33. Richter.
34. Mandelbrot.
35. Klafter.
36. Bendler.
37. Berichtet von Huberman.

38. »Freedom, Science, and Aesthetics«, *Schönheit im Chaos*, S. 35.
39. John Fowles, *A Maggot*, (Boston: Little, Brown, 1985), S. 11.
40. Robert H. G. Helleman, »Self-Generated Behavior in Nonlinear Mechanics«, *Fundamental Problems in Statistical Mechanics* 5, hrsg. v. E. G. D. Cohen (Amsterdam: North-Holland, 1980), S. 165.
41. Zum Beispiel Leo Kadanoff, »Where is the Physics of Fractals?«, *Physics Today*, Februar 1986, S. 6. Antwort gab er mit einem neuen »multifraktalen« Zugang, ebenfalls in *Physics Today*, April 1986, S. 17. Mit diesem Beitrag provozierte er eine typisch verärgerte Antwort Mandelbrots; s. *Physics Today*, September 1986. S. 11. Kadanoffs Theorie, so Mandelbrot, »erfüllt mich mit dem Stolz eines Vaters – oder bald schon eines Großvaters?«

Seltsame Attraktoren

Große Wirbel haben kleine Wirbel, die von ihrer Geschwindigkeit leben, und kleine Wirbel haben wiederum kleinere Wirbel und so weiter bis zur Viskosität.

Lewis F. Richardson

Turbulenz war ein Problem mit langer Ahnentafel. Alle großen Physiker haben darüber nachgedacht, explizit oder implizit.[1] Eine stete Fließbewegung löst sich in Wirbel und Strudel auf. Regellose Muster zerstören die Grenze zwischen flüssigem und festem Zustand. Energieströme schrumpfen mit einemmal von großen Wellen auf kleine zusammen. Warum? Die besten Ideen dazu stammten von Mathematikern. Den meisten Physikern war das Phänomen der Turbulenz zu verzwickt, um ihre Zeit damit zu vergeuden. Es schien nahezu unbegreiflich. Es gibt eine Anekdote von dem Quantentheoretiker Werner Heisenberg,[2] der auf seinem Totenbett erklärt haben soll, er habe zwei Fragen an Gott zu stellen: Warum Relativität und warum Turbulenz? Er selber meinte: »Ich glaube wirklich. daß er eine Antwort auf die erste Frage haben könnte.«

Theoretische Physiker waren angesichts von Turbulenz in eine Art Sackgasse geraten. Die Wissenschaft hatte in der Praxis einen klaren Trennungsstrich gezogen und gesagt: Darüber hinaus können wir nicht gehen. Auf der einen Seite dieser Linie, auf der Seite der Fluide (Sammelbegriff für Flüssigkeiten und Gase), die sich geordnet verhielten, gab es jede Menge Arbeit. Zum Glück verhält sich ein stetig fließendes Fluid nicht so, als ob es eine nahezu unbegrenzte Zahl unabhängiger Moleküle umfaßte, die sich alle unabhängig voneinander bewegen können. Ganz im Gegenteil:

Flüssigkeitspartikel, die sich in der Nähe in Bewegung setzen, bleiben in der Regel auch in der Nähe, vergleichbar mit Pferden im Geschirr. Ingenieure haben funktionierende Methoden herausgefunden, um Strömungen zu berechnen, solange die Strömungen ruhig bleiben. Sie greifen dabei auf einen Wissensfundus zurück, dessen Anfänge ins neunzehnte Jahrhundert zurückreichen, als das Verständnis der Bewegungen von Flüssigkeiten und Gasen zu den vorrangigen Problemen der Physik gehörte.

In moderner Zeit jedoch hatte das Problem seine Spitzenstellung in der Wissenschaft verloren. Grundlagentheoretikern schien die Strömungsdynamik kein Geheimnis mehr zu bergen, außer eben jenem einen, das sich selbst im Himmel nicht erschließen ließ. Die praktische Seite war so gründlich durchleuchtet, daß sie den Technikern überlassen werden konnte. Physiker konnten die Ansicht vertreten, die Strömungsdynamik gehöre nicht mehr der Physik als Wissenschaft an. Das sei bloße Ingenieurswissenschaft. Brillante junge Physiker hatten Besseres zu tun. Strömungsphysikern begegnete man gewöhnlich in den ingenieurwissenschaftlichen Abteilungen der Universitäten. Bei der Beschäftigung mit Turbulenz stand stets ein praktisches Interesse im Vordergrund, und dieses praktische Interesse war meist einseitig gelagert: Wie bringe ich eine Turbulenz zum Verschwinden? In manchen Anwendungsfällen ist eine Turbulenz durchaus wünschenswert – zum Beispiel bei einem Strahltriebwerk, in dessen Brennkammer die effiziente Verbrennung auf möglichst rascher Mischung beruht. In der Regel aber bedeutet eine Turbulenz Unheil. Turbulente Luftströmungen über einer Tragfläche zerstören den Auftrieb. Turbulenzen in einer Ölpipeline rufen ärgerliche Strömungswiderstände hervor. Riesige Summen von der Regierung und von privaten Firmen werden dafür investiert, Formen für Flugzeuge, Antriebsturbinen, Propeller, U-Boot-Rümpfe und andere Apparate zu entwerfen, die sich in Flüssigkeiten bewegen. Forscher untersuchen die Strömungsverhältnisse in Blutgefäßen und an Herzklappen. Sie untersuchen die Form und Entwicklung von Explosionen. Sie untersuchen Strudel und Wirbel, Flammen und Druckwellen. Theoretisch betrachtet war das Atombombenprojekt des Zweiten Weltkriegs ein Problem der Nuklearphysik. Tatsächlich aber waren die Fragen der Nuklearphysik nahezu gelöst, bevor das Projekt in Angriff genommen wurde, und die Aufgabe, die die in Los Alamos versammelten Wissenschaftler beschäftigte, war ein Problem der Strömungsdynamik.

Was aber ist nun Turbulenz? Sie ist ein gewaltiges Durcheinander in jedem Maßstab, von kleinen Wirbeln in großen. Sie ist instabil. Sie ist hochdissipativ, das heißt, eine Turbulenz leitet Energie ab und bewirkt Strömungswiderstand. Sie ist eine in Willkür geratene Bewegung. Aber *wie* wechselt eine Strömung von stetem zu turbulentem Verlauf? Und angenommen, man besäße eine vollkommen reibungslose Leitung mit einer perfekt funktionierenden Wasserzufuhr, perfekt abgeschirmt gegen jede Vibration – wie könnte dann eine Strömung in ein *willkürliches* Durcheinander geraten? Alle Regeln scheinen ihre Geltung zu verlieren. Solange die Strömung stetig verläuft, in Schichten, verebben kleine Störungen. Doch mit Einbruch einer Turbulenz wachsen die Störungen in katastrophalem Maß. Dieser Einbruch – dieser Übergang – wurde zu einem kritischen Geheimnis der Wissenschaft. Der Seitenarm hinter einem Felsen in einem Fluß wird zu einem anschwellenden Strudel, der sich teilt und flußabwärts wirbelt. Die Rauchfahne einer Zigarette steigt ruhig vom Aschenbecher auf, wird schneller und schneller, bis sie eine kritische Geschwindigkeit erreicht und sich in regellose Wirbel auflöst. Die Entstehung einer Turbulenz kann in Laborexperimenten beobachtet und gemessen werden. Man kann sie durch Experimente im Windkanal bei der Konstruktion einer neuen Tragfläche oder eines Propellers testen. Ihr Wesen aber entzieht sich unserer Kenntnis. Nach herkömmlicher Praxis wächst Wissen durch Spezialisierung, nicht durch Verallgemeinerung. Forschungen nach dem Prinzip von Versuch und Irrtum an der Tragfläche einer Boeing 707 tragen nichts bei zu Forschungen nach dem Prinzip von Versuch und Irrtum an der Tragfläche eines F-16-Starfighters. Selbst Supercomputer sind mehr oder weniger ohnmächtig angesichts regelloser Fließbewegungen.

Durch äußere Einflüsse wird eine Flüssigkeit geschüttelt, sie wird irritiert. Das Fluid ist zähflüssig, klebrig, so daß es Energie verliert, und wenn die Schüttelbewegung aufhört, wird das Fluid auf natürliche Weise zum Stillstand gelangen. Beim Schütteln wird ihm Energie in niedrigen Frequenzen oder langen Wellen zugefügt, und als erste Beobachtung fällt auf, daß die lange Welle in kleine zerfällt. Wirbel bilden sich, und in ihnen wiederum kleinere Wirbel, von denen jeder Flüssigkeitsenergie zerstreut und einen charakteristischen Rhythmus erzeugt. In den dreißiger Jahren dieses Jahrhunderts trug A. N. Kolmogorov eine mathematische Beschreibung vor, die eine Idee vermittelte, wie diese Wirbel funktionierten. Er stellte sich die ganze Energiekaskade in immer kleineren Maßstäben vor, bis schließlich eine Grenze erreicht war, von der an die Wirbel so winzig wurden, daß die relativ größeren Effekte der Viskosität die Oberhand gewannen.

Im Interesse einer sauberen Beschreibung stellte Kolmogorov sich vor, daß diese Wirbel den ganzen Raum des Fluids einnehmen und das Fluid überall gleich gestalten würden. Diese Annahme[3] – die Annahme der Homogenität – erwies sich jedoch als unrichtig. Selbst Poincaré hatte vierzig Jahre zuvor schon bei der Beobachtung der unebenen Oberfläche eines Flusses erkannt, daß die Wirbel sich immer mit Zonen steter Strömung abwechseln. Die Wirbelbewegung ist lokal. Energie wird nur in Teilen des Raums abgeleitet. Bei jedem Maßstab, je näher man einen turbulenten Wirbel betrachtet, treten neue Zonen der Ruhe in den Blick. Folglich wich die Annahme der Homogenität der Annahme der Intermittenz. Das Intermittenzbild gewinnt in idealisierter Darstellung ein höchst fraktales Aussehen mit abwechselnden Zonen von Regellosigkeit und Stetigkeit auf den verschiedenen Skalen zwischen groß und klein. Doch auch dieses Bild scheint der Realität nicht zu entsprechen.

Eng damit verflochten, wenngleich gesondert zu betrachten, war die Frage danach, was geschieht, wenn eine Turbulenz einsetzt. Auf welche Weise überschreitet eine Fließbewegung die Grenze von stetem zu turbulentem Verlauf? Welche Zwischenstadien treten ein, bevor eine Turbulenz voll entfaltet ist? Zu diesen Fragen lag eine etwas ausgefeiltere Theorie vor, das allseits anerkannte Paradigma von Lev D. Landau, dem großen russischen Wissenschaftler, dessen Lehrbuch über Strömungsdynamik immer noch ein Standardwerk ist.[4] Die Landau-Darstellung ist eine Überlagerung konkurrierender Rhythmen. Wenn zusätzliche Energie einem System zugeführt wird, so nahm er an, treten jeweils neue Frequenzen ins Spiel, eine jede unvereinbar mit der vorausgegangenen, etwa so, wie wenn eine Violinsaite auf einen kräftigeren Strich mit dem Geigenbogen dadurch reagiert, daß sie in einem zweiten, dissonanten Ton zu vibrieren beginnt und dann in einem dritten, einem vierten, bis der Ton zu einer unentwirrbaren Kakophonie anschwillt.

Jede Flüssigkeit und jedes Gas ist eine Ansammlung einzelner Teilchen, die so zahlreich sind, daß sie genausogut unendlich viele sein könnten. Wenn sich jedes Partikel unabhängig vom andern bewegen würde, dann würde das Fluid unendlich viele Möglichkeiten bergen, unendliche viele »Freiheitsgrade«, um im Jargon zu reden, und die Gleichungen, die diese Bewegung beschreiben, müßten unendlich viele Variablen berücksichtigen. Aber die einzelnen Teilchen bewegen sich keineswegs unabhängig voneinander – ihre Bewegung hängt vielmehr in hohem Maße von der Bewegung ihrer Nachbarn ab –, so daß in einer steten Strömung die Freiheitsgrade gering an Zahl sein können. Potentiell komplexe Bewegungen bleiben miteinander verbunden. Naheliegende Teilchen bleiben in der Nähe oder treiben gesondert in steter, linearer Weise, die auf Windkanalbildern klare Linien hervorbringt. Die Partikel im Zigarettenrauch steigen, zumindest eine Zeitlang, in einer einzigen Säule auf.

Dann aber tritt Konfusion ein, ein Durcheinander geheimnisvoller, regelloser Bewegungen. Manchmal erhielten diese Bewegungen Namen: Oszillation, verdrehte Krampfader, Kreuzrolle, Knoten, Zickzack.[5] In Landaus Deutung waren diese instabilen neuen Bewegungen einfach übereinandergelagerte Strömungen, die Rhythmen überlappender Geschwindigkeiten und Größen erzeugten. Vom Konzept her schien diese orthodoxe Vorstellung von Turbulenz mit den Fakten übereinzustimmen, und wenn die Theorie vom mathematischen Standpunkt aus nutzlos war – was sie auch war –, so mochte sie das eben sein. Landaus Paradigma bot eine Möglichkeit, die Würde auch mit hilflos erhobenen Händen zu bewahren.

den. Naheliegende Teilchen bleiben in der Nähe oder treiben gesondert in steter, linearer Weise, die auf Windkanalbildern klare Linien hervorbringt. Die Partikel im Zigarettenrauch steigen, zumindest eine Zeitlang, in einer einzigen Säule auf.

Dann aber tritt Konfusion ein, ein Durcheinander geheimnisvoller, regelloser Bewegungen. Manchmal erhielten diese Bewegungen Namen: Oszillation, verdrehte Krampfader, Kreuzrolle, Knoten, Zickzack.[5] In Landaus Deutung waren diese instabilen neuen Bewegungen einfach übereinandergelagerte Strömungen, die Rhythmen überlappender Geschwindigkeiten und Größen erzeugten. Vom Konzept her schien diese orthodoxe Vorstellung von Turbulenz mit den Fakten übereinzustimmen, und wenn die Theorie vom mathematischen Standpunkt aus nutzlos war – was sie auch war –, so mochte sie das eben sein. Landaus Paradigma bot eine Möglichkeit, die Würde auch mit hilflos erhobenen Händen zu bewahren.

Frequenz sich gestalten wird. Niemand hat diese mysteriös eintretenden Frequenzen je in einem Experiment gesehen, weil niemand je Landaus Theorie zur Entstehung von Turbulenzen getestet hat.

Theoretiker führen ihre Experimente mit ihrem Gehirn durch. Experimentatoren müssen auch ihre Hände gebrauchen. Theoretiker sind Denker, Experimentatoren sind Handwerker. Der Theoretiker braucht keinen Gehilfen. Der Experimentator muß Examensstudenten beaufsichtigen, Technikern zureden und Laborantinnen schmeicheln. Der Theoretiker operiert an einem unberührten Ort, der frei ist von Geräuschen, Schwingungen und Schmutz. Der Experimentator entwickelt zu der Materie ein ebenso intimes Verhältnis wie der Töpfer zum Ton, der mit ihm kämpft, ihn formt und gestaltet. Der Theoretiker erfindet sich seine eigenen Gefährten, wie ein naiver Romeo sich seine ideale Julia ersann. Die Geliebten des Experimentators sind Schweiß, Verdruß und Gestank.

Sie brauchen einander beide, der Theoretiker und der Experimentator, doch hat sich in ihre Beziehung eine gewisse Ungerechtigkeit gemischt seit jenen frühen Tagen, da jeder Wissenschaftler beides war. Obwohl die besten Experimentatoren stets auch etwas von einem Theoretiker an sich haben, trifft die Umkehrung nicht zu. Prestige und Ansehen aber liegen auf seiten des Theoretikers. Besonders in der Hochenergiephysik fällt der Ruhm dem Theoretiker zu, während die Experimentatoren zu hochspezialisierten Technikern wurden, die teure und komplizierte Apparate bedienen. In den Jahrzehnten seit dem Zweiten Weltkrieg, während deren physikalische Forschung gleichbedeutend wurde mit dem Studium des Verhaltens von Teilchen, fanden gerade die Experimente das größte öffentliche Interesse, die mit Teilchenbeschleunigern durchgeführt wurden. Geld und Nobelpreise gingen an Forscher, die neue Theo-

185

rien über Teilchenverhalten aufstellten. Drehung, Symmetrie, Farbe und Geschmack – das waren die betörenden Abstraktionen. Für die meisten Laien, die den Wissenschaftsbetrieb verfolgten, wie auch für eine nicht geringe Zahl von Wissenschaftlern selbst *war* die Untersuchung von Atomteilchen gleichbedeutend mit Physik. Aber immer kleinere Partikel in immer kürzeren Zeiteinheiten zu untersuchen bedeutete höhere Grade von Energie. So wuchs der Maschinenpark, der für erfolgreiche Experimente benötigt wurde, mit den Jahren immer mehr an, und experimentelle Forschung verwandelte sich für alle Zeit in Teilchenphysik. Das Feld war dicht besiedelt, und Großexperimente förderten Teamarbeit. Beiträge der Teilchenphysik standen unter den Aufsätzen der Fachzeitschriften wie *Physical Review Letters* an erster Stelle: Eine Autorenliste konnte beinahe ein Viertel von der Länge eines Aufsatzes haben.

Manche Experimentatoren jedoch zogen es vor, allein oder zu zweit zu arbeiten. Sie untersuchten Substanzen, die leichter zur Hand waren. Während solche Gebiete wie Hydrodynamik an Status einbüßten und auf den Rang von Ingenieurwissenschaften herabsanken, gewann die Festkörperphysik immer mehr hinzu, bis sie schließlich ein so großes Gebiet abdeckte, daß sie einen umfassenderen Namen beanspruchen durfte: die »Physik der kondensierten Phasen« oder die Physik der Stoffe. In der Physik der kondensierten Phasen waren die Apparate einfacher. Die Kluft zwischen Theoretikern und Experimentatoren war nicht so groß. Theoretiker traten etwas weniger versnobt auf, Experimentatoren etwas weniger schüchtern.

Doch auch so klafften die Perspektiven noch auseinander. Es war ganz und gar typisch für einen Theoretiker, die Vorlesung eines Experimentators mit der Frage zu unterbrechen: Würden weitere Datenpunkte den Beweis erhärten? Ist dieser Graph nicht ziemlich unsauber? Sollten diese Zahlenwerte nicht die Skala um ein paar Größenordnungen nach oben und unten ergänzen?

Als Antwort war es ganz und gar typisch für Harry Swinney, sich zu seiner vollen Körpergröße von etwa einsfünfundsechzig aufzurichten und mit einer Mischung von angeborenem Louisiana-Charme und erworbener New Yorker Reizbarkeit zu sagen: »Stimmt. Und zwar, wenn Sie eine unbegrenzte Menge fehlerfreier Daten haben.« Und während er gleichmütig zur Tafel zurückkehrte, mochte er hinzufügen: »In der Wirklichkeit haben Sie natürlich nur eine begrenzte Menge fehlerhafter Daten.«[6]

Swinney experimentierte mit Stoffen. Sein persönlicher Wendepunkt war eingetreten, als er Examensstudent der Johns-Hopkins-Universität war. Die Erregung über die Teilchenphysik war allerorten spürbar. Einmal kam der geistreiche Murray Gell-Mann zu einem Vortrag, und Swinney lauschte ihm wie gebannt. Doch als er sich anschaute, womit fortgeschrittene Studenten sich beschäftigten, entdeckte er, daß sie alle nur Computerprogramme schrieben oder Zündkammern verlöteten. Zu dieser Zeit begann er Kontakt zu einem Physiker der Fakultät zu suchen, der über Phasenübergänge arbeitete – Übergänge von festen zu flüssigen Zuständen, von Nichtmagnetismus zu Magnetismus, von Leitern zu Supraleitern. Es dauerte nicht lange, und Swinney hatte einen eigenen Raum – zwar kaum größer als eine Abstellkammer, aber doch einen Raum für sich alleine. Er hatte einen Gerätekatalog, und er begann zu bestellen. Bald hatte er einen Tisch und einen Laser und ein paar Kühlaggregate und ein paar Sonden. Er entwarf einen Apparat, um zu messen, wie gut Karbondioxid Hitze leitete im Bereich des kritischen Punktes, an dem es von Dampf in Flüssigkeit übergeht. Die meisten Wissenschaftler nahmen an, daß die Wärmeleitfähigkeit sich gleitend verändere. Swinney fand jedoch heraus, daß sie sich um einen Faktor von 1000 änderte. Ein erregendes Erlebnis – allein in einem winzigen Raum etwas entdecken, das niemand sonst wußte. Er sah das überirdische Licht, das Dampf, jede Art von Dampf, im Bereich des kritischen Punkts ausstrahlt, jenes

Licht, das »Opaleszenz« genannt wird, weil die sanfte Strahlenstreuung an den Schimmer von Opalen erinnert.

Wie viele Aspekte des Phänomens Chaos betreffen auch die Phasenübergänge eine Art makroskopischen Verhaltens, das durch die Betrachtung mikroskopischer Details kaum vorhersagbar zu sein scheint. Wenn ein Festkörper erhitzt wird, so beginnen seine Moleküle unter der zugefügten Energie zu vibrieren. Sie drängen nach außen gegen ihre Grenzen und zwingen die Substanz, sich auszuweiten. Je mehr Hitze, um so größere Ausweitung. Doch bei einer bestimmten Temperatur und unter einem bestimmten Druck wird die Veränderung sprunghaft und diskontinuierlich. Ein Seil wird gedehnt, und plötzlich reißt es. Eine kristalline Form löst sich auf, und die Moleküle treiben auseinander. Sie gehorchen Strömungsgesetzen, die aus keiner Eigenschaft des Festkörpers abgeleitet werden können. Die mittlere Atomenergie hat sich kaum verändert, doch das Material – jetzt eine Flüssigkeit, ein Magnet oder ein Supraleiter – ist in einen völlig neuen Zustand eingetreten. Gunther Ahlers von der Forschungsabteilung der Telefongesellschaft AT & T Bell in New Jersey hatte den Übergang in den sogenannten superfluiden Zustand bei flüssigem Helium untersucht, wobei, sofern die Temperatur sinkt, das Material sich in eine Art magisch strömende Flüssigkeit verwandelt, die keinerlei sichtbare Viskosität oder Reibung aufweist. Andere hatten sich mit Supraleitern beschäftigt. Swinney hatte den kritischen Punkt untersucht, an dem eine Materie zwischen Flüssigkeit und Dampf schwankt. Swinney, Ahlers, Pierre Bergé, Jerry Gollub, Marzio Giglio – Mitte der siebziger Jahre hielten diese und andere Experimentatoren in den Vereinigten Staaten, Frankreich und Italien, die alle der jungen Tradition experimenteller Erforschung von Phasenübergängen entstammten, Ausschau nach neuen Problemen. So gründlich wie ein Postbote die Veranden und Gassen eines neuen Bezirks kennenlernt, so gründlich hatten sie die besonderen Anzeichen von Substanzen studiert, wenn sie ihren Aggregatzustand verändern. Sie erforschten eine Randzone, in dem die Materie gleichsam schwebte.

Die Entwicklung der Erforschung von Phasenübergängen hatte sich in Analogieschritten vollzogen: Ein Phasenübergang von Nichtmagnetismus zu Magnetismus erwies sich einem Phasenübergang von Flüssigkeit in Gas als *ähnlich*. Ein Phasenübergang von einem Fluid in ein Superfluid erwies sich einem Phasenübergang von einem Leiter in einen Supraleiter als *ähnlich*. Die mathematischen Prinzipien eines Experiments ließen sich auf viele andere Experimente anwenden. In den siebziger Jahren war das Problem weitgehend gelöst. Eine offene Frage aber war, wieweit die Theorie sich ausweiten ließ. Welche anderen Veränderungen in der Welt erwiesen sich bei näherer Betrachtung als Phasenübergänge?

Es war weder der nächstliegende noch der originellste Gedanke, Techniken der Erforschung von Phasenübergängen auf Strömungsverhältnisse in Fluiden zu übertragen. Er war nicht sonderlich originell, weil die großen Pioniere der Hydrodynamik, Reynolds und Rayleigh, sowie ihre Nachfolger im frühen zwanzigsten Jahrhundert bereits bemerkt hatten, daß ein sorgfältig kontrolliertes Fließexperiment einen Wandel in der Qualität der Bewegung herbeiführt – mathematisch ausgedrückt: eine Bifurkation. In einem Flüssigkeitsbehälter etwa geht ein Fluid, das von unten her erhitzt wird, plötzlich von Ruhe in Bewegung über. Physiker neigten zu der Annahme, daß der physikalische Charakter dieser Bifurkation den Wandlungen einer Substanz ähnelte, die unter die Rubrik des Phasenübergangs fielen.

Das nächstliegende Experiment war es andererseits nicht, weil im Gegensatz zu wirklichen Phasenübergängen diese fluiden Bifurkationen keinerlei Wandel der Substanz selbst nach sich zogen. Vielmehr fügten sie ein neues Element hinzu: Bewegung. Eine stehende Flüssigkeit verwandelt sich in eine fließende Flüssigkeit. Warum sollten die mathe-

matischen Prinzipien einer solchen Veränderung den mathematischen Prinzipien kondensierenden Dampfes entsprechen?

1973 unterrichtete Swinney am City College von New York,[7]
Jerry Gollub, ein ernster, jungenhaft wirkender Harvard-
Absolvent, lehrte in Haverford. Haverford, ein idyllisches,
liberales Arts College unweit von Philadelphia, schien alles
andere als ein idealer Ort, wo ein Physiker Karriere machen
konnte. Es gab keine Studenten, die über das Vordiplom
hinaus waren, um im Labor mitzuhelfen und die andere
Seite der so ungemein wichtigen Partnerschaft zwischen
Mentor und Schützling zu übernehmen. Gollub unterrichtete jedoch mit Begeisterung seine Vordiplomstudenten und
machte sich daran, die physikalische Abteilung des Colleges
in ein Zentrum auszubauen, das für die Qualität seiner
experimentellen Arbeit weithin bekannt war. In diesem
Jahr nahm er ein Freisemester und kam nach New York, um
mit Swinney zusammenzuarbeiten.
Die Gemeinsamkeiten von Phasenübergängen und instabilem Fließverhalten im Auge, beschlossen die beiden Männer, ein klassisches Fließsystem zwischen zwei vertikalen
Zylindern zu untersuchen. Der eine Zylinder rotierte im
andern, wobei er die umliegende Flüssigkeit mit sich zog.
Das System bettete die Fließvorrichtung zwischen zwei
Oberflächen. Auf diese Weise beschränkte es die mögliche
Bewegung der Flüssigkeit im Raum, im Gegensatz etwa zu
Strömungen und Strudeln in offenen Gewässern. Die rotierenden Zylinder bewirkten den sogenannten Couette-Tay-
lor-Fluß. Dafür ist typisch, daß der innere Zylinder sich der
Bequemlichkeit halber in einer feststehenden Schale dreht.
Sobald die Bewegung in Gang kommt und Geschwindigkeit
aufnimmt, stellt sich die erste Instabilität ein: Die Flüssigkeit bildet ein elegantes Muster. Ringförmige Streifen, die
in der Form an Doughnuts (Schmalzkringel) treten rund um

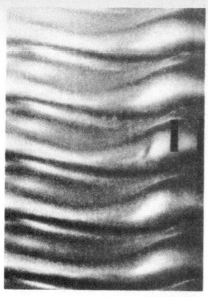

*Fließverhalten zwischen ro-
tierenden Zylindern.* Das
strukturierte Fließverhalten
von Wasser zwischen zwei
Zylindern bot Harry Swinney
und Jerry Gollub eine Möglichkeit, die Entstehung einer Turbulenz zu beobach-
ten. Je mehr die Drehung zunimmt, um so komplexer
wird die Struktur. Zuerst bildet das Wasser ein charakteristisches Fließmuster, das an
aufeinandergeschichtete
Krapfen erinnert. Dann beginnen die Krapfen sich zu kräuseln. Die
Physiker benutzten einen Laser, um die wechselnde Geschwindigkeit
des Wassers zu jedem Zeitpunkt zu messen, da sich eine neue Instabilität einstellte.

den Zylinder auf, einer über dem anderen. Ein Fleck in dem Fluid rotiert nicht nur von links nach rechts, sondern auch hinauf und hinab, in die Doughnuts hinein und wieder hinaus. Bis hierhin hatte man den Vorgang bereits begriffen. G. I. Taylor hatte ihn 1923 beobachtet und gemessen.

Um den Couette-Fluß zu untersuchen, bauten Swinney und Gollub einen Apparat, der auf einen Schreibtisch paßte, bestehend aus einem äußeren Glaszylinder von der Größe einer schlanken Tennisballdose, etwa dreißig Zentimeter hoch und fünf Zentimeter im Durchmesser. Der innere Stahlzylinder paßte genau hinein und ließ nur ein Sechzehntel Zentimeter Platz für Wasser. »Der Apparat war eine Sache von Pfennigen«, sagte Freeman Dyson, einer der vielen prominenten Besucher, die in den folgenden Monaten unverhofft zur Besichtigung kamen. »Da standen diese zwei Herren in ihrem winzig kleinen Labor, ohne ernsthafte finanzielle Unterstützung, und führten ein wunderhübsches Experiment durch. Es war der Beginn guter quantitativer Arbeiten über Turbulenz.«[8]

Ihnen schwebte nur eine solide wissenschaftliche Aufgabe vor, die ihnen die übliche Anerkennung für ihre Leistung eintragen würde, um anschließend bald wieder in Vergessenheit zu geraten. Swinney und Gollub wollten lediglich Landaus These über die Entstehung von Turbulenzen experimentell bestätigen. Die Experimentatoren hatten keinerlei Gründe, an ihr zu zweifeln. Sie wußten, daß Strömungsphysiker an die Darstellung Landaus glaubten. Als Physiker mochten sie sie, weil sie in das allgemeine Bild von Phasenübergängen paßte. Landau hatte bereits selbst ein erstes, tragfähiges Rahmenmodell für die Untersuchung von Phasenübergängen bereitgestellt, das auf seiner Einsicht beruhte, nach der solche Phänomene womöglich universellen, regelmäßigen Gesetzen gehorchen könnten, die sich über die Unterschiede einzelner Substanzen hinwegsetzten. Als Harry Swinney bei Kohlendioxid den kritischen Punkt des Übergangs zwischen Flüssigkeit und Dampf untersuchte, tat

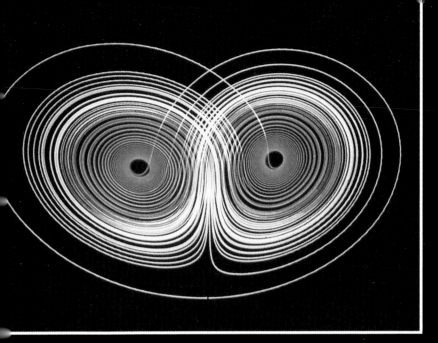

Der Lorenz-Attraktor.

Die Kochsche Kurve.

Die komplexen Grenzen des newtonschen Verfahrens. Die Anziehungskraft von vier Punkten - in den vier schwarzen Löchern - erzeugt »Bassins« mit einer »Sogwirkung«. Jedes Bassin hat eine andere Farbe mit einer komplexen fraktalen Grenze. Das Bild zeigt, wie das newtonsche Verfahren zur Lösung von Gleichungen von verschiedenen Ausgangspunkten zu einer von vier möglichen Lösungen führt. (In diesem Fall lautet die Gleichung $x^4 - 1 = 0$.)

Der große rote Fleck: auf dem Jupiter und simuliert. Die Fotos von der Voyager-Raumsonde zeigten, daß die Oberfläche des Jupiter eine kochende Flüssigkeit mit großen Turbulenzen und horizontalen Strömungen in Ost-West-Richtung ist. Der große rote Fleck wird auf der Abbildung einmal von oberhalb des Äquators des Planeten und einmal von seinem Südpol aus gezeigt. Die Computer-Graphik aus der Simulation von Philip Marcus geht von dem Südpol-Blickwinkel aus. Die Farben zeigen die Richtung der Drehung von einzelnen Teilen der Flüssigkeit. Teile, die sich im Uhrzeigersinn drehen, erscheinen in rot, während die, die sich im Gegenuhrzeigersinn drehen, blau dargestellt sind. Unabhängig von der Ausgangsstellung, neigen die blauen Klümpchen dazu, auseinanderzubrechen; die roten jedoch neigen dazu, einen zusammenhängenden Fleck zu bilden. Dieser bleibt stabil und kohärent innerhalb des ihn umgebenden Chaos. *(Abb. auf der nächsten Seite)*

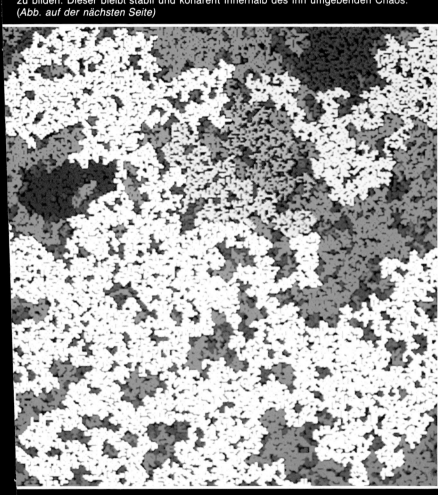

Fraktale Klümpchenbildung. Mit dem Zufallsgenerator von einem Computer erzeugte Klümpchen sickern wie Sandkörner durch poröses Gestein. Das ist eines der vielen graphischen Modelle, die aus der fraktalen Geometrie hervorgingen. Vertreter der angewandten Physik entdeckten, daß solche Modelle eine Vielzahl von Vorgängen in der realen Welt abbilden können, wie beispielsweise die Bildung von Polymeren und das Eindringen von Öl in verwittertes Gestein. Jede Farbe auf dem Modell stellt eine Gruppierung dar, die mit allen anderen verbunden ist.

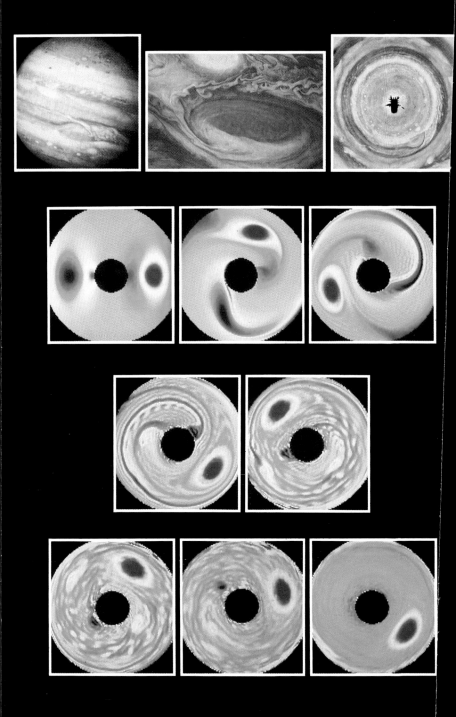

er dies in Landaus Überzeugung, daß seine Ergebnisse übertragbar sein müßten auf den kritischen Punkt des Übergangs von Flüssigkeit in Gas bei Xenon – und das waren sie in der Tat. Warum sollte sich da Turbulenz nicht als eine stetige Akkumulation konkurrierender Rhythmen in einer sich bewegenden Flüssigkeit erweisen?

Um das Durcheinander von Fließbewegungen zu bekämpfen, bereiteten Swinney und Gollub ein ganzes Arsenal sauberer experimenteller Techniken vor, die in jahrelangen Untersuchungen von Phasenübergängen unter den schwierigsten Umständen entwickelt worden waren. Sie verfügten über Labormethoden und Meßvorrichtungen, von denen ein Strömungsdynamiker nicht einmal geträumt hätte. Um in die rotierenden Zylinder einzudringen, benutzten sie Laserstrahlen. Wenn ein Laserstrahl durch das Wasser schien, würde er eine Ablenkung hervorrufen oder eine Aufsplitterung, die dann gemessen werden konnte, ein Verfahren, das unter der Bezeichnung Laser-Doppler-Interferometrie bekannt war. Und der Datenstrom konnte mit Hilfe eines Computers gespeichert und verarbeitet werden – ein Gerät, das 1975 nur selten bei einem Experiment in einem tischgroßen Labor zu sehen war.

Landau hatte gesagt, daß neue Frequenzen, eine nach der andern, sich einstellen würden, wenn der Strom zunehme. »Das lasen wir also«, erinnerte sich Swinney, »und wir sagten, schön, dann wollen wir uns mal die Übergänge anschaucn, an denen diese Frequenzen auftreten. Wir schauten also zu, in der festen Überzeugung, daß es einen wohldefinierten Übergang gebe. Wir gingen den Übergang wieder und wieder durch, erhöhten und senkten die Rotationsgeschwindigkeit des Zylinders. Es war alles wohldefiniert.«[9]

Als Swinney und Gollub damit begannen, ihre Ergebnisse zu verbreiten,[10] stießen sie auf eine soziologische Barriere innerhalb der Wissenschaft, auf die Grenze zwischen der Domäne der Physik und der Domäne der Strömungsdynamik. Diese Grenze hatte gewisse typische Eigenschaften. Insonderheit legte sie fest, welche Bürokratie innerhalb der nationalen Wissenschaftsförderung, der National Science Foundation, ihre Finanzierung kontrollierte. 1980 gehörte ein Couette-Tylor-Experiment wieder zur Physik, 1973 aber war es platte Strömungsdynamik. In den Augen von Wissenschaftlern, die sich in Strömungsdynamik auskannten, waren die ersten Zahlen, die aus dem kleinen Labor des City College an die Öffentlichkeit gelangten, verdächtig akkurat. Sie waren nicht gewöhnt an Experimente, die mit der Präzision der Phasenübergangsphysik durchgeführt wurden. Darüber hinaus fiel es aus der Perspektive der Strömungsdynamik schwer, das theoretische Anliegen eines solchen Experiments zu erkennen. Als Swinney und Gollub ein zweites Mal versuchten, Geld von der National Science Foundation zu bekommen, wurde ihr Antrag abgelehnt. Einige Gutachter schenkten ihren Ergebnissen keinen Glauben, andere meinten, sie wären nichts Neues.

Aber das Experiment wurde nie eingestellt. »Da war der Übergang, wohldefiniert«, sagte Swinney. »Das war großartig. Also machten wir weiter, um nach dem nächsten zu suchen.«[11]

Da aber brach die erwartete Landau-Sequenz zusammen. Das Experiment versagte der Theorie die Bestätigung.[12] Beim nächsten Übergang sprang das Fließverhalten in einen regellosen Zustand über, der keinerlei unterscheidbare Zyklen aufwies. Keine neuen Frequenzen, keinen graduellen Zuwachs an Komplexität. »Was wir herausfanden war: es wurde chaotisch.« Wenige Monate später erschien ein schlanker, überaus reizender Belgier an der Tür ihres Labors.

David Ruelle meinte manchmal,[13] es gebe zwei Arten von Physikern: die eine sei damit aufgewachsen, Radios auseinanderzunehmen – in der Zeit vor Erfindung des Transistors, als man noch Drähte und orange glühende Vakuumröhren

sehen und dadurch eine Art Vorstellung vom Elektronen-
fluß gewinnen konnte –, während die andere mit Chemiebaukästen spielte. Ruelle spielte mit Chemiebaukästen, das
heißt, nicht mit Baukästen im heutigen Sinn, sondern mit
explosiven und giftigen Chemikalien, die der Apotheker in
seiner nordbelgischen Heimatstadt großzügig erübrigte, damit Ruelle sie mischen, anrühren, erhitzen, kristallisieren
und manchmal in die Luft jagen konnte. Er war 1935 in Gent
geboren, als Sohn eines Gymnasiallehrers und einer Lin-
guistikprofessorin. Obwohl er im abstrakten Reich der Wissenschaft aufwuchs, zeigte er immer eine gewisse Vorliebe
für die gefahrvolle Seite der Natur, die ihre Überraschungen
in kryptogamen Schwammpilzen oder Salpeter, Schwefel
und Holzkohle verbarg.

Ruelle sollte seinen bleibenden Beitrag zur Erforschung von
Chaos in der mathematischen Physik leisten. 1970 war er in
das Institut des Hautes Études Scientifique eingetreten, ein
Forschungsinstitut in einem Vorort von Paris, das nach dem
Vorbild des Institute for Advanced Study in Princeton gegründet worden war. Er hatte bereits eine Gewohnheit angenommen, die ihn sein Leben lang begleitete: in bestimmten Perioden Institut und Familie zu verlassen, um in der
Einsamkeit zu wandern. Manchmal verschwand er mit einem Rucksack auf den Schultern für Wochen in der Wildnis
Islands oder in den Weiten Mexikos. Oft begegnete er bei
seinen Wanderungen keiner Menschenseele. Wenn er doch
einmal auf Menschen stieß und ihre Gastfreundschaft annahm – vielleicht eine Maistortilla ohne tierisches oder
pflanzliches Fett –, war ihm häufig zumute, als würde er die
Welt in dem Zustand erblicken, wie sie zwei Jahrtausende
zuvor ausgesehen hatte. Wenn er dann in sein Institut zurückkehrte, begann wieder sein Leben als Wissenschaftler;
sein Gesicht war nur ein wenig hagerer, und seine Haut
spannte sich ein wenig straffer um seine gewölbte Stirn und
sein scharfes Kinn. Ruelle hatte Vorlesungen von Smale
gehört über die Hufeisenabbildung und die chaotischen

Möglichkeiten in einem chaotischen System. Er hatte auch über Turbulenzen in Fluiden nachgedacht und über die klassische Darstellung Landaus. Seine Vermutung war, daß diese Ideen etwas miteinander zu tun hatten – und sich widersprachen.

Ruelle hatte keinerlei Erfahrung mit Fließbewegungen, doch das entmutigte ihn ebensowenig wie seine vielen erfolglosen Vorgänger. »Die neuen Dinge entdecken stets Nichtspezialisten«,[14] sagte er. »Es gibt keine natürliche tiefe Theorie zum Phänomen der Turbulenz. Alle Fragen, die man über Turbulenz stellen kann, sind allgemeinerer Natur und darum auch für Nichtfachleute zugänglich.« Zu sehen, warum Turbulenzen sich der Analyse entzogen, war einfach. Die Gleichungen von Fließbewegungen sind nichtlineare partielle Differentialgleichungen, die, abgesehen von wenigen Sonderfällen, unlösbar sind. Und zu einer Zeit, da Experimentalwissenschaftler selbst bei Energieschüben von mehreren Millionen Volt nicht an kollidierende unsichtbare Teilchen dachten, blieb es erstaunlich schwierig,[15] ein Experiment in Gang zu setzen, das gültige, zuverlässige, präzise Messungen der Bewegung eines turbulenten Fluids erbringen sollte. Wie auch immer, niemand hatte es bisher versucht.

Ruelle aber entwickelte eine abstrakte Alternative zu Landaus Darstellung, formuliert in der Sprache Smales und mit Bildern vom Raum als eines veränderlichen Materials, das man zu Formen stauchen, strecken und falten konnte wie Hufeisen. Er schrieb einen Aufsatz[16] in seinem Institut, zusammen mit einem holländischen Mathematiker, der dort zu Gast weilte, Floris Takens. Sie veröffentlichten den Aufsatz 1971. Der Stil war unmißverständlich mathematisch – Physiker, aufgepaßt! –, das heißt, die einzelnen Abschnitte begannen mit *Definitionsbereich* oder *Behauptung* oder *Beweis*, gefolgt von der unvermeidlichen Floskel *x sei...*

»Behauptung (5.2). *$X\mu$ sei eine Ein-Parameter-Familie von C^k Vektorenfeldern in einem Hilbert-Raum H derart, daß...«*

Der Titel hingegen beanspruchte eine Verbindung zur realen Welt: »On the Nature of Turbulence«, eine bewußte Anspielung auf Landaus berühmten Titel »On the Problem of Turbulence«. Der erklärte Zweck von Ruelles und Takens Argumentation ging über die Mathematik hinaus. Sie wollten einen Ersatz für die herkömmliche Sichtweise der Entstehung von Turbulenzen bieten. Statt einer Häufung von Frequenzen, die zu einer unendlichen Zahl voneinander unabhängiger, sich überlagernder Bewegungen führen sollte, schlugen sie vor, daß nur drei voneinander unabhängige Bewegungen die ganze Komplexität einer Turbulenz bewirken würden. Mathematisch gesehen war ihre Logik obskur, falsch, geklaut oder alles drei zusammen – die Meinungen darüber gingen noch fünfzehn Jahre später auseinander.[17]

Doch die Einsichten, Kommentare, Randbemerkungen und physikalischen Erwägungen machten den Aufsatz zu einem Beitrag von bleibendem Wert. Am verführerischsten war ein Bild, das die Autoren *strange attractor* nannten: seltsamer Attraktor. Diese Bezeichnung war von psychoanalytischer Suggestivkraft, wie Ruelle später erkannte.[18] Sie sollte in der Chaosforschung einen solchen Rang einnehmen, daß er und Takens sich hinter der Maske der Höflichkeit die Ehre streitig machten, wer das Wort gewählt hatte. Die Wahrheit war, daß beide sich nicht mehr recht entsinnen konnten, auch wenn Takens, ein rotbäckiger, nordischer Hitzkopf, später sagte: »Haben Sie Gott je danach gefragt, ob er dieses ganze verdammte Universum erschaffen hat?… Ich erinnere mich nicht mehr… Ich schaffe oft etwas, ohne mich hinterher daran zu erinnern.«[19] Ruelle, der Hauptautor des Aufsatzes, bemerkte dagegen zurückhaltend: »Takens war zufällig zu Gast im IHES. Verschiedene Leute haben verschiedene Arbeitsweisen. Manche Leute versuchen, einen Aufsatz ganz allein zu schreiben. Dann behalten sie auch das ganze Verdienst für sich.«[20]

Der »Seltsame Attraktor« existiert im Phasenraum, einer der wirkungsmächtigsten Erfindungen moderner Wissenschaft. Der Phasenraum ermöglicht es, Zahlenwerte in Bilder umzuwandeln, indem er jede wesentliche Information über ein System beweglicher Teile abstrahiert, ob es sich um ein mechanisches oder ein Fließsystem handelt, und eine flexible Abbildung all seiner Möglichkeiten erzeugt. Physiker arbeiteten schon mit zwei einfacheren »Attraktoren«: mit Fixpunkten und Grenzzyklen, die ein Verhalten darstellten, das einen steten Zustand erreicht hatte oder sich kontinuierlich wiederholte.

Im Phasenraum fällt der vollständige Wissensstand über ein dynamisches System zu einem gegebenen Augenblick in einem einzigen Punkt zusammen. Dieser Punkt *ist* das dynamische System – in diesem bestimmten Augenblick. Im nächsten Augenblick wird sich das System jedoch verändert haben, wenn auch noch so geringfügig, und entsprechend bewegt sich der Punkt. Jeder besondere Zustand – jeder besondere Punkt im Phasenraum – bestimmt eindeutig den nachfolgenden Punkt, der seinerseits eindeutig seinen Nachfolger bestimmt und so weiter. Der Verlauf der Systemzeit kann durch den sich bewegenden Punkt abgebildet werden, der seine Bahn durch den Phasenraum (im folgenden hierfür auch die gängige Bezeichnung »Orbit«) innerhalb des Zeitkontinuums zieht.

Wie aber können alle Informationen über ein kompliziertes System in einem einzigen Punkt gespeichert werden? Wenn das System nur zwei Variablen aufweist, ist die Antwort einfach. Sie leitet sich direkt aus der cartesianischen Geometrie ab – eine Variable ist die Horizontalachse, die andere die vertikale. Ist das System ein schwingendes Pendel ohne Reibung, so ist die eine Variable der Ort und die andere die Geschwindigkeit. Beide verändern sich fortwährend und bilden eine Linie von Punkten, die eine Schleife beschreiben, die sich unablässig im Kreis wiederholt. Dasselbe System mit höherem Energieniveau – das schneller und schneller pendelt – bildet eine Schleife im Phasenraum, die der ersten ähnlich sieht, jedoch größer ausfällt.

Es bedarf nur weniger »realer« Nebenwirkungen, etwa in Form von Reibung, und das Bild verändert sich. Auch ohne die Bewegungsgleichungen kennen wir das Schicksal eines Pendels, das der Reibung unterliegt. Jeder Orbit muß schließlich an denselben Ort gelangen, zur Mitte: Ort 0, Geschwindigkeit 0. Dieser zentrale Fixpunkt zieht die Orbits an. Statt ohne Ende neue Schleifen zu beschreiben, streben sie spiralförmig nach innen. Die Reibung leitet die Energie des Systems ab, im Phasenraum dargestellt als die Tendenz zu den inneren Zonen niedriger Energie. Der Attraktor wirkt – in seiner denkbar einfachsten Form – wie ein in Gummi eingebetteter winziger Magnet. Alle bewegten Metallteilchen kommen zuletzt an dem Magneten zur Ruhe. Ein Vorteil der Abbildung von Zuständen als Punkten im Phasenraum besteht darin, daß sie die Beobachtung von Veränderungen erleichtert. Ein System, dessen Variablen sich kontinuierlich nach oben und unten verändern, wird zu einem beweglichen Punkt, wie eine Fliege, die im Raum herumsummt. Wenn gewisse Kombinationen von Variablen nicht auftreten, dann kann der Wissenschaftler sich diesen Teil des Raums einfach als nicht zum Definitionsbereich gehörig vorstellen. Die Fliege bewegt sich nie dorthin. Wenn ein System sich periodisch verhält, wieder und wieder zum selben Zustand zurückkehrt, dann beschreibt die Fliege eine Schleife, die wieder und wieder denselben Ort im Phasenraum durchmißt. Abbildungen physikalischer Systeme im Phasenraum zeigten Bewegungsmuster, die auf andere Weise nicht sichtbar waren, vergleichbar der Infrarotaufnahme einer Landschaft, die Muster und Details zutage fördern kann, die jenseits unserer Wahrnehmung liegen. Wenn ein Wissenschaftler solche Phasenabbildungen anschaut, kann er mit seiner Vorstellungskraft Rückschlüsse auf das System selbst ziehen. Diese Schleife entspricht jener Periodizität. Diese Windung entspricht jener Veränderung. Diese freie Lücke entspricht jener physikalischen Unmöglichkeit.

Selbst bei nur zwei Dimensionen hielten Abbildungen im Phasenraum viele Überraschungen parat, und schon ein Heimcomputer konnte manche von ihnen mühelos reproduzieren, indem er Gleichungen in bunte, bewegliche Trajektorien verwandelte. Manche Physiker begannen, Filme und Videoaufnahmen zu machen, um sie ihren Kollegen zu zeigen, und manche Mathematiker in Kalifornien[21] veröffentlichten Bücher mit Serien grüner, blauer und roter Zeichnungen in Cartoonmanier – »Chaos-Comics«, wie manche ihrer Kollegen mit einem Anflug von Boshaftigkeit sagten. Doch zwei Dimensionen deckten nicht annähernd die Systeme ab, die Physiker untersuchen mußten. Jedes Element eines dynamischen Systems, das sich selbständig bewegen kann, ist eine weitere Variable, ein weiterer Freiheitsgrad. Jeder Freiheitsgrad erfordert eine weitere Dimension im Phasenraum, um zu gewährleisten, daß ein einziger Punkt genügend Informationen enthält, um den jeweiligen Zustand des Systems eindeutig zu bestimmen. Die einfachen Gleichungen, die Robert May untersucht hatte, waren eindimensional – ein einzelner Zahlenwert genügte, ein Wert, der für die Temperatur oder die Population stehen mochte, und dieser Wert allein definierte den Ort eines Punktes auf einer eindimensionalen Linie. Lorenz' reduziertes System einer Flüssigkeitskonvektion war dreidimensional, nicht weil die Flüssigkeit sich in drei Dimensionen bewegte, sondern weil drei gesonderte Zahlenwerte notwendig waren, um den Zustand der Flüssigkeit zu jedem beliebigen Augenblick exakt zu beschreiben.

Räume von vier, fünf oder noch mehr Dimensionen stellen die visuelle Vorstellungskraft auch der gewandtesten Topologen auf eine harte Probe. Mathematiker mußten die Tatsache hinnehmen, daß Systeme mit unendlich vielen Freiheitsgraden – wie die ungebändigte Natur sich in einem turbulenten Wasserfall oder in einem unberechenbaren Genie äußert – einen Phasenraum von unendlich vielen Dimensionen erforderte. Aber wer sollte mit einem solchen Unge-

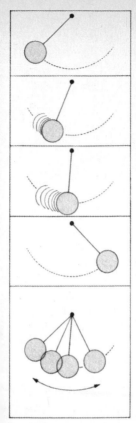

Wenn das Pendel zu schwingen anfängt, ist die Geschwindigkeit null. Der Ort ist ein negativer Wert, der Abstand zur linken Seite von der Mitte.

Die zwei Pfeile bestimmen einen einzelnen Punkt im zweidimensionalen Phasenraum.

Die Geschwindigkeit erreicht ihr Maximum, während der Ort den Nullwert durchschreitet.

Die Geschwindigkeit strebt wieder gegen null, und geht dann in den Negativbereich über, das heißt, die Bewegung verläuft nach links.

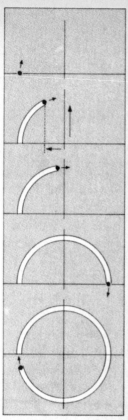

Eine andere Möglichkeit, ein Pendel zu betrachten. Ein Punkt im Phasenraum (rechts) beinhaltet alle Informationen über den Zustand eines dynamischen Systems in jedem beliebigen Augenblick (links). Bei einem einfachen Pendel braucht man nur zwei Zahlenwerte zu wissen: Geschwindigkeit und Ort. Die Punkte markieren eine Trajektorie, mit deren Hilfe sich das kontinuierliche Langzeitverhalten eines dynamischen Systems veranschaulichen läßt.

Eine Wiederholungsschleife bedeutet ein System, das sich in regelmäßigen Intervallen unendlich wiederholt.

Ist das Wiederholungsverhalten stabil, wie etwa bei einer Pendeluhr, kehrt das System nach kleinen Störungen zu diesem Orbit zurück. Im Phasenraum werden Trajektorien im Umfeld des Orbits von diesem angezogen. Der Orbit ist ein Attraktor.

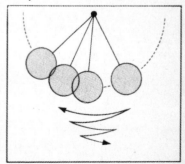

tüm umgehen? Es war eine Hydra, gnadenlos und unkontrollierbar, die Landaus Darstellung der Turbulenz entsprach: unendlich viele Modi, unendlich viele Freiheitsgrade, unendlich viele Dimensionen.

Jeder Physiker hatte gute Gründe, ein Modell nicht zu mögen, das so wenig Klarheit in der Natur fand. Bei Anwendung der nichtlinearen Gleichungen für Fließbewegungen waren die größten Supercomputer der Welt nicht imstande, eine turbulente Strömung nur eines Kubikzentimeters Wasser für mehr als ein paar Sekunden akkurat nachzuzeichnen. Der Tadel dafür gebührte zweifellos eher der Natur als Landau, doch auch so ging Landaus Darstellung der Wissenschaft gegen den Strich. Da mochte mangels besserer Kenntnisse ein Physiker leicht auf die Annahme verfallen, irgendein Prinzip entziche sich der Entdeckung. Der große Quantentheoretiker Richard P. Feynman hat dieses Gefühl zum Ausdruck gebracht: »Es hat mich stets irritiert, daß den Gesetzen zufolge, soweit wir sie heute verstehen, ein Computer eine unendlich große Zahl lokaler Operationen durchführen muß, um auszurechnen, was in einer beliebig winzigen Raumzone vor sich geht in einem beliebig kurzen Zeit-

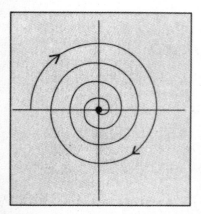

Ein Attraktor kann ein einzelner Punkt sein. Da ein Pendel ständig Energie durch Reibung verliert, streben alle Trajektorien spiralförmig nach innen auf einen Punkt zu, der einen Ruhezustand darstellt – in diesem Fall den Zustand völliger Bewegungslosigkeit.

raum. Wie kann das alles in einem so winzigen Raum passieren? Warum soll ein unendlich großer Berg Logik nötig sein, um auszurechnen, wie sich ein winziger Raum-Zeit-Abschnitt als nächstes verhalten wird?«[22]

Wie viele andere auch, die sich an die Untersuchung von Chaos machten, vermutete David Ruelle,[23] daß die sichtbaren Muster in Fließbewegungen – in sich verwickelte Stromlinien, spiralförmige Wirbel, Strudel, die vor dem Auge erscheinen und wieder verschwinden – Muster widerspiegeln würden, die durch bislang noch nicht entdeckte Gesetze erklärbar sein könnten. Seiner Auffassung nach mußte die Dissipation von Energie in einer Turbulenz noch eine Art Kontraktion des Phasenraums bewirken, einen Sog in Richtung eines Attraktors. Sicher würde der Attraktor kein Fixpunkt sein, weil sich die Fließbewegung nie beruhigen würde. Energie strömte in das System ein, wie sie aus ihm herausfloß. Was für eine andere Art Attraktor konnte das sein? Der gültigen Lehrmeinung nach gab es nur eine andere Art, ein periodischer Attraktor oder ein Grenzzyklus – ein Orbit, der alle andern in der Nähe befindlichen Orbits anzog. Wenn ein Pendel aus einer bestimmten Quelle Energie bezieht, während es durch Reibung Energie verliert – das heißt, wenn das Pendel zugleich angetrieben und gebremst wird –, dann kann ein stabiler Orbit etwa die geschlossene Schleife im Phasenraum sein, die die regelmäßigen Pendelbewegungen einer Standuhr abbildet. Gleichgültig, wo das Pendel beginnt, wird es in diesen einen Orbit einmünden. Aber wird es das? Bei manchen Anfangsbedingungen – bei denen mit der niedrigsten Energie – wird das Pendel zum Stillstand kommen; folglich hat das System im Grunde zwei Attraktoren: eine geschlossene Schleife und einen Fixpunkt. Jeder Attraktor hat sein »Becken«, so wie zwei benachbarte Flüsse ihre eigenen Wasserscheiden haben.

Kurzfristig kann jeder beliebige Punkt im Phasenraum für ein mögliches Verhalten des dynamischen Systems stehen. Langfristig aber können die einzig möglichen Verhaltensformen nur die Attraktoren selbst sein. Andere Bewegungen sind nur Durchgangsstadien. Per definitionem besitzen Attraktoren die wichtige Eigenschaft der Stabilität – in einem realen System, wo die sich bewegenden Teile Stoß- und Rüttelstörungen der wirklichen Welt ausgesetzt sind, neigt die Bewegung dazu, zum Attraktor zurückzukehren. Ein Stoß mag eine Trajektorie für kurze Zeit ablenken, doch die daraus resultierenden vorübergehenden Bewegungen klingen ab. Selbst wenn eine Katze in den Uhrenkasten gesperrt wird, schaltet das Pendel nicht auf einen Rhythmus von zweiundsechzig Sekunden pro Minute um. Turbulenz in einem Fluid war dagegen ein Verhalten anderer Ordnung, das nie einen einzigen Rhythmus unter Ausschluß anderer Rhythmen hervorrief. Ein wohlbekanntes Charakteristikum der Turbulenz bestand darin, daß das ganze breite Spektrum möglicher Zyklen auf einmal präsent war. Turbulenz ist wie weißes Rauschen beziehungsweise statisch. Doch konnte so etwas aus einem deterministischen Gleichungssystem hervorgehen?

Ruelle und Takens fragten sich, ob nicht irgendeine andere Attraktorart diese Eigenschaften besitzen konnte: stabil zu sein – um den Endzustand eines dynamischen Systems in einer Welt voller Störungen abzubilden; niedrigdimensional – ein Orbit in einem Phasenraum, der ein Rechteck oder ein Kasten mit nur wenigen Freiheitsgraden sein könnte; nichtperiodisch – er würde sich nie wiederholen und nie in den steten Rhythmus einer Standuhr verfallen. Geometrisch gesehen gab die Frage ein Rätsel auf: Was für ein Orbit konnte einem begrenzten Raum so einbeschrieben werden, daß er sich nie wiederholte und nie kreuzte – denn wenn ein System in einen Zustand zurückkehrt, den es bereits innehatte, muß es denselben Weg durchlaufen. Um *jeden* Rhythmus produzieren zu können, mußte der Orbit eine unendlich lange Linie innerhalb einer begrenzten Fläche sein. Mit anderen Worten – doch war das Wort damals noch nicht erfunden –, er mußte fraktal sein.

Aus mathematischen Erwägungen heraus behaupteten Ruelle und Takens, daß so etwas existieren mußte. Sie hatten es zwar nie gesehen, noch hatten sie es gezeichnet. Aber die Behauptung genügte. Später sollte Ruelle in der beruhigenden Gewißheit nachträglicher Einsicht in einem Vortrag vor der Vollversammlung des Internationalen Mathematikerkongresses in Warschau erklären: »Die Reaktion der wissenschaftlichen Öffentlichkeit auf unseren Vorschlag war recht zurückhaltend. Besonders wurde die Vorstellung, daß ein kontinuierliches Spektrum mit wenigen Freiheitsgraden verknüpft wurde, von vielen Physikern als Ketzerei betrachtet.«[24] Doch waren es Physiker – wenn auch nur eine Handvoll –, die die Bedeutung des Aufsatzes von 1971 erkennen und sich ans Werk machen sollten, seine Implikationen zu erforschen.

Im Grunde genommen gab es schon 1971 in der wissenschaftlichen Literatur erste Hinweise auf den schlafenden Riesen, den Ruelle und Takens bald darauf zu wecken versuchten. Edward Lorenz hatte seinem Aufsatz von 1963 über deterministisches Chaos[25] ein Diagramm beigefügt: ganze zwei Kurven auf der rechten Seite, die eine in der anderen, und fünf auf der linken. Um allein diese sieben Schleifen zu zeichnen, waren fünfhundert sukzessive Computerberechnungen erforderlich. Ein Punkt, der diese Trajektorie im Phasenraum entlangwanderte, um die Schleifen herum, illustrierte die langsame, chaotische Rotation eines Fluids, wie die Lorenzschen drei Gleichungen zur Berechnung der Konvektion sie simulierten. Da das System drei unabhängige Variablen besaß, lag dieser Attraktor in einem dreidimensionalen Phasenraum. Obwohl Lorenz nur ein Fragment davon zeichnete, konnte er mehr sehen, als er zu Papier gebracht hatte: eine Art Doppelspirale, vergleichbar zwei Schmetterlingsflügeln, die unendlich filigran ineinander verwoben waren. Solange die ansteigende Wärme in seinem System das Fluid in eine Richtung herum antrieb, blieb die Trajektorie auf dem rechten Flügel; hörte die Rollbewegung aber auf und kehrte sich um, sprang die Trajektorie auf den anderen Flügel über.

Der Attraktor war stabil, niedrigdimensional und nichtperiodisch. Er konnte sich selbst nie kreuzen, denn würde er es tun, indem er zu einem bereits aufgesuchten Punkt wieder zurückkehrte, würde die Bewegung sich anschließend in einer periodischen Schleife wiederholen. Das aber geschah nie – und eben darin bestand die Schönheit des Attraktors. Diese Schleifen und Spiralen waren unendlich tief, berührten einander nie ganz und kreuzten sich nie. Dennoch bleiben sie in einem endlichen Raum, eingeschrieben in einem Kasten. Wie konnte das sein? Wie konnte ein endlicher Raum unendlich viele Pfade in sich bergen?

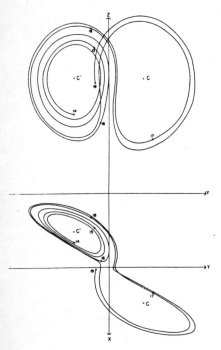

Der erste seltsame Attraktor. 1963 konnte Edward Lorenz mit seinem Computer nur die ersten wenigen Stränge des Attraktors für sein einfaches Gleichungssystem generieren. Doch konnte er erkennen, daß der Durchschuß der zwei spiralförmigen Flügel eine außergewöhnliche Struktur unsichtbar kleiner Maßstäbe haben mußte.

In Zeiten, bevor Mandelbrots Bilder die wissenschaftlichen Zeitschriften zu füllen begannen, war es kaum möglich, sich die Konstruktionsdetails solcher Formen vorzustellen, und Lorenz räumte für seine verführerische Darstellung auch einen »offenkundigen Widerspruch« ein. »Es fällt schwer, die Verschmelzung zweier Oberflächen, die jeweils eine Spirale beinhaltet, mit der Unmöglichkeit zweier Trajektorien, miteinander zu verschmelzen, in Einklang zu bringen«,[26] schrieb er. Doch ahnte er eine Antwort, die allerdings zu heikel war, um in den paar Berechnungen aufzutauchen, die im Möglichkeitsbereich seines Computers lagen. Wo die Spiralen scheinbar zusammenlaufen, müssen die Oberflächen sich teilen – das hatte er erkannt – und verschiedene Schichten bilden, ähnlich einer Blätterteigpastete. »Wir sehen, daß jede Oberfläche in Wirklichkeit aus einem Paar von Oberflächen besteht, so daß dort, wo sie scheinbar miteinander verschmelzen, in Wirklichkeit vier Oberflächen sind. Wird der Prozeß in einem neuerlichen Umlauf fortgeführt, sehen wir, daß dort in Wirklichkeit acht Oberflächen sind usw. Daher schließen wir, daß dort ein unendlicher Komplex von Oberflächen existiert und jede der einen oder anderen der zwei miteinander verschmelzenden Oberflächen extrem nahe ist.« Kein Wunder, daß Meteorologen solche Spekulationen 1963 auf sich beruhen ließen, kein Wunder aber auch, daß Ruelle ein Jahrzehnt später Verblüffung und Begeisterung empfand, als er schließlich Lorenz' Werk kennenlernte. In den folgenden Jahren sollte er Lorenz einmal besuchen,[27] doch kehrte er mit einem leichten Gefühl der Enttäuschung darüber nach Hause zurück, daß sie sich nicht intensiver über ihr gemeinsames Wissenschaftsgebiet unterhalten hatten. Mit der für ihn typischen Schüchternheit hatte Lorenz den Besuch in einen gesellschaftlichen Anlaß verwandelt, und man hatte in Begleitung der Ehefrauen ein Kunstmuseum besichtigt.

Die Anstrengungen, die von Ruelle und Takens vorgetragenen Hinweise zu verfolgen, mündeten in zwei Pfade ein. Der eine war das theoretische Anliegen, seltsame Attraktoren bildlich darzustellen. War der Lorenz-Attraktor typisch? Welche weiteren Arten von Formen waren möglich? Die andere Ausrichtung bestand in einer Reihe experimenteller Arbeiten mit dem Zweck, das höchst unmathematische, nämlich sprunghaft gewachsene Vertrauen in die Übertragbarkeit seltsamer Attraktoren auf chaotische Phänomene der Natur entweder zu bestätigen oder zu widerlegen.

In Japan brachte die Untersuchung elektrischer Schaltkreise, die das Verhalten mechanischer Sprungfedern nachahmten – nur viel schneller –, Yoshisuke Ueda auf die Entdeckung einer Reihe ungemein schöner seltsamer Attraktoren. (Er war, was die unterkühlte Reaktion auf seine Arbeit betrifft, der östliche Gegenpart zu Ruelle: »Ihr Ergebnis ist nichts weiter als eine nahezu periodische Oszillation. Sie dürfen sich keinen egoistischen Illusionen von steten Zuständen hingeben.«[28]) In Deutschland deutete Otto Rössler, ein nichtpraktizierender Arzt in Tübingen, der über die Chemie und theoretische Biologie zur Chaosforschung gelangt war, mit sonderbarem Geschick seltsame Attraktoren als Gebilde von philosophischem Interesse, das die mathematischen Fragen weit hinter sich ließ. Rösslers Name ist verknüpft mit einem besonders einfachen Attraktor von der Form eines gefalteten Bandstreifens, der häufig analysiert wurde, weil er einfach zu zeichnen war. Doch veranschaulichte Rössler auch Attraktoren höherer Dimensionen – »eine Wurst in einer Wurst in einer Wurst«,[29] wie er einmal sagte. »Man kann sie herausnehmen, falten, pressen und wieder hineinstecken.« In der Tat erwies sich das Falten und Pressen des Raumes als ein Schlüssel für die Konstruktion seltsamer Attraktoren, vielleicht war es sogar ein Schlüssel zur Dynamik realer Systeme und ermöglichte den Zugang zu ihnen. Diese Formen, so glaubten Rössler und andere, verkörperten ein Selbstorganisationsprinzip in der Welt. Er stellte sich etwa einen Luftsack auf einem Flughafen vor, »ein offener Strumpf mit einem Loch am Ende, und der

Wind bläht ihn auf. Dann sitzt der Wind in der Falle. Gegen ihren Willen bewirkt die Energie nun etwas Produktives, so wie der Teufel in mittelalterlichen Geschichten. Das Prinzip ist, daß die Natur etwas gegen ihren eigenen Willen tut und durch Selbstverwicklung Schönheit hervorruft.«

Bilder von seltsamen Attraktoren anzufertigen war keine leichte Aufgabe. In der Regel würden die Orbits ihre immer komplizierteren Bahnen durch drei oder mehr Dimensionen winden und dabei im Raum ein dunkles Gekritzel mit einer inneren Struktur hervorbringen, die von außen nicht einsichtig ist. Um diese dreidimensionalen Stränge in Flächenbilder zu verwandeln, bedienten die Wissenschaftler sich zunächst der Projektionstechnik, in der eine Zeichnung den Schatten wiedergab, den ein Attraktor auf eine Oberfläche warf. Bei komplizierten seltsamen Attraktoren aber verwischten die Details zu einem nicht mehr entzifferbaren Wirrwarr. Eine aufschlußreichere Technik bestand darin, *Umkehrabbildungen* anzufertigen, auch *Poincaré-Abbildungen* genannt, indem man aus dem verwickelten Zentrum des Attraktors ein Stück herausschnitt, einen zweidimensionalen Schnitt entnahm, so wie ein Pathologe einen Gewebeschnitt für eine mikroskopische Untersuchung präpariert.

Der Poincaré-Schnitt vermindert den Attraktor um eine Dimension und verwandelt eine kontinuierliche Linie in eine Ansammlung von Punkten. Bei der Reduzierung eines Attraktors auf seine Poincaré-Abbildung geht der Wissenschaftler implizit von der Annahme aus, daß er viele Aspekte der ursprünglichen Bewegung erhalten kann. Er kann sich zum Beispiel vorstellen, wie ein seltsamer Attraktor vor seinen Augen umherschwirrt, hinauf und hinunter, nach links und nach rechts, hin und her seine Bahnen durch den Computer-Bildschirm hindurch zieht. Jedesmal, wenn ein solcher Orbit den Bildschirm passiert, hinterläßt er einen leuchtenden Punkt an der Schnittstelle. Diese Punkte formen nun miteinander einen zufälligen Fleck, oder aber sie bilden eine bestimmte Form auf dem Monitor aus.

Der Prozeß entspricht dem Verfahren, den Zustand eines Systems statt kontinuierlich so oft wie möglich abzufragen. Wann abgefragt werden soll – *wo* der Schnitt von einem seltsamen Attraktor genommen werden soll –, ist eine Frage, die dem Experimentator einen gewissen Ermessensspielraum läßt. Das informationsträchtigste Intervall mag einigen physikalischen Grundzügen des dynamischen Systems entsprechen: Zum Beispiel könnte eine Poincaré-Abbildung die Geschwindigkeit eines Pendels jedesmal dann abfragen, wenn es den tiefsten Punkt passiert. Oder der Experimentator könnte ein bestimmtes regelmäßiges Zeitintervall wählen, um die sukzessiven Zustände im Strahl einer imaginären Stroboskoplampe zu bannen. Welcher Weg auch immer beschritten wird: am Ende beginnen solche Bilder die feine Fraktalstruktur zu zeigen, die Edward Lorenz vermutete.

Der aufschlußreichste, weil einfachste, seltsame Attraktor,[30] stammte von einem Mann, der weit entfernt war von den Geheimnissen der Turbulenz und Strömungsdynamik. Michel Hénon war Astronom an der Sternwarte in Nizza an der Südküste Frankreichs. In einer Hinsicht hatten die dynamischen Systeme gerade in der Astronomie ihren Anfang genommen, in den uhrwerkartigen Bewegungen der Planeten, die Newtons Triumph begründeten und Laplace inspirierten. Doch unterschied sich die Himmelsmechanik von den meisten irdischen Systemen in einem entscheidenden Aspekt. Systeme, die Energie durch Reibung verlieren, sind dissipativ. Astronomische Systeme sind das nicht: Sie sind konservativ oder hamiltonisch. Genaugenommen, in unendlich kleinem Maßstab betrachtet, unterliegen auch astronomische Systeme Strömungswiderständen, etwa wenn Sterne Energie ausstrahlen oder Gezeitenreibung um-

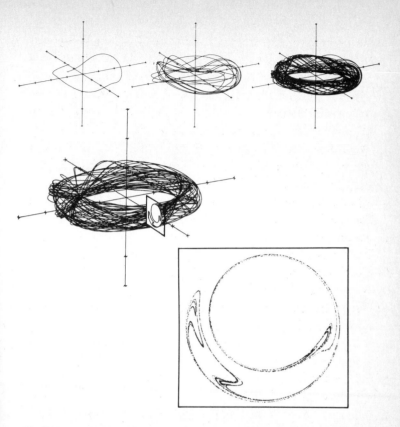

Bloßlegung einer Attraktorstruktur. Der seltsame Attraktor oben – erst ein Orbit, dann zehn, dann hundert – beschreibt das chaotische Verhalten eines Rotors, eines Pendels, das einen vollen Kreis durchmißt, angetrieben von einem energetischen Impuls in regelmäßigen Abständen. Sind erst einmal tausend Orbits eingezeichnet (unten), ist der Attraktor ein undurchdringlich verwickelter Strang.

Um die Struktur von innen zu betrachten, kann ein Computer einen Schnitt durch den Attraktor machen, einen sogenannten Poincaré-Schnitt. Mit dieser Technik läßt sich eine dreidimensionale Abbildung auf zwei Dimensionen reduzieren. Jedesmal, wenn die Trajektorie eine Fläche durchläuft, markiert sie einen Punkt; nach und nach entsteht daraus ein minuziös detailliertes Muster. Dieses Beispiel weist mehr als achttausend Punkte auf, wobei jeder für einen ganzen Orbit um den Attraktor steht. Damit wird das System praktisch in regelmäßigen Abständen »abgefragt«. Eine Information ist verlorengegangen, eine andere wird in Hochrelief dargestellt.

kreisenden Gestirnen Triebkraft nimmt. Bei Berechnungen zu praktischen Zwecken aber konnten Astronomen die Dissipation vernachlässigen. Doch ohne Dissipation würde der Phasenraum sich nicht auf die Weise falten und zusammenziehen, wie es nötig ist, um eine unendliche, fraktale Überlagerung hervorzurufen. Ein seltsamer Attraktor konnte also nie auftreten. Und Chaos?

Viele Astronomen haben eine lange und erfolgreiche Karriere hinter sich gebracht, ohne einen Gedanken an dynamische Systeme verschwendet zu haben. Hénon aber war anders. 1931 in Paris geboren, war er ein paar Jahre jünger als Lorenz, doch wie dieser war er ein Wissenschaftler, der sich mit einer gewissen unbefriedigten Sehnsucht zur Mathematik hingezogen fühlte. Hénon mochte kleine, konkrete Probleme, die auf physikalische Situationen bezogen werden konnten – »nicht wie die Art von Mathematik, die heute betrieben wird«, sagte er einmal. Als die Computer eine Größe erreichten, die sie für den Hobbybereich nutzbar machte, erwarb Hénon einen Selbstbausatz, den er daheim zusammenlötete, um damit zu spielen. Lange zuvor jedoch schon war er auf ein verwirrendes dynamisches Problem gestoßen. Es betraf Sternhaufen – Ansammlungen kugelförmiger Sterne, bis zu einer Million auf einmal, die ältesten und vielleicht atemberaubendsten Phänomene am nächtlichen Himmel. Die Sterne in solchen Haufen sind erstaunlich dicht zusammengedrängt. Das Problem, wie sie zusammenblieben und sich mit der Zeit weiterentwickelten, hatte das ganze zwanzigste Jahrhundert hindurch die Astronomen immer wieder vor ein Rätsel gestellt.

In Begriffen der Dynamik gesprochen, stellt ein Sternhaufen ein großes Vielkörperproblem dar. Jeder Körper – die Erde und der Mond zum Beispiel – bewegt sich in einer vollkommenen Ellipse um das gemeinsame Gravitationszentrum des Systems. Tritt aber nur ein weiteres Gravitationsobjekt ins Spiel, so verändert sich alles. Das Dreikörperproblem ist kaum zu knacken, ja schlimmer noch, wie

Poincaré herausfand, ist es meistens unmöglich, dazu wissenschaftlich nachprüfbare Aussagen zu machen. Die Umlaufbahnen können zwar eine Zeitlang numerisch berechnet werden, und mit leistungsstarken Computern lassen sie sich auch für recht lange Zeit nachzeichnen, bevor Ungenauigkeiten die Oberhand gewinnen. Doch können die Gleichungen analytisch nicht gelöst werden, was bedeutet, daß langfristige Prognosen über ein Dreikörpersystem nicht möglich sind. Ist das Sonnensystem stabil?[31] Gewiß hat es den Anschein, kurzfristig betrachtet, doch nicht einmal heute kann jemand zuverlässig sagen, ob nicht manche Planeten auf immer exzentrischeren Bahnen verlaufen, bis sie schließlich das System für immer verlassen.

Ein System wie ein Sternhaufen ist viel zu komplex, um direkt als ein Vielkörperproblem behandelt zu werden. Seine Dynamik aber läßt sich mit Hilfe einiger Kompromisse untersuchen. So ist es zum Beispiel möglich, sich vorzustellen, wie einzelne Sterne ihren Weg durch ein durchschnittliches Gravitationsfeld mit einem bestimmten Gravitationszentrum verfolgen. Sehr oft kommen dabei zwei Sterne einander so nahe, daß ihre Wechselwirkung gesondert behandelt werden muß. Und Astronomen haben festgestellt, daß Sternhaufen in der Regel nicht stabil sein müssen. In ihnen bilden sich häufig Doppelsternsysteme aus, Sterne, die sich auf dicht beieinander liegenden Laufbahnen paarweise anordnen. Wenn nun ein dritter Stern dem Doppelstern begegnet, so erhält einer der drei einen starken Impuls. Sehr oft wird einem Stern bei einer solchen Wechselwirkung so viel Energie zugeführt, daß er die Fliehgeschwindigkeit erreicht und den Sternhaufen für immer verläßt. Der Rest des Haufens wird sich im Durchschnitt leicht zusammenziehen. Hénon widmete sich im Zuge seiner Doktorarbeit 1960 in Paris diesem Problem und machte eine rein willkürliche Annahme: daß der Sternhaufen, wenn er den Maßstab wechselte, selbst-ähnlich bliebe. Als Hénon nun seine Berechnungen durchführte, gelangte er zu einem erstaunlichen Ergebnis. Der Kern eines Sternhaufens würde kollabieren, wobei er kinetische Energie gewinnen und einen Zustand unendlicher Dichte anstreben würde. Das konnte man sich nur schwer vorstellen; außerdem ließ sich die These nicht durch bisherige Beobachtungen von Sternhaufen stützen. Doch sollte sich Hénons Theorie – später auf den Namen »gravothermaler Kollaps« getauft – als haltbar erweisen.

Auf diese Weise präpariert und bereit, Mathematik auf alte Probleme anzuwenden und auch unerwartete Ergebnisse bis in ihre unwahrscheinlichsten Konsequenzen weiterzuverfolgen, begann Hénon über ein weitaus einfacheres Problem der Sternendynamik zu arbeiten. Diesmal – 1962 an der Universität Princeton – hatte er erstmals Zugang zu Computern, so wie Lorenz am MIT erstmals Computer in der Meteorologie einsetzte. Er begann die Umlaufbahnen von Sternen um ihr galaktisches Zentrum zu simulieren. In vereinfachter Form können galaktische Umlaufbahnen wie die Umlaufbahnen von Planeten um eine Sonne behandelt werden, allerdings mit einer Ausnahme: Das Gravitationszentrum ist kein Punkt, sondern eine Scheibe von einer bestimmten Dicke im dreidimensionalen Raum.

Bei der Festlegung der Differentialgleichungen machte er einen Kompromiß. »Um größere Experimentierfreiheit zu haben«, so seine Worte, »wollen wir für eine Weile den astronomischen Ursprung des Problems außer acht lassen.«[32] Auch wenn er dies damals nicht sagte, bedeutete »Experimentierfreiheit« nicht zuletzt die Freiheit, die durch die noch primitiven Computer gegebenen Probleme zu lösen. Sein Rechner hatte eine Gedächtnisleistung, die weniger als ein Hundertstel dessen betrug, was sich fünfundzwanzig Jahre später mit einem einzigen Chip in einem Personalcomputer speichern ließ; zudem war die Maschine extrem langsam. Doch wie spätere Experimentatoren von Chaosphänomenen stellte Hénon fest, daß die starke Vereinfachung sich auszahlte. Gerade weil er sich nur auf die wesentlichen Aspekte seines Systems konzentrierte, machte er Entdeckungen, die sich auf andere und wichtigere Systeme übertragen ließen. Jahre später noch wurden galaktische Bahnen an sich als theoretische Spiele betrachtet, doch wurde die Dynamik solcher Systeme einer intensiven und teuren Untersuchung von Forschern unterzogen, die entweder an Umlaufbahnen von Teilchen in Hochenergiebeschleunigern interessiert waren oder an der Einengung von Magnetplasmen zur Erzeugung der Kernfusion.

Sternbahnen in Galaxien nehmen in einer Größenordnung von etwa 200 Millionen Jahren eine dreidimensionale Form an, statt vollkommene Ellipsen zu beschreiben. Dreidimensionale Umlaufbahnen sind nur schwer vorstellbar, gleichgültig, ob es sich um reale Orbits handelt oder um imaginäre Konstruktionen im Phasenraum. Hénon bediente sich darum einer Technik, die dem Verfahren von Poincaré-Abbildungen vergleichbar ist. Er stellte sich eine ebene Fläche vor, und zwar aufrecht auf der einen Seite der Galaxie stehend, so daß jede Bahn durch sie hindurchführen mußte, so wie Pferde bei einem Rennen über die Ziellinie stürmen. Anschließend konnte Hénon den Punkt markieren, wo der Orbit seine Fläche gekreuzt hat, und die Bewegung des Punktes Orbit für Orbit nachzeichnen.

Hénon mußte diese Punkte von Hand einzeichnen, aber bald schon konnten die vielen Wissenschaftler, die sich dieses Verfahrens bedienten, zusehen, wie sie auf einem Computerbildschirm erschienen, ähnlich weit auseinander liegenden Straßenlaternen, die bei Einbruch der Nacht nach und nach aufleuchten. Ein typischer Orbit mochte mit einem Punkt am unteren rechten Seitenrand beginnen. Bei der nächsten Umrundung konnte dann ein Punkt ein paar Zentimeter weiter rechts auftauchen. Dann noch einer, wieder weiter rechts und ein wenig höher – und so weiter. Zuerst wird bei diesem Verfahren noch kein Muster ersichtlich, doch nach zehn oder zwanzig Punkten nimmt allmählich eine eiförmige Kurve Gestalt an. Die sukzessiven Punkte durchlaufen zwar alle die Umlaufbahn der Kurve, doch da sie nicht an genau derselben Stelle herumkommen, wird schließlich, nach Hunderten oder Tausenden von Punkten, ein fester Umriß der Kurve sichtbar.

Solche Orbits verlaufen nicht völlig regelmäßig, weil sie sich nie exakt wiederholen. Aber sie sind mit Gewißheit vorhersagbar und keineswegs chaotisch. Nie treten Punkte innerhalb oder außerhalb der Kurve auf. Rückübertragen auf das volle, dreidimensionale Bild, beschrieben die Orbits einen Torus beziehungsweise die Form eines Krapfens, und Hénons Abbildung war der Querschnitt dieses Torus. Soweit veranschaulichte er nur, was alle seine Vorgänger bereits als gesichert annahmen. Orbits verhielten sich periodisch. Am Observatorium von Kopenhagen beobachtete und berechnete von 1910 bis 1930 eine ganze Generation von Astronomen sorgfältig Hunderte solcher Umlaufbahnen[33] – aber sie interessierten sich nur für solche, die sich als periodisch erwiesen. »Auch ich war damals wie jedermann sonst davon überzeugt, daß alle Orbits sich so regelmäßig verhalten müßten wie dieser«,[34] sagte Hénon. Doch er und ein Examensstudent in Princeton, Carl Heiles, erzeugten mit ihrem Computer immer neue Orbits, wobei sie das Energieniveau in ihrem abstrakten System immer weiter erhöhten. Bald entdeckten sie etwas ganz und gar Neues.

Zunächst zeigte die eiförmige Kurve ein komplizierteres Verhalten, kreuzte sich in Achten und zerfaserte in einzelne Schleifen. Doch immer noch geriet jeder Orbit in irgendeine Schleife. Dann aber erfolgte bei noch höherer Energiezufuhr eine weitere Veränderung, und zwar ziemlich abrupt. »Hier kommt nun die Überraschung«,[35] schrieben Hénon und Heiles. Manche Orbits wurden so instabil, daß die Punkte sich zufällig über das Papier verteilten. An einigen Orten konnten noch Kurven gezeichnet werden; an anderen erfaßte keine Kurve die Punkte mehr. Das Bild wurde ziemlich verworren: Völlige Unordnung trat zusammen mit Resten von Ordnung auf, die mit ihren Formen die Astrono-

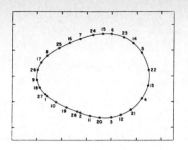

Umlaufbahnen des galaktischen Zentrums. Um die Trajektorien von Sternen in einer Galaxis zu verstehen, generierte Michel Hénon mit seinem Computer die Schnittstelle eines Orbits mit einer Fläche. Die daraus resultierenden Muster hängen von der Gesamtenergie des Systems ab. Die Punkte eines stabilen Orbits erzeugen nach und nach eine kontinuierliche, geschlossene Kurve (links). Andere Energieniveaus hingegen erzeugen komplizierte Mischstrukturen von Stabilität und Chaos, dargestellt durch Zonen vereinzelter Punkte.

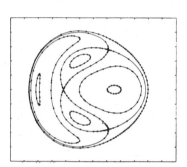

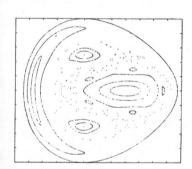

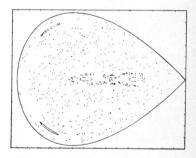

men an »Inseln« und »Inselketten« erinnerten. Sie probierten zwei Computer und zwei verschiedene Integrationsverfahren aus, aber die Ergebnisse waren gleich. Sie konnten nur weiterforschen und spekulieren. Allein von ihren numerischen Experimenten ausgehend, stellten sie eine Vermutung über die Tiefenstruktur solcher Bilder an. Bei stärkerer Vergrößung, so glaubten sie, würden mehr und mehr Inseln in immer kleineren Maßstäben erscheinen, vielleicht in alle Ewigkeit. Ein mathematischer Beweis war erforderlich – »doch die mathematische Annäherung an das Problem schien nicht gerade einfach«.[36]

Hénon wandte sich anderen Problemen zu. Aber als er vierzehn Jahre später schließlich von den seltsamen Attraktoren David Ruelles und Edward Lorenz' hörte, hatte er für die Nachricht offene Ohren. 1976 war er zur Sternwarte von Nizza übergewechselt, die hoch über dem Mittelmeer auf der Grande Corniche lag, wo er den Vortrag eines gastierenden Physikers[37] über den Lorenz-Attraktor hörte. Der Physiker hatte verschiedene Techniken erprobt, um die feine »Mikrostruktur« des Attraktors zu veranschaulichen, jedoch mit geringem Erfolg. Obwohl dissipative Systeme nicht in sein Gebiet fielen (»Astronomen haben manchmal Angst vor dissipativen Systemen – sie sind ungeordnet«[38]), glaubte Hénon, er habe eine neue Idee.

Noch einmal entschloß er sich, alle Bezüge zum physikalischen Ursprung des Systems außer acht zu lassen und sich allein auf das geometrische Problem zu konzentrieren, das er erforschen wollte. Wo Lorenz und andere zu Differentialgleichungen gegriffen hatten – also Fließbewegungen, mit *kontinuierlichen* Veränderungen in Raum und Zeit –, griff er zu Differenzengleichungen mit diskreter Zeitenfolge. Der Schlüssel, so glaubte er, lag im wiederholten Strecken und Falten des Phasenraums, so wie ein Konditor seinen Blätterteig rollt, faltet, wieder ausrollt und faltet und schließlich eine Struktur vielfach sich überlagernder hauchdünner Schichten herstellt. Hénon zeichnete ein flaches Oval auf ein Blatt Papier. Um es zu strecken, wählte er eine kurze numerische Funktion, die jeden Punkt des Ovals zu einem neuen Punkt in einer Form verschob, die in der Mitte gestreckt wurde, und zwar zu einem Bogen. Das war eine Abbildung – Punkt für Punkt war das ganze Oval auf dem

218

Bogen »abgebildet«. Dann wählte er eine zweite Abbildung, diesmal eine Kontraktion, die den Bogen nach innen schrumpfen ließ, um ihn enger zu machen. Sodann drehte eine dritte Abbildung den engen Bogen seitlich herum, so daß er sich sauber an das ursprüngliche Oval anschloß. Die drei Abbildungen konnten in einer einzigen Funktion zur Berechnung vereint werden.

Vom Grundgedanken her folgte er Smales Hufeisenidee. Numerisch gesehen war der ganze Vorgang so einfach, daß er leicht mit einem Rechner nachvollzogen werden konnte. Jeder Punkt hat eine x-Koordinate und eine y-Koordinate, um seine horizontale und vertikale Lage zu bestimmen. Um das neue x zu finden, lautete die Regel, das alte y zu nehmen, 1 zu addieren und 1,4mal das alte x im Quadrat zu substrahieren. Um das neue y zu finden, multipliziere man das alte x mit 0.3. Das ergibt die Gleichungen: neues $x = y + 1 - 1,4x^2$ und neues $y = 0,3x$. Hénon wählte einen mehr oder weniger zufälligen Anfangspunkt, nahm seinen Rechner und begann, die Punkte einen nach dem andern einzutragen, bis er tausend gezeichnet hatte. Jedermann, der einen Personalcomputer mit einem Graphikmonitor besaß, konnte ohne weiteres das gleiche tun.

Zunächst scheinen die Punkte willkürlich über den Bildschirm zu springen. Dies ist genau der Effekt, den ein Poincaré-Schnitt eines dreidimensionalen Attraktors bewirkt, ein erratisches Hinundherwandern auf dem Monitor. Doch bald schon beginnt eine Form sich abzuzeichnen, ein Umriß, der wie eine Banane gebogen ist. Je länger das Programm läuft, um so mehr Details erscheinen. Manche Abschnitte des Umrisses scheinen eine gewisse Dicke aufzuweisen, doch dann löst sich die Dicke in zwei distinkte Linien auf, dann die zwei sich in vier, ein Paar dicht beieinander und ein Paar weiter voneinander entfernt. Bei stärkerer Vergrößerung erweist sich jede der vier Linien als aus zwei weiteren zusammengesetzt – und so weiter ad infinitum. Wie der Lorenzsche zeitigte auch Hénons Attraktor einen unendli-

219

chen Regreß, wie ineinanderverschachtelte russische Puppen.

Das eingeschlossene Detail, in Linien eingeschriebene Linien, wird in endgültiger Form auf einer Reihe von Bildern mit zunehmend stärkerer Vergrößerung sichtbar. Der unheimliche Effekt des seltsamen Attraktors läßt sich jedoch noch auf andere Weise beobachten, nämlich wenn die Form sich Punkt für Punkt in der Zeit entwickelt. Sie taucht wie ein Geist aus dem Nebel auf. Neue Punkte verteilen sich so zufällig über den Bildschirm, daß es unglaublich erscheint, es könne eine Struktur zugrundeliegen, es sei denn eine völlig verschlungene und feine Struktur. Alle zwei aufeinanderfolgenden Punkte liegen willkürlich weit voneinander entfernt, wie zwei beliebige Punkte, die in einer turbulenten Strömung anfänglich benachbart waren. Gleichgültig, wie viele Punkte gegeben sind, es läßt sich unmöglich vorhersagen, wo der nächste auftreten wird – ausgenommen natürlich, daß er irgendwo auf dem Attraktor liegen wird.

Die Punkte wandern so zufällig umher, das Muster scheint so ätherisch, daß es schwerfällt, sich daran zu erinnern, daß die Form ein *Attraktor* ist. Sie ist nicht irgendeine Trajektorie eines dynamischen Systems. Sie ist vielmehr die Trajektorie, auf die alle anderen Trajektorien zulaufen. Das ist auch der Grund, weshalb die Wahl der Anfangsbedingungen keine Rolle spielt. Solange der Anfangspunkt irgendwo in der Umgebung des Attraktors liegt, werden die nächsten Punkte sich mit hoher Geschwindigkeit auf den Attraktor zubewegen.

Jahre davor, 1974, als David Ruelle am Labor des City College bei Gollub und Swinney eintraf, hatten die drei Physiker nur ein schwaches Verbindungsglied zwischen Theorie und Praxis in Händen. Eine mathematische Idee, kühn im Gedanken, doch in der Durchführung ungewiß. Ein Zylinder mit einem turbulenten Fluid, an dem es eigentlich nicht viel zu sehen gab, aber der eindeutig im Widerspruch zur herkömmlichen Theorie stand. Die Männer verbrachten den Nachmittag im Gespräch, dann brachen Swinney und Gollub mit ihren Frauen in den Urlaub auf, den sie in Gollubs Hütte in den Adirondack-Bergen verbrachten.

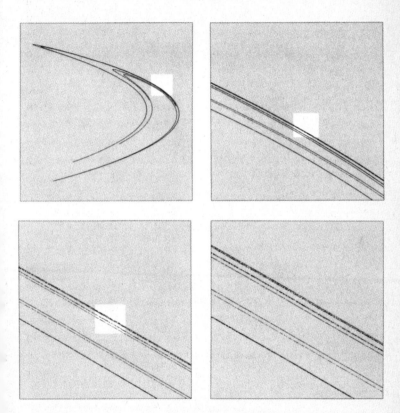

Der Hénon-Attraktor. Eine einfache Folge von Falten und Strecken erzeugt einen Attraktor, der mit Leichtigkeit auf einem Computerbildschirm dargestellt werden kann, obwohl die Mathematiker ihn bislang nur unzureichend begreifen. Während Tausende, ja Millionen von Punkten erscheinen, zeichnen sich immer mehr Details ab. Was zunächst eine einzelne Linie zu sein scheint, erweist sich bei Vergrößerung als ein Paar, dann als Paare, dann als Paare von Paaren. Doch ob zwei aufeinanderfolgende Punkte nah oder weit voneinander entfernt auftreten, ist nicht vorhersagbar.

Sie hatten keinen seltsamen Attraktor gesehen, noch hatten sie messen können, was wirklich bei Entstehung einer Turbulenz geschah. Aber sie wußten, daß Landau sich irrte, und sie ahnten, daß Ruelle recht hatte.

Als ein Element dieser Welt, das Computerforschungen zutage förderten, war der seltsame Attraktor anfangs eine bloße Möglichkeit, die Markierung eines Ortes, an dem viele große Geister des zwanzigsten Jahrhunderts achtlos vorbeigelaufen waren. Als die Wissenschaftler die Computerbilder sahen, war ihnen zumute, als würden sie ein Gesicht gewahr, das ihnen an den verschiedensten Orten begegnet war, in der Komposition turbulenter Strömungen oder in Wolken, die sich wie Schleier über dem Himmel verteilten. Die Natur war *befangen*. Die Unordnung war kanalisiert, so hatte es den Anschein, und zwar in Muster, denen ein gemeinsames Thema zugrunde lag.

Später sollte die Sichtung von seltsamen Attraktoren der Revolution in der Chaosforschung gute Dienste erweisen, weil sie numerischen Experimentatoren ein klares Programm zur Ausführung aufgab. Überall, wo die Natur sich zufällig zu verhalten schien, suchten sie nach seltsamen Attraktoren. Viele behaupteten, das Erdwetter liege auf einem seltsamen Attraktor. Andere sammelten Millionen von Börsendaten[39] und machten sich auf die Suche nach einem seltsamen Attraktor, den Blick gebannt auf das zufällige Geschehen gerichtet, das sich auf dem Computermonitor abspielte.

Mitte der siebziger Jahre lagen solche Entdeckungen noch in weiter Ferne. Niemand hatte in einem Experiment einen seltsamen Attraktor wirklich gesehen, und es war keineswegs klar, wie man überhaupt nach einem Ausschau halten sollte. In der Theorie konnte der seltsame Attraktor fundamentalen, neuen Eigenschaften von Chaos einen mathematischen Ausdruck verleihen. Die sensitive Abhängigkeit von den Anfangsbedingungen war eine davon. Eine andere war das »Mixing«, und zwar in einem Sinn, der etwa für

Turbineningenieure von Bedeutung werden könnte, die über ein möglichst effizientes Mischverhältnis von Treibstoff und Sauerstoff nachdachten. Aber niemand wußte, wie man diese Eigenschaften messen, wie man ihnen Zahlenwerte zuordnen sollte. Seltsame Attraktoren schienen fraktal zu sein, was hieß, daß ihre wirkliche Dimension gebrochenzahlig war. Aber niemand wußte, wie man die Dimension messen oder eine solche Messung auf Probleme der Ingenieurwissenschaften übertragen könnte.

Noch wichtiger war, daß niemand wußte, ob seltsame Attraktoren irgend etwas über das tiefste Problem nichtlinearer Gleichungen aussagen konnten. Anders als lineare Systeme, die sich leicht berechnen und klassifizieren ließen, schienen nichtlineare Systeme sich ihrem Wesen nach unverändert einer Klassifizierung zu entziehen – jedes unterschied sich vom andern. Auch wenn Wissenschaftler vermuteten, daß sie gemeinsame Eigenschaften miteinander teilten, erwies sich doch jedes nichtlineare System, wenn es darum ging, Messungen anzustellen und Berechnungen durchzuführen, als eine Welt für sich. Hatte man ein System verstanden, schien dies nichts zum Verständnis des nächsten beizutragen. Ein Attraktor wie der Lorenzsche veranschaulichte die Stabilität und die verborgene Struktur eines Systems, das ansonsten keinerlei Muster aufwies. Doch inwiefern konnte diese besondere Doppelspirale Forschern helfen, nicht miteinander verwandte Systeme zu ergründen? Darüber wußte niemand etwas.

Zunächst übertraf die Begeisterung die wissenschaftlichen Bedenken. Forscher, die diese Formen sahen, vergaßen für einen Augenblick die Regeln des wissenschaftlichen Diskurses. So sagte Ruelle: »Ich habe nicht vom ästhetischen Reiz seltsamer Attraktoren gesprochen. Diese Kurvensysteme, diese Punktewolken erinnern manchmal an Feuerwerke und Galaxien, dann wieder an seltsame, beunruhigende Pflanzenwucherungen. Ein ganzes Reich von Formen, die es zu erforschen, und Harmonien, die es zu entdecken gilt.«[40]

1. Ruelle, Hénon, Rössler, Sinai, Feigenbaum, Mandelbrot, Ford, Kraichnan. Über die Theorie des seltsamen Attraktors zur Beschreibung von Turbulenzen liegen viele historische Darstellungen vor. Eine lesenswerte Einführung bieten John Miles, »Strange Attractors in Fluid Dynamics«, *Advances in Applied Mechanics* 24 (1984), S. 189–214. Ruelles am leichtesten zugänglicher Zeitschriftenaufsatz ist »Strange Attractors«, *Mathematical Intelligencer* 2 (1980), S. 126–137; die bahnbrechende Arbeit war David Ruelle und Floris Takens, »On the Nature of Turbulence«, *Communications in Mathematical Physics* 20 (1971); weitere wichtige Beiträge von Ruelle sind »Turbulent Dynamical Systems«, *Proceedings of the International Congress of Mathematicians*, 16.–24. August 1983, Warschau, S. 271–286; »Five Turbulent Problems«, *Physica* 7D (1983), S. 40–44; sowie »The Lorenz Attractor and the Problem of Turbulence«, *Lecture Notes in Mathematics No. 565* (Berlin: Springer, 1976), S. 146–158.

2. Von dieser Episode gibt es viele Versionen. Orszag zitiert vier Schüler Heisenbergs – von Neumann, Lamb, Sommerfeld und von Karman – und fügt hinzu: »Ich glaube, wenn Gott diesen vier Männern eine Antwort gäbe, so würde sie in jedem einzelnen Fall anders lauten.«

3. Ruelle; vgl. ferner »Turbulent Dynamical Systems«, S. 281.

4. L. D. Landau und E. M. Lifshitz, *Fluid Mechanics* (Oxford: Pergamon, 1959).

5. Malkus.

6. Swinney.

7. Swinney, Gollub.

8. Dyson.

9. Swinney.

10. Swinney, Gollub.

11. Swinney.

12. J. P. Gollub und H. L. Swinney, »Onset of Turbulence in a Rotating Fluid«, *Physical Review Letters* 35 (1975), S. 927. Diese ersten Experimente ermöglichten erst eine angemessene Würdigung komplexen räumlichen Verhaltens, das durch Veränderung der wenigen Parameter eines Fließsystems zwischen rotierenden Zylindern hervorgerufen werden kann. In den nächsten Jahren wurden die unterschiedlichsten Muster beobachtet, von »Korkenzieherwellen« über »wellenförmigen Zufluß und Ausfluß« bis zu »sich gegenseitig durchdringenden Spiralen«. Eine Zusammenfassung bieten C. David Andereck, S. S. Liu und Harry L. Swinney, »Flow Regimes in a Circular Couette System with Independently Rotating Cylinders«, *Journal of Fluid Mechanics* 164 (1986), S. 155–183.

13. Ruelle.

14. Ruelle.

15. »Turbulent Dynamical Systems«, S. 271.

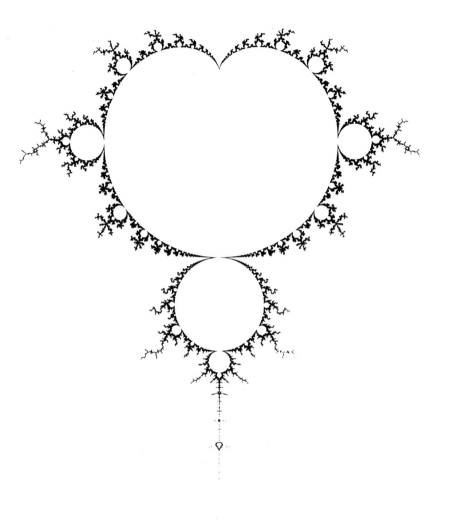

Eine Mandelbrot-Menge entsteht.

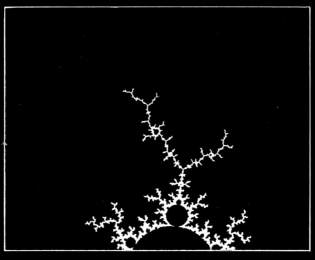

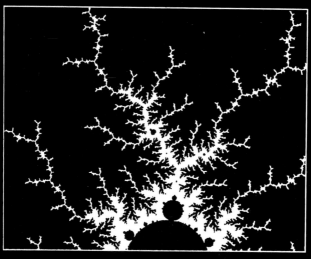

16. »On the Nature of Turbulence«.

17. Sehr bald entdeckten sie, daß manche ihrer Ideen bereits in der russischen Literatur formuliert worden waren; »auf der anderen Seite scheint die mathematische Interpretation, die wir zur Turbulenz anbieten, nach wie vor unser eigener Beitrag!« schrieben sie. »Note Concerning Our Paper ›On the Nature of Turbulence‹«, *Communications in Mathematical Physics* 23 (1971), S. 343–344.

18. Ruelle.

19. »Strange Attractors«, S. 131.

20. Ruelle.

21. Ralph H. Abraham und Christopher D. Shaw, *Dynamics: The Geometry of Behavior* (Santa Cruz: Aerial, 1984).

22. Richard P. Feynman, *The Character of Physical Law* (Cambridge, Mass.: MIT Press, 1967), S. 57.

23. Ruelle.

24. »Turbulent Dynamical Systems«, S. 275.

25. »Deterministic Nonperiodic Flow«, S. 137.

26. Ibid., S. 140.

27. Ruelle.

28. Einen Überblick über seine ersten Entdeckungen auf dem Gebiet elektrischer Schaltkreise bietet Ueda in »Random Phenomena Resulting from Nonlinearity in the System Described by Duffing's Equation«, *International Journal of Non-Linear Mechanics* 20 (1985), S. 481–491; dort gibt er auch in einem Nachtrag einen Bericht seiner Motive und die kühle Antwort seiner Kollegen. Vgl. ferner Stewart, persönliche Mitteilung.

29. Rössler.

30. Hénon; seine Erfindung berichtet er in »A Two-Dimensional mapping with a Strange Attractor«, *Communications in Mathematical Physics* 50 (1976), S. 69–77; sowie Michel Hénon und Yves Pomeau, »Two Strange Attractors with a Simple Structure«, *Turbulence and the Navier-Stokes Equations*, hrsg. v. R. Teman (New York: Springer, 1977).

31. Wisdom.

32. Michel Hénon und Carl Heiles, »The Applicability of the Third Integral of Motion: Some Numerical Experiments«, *Astronomical Journal* 69 (1964), S. 73.

33. Hénon.

34. Hénon.

35. »The Applicability«, S. 76.

36. Ibid., S. 79.

37. Yves Pomeau.

38. Hénon.

39. Ramsey.

40. »Strange Attractors«, S.137.

Universalität

Gut ein Dutzend Meter stromaufwärts des Wasserfalls scheint der sanft dahinfließende Fluß den kommenden Absturz schon zu ahnen. Das Wasser beginnt schneller zu fließen und unruhig zu werden. Einzelne Flüßchen zeichnen sich ab wie angeschwollene, pulsierende Adern. Am Ufer steht eine Gestalt. Leicht schwitzend in einem Sportmantel und einer Kordhose, pafft der Mann an einer Zigarette. Er ist mit Freunden hierhergewandert, doch sie sind schon vorausgegangen zu den ruhigen Teichen flußaufwärts. Plötzlich, wie in einer wahnsinnig schnellen Parodie eines Zuschauers bei einem Tennismatch, beginnt er seinen Kopf von einer Seite zur andern zu wenden. Mitchell Feigenbaum merkt gar nicht, daß seine Freunde schon zu den Teichen flußaufwärts vorausgegangen sind; er ist völlig vertieft. »Wenn man seinen Blick ganz und gar auf etwas konzentriert, ein Stück Schaum oder dergleichen, und seinen Kopf nur schnell genug bewegt, kann man plötzlich die ganze Struktur der Oberfläche klar erkennen, ja man kann sie förmlich im Bauch spüren.«[1] Er saugt noch mehr Rauch aus seiner Zigarette. »Doch wenn man sich mit mathematischem Hintergrundwissen ein solches Phänomen anschaut oder Wolken mit all ihren Wölkchen auf Wölkchen betrachtet oder bei Sturm auf einem Wellenbrecher steht, dann weiß man, daß man absolut nichts weiß.«
Ordnung im Chaos: der älteste Gemeinplatz der Wissen-

schaft. Die Vorstellung einer verborgenen Einheit, einer der
Natur zugrundeliegenden Idee besitzt einen ganz eigentüm-
lichen Reiz und hat in der Geschichte auf oftmals unglück-
selige Weise Möchtegernwissenschaftler und verschrobene
Käuze inspiriert. Als Feigenbaum 1974 zum National Laboratory kam,[2] knapp ein Jahr vor seinem dreißigsten Ge-
burtstag, wußte er, daß moderne Physiker, wollten sie noch
etwas mit der Idee anfangen, einen praktischen Rahmen
brauchten, kurz gesagt, eine Vorstellung, wie sie ihre Ideen
in Berechnungen umsetzen könnten. Doch es war alles andere als klar, wie man eine erste Annäherung an das Problem bewerkstelligen sollte.

Feigenbaum war von Peter Carruthers eingestellt worden,
einem ruhigen, beschämend genialen Physiker, der 1973
von Cornell gekommen war, um die Theoretische Abteilung
zu übernehmen. Seine erste Amtshandlung war, ein halbes
Dutzend gestandener Wissenschaftler zu entlassen – Los
Alamos erneuert seinen Stab anders als universitäre Ein-
richtungen – und durch brillante junge Forscher seiner eigenen Wahl zu ersetzen. Doch obwohl er große Ambitionen
als Wissenschaftsmanager hegte, wußte er bereits aus eigener Erfahrung, daß gute Wissenschaft sich nicht immer pla-
nen läßt.

»Wenn man ein Komitee im Labor oder in Washington
einberufen hat und es heißt: ›Das Problem Turbulenz
steht uns wirklich im Weg, wir müssen es begreifen, das
mangelnde Verständnis zerstört definitiv unsere Chance,
auf vielen Gebieten Fortschritte zu machen‹, dann wird
selbstverständlich ein Team eingestellt. Außerdem wird
ein Riesencomputer angeschafft. Große Programme werden durchgeführt. Und man kommt zu keinerlei Ergebnis. Wir dagegen hatten diesen intelligenten Burschen,
der einfach ruhig dasaß – natürlich auch mal mit jemandem redete, doch meistens nur für sich selbst arbeitete.«[3]

Sie hatten über Turbulenz gesprochen, aber die Zeit verstrich, und nicht einmal Carruthers war sich noch sicher, womit Feigenbaum sich beschäftigte.

»Ich dachte schon, er hätte es aufgegeben und sich einem anderen Problem zugewandt. Ich hatte ja keine Ahnung, daß dieses andere Problem *dasselbe* Problem war. Allem Anschein nach handelte es sich um das Problem, auf das man in den unterschiedlichsten Wissenschaftsbereichen gestoßen war – den Aspekt nichtlinearen Verhaltens von Systemen. Nun, niemand wäre auf die Idee gekommen, daß Kenntnisse der Teilchenphysik den richtigen Hintergrund zu diesem Problem lieferten, Kenntnisse der Quantenfeldtheorie und Kenntnisse der Strukturen, die in der Quantenfeldtheorie als Renormierungsgruppen bekannt waren. Niemand wußte auch, daß man die allgemeine Theorie stochastischer Prozesse und auch fraktale Strukturen verstehen mußte.

Mitchell hatte den richtigen Hintergrund. Er tat das Richtige zur richtigen Zeit, und er tat es sehr gut. Kein Stückwerk. Er klärte das ganze Problem auf einmal.«

Feigenbaum brachte nach Los Alamos die Überzeugung mit, daß es seiner Wissenschaft nicht gelungen sei, die tatsächlichen Probleme zu begreifen – nämlich die nichtlinearen Probleme. Obwohl er als Physiker so gut wie nichts hervorgebracht hatte, besaß er einen ebenso breiten wie ungewöhnlichen intellektuellen Horizont. Aus eigener Beschäftigung hatte er gründliche Kenntnisse der anspruchsvollsten mathematischen Analysis wie auch neuer Formen der Computerberechnung, die die meisten Wissenschaftler an die Grenzen ihrer Kenntnisse brachte. Dennoch war es ihm gelungen, sich *nicht* von manchen scheinbar unwissenschaftlichen Ideen der Romantik des späten achtzehnten Jahrhunderts zu »befreien«. Er wollte eine Wissenschaft betreiben, die neu war. Als erstes schob er jeden Gedanken beiseite, reales komplexes Verhalten zu begreifen, und wandte sich statt dessen den einfachsten nichtlinearen Gleichungen zu, die er finden konnte.

Das Geheimnis des Universums kündigte sich dem vierjährigen Mitchell Feigenbaum erstmals mittels eines Silvertone-Radios an, als er kurz nach dem Krieg einmal im Wohnzimmer seiner Eltern im Flatbush-Viertel von Brooklyn saß. Die Vorstellung, daß Musik ohne sichtbare Ursache zu ihm drang, verwirrte ihn. Das Grammophon hingegen glaubte er zu begreifen. Seine Großmutter hatte ihm eine Sondererlaubnis gegeben, ihre alten 78er Platten aufzulegen. [4]

Sein Vater war Chemiker und arbeitete für die New Yorker Hafenbehörde und später bei Clairol. Seine Mutter unterrichtete in der Volksschule des Viertels. Mitchell wollte zunächst Elektroingenieur werden; er wollte einen Beruf, von dem man in Brooklyn wußte, daß er einem ein angenehmes Leben ermöglichte. Später erkannte er, daß er das, was er über ein Radio wissen wollte, eher in der Physik lernen konnte. Er gehörte zu einer Generation von Wissenschaftlern, die in den Außenbezirken von New York aufwuchsen und ihre glänzenden Karrieren in den großen öffentlichen High Schools – in diesem Fall Samuel J. Tilden – und dann im City College begannen.

Als ein intelligenter Bursche in Brooklyn aufzuwachsen bedeutete in mancher Hinsicht einen unsicheren Kurs zwischen der Welt des Geistes und der Welt der gewöhnlichen Leute zu steuern. In jungen Jahren war er äußerst gesellig, eine Tatsache, die er später als Grund dafür ansah, daß er nicht zusammengeschlagen wurde. Doch er veränderte sich, als er merkte, daß er etwas lernen konnte. Mehr und mehr löste er sich von seinen Freunden. Gewöhnliche Unterhaltung konnte sein Interesse nicht fesseln. Irgendwann im letzten Jahr am College fiel ihm auf, daß er seine Jugend versäumt hatte, und er nahm sich vor, wieder in Kontakt mit der Menschheit zu treten. Schweigend setzte er sich in die Cafeteria, um Studenten zuzuhören, wie sie sich über Rasierapparate und das Mensaessen unterhielten, und nach und nach lernte er wieder die Wissenschaft, mit Menschen zu reden.

1964 machte er sein Examen und ging dann ans Massachusetts Institute of Technology, wo er 1970 mit einer Arbeit über elementare Teilchenphysik promovierte. Danach verbrachte er vier fruchtlose Jahre in Cornell und am Virginia Polytechnic Institute – fruchtlos im Sinne kontinuierlicher Publikation von Aufsätzen über handliche Probleme, die so entscheidend für die Karriere eines jungen Universitätswissenschaftlers war. Von promovierten Leuten erwartete man, daß sie Aufsätze schrieben. Wenn Mentoren ihn gelegentlich fragten,[5] was aus diesem oder jenem Problem geworden sei, antwortete Feigenbaum oft nur: »Oh, ich hab's begriffen.«

Nachdem Carruthers, der selber ein hervorragender Wissenschaftler in seinem Fach war, sich in Los Alamos etabliert hatte, tat er sich viel auf seine Fähigkeit zugute, Talente zu entdecken. Er hielt nicht Ausschau nach Intelligenz, sondern nach jener Art von Kreativität, die aus irgendeiner geheimnisvollen Drüse zu strömen schien. Er erinnerte stets an den Fall Kenneth Wilsons, eines anderen freundlichen Cornell-Physikers, der absolut nichts Konkretes zu leisten schien. Jeder, der sich länger mit Wilson unterhielt, merkte, daß er tiefe Einblicke in die Physik besaß. Wilsons Vertrag war darum Gegenstand ernsthafter Debatten. Die Physiker, die bereit waren, weiter auf sein unbewiesenes Potential zu setzen, behielten die Oberhand, und als Wilson zu publizieren begann, war es wie ein Dammbruch. Nicht einer, nein, eine ganze Flut von Aufsätzen strömte aus Wilsons Schreibtischschubladen, einschließlich die Arbeit, für die er 1982 den Nobelpreis bekam.

Wilsons großer Beitrag zur Physik wurde, zusammen mit den Arbeiten Leo Kadanoffs und Michael Fishers, ein wichtiger Wegbereiter der Chaostheorie. Diese drei unabhängig voneinander arbeitenden Physiker dachten alle, wenngleich auf verschiedene Weise, darüber nach, was bei Phasenübergängen passierte. Sie untersuchten das Verhalten von Materie im Bereich des Punktes, an dem sie von einem Zustand in den anderen übergeht – von Flüssigkeit in Gas, von Nichtmagnetismus zu Magnetismus. Diese Phasenübergänge markieren einzigartige Grenzen zwischen zwei Bereichen des Seins. Ihre Mathematik ist in der Regel ganz und gar unlinear. Das gleitende und vorhersagbare Verhalten der Materie in irgendeiner Phase trägt so gut wie nichts zum Verständnis der Phasenübergänge bei. Ein Kessel Wasser auf dem Herd erhitzt sich auf regelmäßige Weise, bis er den Siedepunkt erreicht. Doch dann muß es sich für einen Moment beruhigen, wobei seine Temperatur sich nicht im geringsten verändert, obwohl an der molekularen Schnittstelle zwischen Flüssigkeit und Gas etwas recht Interessantes passiert.

In der Deutung Kadanoffs aus den sechziger Jahren[6] geben Phasenübergänge ein intellektuelles Rätsel auf. Man denke sich einen Metallwürfel, der magnetisiert wird. Während er in einen geordneten Zustand übergeht, muß er gleichsam eine »Entscheidung« treffen. Der Magnet kann in die eine oder in die andere Richtung gepolt werden. Er hat die »Freiheit der Wahl«. Doch jedes winzige Metallstückchen muß dieselbe Wahl treffen. Aber wie?

Irgendwie müssen bei diesem Wahlvorgang die Atome des Metalls Informationen miteinander austauschen. Kadanoffs Erkenntnis war, daß diese Kommunikation sich höchst einfach in Begriffen der Skalierung beschreiben ließ. Praktisch gesprochen stellte er sich vor, das Metall sei auf mehrere Kästen verteilt. Jeder Kasten kommuniziert nun mit seinen unmittelbaren Nachbarn. Die Art und Weise, diese Kommunikation zu beschreiben, entspricht der Art und Weise, die Kommunikation jedes Atoms mit *seinen* Nachbarn zu beschreiben. Eben darin bestand der Nutzen der Skalierung: Die beste Methode, über das Metall nachzudenken, bot ein fraktalähnliches Modell, mit Kästen *aller* verschiedenen Größen.

Eine Menge mathematischer Analysis und eine Menge Erfahrung mit wirklichen Systemen waren erforderlich, um die Skalierungsidee auszuformulieren. Kadanoff wußte, daß er sich auf ein kniffliges Geschäft eingelassen hatte, und schuf eine Welt höchster Schönheit und Selbstverschachtelung. Ein Teil ihrer Schönheit lag in ihrer Universalität begründet. Kadanoffs Idee untermauerte die verblüffendste Tatsache bei kritischen Phänomenen, nämlich daß diese scheinbar nicht miteinander verwandten Übergänge – beim Kochen von Flüssigkeiten oder Magnetisieren von Metallen – alle denselben Regeln folgten.

Dann leistete Wilson die Arbeit, die die ganze Theorie unter der Rubrik »Theorie der Renormierungsgruppen« zusammenfaßte, indem er eine effiziente Möglichkeit erschloß, reale Berechnungen realer Systeme durchzuführen. Renormierung war in den vierziger Jahren als ein Teil der Quantenfeldtheorie in die Physik eingegangen, der es möglich machte, die Interaktionen von Elektronen und Photonen zu berechnen. Ein Problem solcher Berechnungen wie auch jener, an denen Kadanoff und Wilson arbeiteten, bestand darin, daß manche Gegenstände eine Behandlung als unendliche Größen verlangten, eine verworrene und undankbare Aufgabe. Renormierte man aber das System nach den Verfahren, die Richard Feynman, Julian Schwinger, Freeman Dyson und andere Physiker ersonnen hatten, dann konnte man auf die unendliche Größe verzichten.

Erst viel später, nämlich in den sechziger Jahren, sollte Wilson tiefer schürfen, um die zugrundeliegende Voraussetzung für den Erfolg einer Renormierung zu durchleuchten. Wie Kadanoff dachte er über Skalicrungsprinzipien nach. Bestimmte Größen, wie etwa die Masse eines Partikels, waren stets als feststehend betrachtet worden – wie die Masse eines jeden beliebigen Gegenstandes unserer alltäglichen Erfahrung eine feste Größe ist. Die Renormierungsabkürzung funktionierte dadurch, daß sie so tat, als ob eine Größe wie Masse ganz und gar nicht feststünde. Solche Größen schienen zu wachsen und zu schrumpfen, je nach dem Maßstab, den man an sie anlegte. Die Vorstellung schien absurd. Dennoch bildete sie eine exakte Analogie zu Benoit Mandelbrots Entdeckungen über geometrische Formen und den Küstenverlauf Englands. Ihre Länge konnte nicht unabhängig vom Maßstab gemessen werden. Es lag eine Art Relativität vor, bei der die Position des Betrachters – nah oder weit entfernt, am Strand oder in einem Satelliten – die Messung beeinflußte. Dennoch war die maßstabsübergreifende Veränderung, wie auch schon Mandelbrot entdeckt hatte, keineswegs arbiträr; sie folgte vielmehr Regeln. Veränderlichkeit in den Standardmaßen wie Masse und Länge bedeutete, daß eine andere Art von Quantität fixiert sein mußte. Im Fall von Fraktalen war dies die gebrochenzahlige Dimension – eine Konstante, die sich berechnen und für weitere Berechnungen als Werkzeug benutzen ließ. Der Masse zu erlauben, sich je nach Maßstab zu verändern, bedeutete für die Mathematiker, daß sie maßstabsübergreifende Ähnlichkeit erkennen konnten.

Was das mühsame Geschäft der Berechnungen anging, so erschloß Wilsons Theorie der Renormierungsgruppen einen anderen Weg in hochkomplexe Probleme. Bis dahin war die einzige Annäherung an stark nichtlineare Probleme die sogenannte Störungstheorie. Zum Zweck der Berechnung geht man in dieser Theorie davon aus, daß das jeweilige nichtlineare Problem hinreichend verwandt ist mit einem lösbaren, linearen Problem – von ein paar Störungen eben abgesehen. Man löst das lineare Problem und führt mit dem verbleibenden Rest der Abbildung eine komplizierte und trickreiche Operation durch, indem man sie in sogenannten Feynman-Diagrammen darstellt. Je größere Genauigkeit verlangt ist, um so mehr dieser verzwickten Diagramme müssen angefertigt werden. Wenn man Glück hat, konvergieren die Berechnungen zu einer Lösung. Doch Fortuna ist launisch und wendet den Kopf gerade dann ab, wenn ein Problem besonders interessant wird. Wie jeder andere junge Teilchenphysiker in den sechziger Jahren brütete auch Feigenbaum über endlosen Feynman-Diagrammen. Schließlich gelangte er zu der Überzeugung, daß die Störungstheorie eine öde Sache sei, wenig aufschlußreich und höchst stumpfsinnig. Darum war ihm Wilsons neue Theorie der Renormierungsgruppen sehr willkommen. Da sie Selbst-Ähnlichkeit vorsah, eröffnete sie eine Möglichkeit, die Komplexität gleichsam Schicht für Schicht abzutragen. In der Praxis war die Renormierungsgruppe alles andere als narrensicher. Sie erforderte eine gehörige Portion Findigkeit bei der Wahl der richtigen Berechnungen, um die Selbst-Ähnlichkeit in den Blick zu bekommen. Doch funktionierte sie gut und häufig genug, um einige Physiker, darunter auch Feigenbaum, zu inspirieren, sie auf das Problem der Turbulenz anzuwenden. Schließlich schien Selbst-Ähnlichkeit die besondere Signatur von Turbulenz zu sein, Fluktuationen auf Fluktuationen, Wirbel auf Wirbeln. Was aber war mit der Entstehung von Turbulenz – mit jenem geheimnisvollen Moment, wenn ein geordnetes System sich in ein Chaos verwandelt? Es lag keinerlei Beweis dafür vor, daß die Renormierungsgruppe das geringste über diese Übergangsphase aussagen könnte. So gab es zum Beispiel keinerlei Beweis, daß diese Phase den Skalierungsgesetzen unterworfen war.

Als Examensstudent am MIT hatte Feigenbaum ein Erlebnis, das ihm viele Jahre nicht mehr aus dem Sinn gehen sollte. Er wanderte mit Freunden um das Lincoln Reservoir in Boston. Es war die Zeit, als er damit anfing, vier- und fünfstündige Spaziergänge zu machen, um sich auf das bunte Spiel der Eindrücke und Ideen einzustimmen, die auf seinen Geist einstürmten. An diesem Tag hatte er sich von der

Gruppe abgesondert und wanderte allein weiter. Er kam an ein paar Leuten vorbei, die gerade ein Picknick machten. Als er weiterging, warf er immer wieder einen Blick zurück; er hörte den Klang ihrer Stimmen und sah ihre Bewegungen, wie sie mit den Händen gestikulierten oder sich Essen reichten. Plötzlich spürte er, daß das Tableau eine Schwelle überschritten hatte: die Schwelle der Verständlichkeit. Die Gestalten waren zu winzig, als daß er sie noch erkennen konnte. Die Handlungen schienen unverbunden, arbiträr, zufällig. Die schwachen Laute, die noch an sein Ohr drangen, hatten jede Bedeutung verloren.

Das unaufhörlich bewegte, nie ruhende, nie verständliche Getriebe des Lebens.[7] Feigenbaum erinnerte sich an die Worte Gustav Mahlers, mit denen er eine Empfindung beschrieb, die er im dritten Satz seiner Zweiten Symphonie einzufangen suchte: *Wie das Gewoge tanzender Gestalten in einem hell erleuchteten Ballsaal, in den man aus dunkler Nacht hineinschaut – aus so weiter Entfernung, daß Sie die Musik hierzu nicht mehr hören... Das Leben mag Ihnen sinnlos erscheinen.* Feigenbaum hörte Mahler und las Goethe. Am meisten – wie könnte es anders sein – schwelgte er in Goethes *Faust,* dessen Verbindung höchst leidenschaftlicher wie höchst intellektueller Gedanken über die Welt er förmlich in sich aufsog. Ohne diese gewisse romantische Neigung wäre ihm eine Empfindung wie jene Verwirrung am Reservoir sicherlich entgangen. Warum sollten Phänomene auch nicht ihre Bedeutung verlieren, wenn man sie aus großem Abstand betrachtete? Physikalische Gesetze boten eine triviale Erklärung für ihr Schrumpfen, doch die Verbindung zwischen diesem Schrumpfprozeß und dem Verlust von Bedeutung lag keineswegs auf der Hand. Warum sollte es so sein, daß Dinge, wenn sie klein werden, zugleich auch unverständlich werden?

Er versuchte ganz ernsthaft, diese Erfahrung in Begriffen der theoretischen Physik zu analysieren, wobei er sich fragte, was er überhaupt über den Wahrnehmungsmechanismus des Gehirns aussagen konnte. Man beobachtet menschliche Handlungen und zieht Schlußfolgerungen zu ihnen. Wie aber schafft es unser Dechiffrierapparat, die Riesenmenge an Informationen, die sich unseren Sinnen darbietet, zu sortieren? Offenkundig – oder doch ziemlich offenkundig – besitzt das Gehirn keine unmittelbaren Abbilder all des Materials dieser Welt. Es gibt keine innere Bibliothek von Formen und Ideen, mit deren Hilfe wir die wahrgenommenen Bilder vergleichen können. Informationen werden in plastischer Weise gespeichert, die phantastische Verbindungen und jeden Einfall der Imagination zuläßt. Es herrscht ein gewisses Chaos um uns her, und das Gehirn scheint über größere Flexibilität als die klassische Physik zu verfügen, in diesem Chaos eine Ordnung zu entdecken.

Zur damaligen Zeit dachte Feigenbaum gerade über Farben nach. Eines der Randgefechte innerhalb der Wissenschaft des frühen neunzehnten Jahrhunderts lieferten sich die Nachfolger Newtons in England mit den Nachfolgern Goethes in Deutschland über das Wesen der Farbe. In den Augen von Physikern, die Newtons Weltbild teilten, waren Goethes Ideen ein pseudowissenschaftliches Gewäsch. »Mit leisem Gewicht und Gegengewicht wägt sich die Natur hin und her, und so entsteht ein Hüben und Drüben, ein Oben und Unten, ein Zuvor und Hernach, wodurch alle die Erscheinungen bedingt werden, die uns im Raum und in der Zeit entgegentreten.«[8] Goethe weigerte sich, Farbe als eine statische Größe zu betrachten, die sich in einem Spektrometer messen und sodann wie ein Schmetterling auf einen Karton heften ließ. Er behauptete dagegen, Farbe sei eine Sache der Wahrnehmung.

Der Prüfstein für Newtons Theorie war sein berühmtes Experiment mit einem Prisma. Ein Prisma zerlegt einen Strahl weißen Lichts in einen Regenbogen von Farben, die sich über das ganze sichtbare Spektrum ausbreiten. Newton folgerte nun, diese reinen Farben müßten die elementaren Komponenten sein, aus denen sich weißes Licht zusammensetzt. Nach weiteren Forschungen äußerte er den Gedanken, daß Farben bestimmten Frequenzen entsprächen. Er stellte sich vor, gewisse vibrierende Partikel – Korpuskeln in der archaischen Bezeichnung – produzierten Farben nach Maßgabe der Geschwindigkeit ihrer Vibrationen. Angesichts der mangelhaften Beweislage war diese Vorstellung durch nichts zu rechtfertigen, aber sie war brillant. Was ist *rot?* Für Physiker ist es Licht, das in einem Wellenbereich zwischen 620 und 800 Milliardstel Metern strahlt. Newtons Optik bestätigte sich Tausende von Malen aufs neue, während Goethes Abhandlung zur Farbenlehre sich im Dunkel der Geschichte verlor. Als Feigenbaum sie in der Bibliothek von Harvard suchte, stellte er fest, daß sie nicht an ihrem Standort war.

Schließlich trieb er ein Exemplar auf, und er entdeckte, daß Goethe eigentlich eine ganz außerordentliche Experimentfolge bei seinen Untersuchungen zur Farbe durchgeführt hatte. Er begann genauso wie Newton: mit einem Prisma. Newton hatte ein Prisma gegen ein Licht gehalten, das den aufgespaltenen Strahl auf eine weiße Oberfläche warf. Goethe hielt das Prisma gegen sein Auge und schaute hindurch. Er nahm keinerlei Farbe wahr, noch einen Regenbogen oder einzelne Farbtöne. Die Betrachtung einer makellos weißen Oberfläche oder eines makellos blauen Himmels durch das Prisma rief stets denselben Effekt hervor: Uniformität.

Doch wenn ein schwacher Fleck die weiße Oberfläche unterbrach oder eine Wolke am Himmel aufzog, dann sah er ein ganzes Bündel von Farben. Es sei »das Wechselspiel zwischen Licht und Schatten«, schloß Goethe, das Farben erzeuge. Sodann erforschte er die Art und Weise, wie Menschen Schatten wahrnehmen, die von verschiedenen Quellen bunten Lichts geworfen werden. Er benutzte dazu Kerzen und Bleistifte, Spiegel und buntes Glas, Mondlicht und Sonnenlicht, Kristalle, Flüssigkeiten und Farbenkreise, und er führte eine Folge gründlicher Experimente durch. Zum

Beispiel zündete er eine Kerze vor einem weißen Blatt Papier im Zwielicht an und hielt einen Stift hoch. Der Schatten im Kerzenlicht war leuchtendblau. Warum? Das weiße Papier allein wird als weiß wahrgenommen, gleichgültig, ob bei schwindendem Tageslicht oder beim zusätzlichen, wärmeren Kerzenlicht. Auf welche Weise zerlegt ein Schatten weißes Licht in eine Zone blauen und eine Zone rötlich gelben Lichts? Farbe selbst sei »ein Schattiges«, behauptete Goethe, »mit dem Schatten verwandt«. Vor allem aber entsteht Farbe, ausgedrückt in Begriffen moderner Mathematik, aus Grenzbedingungen und Singularitäten.

Wo Newton ein Reduktionist war, erwies Goethe sich als ein Holist. Newton zerlegte Licht und fand eine fundamentale physikalische Erklärung der Farbe. Goethe spazierte durch Blumengärten und betrachtete Gemälde, wobei er Ausschau nach einer großen, allumfassenden Erklärung hielt. Newton paßte seine Farbentheorie einem mathematischen Schema an, das sich jeder Art Physik überstülpen ließ. Goethe hingegen – glücklicher- oder unglücklicherweise – graute es vor der Mathematik.

Feigenbaum überzeugte sich davon, daß Goethe mit seiner Farbenlehre recht hatte. Beim Geschmack decken sich Goethes Ideen mit einer simplen Vorstellung, die unter Psychologen gang und gäbe ist und die unterscheidet zwischen harter, physikalischer Realität und veränderlicher, subjektiver Wahrnehmung des Geschmacks. Die Farben, die wir wahrnehmen, variieren von Mal zu Mal und von Person zu Person – was zunächst keine allzu kühne Behauptung zu sein scheint. Doch nach Feigenbaums Verständnis beinhalteten Goethes Ideen eine tiefere wissenschaftliche Erkenntnis. Sie waren beweisbar und empirisch. Wieder und wieder betonte Goethe die Wiederholbarkeit seiner Experimente. Es sei die Wahrnehmung der Farbe, so Goethe, die universal und objektiv sei. Welchen wissenschaftlichen Beweis gab es für eine in der wirklichen Welt definierbare Eigenschaft namens Rot, unabhängig von unserer Wahrnehmung?

Feigenbaum fragte sich nun, welche Art mathematischer Formalismus der menschlichen Wahrnehmung entsprechen mochte, besonders einer Wahrnehmung, die das ganze unendliche Durcheinander der Erfahrung sichtete und universale Eigenschaften herausfand. Rot ist keine besondere Bandbreite des Lichts, wie die Nachfolger Newtons behaupteten. Es ist ein Bereich eines chaotischen Universums, und die Grenzen dieses Bereichs sind nicht so einfach zu beschreiben – auch wenn unser Hirn Rot mit regelmäßiger, verifizierbarer Zuverlässigkeit identifiziert. Das waren die Gedanken eines jungen Physikers, die weit von Problemen wie Flüssigkeitsturbulenz entfernt scheinen. Um zu begreifen, wie das menschliche Hirn das Chaos der Wahrnehmungen sichtet, mußte man zweifellos begreifen, wie Unordnung Universalität hervorbringen kann.

Als Feigenbaum in Los Alamos über Nichtlinearität nachzudenken begann, stellte er fest, daß seine Ausbildung ihm nichts Nützliches vermittelt hatte. Ein System nichtlinearer Differentialgleichungen zu lösen war unmöglich, abgesehen von den absurden Beispielen, die in Lehrbüchern konstruiert wurden. Techniken der Störungstheorie, die sukzessiv ein lösbares Problem korrigierten in der Hoffnung, daß es irgendwo in der Nähe des wirklichen liegen müsse, schienen ihm barer Unsinn. Er las Veröffentlichungen über nichtlineare Fließbewegungen und Oszillationen und kam zu dem Schluß, daß – mit Ausnahme von Poincarés nahezu vergessenem Werk – nichts vorlag, das einem vernünftigen Physiker weiterhelfen könnte. Mit einer Rechenausrüstung, die allein aus Papier und Bleistift bestand, beschloß Feigenbaum, mit einer Analogie der einfachsten Gleichung anzufangen, die Robert May vor dem Hintergrund der Populationsbiologie untersucht hatte. Der Prozeß war bekannt als die Abbildung eines Intervalls, und zwar für den Wertebereich zwischen null und eins.

In einer bestimmten Form ist diese Gleichung eines der Beispiele, das Gymnasiasten verwenden, um in der Geometrie Graphen zu zeichnen. Sie kann geschrieben werden als $y = r(x-x^2)$. Jeder Wert für x erzeugt einen Wert für y, und die daraus resultierende Kurve drückt die Beziehung zwischen den beiden Zahlenwerten innerhalb des Wertebereichs aus. Sie ist eine bogenförmige Parabel: Wenn x (die Population dieses Jahres) klein ist, dann ist y (die Bevölkerung des nächsten Jahres) ebenfalls klein, doch größer als x; die Kurve steigt steil an. Liegt x in der Mitte des Wertebereichs, so ist y groß. Doch dann nivelliert sich die Kurve und fällt ab, so daß y, wenn x groß ist, wieder klein wird. Dem entspricht analog der Populationskollaps in ökologischen Modellen, der ein unrealistisches, grenzenloses Wachstum verhindert.

Für May und später Feigenbaum ging es darum, diese einfache Berechnung nicht nur einmal durchzuführen, sondern endlos wiederholt in einer Rückkoppelungsschleife. Das Ergebnis einer Rechenoperation wurde als Eingabe für die nächste wieder eingefüttert. Um zu sehen, was dabei mit dem Graphen geschah, bot die Parabel eine außerordentliche Hilfe. Man wähle einen Anfangswert auf der x-Achse. Sodann ziehe man eine Gerade, die auf den entsprechenden Punkt der Parabel stößt. Dann lese man den resultierenden Wert auf der y-Achse ab. Diesen Vorgang wiederhole man nun mit dem neu gewonnenen Wert. Zunächst springen die Sequenzen auf der Parabel von einem Ort zum andern, doch dann pendeln sie sich – vielleicht – auf einen Gleichgewichtszustand ein, wo x und y gleich groß sind und der Wert sich darum nicht ändert.

Theoretisch konnte den komplexen Rechenoperationen der klassischen Physik nichts ferner liegen. Anstelle eines labyrinthischen Schemas, das es dereinst zu lösen galt, war dies ein einfacher Rechenvorgang, der wieder und wieder durchgeführt wurde. Der numerische Experimentator *schaute zu*, vergleichbar einem Chemiker, der die Reaktion in einer

Flüssigkeit beobachtet, die in einem Reagenzglas blubbert. Hier war das Ergebnis eine Folge von Zahlenwerten, und es konvergierte nicht immer in einem stetigen Endzustand. Es konnte darin münden, daß es zwischen zwei Werten hin- und hersprang. Oder, wie May den Populationsbiologen begreiflich gemacht hatte, konnte es so lange völlig chaotisch fortfahren, wie immer man auch zuschauen mochte. Die Entscheidung zwischen diesen verschiedenen möglichen Verhaltensweisen lag im Wert des durchstimmbaren (tuning) Parameters.

Feigenbaum führte das numerische Geschäft dieser quasi-experimentellen Untersuchung durch und versuchte sich zur gleichen Zeit an herkömmlicheren theoretischen Analysen nichtlinearer Funktionen. Auch so vermochte er nicht das ganze Bild zu erfassen, das diese Gleichung hervorrufen konnte. Doch erkannte er, daß die Möglichkeiten schon kompliziert genug waren und der Analyse tückische Schwierigkeiten bereiten mußten. Er wußte auch, daß drei Mathematiker in Los Alamos – Nicholas Metropolis, Paul Stein und Myron Stein – 1971 bereits solche Abbildungen untersucht hatten, und Paul Stein warnte ihn jetzt, daß ihre Komplexität wirklich erschreckend sei. Wenn sich schon die einfachste dieser Gleichungen als nicht auflösbar erwies, wie verhielt es sich dann mit den weitaus komplizierteren Gleichungen, die Wissenschaftler benutzten, um *wirkliche* Systeme zu beschreiben? Feigenbaum schob das ganze Problem vorerst beiseite.

In der kurzen Geschichte der Chaosforschung bietet diese eine, unschuldig aussehende Gleichung das prägnanteste Beispiel dafür,[9] in wie unterschiedlicher Weise verschiedene Wissenschaftler ein und dasselbe Problem betrachten können. Für die Biologen enthielt die Gleichung eine Botschaft: einfache Systeme können komplizierte Dinge bewirken. Für Metropolis, Stein und Stein[10] ging es darum, eine Reihe topologischer Muster zu katalogisieren unter Absehung der numerischen Werte. Sie begannen den Rückkoppelungsprozeß an einem bestimmten Punkt der Parabel und schauten zu, wie die aufeinander folgenden Werte auf der Parabel von einem Ort zum andern sprangen. Wenn die Werte sich nach rechts oder links bewegten, notierten sie Sequenzen von Rs oder Ls. Musterwert eins: R. Musterwert zwei: RLR. Musterwert 193: RLLLLLRRLL. Diese Sequenzen wiesen in den Augen eines Mathematikers einige interessante Eigenschaften auf – sie schienen sich stets in derselben besonderen Weise zu wiederholen. Einen Physiker dagegen muteten sie verworren und öde an.

Niemand wußte es damals, aber Lorenz hatte bereits 1964 dieselbe Gleichung betrachtet, und zwar als Metapher einer tiefgreifenden Frage zum Klima. Die Frage war so tief, daß es zuvor nahezu niemandem in den Sinn gekommen war, sie zu stellen: *Existiert überhaupt ein Klima?*[11] Mit anderen Worten: Besitzt das Erdwetter einen langfristigen Durchschnitt? Für die meisten Meteorologen damals wie heute galt die Antwort als gesichert. Keine Frage, jedes meßbare Verhalten, sosehr es auch schwanken mochte, mußte einen Durchschnitt haben. Doch dies ist bei näherer Betrachtung durchaus nicht so sicher. Wie Lorenz herausstellte, unterschied sich das Durchschnittswetter der letzten 12 000 Jahre deutlich vom Durchschnittswetter der vorangegangenen 12 000 Jahre, als der größte Teil Nordamerikas von Eis bedeckt war. Gab es ein Klima, das aus physikalischen Gründen in ein anderes überging? Oder gibt es ein noch längerfristiges Klima, innerhalb dessen diese Perioden nur Fluktuationen bedeuten? Oder ist es am Ende möglich, daß ein System wie das Wetter *niemals* in einem Durchschnitt konvergiert?

Lorenz stellte noch eine zweite Frage. Angenommen, man könnte tatsächlich das ganze Gleichungssystem aufstellen, das unser Wetter regiert. Mit anderen Worten: Wir besäßen Gottes Geheimcode. Könnten wir dann die Gleichungen benutzen, um die statistischen Mittelwerte für die Temperatur oder den Regenfall zu errechnen? Wenn die Gleichungen linear wären, lautete die Antwort zweifellos »Ja«. Aber sie sind nichtlinear. Da Gott uns die eigentlichen Gleichungen nicht zur Verfügung gestellt hat, untersuchte Lorenz statt dessen die quadratische Differenzengleichung.

Ähnlich wie May untersuchte Lorenz zunächst, was passierte, wenn die Gleichung unter gegebenem Parameter wiederholt wurde. Bei niedrigen Parametern beobachtete er, daß die Gleichung einen stabilen Fixpunkt erreichte. Dort produzierte das System fraglos ein »Klima«, und zwar im denkbar trivialsten Sinn des Wortes: Das »Wetter« änderte sich nie. Bei höheren Parametern stellten sich Oszillationen zwischen zwei Punkten ein, doch auch dort konvergierte das System in einem einfachen Durchschnitt. Ab einem bestimmten Punkt aber, so erkannte Lorenz, folgte Chaos. Da er über das Klima nachdachte, fragte er nicht nur, ob kontinuierliche Rückkoppelung periodisches Verhalten hervorrufen würde, sondern auch nach dem durchschnittlichen Resultat. Und er kam zu dem Ergebnis, daß dieser Durchschnitt gleichfalls instabil schwankte. Wenn der Parameterwert noch so geringfügig verändert wurde, veränderte sich der Durchschnittswert sofort dramatisch. Analog konnte man schließen, daß das Erdklima sich vielleicht niemals zuverlässig auf ein Gleichgewicht mit einem durchschnittlichen Langzeitverhalten einpendelte.

Als mathematischer Aufsatz wäre Lorenz' Arbeit über das Klima wertlos gewesen – in axiomatischem Sinn bewies er rein gar nichts. Auch als physikalischer Beitrag stand er auf tönernen Füßen, denn er konnte nicht rechtfertigen, warum er eine so simple Gleichung benutzte, um aus ihr Schlüsse über das Erdklima zu ziehen. Dennoch wußte Lorenz durchaus, was er sagte. »Der Verfasser ist sicher, daß diese Ähnlichkeit nicht nur bloßer Zufall ist, sondern daß die Differenzengleichung die mathematischen, wenn nicht gar die physikalischen Prinzipien der Übergänge von einem Fließverhalten in ein anderes – und damit das ganze Phänomen der Instabilität – weitestgehend erfaßt.« Noch zwanzig Jahre später konnte niemand begreifen, welche Intuition eine solch kühne Behauptung rechtfertigte, die noch dazu in *Tellus* vergraben war, einer schwedischen meteorologischen Fachzeitschrift. (» *Tellus!* Kein Mensch liest *Tellus*«, rief ein Physiker verbittert aus.) Lorenz war tief in das Verständnis der besonderen Möglichkeiten chaotischer Systeme vorgedrungen – tiefer, als er es in der Sprache der Meteorologie ausdrücken konnte.

Als Lorenz fortfuhr, die sich wandelnden Masken dynamischer Systeme zu untersuchen, stellte er fest, daß Systeme, die nur geringfügig komplizierter waren als die quadratische Abbildung, noch andere Formen unerwarteter Muster hervorrufen konnten. In einem besonderen System konnten sich mehr als nur eine stabile Lösung verbergen. Ein Beobachter mochte eine Verhaltensweise über lange Zeit hinweg verfolgen; dennoch war es möglich, daß sich noch eine völlig andere Verhaltensweise mit allen physikalischen Eigenschaften des Systems vertrug. Ein solches System wird »intransitiv« genannt. Es kann in einem Gleichgewichtszustand verharren oder im anderen, nicht aber in beiden. Nur ein Impuls von außen kann es dazu bringen, seinen Zustand zu verändern. Die wohlbekannte Pendeluhr, um ein triviales Beispiel zu nennen, ist ein solches intransitives System. Ein steter Energiezustrom fließt aus einer Sprungfeder oder einer Batterie über eine Hemmung (Unruhewelle) zu. Gleichzeitig wird ein steter Energiefluß über die Reibung abgeführt. Der offensichtliche Gleichgewichtszustand ist nun die gleichmäßige Pendelbewegung, zu deren Zweck die Uhr schließlich gebaut wurde. Wenn jemand die Uhr anstößt, mag das Pendel sich aufgrund des Impulses beschleunigen oder verlangsamen, doch wird es rasch wieder in seinen Gleichgewichtszustand zurückfinden. Aber die Uhr hat noch einen zweiten Gleichgewichtszustand – eine ebenso gültige Lösung ihrer Bewegungsgleichungen –, und das ist der Zustand, in dem das Pendel bewegungslos senkrecht herabhängt. Ein weniger triviales intransitives System – vielleicht mit verschiedenen distinkten Zonen höchst unterschiedlichen Verhaltens – ist unter Umständen das Klima.

Klimatologen, die sich globaler Computermodelle bedienen, um das Langzeitverhalten der Erdatmosphäre und Ozeane zu simulieren, wissen schon seit mehreren Jahren, daß das Klima zumindest einen Gleichgewichtszustand haben kann, der sich dramatisch von dem oder den anderen unterscheidet. Zwar hat während der gesamten geologischen Vergangenheit dieses alternative Klima niemals geherrscht, doch scheint es eine gleichermaßen gültige Lösung des Gleichungssystems zu sein, das die Erde regiert. Dieses Klima wird von manchen Wetterkundlern »White-Earth«-Klima genannt,[12] weil alle Kontinente der Erde von Schnee und alle Ozeane von Eis bedeckt sind. Eine derart vereiste Erde würde siebzig Prozent der einfließenden Sonnenstrahlung reflektieren und darum extrem kalt sein. Die niedrigste Schicht der Atmosphäre, die Troposphäre, würde wesentlich dünner sein. Die Stürme, die über die gefrorene Erdkruste hinfegen, würden viel schwächer sein als die Stürme, die wir kennen. Ganz allgemein würde das Klima weniger empfänglich für Leben sein als das uns vertraute Wetter. Computermodelle zeigen eine so starke Neigung, in das White-Earth-Gleichgewicht zu fallen, daß Klimatologen sich wundern, warum es nie dazu gekommen ist. Vielleicht ist es nur eine Frage des Glücks. Natürlich müssen Astronomen sich vor Augen führen, daß das Klima, das auf irgendeinem Planeten beobachtet wird, nicht das einzig mögliche Klima auf einem anderen Planeten mit einer bestimmten Größe, einer bestimmten Zusammensetzung und einem bestimmten Abstand zur Sonne darstellt.

Um das Erdklima in den Glazialzustand überzuführen, bedürfte es eines starken Impulses aus einer äußeren Quelle. Doch Lorenz beschrieb noch eine andere mögliche Verhaltensform, die sogenannte Fast-Intransitivität. Ein fast-intransitives System zeigt über sehr lange Zeit ein bestimmtes durchschnittliches Verhalten, das innerhalb gewisser Grenzen schwankt. Dann aber springt es ohne jeden ersichtlichen Grund in ein anderes Verhalten über, wobei es immer noch fluktuiert, doch einen anderen Durchschnitt erzeugt. Forscher, die Computermodelle entwerfen, wissen zwar von Lorenz' Entdeckung, doch versuchen sie die Fast-Intransitivität unter allen Umständen zu umgehen. Sie ist zu unberechenbar. Der Natur der Sache nach neigen sie dazu, Modelle herzustellen, die eine starke Tendenz aufweisen, in den Gleichgewichtszustand zurückzukehren, den wir jeden Tag auf dem wirklichen Planeten messen können. Um große Klimaveränderungen zu erklären, suchen sie dann nach äußerlichen Ursachen – Veränderungen in der Erdumlaufbahn der Sonne zum Beispiel. Dennoch braucht ein Klimatologe nicht allzuviel Phantasie, um zu erkennen, daß Fast-Intransitivität sehr wohl erklären könnte, warum das Erdklima in geheimnisvollen, unregelmäßigen Intervallen in Eiszeiten hineintrieb und sie wieder verließ. Wenn dem so ist, bedarf es für die zeitliche Berechnung keinerlei physikalischer Ursachen. Die Eiszeiten sind dann vielleicht nur ein Nebenprodukt von Chaos.

Wie ein Waffensammler sich im Zeitalter des Maschinengewehrs wehmütig an den 45er Colt erinnern mag, so hält manch moderner Wissenschaftler den Tischrechner HP-65 in liebevoller Erinnerung. In den wenigen Jahren seiner Vorherrschaft veränderte diese Maschine die Arbeitsmethoden vieler Wissenschaftler von Grund auf. Für Feigenbaum bedeutete er die Brücke zwischen Papier und Bleistift einerseits und einem Arbeitsstil am Computer andererseits, wie man ihn sich damals nicht einmal vorstellen konnte.
Er wußte nichts von Lorenz,[13] doch hörte er im Sommer 1975 bei einem Kongreß in Aspen, Colorado, einen Vortrag Steve Smales über einige mathematische Eigenschaften derselben quadratischen Differenzengleichung. Smale glaubte allem Anschein nach, daß es einige interessante offene Fra-

gen hinsichtlich des exakten Punktes geben müßte, von dem an die Abbildung von periodischem in chaotisches Verhalten überwechsle. Wie stets bewies Smale einen sicheren Instinkt für Fragen, die zu untersuchen sich lohnte. Feigenbaum beschloß, sie noch einmal anzuschauen. Unterstützt von seinem Rechner baute er sich mit Hilfe verschiedener Verfahren der analytischen Algebra und der numerischen Erforschung eine Vorstellung der quadratischen Abbildung zusammen, wobei er sich auf den Grenzbereich zwischen Ordnung und Chaos konzentrierte.

Metaphorisch – aber nicht *nur* metaphorisch – gesehen, markierte dieser Bereich, das wußte er, die geheimnisvolle Grenze zwischen stetem und turbulentem Fließverhalten in einer Flüssigkeit. Dies war die Zone, auf die Robert May die Aufmerksamkeit der Populationsbiologen gerichtet hatte, die bis dahin die Möglichkeit anderer als geordneter Zyklen in wechselnden Tierpopulationen völlig übersehen hatten. Auf dem Weg zu Chaos zeigte sich in diesem Bereich eine Kaskade von Periodenverdopplungen, die Aufspaltung von Zweierzyklen in Viererzyklen, von Viererzyklen in Achterzyklen und so weiter. Zusammen bildeten all diese Aufspaltungen ein faszinierendes Muster. Sie markierten die Punkte, wo eine leichte Veränderung der *Fruchtbarkeit* zum Beispiel eine Population von Nachtfaltern von einem Vierjahresrhythmus in einen Achtjahresrhythmus überleiten konnte. Für den Anfang beschloß Feigenbaum, exakt die Parameterwerte zu berechnen, die diese Aufspaltungen hervorriefen.

Am Ende hatte er es der Gemächlichkeit seines Rechners zu verdanken, daß er in diesem August eine Entdeckung machte. Dieser Rechner brauchte Ewigkeiten – in Wirklichkeit Minuten –, um den exakten Parameterwert einer jeden Periodenverdopplung zu wiederholen. Je höher es hinaufging, um so länger dauerte es. Mit einem schnellen Computer und einem Papierausdruck hätte Feigenbaum womöglich gar kein Muster gesehen. Doch so mußte er die Zahlenwerte von Hand aufschreiben, stets eine Weile über sie nachdenken, während er wartete, und nebenbei, um keine Denkzeit zu vergeuden, raten, wo der nächste wohl liegen würde.

Doch mit einem Male wurde er gewahr, daß er gar nicht zu raten brauchte. Es lag eine unerwartete Regelmäßigkeit in dem System verborgen: Die Zahlenwerte zeigten eine geometrische Konvergenz, vergleichbar einer Linie identischer Telefonleitungsmasten, die auf den Horizont zu in einem Fluchtpunkt zusammenlaufen. Wenn man weiß, wie groß zwei solcher Pfosten sein müssen, weiß man auch den gesamten Rest; das Verhältnis des zweiten zum ersten entspricht dem Verhältnis des dritten zum zweiten und so weiter. Die Periodenverdopplungen erfolgten nicht einfach nur immer schneller, sondern immer schneller nach einem bestimmten Maß.

Warum sollte das so sein? Normalerweise deutet das Auftreten einer geometrischen Konvergenz darauf hin, daß sich etwas irgendwo in verschiedenen Maßstäben wiederholt. Wenn es aber ein Skalenmuster innerhalb dieser Gleichung gab, so hatte es nie jemand zuvor gesehen. Feigenbaum berechnete das Konvergenzverhältnis mit der größtmöglichen Exaktheit – auf drei Dezimalstellen genau –, die sein Apparat erlaubte: Das Resultat war die Zahl 4,669. Sollte diese Verhältniszahl irgend etwas bedeuten? Feigenbaum tat, was jedermann sonst auch getan hatte, der sich mit Zahlen beschäftigt. Er verbrachte den Rest des Tages damit, zu prüfen, ob die Zahl mit den üblichen Konstanten zusammenpaßte, mit π e usw. Doch von keiner war sie eine Variante.[14]

Es war ein Beispiel für Pech historischen Ausmaßes, stellte Robert May später fest, daß auch er diese geometrische Konvergenz bereits beobachtet hatte. Aber er vergaß sie so rasch, wie er sie notiert hatte. In Mays ökologischer Perspektive erschien sie als eine numerische Besonderheit und weiter nichts. In Systemen der realen Welt, die er betrachtete, in Systemen von Tierpopulationen, ja selbst in ökonomischen Modellen, würden die unvermeidlichen Störungen jedes Detail von solcher Präzision einfach übertünchen. Gerade der Wirrwarr, der ihn soweit gebracht hatte, stoppte ihn nun an der entscheidenden Stelle. May war begeistert über das Grobverhalten der Gleichung. Nie kam ihm in den Sinn, daß die numerischen Details sich als bedeutsam erweisen würden.

Feigenbaum wußte, was er vor sich hatte, denn geometrische Konvergenz bedeutete, daß irgend etwas in dieser Gleichung *skalierte* (d. h. sich in verschiedenen Maßstäben wiederholte), und er wußte, wie wichtig Skalierungen waren. Die ganze Theorie der Renormierungsgruppen basierte darauf. In einem offensichtlich widerspenstigen System bedeutete Skalierung, daß eine Eigenschaft beibehalten wurde, während alles andere sich veränderte. Eine bestimmte Regelmäßigkeit verbarg sich unter der turbulenten Oberfläche der Gleichung. Aber wo? Es war schwer zu entscheiden, was er als nächstes tun sollte.

In der dünnen Luft von Los Alamos geht der Sommer rasch in den Herbst über, und der Oktober war nahezu vorbei, als Feigenbaum auf einen seltsamen Gedanken verfiel. Er wußte, daß die Wissenschaftler Metropolis, Stein und Stein andere Gleichungen untersucht und herausgefunden hatten, daß verschiedene Muster von einer Funktion zur anderen erhalten blieben. Dieselben Kombinationen von Rs und Ls tauchten auf, und zwar in derselben Reihenfolge. [15] Eine Funktion hatte den Sinus eines Zahlenwerts betroffen, ein Aspekt, der Feigenbaums sorgfältig ausgearbeitete Annäherung an die Parabel-Gleichung gegenstandslos machte. Er würde wieder von vorn beginnen müssen. Also nahm er noch einmal seinen HP-65, um die Periodenverdopplungen für die Gleichung $x_{t+1} = r \sin \pi x_t$. durchzurechnen. Die Berechnung einer trigonometrischen Funktion verlangsamte den Prozeß ungemein, und Feigenbaum fragte sich, ob er, wie bei der einfacheren Version der Gleichung auch, eine »Abkürzung« benutzen könnte. Seiner Sache ziemlich sicher, musterte er die Zahlenwerte und stellte fest, daß sie wieder geometrisch konvergierten. Es ging nur noch darum, die Konvergenzrate für diese neue Gleichung zu ermitteln. Wieder stand ihm nur begrenzte Exaktheit zu Gebote, aber er bekam ein Resultat mit drei Dezimalstellen heraus: 4,669. Es war dieselbe Zahl.

Unglaublich, diese trigonometrische Funktion zeigte nicht nur eine konsistente, geometrische Regelmäßigkeit – sie zeigte eine Regelmäßigkeit, die numerisch *identisch* war mit einer viel einfacheren Funktion. Es gab keinerlei mathematische oder physikalische Theorie, die hätte erklären können, warum zwei in Form und Inhalt so unterschiedliche Gleichungen zu demselben Ergebnis führen sollten.

Feigenbaum rief Paul Stein an. Stein war nicht bereit, auf so dünner Beweisgrundlage an die Übereinstimmung zu glauben. Es haperte an der Exaktheit. Trotzdem rief Feigenbaum auch seine Eltern in New Jersey an, um ihnen zu sagen, er sei auf etwas sehr Tiefes gestoßen. Er meinte zu seiner Mutter, es würde ihn berühmt machen. Dann probierte er weitere Funktionen aus, jede, von der er annahm, sie könne auf dem Weg zur Unordnung eine Reihe von Bifurkationen durchlaufen. Und eine jede erzeugte dieselbe Zahl.

Sein ganzes Leben hatte Feigenbaum mit Zahlen gespielt. Als Schuljunge konnte er mit Logarithmen und Sinuswerten rechnen, die die meisten Leute in Tabellen nachschlagen mußten. Doch hatte er nie gelernt, einen Computer zu benutzen, der größer war als sein Tischrechner. Er war mit dieser Haltung ein typischer Physiker und Mathematiker, der eine gewisse Verachtung dem mechanischen Denken gegenüber hegte, das Computerberechnungen beinhalten konnten. Jetzt aber war die Zeit reif für den Einsatz einer neuen Technologie. Er bat einen Kollegen, ihn in Fortran einzuführen, und am Ende des Tages hatte er für eine ganze Reihe von Funktionen seine Konstante bis auf fünf Dezimalstellen ermittelt: 4,66920. Noch in derselben Nacht studierte er das Handbuch, um höhere Exaktheitsgrade zu erreichen, und am nächsten Tag kam er immerhin auf die Zahl 4,6692016090 – präzise genug, um Stein zu überzeugen. Doch Feigenbaum war selbst noch nicht überzeugt. Er hatte sich in der Suche nach Regelmäßigkeit ans Werk gemacht – eben dies kennzeichnete den vernünftigen Mathematiker –, zugleich aber auch in dem *Wissen*, daß besondere Formen von Gleichungen, ähnlich besonderen physikalischen Systemen, sich auf ganz spezielle und charakteristische Weise verhalten. Diese Gleichungen waren im Grunde völlig einfach. Feigenbaum verstand die quadratische Gleichung, er verstand die Sinusgleichung – die mathematischen Probleme waren trivial. Und dennoch erzeugte etwas im Innern dieser so unterschiedlichen Gleichungen bei steter Wiederholung einen einzigen Zahlenwert. Er war auf etwas gestoßen: vielleicht nur auf ein Kuriosum, vielleicht aber auf ein neues Naturgesetz.

Angenommen, ein Paläontologe beschließt, daß manche Dinge schwerer sind als andere – sie besitzen eine abstrakte Eigenschaft, die er *Gewicht* nennt –, und er möchte diese Idee wissenschaftlich überprüfen. Er hat Gewicht zwar nie gemessen, aber er glaubt, daß er über eine bestimmte Vorstellung von der Idee verfügt. Er betrachtet große Schlangen und kleine Schlangen, große Bären und kleine Bären, und er schätzt, daß das Gewicht dieser Tiere in einem gewissen Verhältnis zu ihrer Größe steht. Er baut eine Waage mit einer Skala und beginnt, die Schlangen zu wiegen. Zu seiner Verwunderung wiegt jede Schlange dasselbe. Zu seiner größeren Verwunderung wiegt auch jeder Bär dasselbe. Zu seiner noch größeren Verwunderung aber wiegen Bären dasselbe wie Schlangen. Sie wiegen alle 4,6692016090. Offensichtlich ist *Gewicht* etwas anderes, als er ursprünglich vermutete. Das ganze Konzept erfordert neuerliches Überdenken.

Rollende Ströme, schwingende Pendel, elektronische Oszillatoren – viele physikalische Systeme durchlaufen einen

251

Übergang auf ihrem Weg zu Chaos, und diese Übergänge haben sich als zu kompliziert für die Analyse erwiesen. Sie sind allesamt Systeme, deren mechanische Prinzipien vollkommen geklärt schienen. Physiker kannten alle zugeordneten Gleichungen; dennoch war es offenbar unmöglich, von den Gleichungen zu einem Verständnis des globalen Langzeitverhaltens zu gelangen. Unglücklicherweise waren Gleichungen zur Beschreibung von Fließbewegungen, ja sogar von Pendeln weitaus schwieriger als die einfache, eindimensionale logistische Funktion. Feigenbaums Entdeckung aber bedeutete, daß diese Gleichungen am entscheidenden Punkt vorbeizielten. Sie waren irrelevant. Wenn Ordnung auftrat, schien sie mit einemmal vergessen zu haben, was die ursprüngliche Gleichung war. Ob quadratisch oder trigonometrisch – das Resultat war dasselbe. »Die ganze herkömmliche Physik besteht darin, daß man die Mechanismen isoliert und der Rest dann von allein läuft«, sagte er. »Doch diese Vorstellung ist in sich zusammengekracht. Man kennt zwar die passenden Gleichungen, nur leider helfen sie nicht weiter. Man addiert all die mikroskopischen Einzelteile und stellt fest, daß man sie nicht auf lange Sicht übertragen kann. Auf sie kommt es bei dem Problem überhaupt nicht an. Das verändert völlig die Bedeutung des Ausdrucks, etwas zu *wissen*.«[16]

Obwohl die Verwandtschaft von numerischer und physikalischer Analyse nur eine entfernte Verwandtschaft war, lag es für Feigenbaum auf der Hand, daß er einen neuen Weg zur Berechnung komplexer nichtlinearer Probleme erarbeiten mußte. Bis dahin hatten alle verfügbaren Techniken von den Details der Funktionen abgehangen. War die Funktion eine Sinusfunktion, so waren Feigenbaums sorgfältig erarbeitete Berechnungen Sinusberechnungen. Seine Entdeckung der Universalität bedeutcte, daß all diese Techniken über Bord geworfen werden mußten. Die Regelmäßigkeit hatte weder etwas mit Sinuskurven noch mit Parabeln zu tun; ja, sie hatte mit gar keiner besonderen Funktion etwas zu tun. Die Natur hatte für eine Sekunde ihren Schleier gelüftet und einen Anblick unerwarteter Ordnung geboten. Was aber war noch hinter diesem Schleier?

Die Inspiration kam in Gestalt eines Bildes, der geistigen Vision zweier kleiner Wellenformen und einer großen. Das war alles – ein leuchtendes, scharf umrissenes Bild, das sich in seinem Geist eingegraben hatte, vielleicht nicht mehr als die sichtbare Spitze eines gewaltigen Eisbergs mentaler Prozesse, die sich unterhalb der Wasseroberfläche des Bewußtseins abspielten. Es hatte mit Skalierung zu tun, und es wies Feigenbaum den Weg, nach dem er gesucht hatte.

Natürlich beschäftigte auch er sich mit Attraktoren. Der Gleichgewichtszustand, den seine Abbildungen erreichen, ist ein Fixpunkt, der alle anderen anzieht – gleichgültig, wo die »Population« ihren Anfang nimmt, wird sie stetig gegen den Attraktor streben. Mit der ersten Periodenverdopplung aber zerfällt der Attraktor in zwei, vergleichbar einer sich teilenden Zelle. Zunächst liegen diese beiden Punkte praktisch beieinander; dann jedoch, wenn der Parameter steigt, streben sie auseinander. Dann eine weitere Periodenverdopplung: Wieder teilt sich jeder Punkt des Attraktors, und zwar im selben Augenblick. Sein Zahlenwert erlaubte Feigenbaum die Voraussage, *wann* die Periodenverdopplung auftreten würde. Nun entdeckte er, daß er gleichfalls die exakten Werte eines jeden Punktes auf diesem immer komplizierteren Attrakor voraussagen konnte – zwei Punkte, vier Punkte, acht Punkte... Er konnte die jeweils aktuelle Population berechnen, die in den Jahr-zu-Jahr-Oszillationen erreicht wurde. Es gab noch eine andere geometrische Konvergenz. Auch diese Zahlenwerte gehorchten einem Skalierungsgesetz.

Feigenbaum erforschte einen vergessenen Zwischenbereich von Mathematik und Physik. Seine Arbeit war nur schwer zu klassifizieren. Sie war keine Mathematik; er *bewies* nichts. Er untersuchte Zahlen, das ja, aber Zahlen bedeuten für Mathematiker, was Taschen voller Münzen für einen Kapitalanleger bedeuten: dem Namen nach das eigentliche Material seines Berufs, im Grunde aber zu isoliert und speziell, um damit die Zeit zu verschwenden. Ideen sind die eigentliche Währung der Mathematiker. Feigenbaum führte ein Programm der Physik durch, und so seltsam es scheinen mochte, war es fast ein Programm der Experimentalphysik. Statt Mesonen und Quarks bildeten Zahlenwerte und Funktionen seinen Untersuchungsgegenstand. Sie hatten Trajektorien und Orbits. Er wollte ihr Verhalten ergründen. Dazu mußte er – mit einem Ausdruck, der später zu einem Gemeinplatz der neuen Wissenschaft wurde – *Intuition kreieren*. Sein Computer war sein Beschleuniger und seine Nebelkammer. Zusammen mit seiner Theorie begründete er eine Methodologie. Für gewöhnlich konstruiert ein Computeranwender ein Problem, gibt es ein und wartet, daß die Maschine seine Lösung errechnet – ein Problem und eine Lösung. Feigenbaum und die Chaosforscher, die ihm nachfolgten, konnten sich damit nicht zufriedengeben. Sie mußten das tun, was Lorenz getan hatte: einen Mikrokosmos erschaffen und seine Entwicklung beobachten. Dann konnten sie diese oder jene Eigenschaft verändern und die veränderten Pfade beobachten, die daraus resultierten. Sie waren schließlich mit der Überzeugung gewappnet, daß winzige Veränderungen bestimmter Eigenschaften bemerkenswerte Veränderungen des Gesamtverhaltens herbeiführen konnten.

Sehr bald schon stellte Feigenbaum fest, wie wenig sich die Computeranlagen von Los Alamos für die neuen Rechenoperationen eigneten, die er entwickeln wollte. Trotz riesiger Kapazitäten, die weit größer waren als an den meisten Universitäten, gab es in Los Alamos nur wenige Terminals, die Graphen und Darstellungen zeigen konnten, und diese wenigen waren in der Rüstungsabteilung. Feigenbaum wollte Zahlenwerte als Punkte einer Abbildung darstellen. Er mußte auf die nur denkbar primitivste Methode zurückgreifen: lange Rollen von Druckerpapier voller Linien, erzeugt von Druckzeilen und Leerräumen, gefolgt von einem Sternchen oder einem Pluszeichen. Es gehörte zum Grundkonzept der Verwaltung in Los Alamos, daß ein Großrechner weit mehr wert sei als viele kleine Computer – eine Strategie, die in der Tradition *ein Problem und eine Lösung* stand. Von kleinen Computern wurde abgeraten. Außerdem galten bei jeder Anschaffung eines Computers, gleichgültig, in welcher Abteilung, strenge Richtlinien der Regierung, und eine förmliche Überprüfung war verbindlich. Die einzigen Terminals aber, die wirklich graphikfähig waren, befanden sich im Hochsicherheitsbereich – *hinter dem Zaun*, wie es dort im Jargon hieß. Die üblichen Verhältnisse sahen vor, daß er ein Terminal benutzen mußte, das über eine Telefonleitung mit einem Zentralrechner verbunden war. In der Praxis war es unter diesen Bedingungen kaum möglich, das wirkliche Potential des Computers am anderen Ende der Leitung zu nutzen. Selbst die einfachsten Aufgaben brauchten Minuten. Um eine Zeile des Programms aufzubereiten, mußte man die Bestätigungstaste drücken und warten, während das Terminal endlos vor sich hinbrummte und der Zentralrechner seine Botschaften an die anderen Benutzer im gesamten Laboratorium verteilte. (Erst später bekam Feigenbaum dank einer Budgetbeihilfe der Theoretischen Abteilung einen 20 000 Dollar teuren Desktop-Rechner. Damit konnte er seine Gleichungen und laufenden Bilder beliebig verändern, sie zwicken und zwacken und auf dem Computer wie auf einem Musikinstrument spielen.)

Während er am Computer saß, dachte er nach. Welche unbekannten mathematischen Prinzipien konnten all die verschiedenen Skalenmuster erzeugen, die er beobachtete? Etwas an diesen Funktionen, so schloß er, mußte *rekursiv* sein, *selbst-bezüglich*, das Verhalten von einer Funktion mußte gelenkt sein durch das Verhalten einer anderen, die sich in ihr verbarg. Das wellenförmige Bild, das ihm in

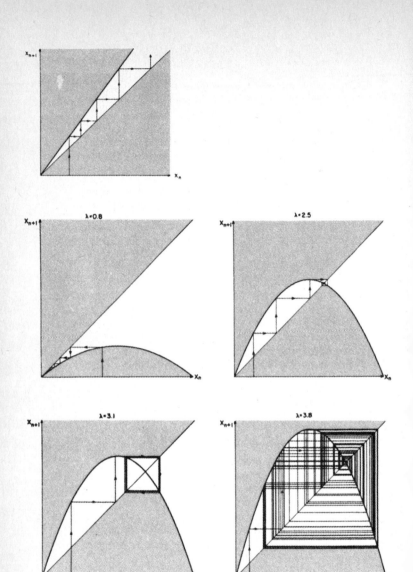

»Feigenbaumologien« im Chaos. Eine einfache Gleichung, nur viele Male wiederholt: Mitchell Feigenbaum konzentrierte sich auf unkomplizierte Funktionen, die einen Zahlenwert als Eingabe behandelten und einen anderen als Ausgabe erzeugten. Im Fall von Tierpopulationen etwa mochte eine Funktion das Verhältnis zwischen der Population des einen und der des folgenden Jahres ausdrücken.

256

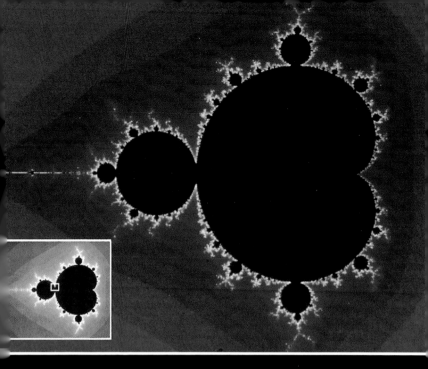

Die Mandelbrot-Menge. Beim Eindringen in immer feinere Strukturen wird die unablässig wachsende Komplexität der Mandelbrot-Menge mit ihren Seepferdchen-Schwänzen und inselartigen Molekülen sichtbar. Im Bild oben wird in einem Kasten ein Teilbereich der Mandelbrot-Menge vergrößert. Dieser Vorgang wird auf den folgenden Bildern wiederholt. Auf dem letzten Bild beträgt der Maßstab der Vergrößerung eins zu einer Million.

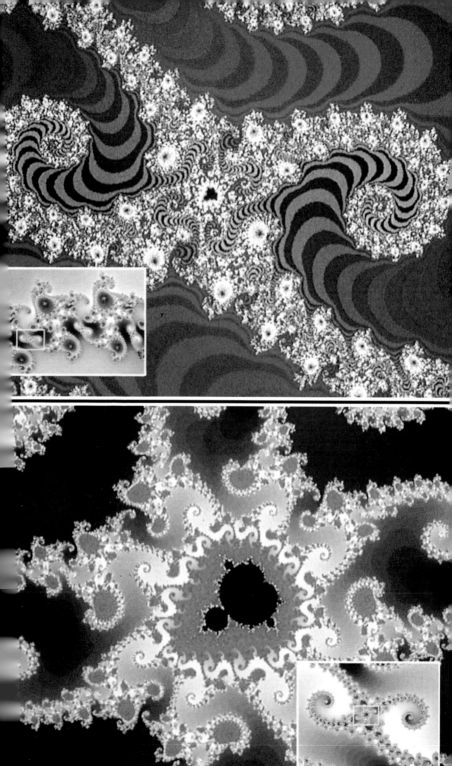

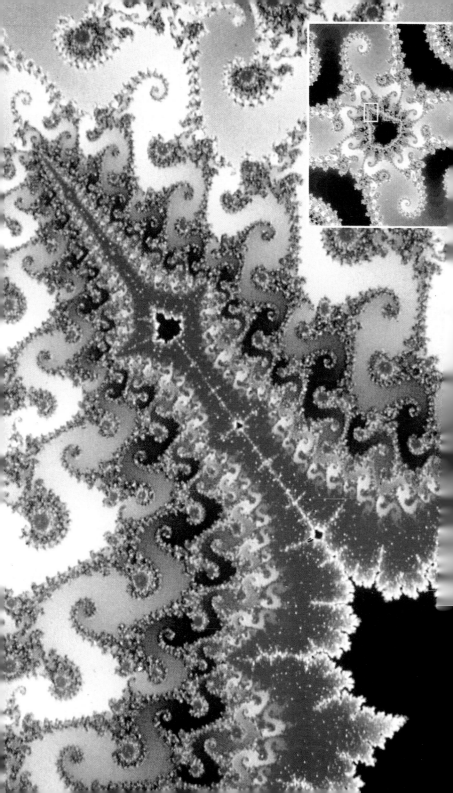

Eine Möglichkeit, solche Funktionen zu veranschaulichen, besteht darin, einen Graphen zu zeichnen, wobei die Eingabe in die Horizontalachse eingetragen wird und die Ausgabe in die Vertikalachse. Für jede mögliche Eingabe x gibt es genau eine Ausgabe y; zusammen bilden sie eine Form, die von der Schwerpunktlinie wiedergegeben wird.

Um nun das Langzeitverhalten des Systems darzustellen, zeichnete Feigenbaum eine Trajektorie, die mit einem beliebigen x begann. Weil jedes y sodann in dieselbe Funktion als neue Eingabe eingefüttert wurde, konnte er eine Art schematischer Abkürzung benutzen: die Trajektorie sprang von der Winkelhalbierenden, auf der x gleich y ist.

Für einen Ökologen stellt sich die auffälligste Funktion des Populationswachstums linear dar – Malthus' Vorstellung eines stetigen, grenzenlosen Wachstums um einen feststehenden Prozentbetrag pro Jahr (links). Realistischere Funktionen bildeten dagegen eine Krümmung, die die Population herabdrückte, wenn sie zu hoch anstieg. Graphisch dargestellt ist die »logistische Abbildung« eine vollkommene Parabel, definiert durch die Funktion $y = rx(1-x)$, wobei der Wert von r, zwischen 0 und 4, die Steigung der Parabel bestimmt. Doch Feigenbaum entdeckte, daß es gar nicht darauf ankam, welche Krümmung er benutzte; die Details der Funktion trafen nicht den Punkt. Worauf es ankam, war, daß die Funktion einen »Buckel« hatte.

Das Verhalten zeigte nun aber eine sensitive Abhängigkeit von der Steigung – eben den jeweiligen Grad der Nichtlinearität oder, mit Mays Worten, den Vermehrungs- und Reduzierungseffekt. Eine zu niedrig angesetzte Funktion würde Auslöschung bewirken: Jede sich entwickelnde Population würde gegen null streben. Eine Zunahme der Steigung rief den Gleichgewichtszustand hervor, den ein Ökologe herkömmlicherweise erwartete; dieser Punkt, der sich in allen Trajektorien abzeichnete, war ein eindimensionaler »Attraktor«.

Jenseits eines gewissen Punktes produzierte eine Bifurkation eine oszillierende Population mit der Periode zwei. Dann traten weitere Periodenverdopplungen auf, und schließlich (unten rechts) wollte sich die Trajektorie überhaupt nicht mehr beruhigen.

Solche Bilder bildeten Feigenbaums Ausgangspunkt bei dem Versuch, eine Theorie aufzustellen. Er begann, in Begriffen der Rekursion zu denken: Funktionen von Funktionen, Funktionen von Funktionen von Funktionen und so weiter; Abbildungen mit zwei Buckeln, dann mit vier...

einem Augenblick der Eingebung erschienen war, drückte etwas über die Art und Weise aus, in der eine Funktion skaliert werden konnte, um zu einer andern zu passen. Er wandte Techniken der Renormierung mit ihren Skalierungsverfahren an, um unendliche Größen in handliche Größen zu zerlegen. Mit Beginn des Frühjahrs 1976 lebte er auf so intensive Weise, wie er es noch nie zuvor getan hatte. Er konzentrierte sich wie in Trance, programmierte wie ein Besessener, kritzelte mit seinem Bleistift und programmierte von neuem. Er konnte die Abteilung C nicht um Hilfe bitten, denn das hätte bedeutet, aus dem Computer auszusteigen, um das Telefon zu benutzen, und ein Wiederanschluß war Glückssache. Er konnte nicht länger als fünf Minuten unterbrechen, um nachzudenken, denn der Computer schaltete sonst automatisch seine Leitung ab. Und auch so fiel der Computer immer wieder aus, und er saß da, zitternd vor Adrenalin. Zwei Monate lang arbeitete er ohne Pause. Sein Arbeitstag bestand aus zweiundzwanzig Stunden. Dann und wann fiel er in eine Art Dämmerzustand, aus dem er zwei Stunden später mit genau denselben Gedanken wieder aufwachte, mit denen er eingeschlafen war. Seine Nahrung war ausschließlich Kaffee. (Auch in gesunden und ruhigen Zeiten lebte Feigenbaum ausschließlich von möglichst blutigen Steaks, Kaffee und Rotwein. Seine Freunde spekulierten darüber, daß er Vitamine vermutlich aus Zigaretten beziehe.)[17]

Universalität machte den Unterschied zwischen schön und nützlich aus. Mathematiker kümmern sich von einem bestimmten Punkt an kaum noch darum, ob ihre Techniken zu Berechnungen taugen. Physiker brauchen von einem bestimmten Punkt an Zahlen. Universalität eröffnete die Hoffnung, daß durch die Lösung eines leichten Problems Physiker viel schwierigere Probleme lösen könnten. Die Antworten würden die gleichen sein. Dadurch, daß Feigen-

baum seine Theorie in den Rahmen der Renormierungsgruppe stellte, verlieh er ihr zudem ein Gewand, in dem
Physiker sie als ein Recheninstrument, das beinahe schon
standardisiert war, akzeptieren konnten.

Doch gerade das, was Universalität nützlich machte, er-
schwerte es den Physikern, die Theorie anzunehmen. Universalität bedeutete, daß verschiedene Systeme sich identisch verhielten. Natürlich, Feigenbaum untersuchte nur
Abbildungen, numerische Funktionen. Doch war er davon
überzeugt, daß seine Theorie ein Naturgesetz über Systeme
am Punkt des Übergangs von Ordnung zu Turbulenz ausdrückte. Jedermann wußte, daß Turbulenz ein kontinuierliches Spektrum verschiedener Frequenzen bedeutete, und
jedermann fragte sich, woher die verschiedenen Frequenzen kamen. Plötzlich konnte man *sehen*, wie die Frequenzen
regelmäßig aufeinanderfolgend auftraten.[18] Die physikalische Konsequenz daraus lautete, daß reale Systeme sich in
derselben erkennbaren Weise verhielten und daß darüber
hinaus dieses Verhalten *meßbar* dasselbe sei. Feigenbaums
Universalität war nicht nur qualitativ, sie war auch quantita-
tiv; nicht nur strukturell, sondern auch metrisch. Sie erstreckte sich nicht nur auf Muster, sondern auch auf Zahlen.
Für einen Physiker war das nur schwer zu glauben.

Jahre später noch verwahrte Feigenbaum in einer Schreib-
tischschublade, um sie rasch zur Hand zu haben, seine Ab-
lehnungsbriefe. Doch da genoß er bereits die Anerkennung,
die er brauchte. Seine Arbeit von Los Alamos hatte ihm
Preise und Auszeichnungen eingetragen, die Ansehen und
Geld mit sich gebracht hatten.[19] Aber immer noch nagte an
ihm, daß Herausgeber der führenden Fachzeitschriften seine Arbeit zwei Jahre lang, nachdem er sie erstmals vorgelegt
hatte, als ungeeignet für die Veröffentlichung ablehnten.
Die Vorstellung eines wissenschaftlichen Durchbruchs, der
so originell und unerwartet ausfällt, daß er nicht publiziert
werden kann, scheint uns ein leicht antiquierter Mythos.
Moderne Wissenschaft mit ihrem breiten Informationsfluß

und ihrem unparteiischen System vergleichender Überprüfung scheint schließlich keine Frage des Geschmacks zu sein. Ein Herausgeber, der Feigenbaum ein Manuskript zurücksandte, erkannte Jahre später, daß er einen Aufsatz abgelehnt hatte, der einen Wendepunkt seines Fachbereichs markierte. Dennoch behauptete er weiterhin, daß der Aufsatz nicht der Leserschaft seiner Zeitschrift, angewandten Mathematikern, entsprochen hätte. Aber auch ohne Veröffentlichung wurde Feigenbaums Durchbruch in der Zwischenzeit zu einem heißen Gerücht in bestimmten Kreisen von Mathematikern und Physikern. In ihrem Kern fand die Theorie auf dem Wege Verbreitung, auf dem heute Wissenschaft am meisten Verbreitung findet – trotz aller Vorträge und Manuskriptvorabdrucke. Feigenbaum beschrieb seine Arbeit auf Tagungen, und Anfragen zu seinem Aufsatz trafen zunächst vereinzelt, dann aber zu Hunderten ein.

Die moderne Ökonomie beruht ganz wesentlich auf einer Vorstellung, die als freies Spiel der Kräfte bekannt ist. Wissen, so nimmt man an, fließt frei und ungehindert von einem Ort zum andern. Menschen, die wichtige Entscheidungen treffen, haben Zugang zu einer mehr oder weniger gleichen Informationsmenge. Gewiß, es gibt ein paar Löcher Unwissenheit hier und ein paar Häufungen besonderer Kenntnisse dort; aufs ganze gesehen aber gehen Wirtschaftswissenschaftler davon aus, daß Wissen, sofern es einmal *öffentlich* ist, auch jedermann kennt. Auch Wissenschaftshistoriker nehmen oft bei ihren Untersuchungen ein solches freies Spiel der Kräfte an. Wenn eine Entdeckung gemacht, eine Idee ausgedrückt wurde, dann, so lautet die Annahme, wird sie Gemeingut der wissenschaftlichen Welt. Dabei baut jede neue Entdeckung und jede neue Einsicht auf der letzten auf. Die Wissenschaft ragt auf wie ein Gebäude, Stein auf Stein. Die Entwicklungsgeschichte des Geistes kann darum unter praktischen Gesichtspunkten als linear betrachtet werden.

Dieses Wissenschaftsverständnis funktioniert am besten, wenn eine wohldefinierte Disziplin die Lösung eines wohldefinierten Problems erwartet. Niemand hat zum Beispiel die Entdeckung der Molekularstruktur der DNS mißverstanden. Doch verläuft die Ideengeschichte nicht immer in so wohlgeordneten Bahnen. Als die nichtlineare Wissenschaft in abseits gelegenen Ecken verschiedener Disziplinen entstand, folgte der Ideenstrom keineswegs der Standardlogik der Historiker. Das Auftauchen von Chaos als einem eigenständigen Gebilde betraf nicht nur neue Theorien und neue Entdeckungen, sondern auch das damit verknüpfte Verständnis alter Ideen. Viele Teile des Puzzles waren schon lange zuvor gesichtet worden – von Poincaré, von Maxwell, auch von Einstein –, doch bald schon wieder in Vergessenheit geraten. Viele neue Teile begriffen zunächst nur einige wenige Eingeweihte. Eine mathematische Entdeckung begriffen Mathematiker, eine physikalische Entdeckung Physiker, eine meteorologische Entdeckung niemand. Die Art und Weise, wie Ideen sich ausbreiteten, wurde genauso wichtig wie die Art und Weise, in der sie zustande kamen. Jeder Wissenschaftler verfügte über eine persönliche Konstellation intellektueller Vorfahren. Jeder hatte seine eigene Ideenlandschaft vor Augen, und jede dieser Landschaften war auf ihre Weise begrenzt. Wissen war etwas Unvollkommenes. Wissenschaftler waren in den Gepflogenheiten ihrer Disziplinen oder in Zufälligkeiten ihrer eigenen Ausbildung befangen. Die wissenschaftliche Welt erwies sich als überraschend begrenzt. Nicht eine Masse von Wissenschaftlern leiteten ihre Geschichte in neue Bahnen – dies taten vielmehr eine Handvoll von Individualisten mit individuellen Wahrnehmungen und individuellen Zielen.

Im nachhinein sollte sich dann allmählich eine Übereinstimmung abzeichnen, welche Neuerungen und welche Beiträge den größten Einfluß ausgeübt hatten. Doch zunächst erforderte eine solche Übereinstimmung ein gewisses Maß an Revision. In der heißen Phase der Entdeckungen, vor allem in den späten siebziger Jahren, verstanden keine zwei Physiker, keine zwei Mathematiker unter Chaos ein und dasselbe. Ein Wissenschaftler, der mit klassischen Systemen ohne Reibung und Energieverlust vertraut war, würde sich in einer Linie sehen, die auf Russen wie A. N. Kolmogorov und V. I. Arnold zurückging. Ein Mathematiker, der sich mit klassischen dynamischen Systemen beschäftigte, würde eine Linie von Poincaré über Birkhoff und Levinson zu Smale ziehen. Eine spätere Konstellation von Mathematikern mochte Smale, Guckenheimer und Ruelle ins Zentrum stellen. Oder sie mochte auf eine Reihe computerinteressierter Vorfahren hinweisen, die mit dem Namen Los Alamos verknüpft waren: Ulam, Metropolis, Stein. Ein theoretischer Physiker mochte an Ruelle, Lorenz, Rössler und Yorke denken. Einem Biologen kamen sicher Smale, Guckenheimer, May und Yorke in den Sinn. Die Zahl der möglichen Kombinationen war Legion. Ein Wissenschaftler, der mit Materialien arbeitete – etwa ein Geologe oder ein Seismologe –, würde zweifellos Mandelbrot einen unmittelbaren Einfluß zuschreiben, wogegen ein theoretischer Physiker kaum zugegeben hätte, auch nur seinen Namen zu kennen.

Auch Feigenbaums Rolle sollte Anlaß zu manchem Streit geben. Jahre später, als er sich bereits im Licht einer gewissen Berühmtheit sonnte, umgingen ihn manche Physiker, indem sie andere Forscher zitierten, die an demselben Problem zur selben Zeit gearbeitet hatten, von ein paar Jahren mehr oder weniger einmal abgesehen. Manche hielten ihm vor, den Blick zu sehr auf einen nur schmalen Ausschnitt aus dem breiten Spektrum chaotischen Verhaltens zu konzentrieren. Die »Feigenbaumologie«[20] werde überschätzt, so die Meinung eines Physikers – ja, sicher, eine schöne Arbeit, aber doch nicht von so bedeutendem Einfluß wie etwa die Arbeit Yorkes. 1984 wurde Feigenbaum eingeladen, einen Vortrag vor dem Nobelinstitut in Schweden zu halten, und dort brach die Kontroverse erstmals richtig auf. Benoit Mandelbrot hielt einen durchtrieben pointierten Vortrag, den Zuhörer später die »Anti-Feigenbaum-Vorlesung« nannten. Auf irgendeine Weise hatte Mandelbrot einen zwanzig Jahre alten Aufsatz über Periodenverdopplung ausgegraben, verfaßt von einem finnischen Mathematiker namens Myrberg, und unbeirrbar nannte er in der Folge die Feigenbaum-Reihen »Myrberg-Reihen«.

Doch Feigenbaum hatte die Universalität entdeckt und eine Theorie geschaffen, um sie zu erklären. Das war der Dreh- und Angelpunkt der neuen Wissenschaft. Außerstande, ein so verblüffendes, jeder Intuition zuwiderlaufendes Ergebnis zu publizieren, verbreitete er das Wort in einer Reihe von Vorträgen auf dem Kongreß von New Hampshire im August 1976, auf einem internationalen Mathematikertreffen in Los Alamos im September und schließlich in einer Vorlesungs-reihe an der Brown University im November. Die Entdek-kung und die Theorie riefen Verwunderung, Unglauben und Begeisterung hervor. Je mehr ein Wissenschaftler über Nichtlinearität nachgedacht hatte, um so stärker spürte er die Kraft, die Feigenbaums Universalität innewohnte. Einer drückte es in einfachen Worten aus: »Es war eine ebenso glückliche wie schockierende Entdeckung, daß es in nichtli-nearen Systemen Strukturen gibt, die immer dieselben blei-ben, wenn man sie nur in der richtigen Weise anschaut.«[21] Manche Physiker griffen nicht nur die Ideen, sondern auch die Techniken auf. Mit diesen Abbildungen zu spielen – einfach nur zu spielen – ließ sie schaudern. Sie konnten mit Hilfe ihrer eigenen Rechner die Überraschung und Befriedi-gung nachvollziehen, die Feigenbaum in Los Alamos voran-getrieben hatten. Und sie verfeinerten die Theorie. Nach-dem Predrag Cvitanović, ein Teilchenphysiker, Feigen-baums Vortrag am Institute for Advanced Study in Prince-ton gehört hatte, half er ihm, seine Theorie zu vereinfachen und ihre Universalität auszuweiten, wobei Cvitanović jedoch die ganze Zeit behauptete, es handle sich bloß um einen Zeitvertreib.[22] Gegenüber seinen Kollegen brachte er es nicht über sich, zuzugeben, womit er sich gerade beschäftigte.

Auch unter Mathematikern herrschte eine reservierte Haltung vor, vor allem weil Feigenbaum keinen strengen Beweis erbrachte. Einen Beweis im mathematischen Sinne lieferte erst 1979 Oscar Lanford.[23] Feigenbaum erinnerte sich oft daran, wie er seine Theorie vor einer hochkarätigen Zuhörerschaft bei der Tagung in Los Alamos im September ausbreitete. Kaum hatte er damit begonnen, seine Arbeit zu beschreiben, als der bedeutende Mathematiker Mark Kac aufstand und fragte: »Sir, wollen Sie uns Zahlenreihen vorführen oder einen Beweis?«[24]

Mehr als das eine und weniger als das andere, gab Feigenbaum zur Antwort.

»Könnte das je ein *vernünftiger* Mensch einen Beweis nennen?«

Feigenbaum bat, die Zuhörer möchten sich selbst ein Urteil bilden. Nachdem er zu Ende gesprochen hatte, wandte er sich an Kac, der mit einem hämisch gerollten R antwortete: »Ja, das ist in der Tat ein Beweis, der einem vernünftigen Menschen einleuchtet. Die Details können den strrrrrengen Mathematikern überlassen werden.«

Eine ganze Bewegung war ausgelöst worden, und die Entdeckung der Universalität trieb sie voran. Im Sommer 1977 organisierten zwei Physiker, Joseph Ford und Giulio Casati, den ersten Kongreß über eine Wissenschaftsrichtung namens Chaos. [25] Er wurde abgehalten in einer wunderschönen Villa in Como, Italien, einer kleinen Stadt an der Südspitze des gleichnamigen Sees, der in seinem traumhaft blauen Becken den geschmolzenen Schnee der italienischen Alpen sammelt. Einhundert Teilnehmer fanden sich ein – die meisten Physiker, aber auch neugierige Wissenschaftler aus anderen Sparten. »Mitch hatte Universalität gesehen und herausgefunden, wie sie skaliert. Er hatte einen Weg erschlossen, zu Chaos zu gelangen, der einen intuitiven Reiz besaß«, meinte Ford. »Wir hatten zum erstenmal ein deutliches Modell, das jedermann begreifen konnte. Und es war eine jener Erscheinungen, für die die Zeit reif war. In allen möglichen Disziplinen, von der Astronomie bis zur Zoologie, trieben die Leute alle dasselbe, nur jeder publizierte in seiner Fachzeitschrift mit ihren engen Grenzen und hatte keine blasse Ahnung, daß es auch noch andere Leute gab.

Sie dachten, sie wären ganz allein und würden sogar in ihrem eigenen Fach als ein wenig exzentrisch angesehen. Sie hatten die einfachen Fragen, die man stellen konnte, so ziemlich erschöpft und fingen an, sich um neue Phänomene zu kümmern, die etwas komplizierter waren. Und all diese Leute waren zu Tränen gerührt, nun festzustellen, daß noch jede Menge anderer da waren.«[26]

Feigenbaum lebte später in einer kahlen Behausung: ein Bett in einem Raum, ein Computer in einem andern, und im dritten drei schwarze Stereotürme, um seine vor allem deutsche Plattensammlung abzuspielen. Sein einziges Experiment in Sachen Wohnungseinrichtung, der Kauf eines teuren Marmorcouchtischs während seines Italienbesuchs, endete als ein Fehlschlag, denn bei ihm kam nur ein Paket voller Marmorscherben an. Er sprach sehr rasch: »In den zwanziger Jahren passierte etwas Dramatisches. Ohne guten Grund stießen Physiker auf eine im wesentlichen richtige Beschreibung der Welt um sie her – denn in vielerlei Hinsicht *ist* die Quantenmechanik im wesentlichen korrekt. Sie sagt uns zum Beispiel, wie wir aus Dreck Computer machen können. Das ist die Art und Weise, wie wir gelernt haben, unser Universum zu manipulieren, die Art und Weise, wie Chemikalien hergestellt werden und Plastik und was weiß ich. Es ist eine hochentwickelte Welt, und wir wissen, wie wir sie berechnen können. Es ist eine außerordentlich gute Theorie – außer daß sie auf einem bestimmten Niveau keinen rechten Sinn ergibt.

Ein Teil der Metaphorik fehlt. Wenn man danach fragt, was die Gleichungen wirklich bedeuten und was dieser Theorie nach die Beschreibung der Welt ist, so ist es keine Beschreibung, die unserer intuitiven Erfassung der Welt entspricht. Man kann sich kein Teilchen vorstellen, das sich voranbewegt wie auf einer Trajektorie. Unmöglich, es sich auf diese Weise vor Augen zu führen. Und wenn man immer subtilere Fragen stellt – auf welche Weise sagt diese Theorie etwas über das Aussehen der Welt aus? –, hat man sich am Ende so weit von jeder normalen Vorstellung der Dinge entfernt, daß man in alle möglichen Widersprüche gerät. Aber wir können nicht völlig ausschließen, daß es hier keinen anderen Weg gibt, alle diese Informationen zu versammeln, der keine so radikale Abwendung von der Art und Weise verlangt, wie wir die Dinge intuitiv erfassen.

Es gibt in der Physik eine grundlegende Annahme, nämlich daß wir die Welt dadurch begreifen, daß wir sie in immer weitere Bestandteile auseinandernehmen, bis wir die Materie begreifen, die wir für wirklich grundlegend halten. Ferner nehmen wir an, daß die anderen Dinge, die wir nicht begreifen, Nebensächlichkeiten sind. Voraussetzung dafür ist, daß es eine kleine Zahl von Prinzipien gibt, die wir erkennen können, indem wir die Dinge in ihrem Reinzustand betrachten – das ist die eigentlich analytische Vorstellung – und wir sie dann irgendwie in komplizierterer Weise wieder zusammensetzen, wenn wir schmutzigere Probleme lösen wollen. Wenn man *kann*.

Am Ende muß man, um zu begreifen, sozusagen den Gang wechseln, eine andere Übersetzung wählen. Man muß wieder zusammenfügen, wie man die wichtigen Dinge erfaßt, die um einen her vor sich gehen. Angenommen, Sie haben versucht, mit einem Computermodell ein Fließsystem zu simulieren. Das ist heute immerhin möglich. Doch das wäre vergeudete Anstrengung gewesen, denn was *wirklich* passiert, hat nichts mit einem Fluid oder einer besonderen Gleichung zu tun. Es ist eine allgemeine Beschreibung dessen, was in einer Vielzahl unterschiedlicher Systeme geschieht, wenn Dinge wieder und wieder auf sich selbst einwirken. Das erfordert eine andere Denkweise über das Problem.

Angenommen, Sie schauen sich hier in diesem Raum um – dort drüben sehen Sie Kram rumliegen, dort eine sitzende Gestalt und dort die Türen – und sollen nun die elementaren Materieprinzipien nehmen und die Wellenfunktionen notieren, um sie zu beschreiben. Nun, der Gedanke ist nicht durchführbar. Mag sein, daß Gott es tun könnte, aber es gibt keine analytische Theorie, um ein solches Problem zu begreifen.

Es ist kein akademisches Problem mehr, danach zu fragen, was mit einer Wolke passiert. Die Leute wollen soviel wissen – und das bedeutet, daß es Geld dafür gibt. Dieses Problem liegt genau im Bereich der Physik, und es ist ein Problem von genau demselben Kaliber. Sie schauen sich etwas Kompliziertes an, und das gängige Verfahren, es zu lösen, besteht darin, so viele Punkte wie nur möglich ins Auge zu fassen, genug Materie, um zu sagen, wo die Wolke ist, wo die Wärme ist, wo die Geschwindigkeit ist und so weiter. Dann füttern Sie alles in die größte Maschine, die Sie sich leisten können, und versuchen, einen Schätzwert zu bestimmen, was sie als nächstes tun wird. Aber das ist nicht gerade realistisch.«[27]

Er drückte seine Zigarette aus, um sich die nächste anzuzünden. »Man muß nach verschiedenen Möglichkeiten Ausschau halten. Man muß nach maßstabsübergreifenden Strukturen suchen – wie verhalten sich große Details zu kleinen Details. Man schaut sich Strömungsstörungen an, komplizierte Strukturen, in denen Komplexität aus einem stetigen Prozeß hervorgeht. Ab einem bestimmten Grad kümmern sie sich kaum noch darum, wie groß der ganze Prozeß ist – egal, ob so groß wie eine Erbse oder wie ein

Basketball. Der Prozeß kümmert sich nicht darum, wo er gerade steckt, und noch weniger, wie lange er schon anhält. Die einzigen Dinge, die je universal sein können, sind maßstabsübergreifende Dinge.

In einer Hinsicht ist Kunst eine Theorie über die Art und Weise, in der die Welt den Menschen erscheint. Es liegt doch nur allzu deutlich auf der Hand, daß wir die Welt um uns her im Detail nicht kennen. Die Leistung der Künstler liegt nun in der Erkenntnis, daß es nur darauf ankommt, einen kleinen Teil all des Materials zu erfassen und zu schauen, was es ist. Auf diese Weise können sie mir einiges von meiner Forschung abnehmen. Schauen Sie sich die frühen Bilder van Goghs an. Sie sind vollgestopft mit zig Millionen Details, immer gibt es einen Riesenhaufen Informationen in seinen Gemälden. Ihm ist ganz offensichtlich aufgegangen, welche irreduziblen Mengen von Material man aufnehmen muß. Oder betrachten Sie einmal die Horizonte auf holländischen Tuschezeichnungen um 1600 mit den winzigen Bäumen und Kühen, die so echt aussehen. Wenn man sie von nahem anschaut, zeigen die Bäume eine Art Laubgrenzen, doch es würde nicht funktionieren, wenn das alles wäre – darin eingesetzt, lassen sich kleine Partien Zweigwerk erkennen. Es herrscht ein ganz bestimmtes Wechselspiel zwischen weicheren Geweben und den Dingen mit klarer umrissenen Konturen. Irgendwie vermittelt die Kombination von beidem die angemessene Wahrnehmung. Wenn man sich anschaut, wie Ruysdael und Turner komplizierte Wasserläufe malen, so sind sie zweifellos aus Iterationen aufgebaut. Es gibt eine bestimmte Ebene von Material, und dann darauf gemaltes Material, und dann Korrekturen dazu. Turbulente Flüssigkeiten haben bei diesen Malern immer etwas mit der Idee von Skalen und Skalierung zu tun.

Ich will wirklich wissen, wie man Wolken beschreiben kann. Aber zu sagen, hier ist ein Stück mit der und der Dichte, dort ein anderes mit der und der Dichte, um dann all dieses Detailwissen zusammenzufügen – ich glaube, das ist falsch.

Ganz bestimmt aber entspricht es nicht der Art und Weise, wie Menschen diese Dinge wahrnehmen, und auch nicht der Art und Weise, wie ein Künstler sie wahrnimmt. Irgendwie bedeutet das Aufschreiben von partiellen Differentialgleichungen, der eigentlichen Arbeit an dem Problem aus dem Weg zu gehen.

Irgendwie besagt das wunderbare Versprechen der Welt, daß es schöne Dinge in ihr gibt, Dinge, die wunderbar und verlockend sind, und aufgrund seines Berufs will man sie begreifen.« Er legte die Zigarette hin. Rauch stieg vom Aschenbecher auf, zuerst in einer feinen Säule, doch dann (mit einer Verbeugung vor der Universalität) in zerfließenden Fahnen, die sich zur Decke hinaufkräuselten.

1. Feigenbaum. Feigenbaums wichtigste Aufsätze über Universalität sind »Quantitive Universality for a Class of Nonlinear Transformations«, *Journal of Statistical Physics* 19 (1978), S. 25–52; sowie »The Universal Metric Properties of Nonlinear Transformations«, *Journal of Statistical Physics* 21 (1979), S. 669–706; eine leichter zugängliche Darstellung, obwohl sie einige mathematische Voraussetzungen erfordert, ist der Zeitschriftenbeitrag »Universal Behavior in Nonlinear Systems«, *Los Alamos Science* 1 (Sommer 1981), S. 4–27. Ferner stütze ich mich auf seine unveröffentlichten Erinnerungen »The Discovery of Universality in Period Doubling«.
2. Feigenbaum, Carruthers, Cvitanović, Campbell, Farmer. Vischer, Kerr, Hasslacher, Jen.
3. Carruthers.
4. Feigenbaum.
5. Carruthers.
6. Kadanoff.
7. Gustav Mahler, Brief an Max Marschalk; *Briefe*, hrsg. v. Alma Maria Mahler, Berlin-Wien-Leipzig 1925, S. 189.

8. Goethe, *Schriften zur Farbenlehre*, *Sämtliche Werke*, Artemis-Gedenkausgabe, Bd. 16, Zürich 1949, S. 10.

9. In gewisser Hinsicht benutzten Ulam und von Neumann die chaotischen Eigenschaften für die Lösung des Problems, Zufallszahlen mit einem begrenzten Digitalrechner zu generieren.

10. Dieser Aufsatz – der einzige Pfad von Stanislaw Ulam und John von Neumann zu James Yorke und Mitchell Feigenbaum – ist »On Finite Limit Sets for Transformations on the Unit Interval«, *Journal of Combinatorial Theory* 15 (1973), S. 25–44.

11. »The Problem of Deducing the Climate from the Governing Equations«, *Tellus* 16 (1964), S. 1–11.

12. Manabe.

13. Feigenbaum.

14. May.

15. »On Finite Limit Sets«, S. 30–31. Der entscheidende Hinweis lautet: »Die Tatsache, daß diese Muster… eine gemeinsame Eigenschaft scheinbar nicht miteinander verwandter Transformationen bilden…, legt die Annahme nahe, daß die Mustersequenz (pattern sequence) eine allgemeine Eigenschaft einer großen Klasse von Abbildungen darstellt. Aus diesem Grund haben wir diese Sequenz von Mustern U-Sequenz genannt, wobei ›U‹ (mit einiger Übertreibung) für ›universal‹ steht.« Die Mathematiker haben sich jedoch nie vorstellen können, daß die Universalität sich auch auf effektive Zahlen erstreckt; sie ermittelten eine Tabelle mit 84 Parameterwerten, ein jeder bis auf sieben Dezimalstellen genau, ohne die geometrische Beziehung zu beobachten, die sich darin verbarg.

16. Feigenbaum.

17. Cvitanović.

18. Ford.

19. MacArthur-Stipendium; Wolf-Preis in Physik, 1986.

20. Dyson.

21. Gilmore.

22. Cvitanović.

23. Auch dieser Beweis war noch unorthodox, insofern er sich auf eine gewaltige Menge numerischer Rechenoperationen stützte, so daß er nur mit Hilfe eines Computers durchgeführt oder überprüft werden konnte. Lanford; Oscar E. Lanford, »A Computer-Assisted Proof of the Feigenbaum Conjectures«, *Bulletin of the American Mathematical Society* 6 (1982), S. 427; vgl. auch P. Collet, J.-P. Eckmann und O. E. Lanford, »Universal Properties of Maps on an Interval«, *Communications in Mathematical Physics* 81 (1980), S. 211.

24. Feigenbaum, »The Discovery of Universality«, S. 17.

25. Ford, Feigenbaum, Lebowitz.

26. Ford.

27. Feigenbaum.

Der Experimentator

Das ist ein Erlebnis wie kein zweites, das ich beschreiben kann, das Beste, was einem Wissenschaftler überhaupt passieren kann, wenn man feststellt, daß etwas, was in seinem oder ihrem Kopf geschehen ist, exakt einem Phänomen in der Natur enspricht. Es ist immer wieder verblüffend, wenn das passiert. Man staunt, daß ein Konstrukt des eigenen Geistes tatsächlich in der wirklichen und wahrhaftigen Welt draußen nachvollzogen werden kann. Das ist ein großer Schock, und eine große, große Freude.

Leo Kadanoff

»Albert wird allmählich erwachsen.«[1] So hieß es an der École Normale Supérieure, jener Hochschule, die zusammen mit der École Polytechnique an der Spitze der französischen Bildungshierarchie steht. Man fragte sich, ob wohl das Alter nun seinen Tribut auch von Albert Libchaber forderte, der sich als Tieftemperaturphysiker einen hervorragenden Namen gemacht hatte durch die Erforschung des Quantenverhaltens supraflüssigen Heliums bei Temperaturen knapp über dem absoluten Gefrierpunkt. Er genoß Ansehen und eine sichere Stellung an der Fakultät der École Polytechnique. Und dann verschwendete er 1977 seine Zeit und die Mittel der Universität mit einem allem Anschein nach trivialen Experiment. Auch Libchaber fragte sich, ob er nicht die Karriere eines Examensstudenten gefährde, wenn er ihn an einem solchen Projekt beteilige, und wählte darum einen fertigen Ingenieur als Assistenten.

Libchaber wurde, fünf Jahre bevor die Deutschen die Stadt besetzten, in Paris als Sohn polnischer Juden und als Enkelsohn eines Rabbi geboren. Er überlebte den Krieg auf dieselbe Weise wie Benoit Mandelbrot:[2] Er versteckte sich auf dem Land, getrennt von seinen Eltern, da ihr Akzent sie

271

verraten konnte. Seinen Eltern gelang es zu überleben; die restliche Familie fiel den Nazis zum Opfer. Durch eine Kapriole des politischen Schicksals verdankte Libchaber sein Leben dem Schutz des örtlichen Chefs von Pétains Geheimpolizei, eines Mannes, dessen glühendem Rechtsradikalismus nur sein glühender Antirassismus die Waage hielt. Nach dem Krieg sollte der zehnjährige Junge die Hilfe erwidern. Nur halb begreifend, was vor sich ging, sagte er vor einer Kriegsverbrecherkommission aus: Seine Aussage rettete dem Mann den Hals.

Libchaber wuchs in die Welt der französischen akademischen Wissenschaft hinein und machte Karriere, wobei seine brillanten Fähigkeiten niemals in Frage standen. Seine Kollegen hielten ihn nur manchmal für etwas verrückt – ein jüdischer Mystiker unter Rationalisten, ein Gaullist zu einer Zeit, da die meisten Wissenschaftler Kommunisten waren. Sie machten sich lustig über seine Auffassung von Geschichte als der Abfolge von Taten »großer Männer«, seine Fixierung auf Goethe, seine Obsession für alte Bücher. Er besaß Hunderte von Originalausgaben wissenschaftlicher Werke, von denen manche bis ins frühe 17. Jahrhundert zurückdatierten. Er las sie nicht als historische Kuriosa, sondern als eine Quelle frischer Ideen über das Wesen der Wirklichkeit, derselben Wirklichkeit, die er mit seinen Lasern und Hightech-Kühlaggregaten untersuchte. In seinem Ingenieur, Jean Maurer, hatte er einen verwandten Geist gefunden, einen Franzosen, der nur dann arbeitete, wenn ihm danach zumute war. Libchaber glaubte, daß Maurer sein neues Projekt *amüsant* finden würde – seine französische Untertreibung für *verblüffend*, *spannend* oder *tief*. 1977 begannen die beiden, eine Experimentanordnung zu bauen, die den Schleier über der Entstehung von Turbulenzen lüften sollte. Als Experimentator war Libchaber bekannt für seine dem 19. Jahrhundert verpflichteten Methoden: Er hatte einen klugen Verstand, geschickte Hände und zog stets Einfallsreichtum brutaler Gewalt vor. Riesige Apparate und aufwendige Computerberechnungen mochte er nicht. Seine Vorstellung von einem guten Experiment glich der Vorstellung eines Mathematikers von einem guten Beweis. Die Eleganz zählte ebensosehr wie das Ergebnis. Doch waren manche seiner Kollegen der Ansicht, daß er mit seinem Turbulenzexperiment die Sache zu weit trieb. Es war so klein, daß es in einer Streichholzschachtel herumgetragen werden konnte – und Libchaber trug es wirklich manchmal mit sich herum, wie ein Konzeptkunstwerk. Er nannte es »Helium im Minibehälter«.[3] Das Herzstück des Experiments war sogar noch kleiner, eine Zelle ungefähr von der Größe eines Stecknadelkopfs, eingefaßt in rostfreiem Stahl mit den konturschärfsten Kanten und Wänden, die nur möglich waren. In dieser Zelle war flüssiges Helium, abgekühlt auf eine Temperatur von etwa vier Grad über dem absoluten Gefrierpunkt, also warm im Vergleich zu Libchabers früheren Experimenten mit Superfluiden.

Das Labor nahm die zweite Etage des physikalischen Instituts der École ein,[4] nur ein paar hundert Meter von Louis Pasteurs altem Laboratorium entfernt. Wie in allen guten physikalischen Vielzwecklabors herrschte ein fortwährendes Durcheinander; Farbtöpfe und Werkzeuge lagen auf Tischen und Fußboden umher, dazwischen überall unförmige Metall- und Plastikteile. In all der Unordnung war der Apparat, der Libchabers winzige Flüssigkeitszelle in sich barg, ein verblüffendes Stückchen Zweckmäßigkeit. Unter der Edelstahlzelle befand sich eine Bodenplatte aus hochreinem Kupfer. Darüber saß ein Deckel aus Saphirkristall. Die Materialien waren nach dem Kriterium gewählt, wie sie Wärme leiteten. Es gab mikroskopische Kühlschlangen und Teflondichtungen. Das flüssige Helium floß aus einem Speicher zu, der selbst gerade ein Kubikzentimeter groß war. Das ganze System befand sich in einem Behälter, in dem ein extremes Vakuum herrschte. Und dieser Behälter seinerseits schwamm in einem Bad flüssigen Stickstoffs, der die Temperatur stabilisieren helfen sollte.

Stets machten Vibrationen Libchaber Sorgen. Experimente wie reale nichtlineare Systeme mußten sich gegen einen fortwährenden Störungshintergrund behaupten. Störungen beeinträchtigten die Messungen und verfälschten die resultierenden Werte. Bei empfindlichen Fließbewegungen – und Libchabers System sollte so empfindlich wie nur möglich sein – konnten Störungen einen nichtlinearen Strom nachhaltig beeinflussen und ihn von einer Verhaltensform in eine andere überleiten. Doch Nichtlinearität kann ein System ebensogut stabilisieren wie destabilisieren. Nichtlinea-

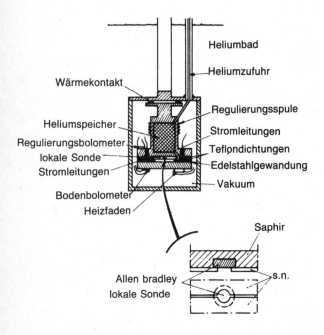

»*Helium im Minibehälter.*« Albert Libchabers empfindliches Experiment: Das Herzstück ist eine sorgfältig ausgeführte rechtwinklige Zelle, die flüssiges Helium einschließt. Winzige Saphirbolometer messen die Temperatur der Flüssigkeit. Die kleine Zelle ist von einem Gehäuse umgeben, das sie von Störungen und Vibrationen abschirmen und eine exakte Kontrolle der Wärmezufuhr ermöglichen soll.

re Rückkoppelungen regulieren Systeme, machen sie robuster, als ein rein lineares System je sein kann. In einem linearen System ruft eine Störung eine konstante Wirkung hervor. Bei Nichtlinearität aber kann eine Störung auf sich selbst zurückwirken, bis sie ganz abklingt und das System automatisch wieder in einen stabilen Zustand zurückfindet. Libchaber glaubte, daß biologische Systeme ihre Nichtlinearität als Abwehrmechanismus gegen Störungen *benutzen*. Der Energietransfer durch Proteine, die Wellenbewegung der Herzelektrizität, das Nervensystem – all diese Phänomene bewahrten ihre Flexibilität in einer Umgebung voller Störungen. Libchaber hoffte nun, daß ein Fließverhalten, welche Struktur ihm auch immer zugrunde liegen mochte, sich als robust genug erweisen würde, daß er es im Experiment dechiffrieren konnte.

Seine Absicht war, eine Konvektion in dem flüssigen Helium zu erzeugen, indem er die Bodenplatte stärker erwärmte als den Deckel. Es handelte sich dabei um genau dieselbe Konvektion, die Edward Lorenz beschrieben hatte. Libchaber kannte Lorenz nicht – noch nicht. Er hatte auch keinerlei Ahnung von Mitchell Feigenbaums Theorie. 1977 fing Feigenbaum eben erst an, auf Vortragsreisen zu gehen, und seine Entdeckungen hinterließen gerade dort erste Spuren, wo Wissenschaftler sie zu deuten wußten. Doch soweit die meisten Physiker sagen konnten, besaßen die Muster und Regelmäßigkeiten der Feigenbaumologie keinen offensichtlichen Bezug zu realen Systemen. Diese Muster entstammten einem Digitalrechner. Physikalische Systeme waren unendlich komplexer. Ohne weitere Beweise ließ sich allenfalls behaupten, daß Feigenbaum eine mathematische Analogie entdeckt hatte, die der Entstehung einer Turbulenz *glich*.

Libchaber wußte, daß amerikanische und französische Experimente Landaus Hypothese über die Entstehung von Turbulenzen geschwächt hatten, da sie zeigten, daß eine Turbulenz in einem plötzlichen Übergang erfolgte statt in einer kontinuierlichen Anhäufung verschiedener Frequenzen. Experimentatoren wie Jerry Gollub und Harry Swinney hatten mit ihrem Strom in einem rotierenden Zylinder nachgewiesen, daß eine neue Theorie erforderlich war, doch waren sie noch nicht in der Lage, den Übergang zu Chaos detailliert zu verfolgen. Libchaber wußte, daß ein deutliches Bild von der Entstehung einer Turbulenz noch in keinem Labor gelungen war. Er beschloß, daß seine winzige Flüssigkeitszelle nun das denkbar deutlichste Bild liefern sollte.

Die Einengung des Blickfelds trägt dazu bei, die Wissenschaft voranzutreiben. Von ihrem Standpunkt aus hatten Strömungsdynamiker recht, das hohe Maß an Exaktheit in Zweifel zu ziehen, das Swinney und Gollub im Couette-System erlangt zu haben behaupteten. Von ihrem Standpunkt aus hatten auch die Mathematiker recht, Ruelle mit Vorsicht zu begegnen, was sie ja auch taten. Er hatte gegen die Regeln verstoßen. Er hatte eine ehrgeizige physikalische Theorie vorgetragen anstelle eines strengen mathematischen Beweises. Es ließ sich kaum noch trennen, wo er eine Annahme machte und wo er einen Beweis lieferte. Der Mathematiker, der sich so lange weigert, eine Idee zu billigen, bis sie dem Standard von *Theorem, Beweis, Theorem, Beweis* genügt, spielt eine ganz bestimmte Rolle, die ihm seine Disziplin vorgeschrieben hat: ob er sich dessen bewußt ist oder nicht, wehrt er den Gefahren von Schwindel und Mystik. Der Herausgeber einer Fachzeitschrift, der neue Ideen ablehnt, weil sie in ungewöhnlichem Stil vorgetragen werden, kann bei seinen Opfern den Verdacht erregen, daß er nur die Pfründe seiner etablierten Kollegen wahren will, doch hat auch er eine ganz bestimmte Rolle innerhalb einer Gemeinschaft zu spielen, die sich mit gutem Grund vor dem Unerprobten hütet. »Wissenschaft entstand einer Menge Unsinn zum Trotz«,[5] wie selbst Libchaber sagte. Wenn die

Kollegen Libchaber einen Mystiker nannten, so war dieses Epitheton nicht immer liebevoll gemeint.

Er war ein Experimentator, sorgfältig und diszipliniert, bekannt für die Exaktheit, mit der er eine Frage untersuchte. Dennoch besaß er ein Gespür für das abstrakte, unzulänglich definierte, geisterhafte Phänomen namens *Fließverhalten*. Fließverhalten war Form plus Veränderung, Bewegung plus Gestalt. Ein Physiker, der Systeme von Differentialgleichungen ersann, mochte ihre mathematische Bewegung einen »Fluß« nennen. Die Vorstellung des Fließens war eine platonische Idee, die auf der Annahme beruhte, daß Veränderungen in Systemen eine von dem besonderen Augenblick unabhängige Idee widerspiegeln. Libchaber machte sich Platons Gedanken, daß verborgene Ideen das Universum erfüllen, zu eigen. »Aber wir wissen doch, daß sie es tun! Sie haben doch schon Blätter gesehen. Wenn Sie nun all die Blätter anschauen, verblüfft Sie da nicht die Tatsache, daß die Zahl ihrer allgemeinen Formen begrenzt ist? Man kann ohne weiteres die Grundform nachzeichnen. Es kommt nur auf den Versuch an, das zu begreifen. Oder andere Formen. Oder Sie haben bei einem Experiment gesehen, wie eine Flüssigkeit in eine andere Flüssigkeit eindrang.«[6] Sein Schreibtisch war vollgestopft mit Bildern solcher Experimente, dicken fraktalen Flüssigkeitsschichten.

»Nun, wenn Sie in Ihrer Küche das Gas andrehen, sehen Sie, daß die Flamme wieder diese Form hat. Sie ist sehr verbreitet. Sie ist universal. Ich kümmere mich nicht darum, ob es sich um die Flamme eines brennenden Gases handelt oder um eine Flüssigkeit in einer Flüssigkeit oder einen stetig wachsenden Kristall – ich interessiere mich nur für diese Form.

Seit dem achtzehnten Jahrhundert gibt es einen bestimmten Traum, nämlich daß die Wissenschaft die Entwicklung der Form im Raum und die Entwicklung des Raums in der Zeit verfehlt hat. Wenn Sie an einen Fluß denken, können

Sie sich alle möglichen Flüsse vorstellen, einen Fluß in der Wirtschaft oder einen Fluß in der Geschichte. Zunächst mag er laminar gegliedert sein, dann wechselt er mit einer Bifurkation in einen komplizierteren Zustand über, unter Umständen mit auftretenden Oszillationen. Und dann wird er vielleicht chaotisch.«

Die Universalität von Formen, die Ähnlichkeiten über Maßstäbe hinweg, die rekursive Macht von Strömungen in Strömungen – dies alles entzog sich dem Zugriff der herkömmlichen Methode der Differentialrechnung bei der Bestimmung von Änderungsgleichungen. Aber das war gar nicht so leicht zu erkennen. Wissenschaftliche Probleme werden in der jeweils gängigen Wissenschaftssprache ausgedrückt. Insofern ließ sich Libchabers intuitives Verständnis von Fließbewegungen im zwanzigsten Jahrhundert noch am ehesten in der Sprache der Dichtung zum Ausdruck bringen. Wallace Stevens etwa beschrieb eine Sichtweise der Welt, die die üblichen Kenntnisse der Physiker überstieg. Er hegte einen unheimlichen Verdacht über das Fließverhalten, wie es sich wiederholte, indem es sich veränderte:

Der fleckige Fluß,
Der immer weiter floß, nicht einmal auf dieselbe Weise,
Floß durch viele Orte, als verharre er in einem.

In Stevens' Dichtungen klingen oftmals Visionen von Tumulten in der Atmosphäre und im Wasser an. Sie vermittelt auch die Annahme unsichtbarer Formideen, die in der Natur Gestalt annehmen, den Glauben,

Daß in der schattenlosen Atmosphäre,
Das Wissen von den Dingen lag,
Doch wahrgenommen nicht.

Als Libchaber und einige andere Experimentatoren in den

siebziger Jahren damit begannen, die Bewegungsformen von Flüssigkeiten zu untersuchen, taten sie dies nicht zuletzt in Annäherung an diese subversive dichterische Deutung. Sie vermuteten eine Verbindung zwischen Bewegung und universaler Formidee. Sie häuften Daten in der einzig möglichen Weise an, nämlich indem sie Zahlenwerte aufschrieben oder sie in einen Digitalrechner einspeicherten. Doch dann suchten sie nach Möglichkeiten, diese Daten auf solche Weise zu organisieren, daß sie Formen erkennen ließen. Sie hofften, Formen in Begriffen von Bewegung ausdrücken zu können. Sie waren überzeugt, daß dynamische Formen wie Flammen und organische Formen wie Blätter ihre Gestalt irgendwelchen, bislang noch nicht begriffenen Wirkungsmächten entlehnt hätten. Diese Experimentatoren, die Chaos so rigoros wie niemand sonst vorantrieben, erreichten ihr Ziel durch die Weigerung, jede Wirklichkeit erstarrter Reglosigkeit anzuerkennen. Selbst Libchaber hätte sich gescheut, dies in solchen Begriffen auszudrücken, doch kam ihre Konzeption der Vorstellung eines »flüchtigen Webens im Festen«[8] durchaus nahe:

Die Macht des Ruhms, ein Glitzern in den Adern,
Während Dinge auftauchen, sich bewegen, sich auflösen,

In der Ferne, im Wandel oder im Nichts.
Die sichtbaren Übergänge der Sommernacht,

Silbern glänzende Idee der nahenden Form,
Die plötzlich sich davonleugnet.

Libchaber bezog seine mystische Inspiration indessen nicht von Stevens, sondern von Goethe. Während Feigenbaum noch in der Bibliothek von Harvard nach der *Farbenlehre* suchte, war es Libchaber bereits gelungen, seine Sammlung um eine Originalausgabe der noch dunkleren Monographie

Die Metamorphose der Pflanzen zu ergänzen. Diese Abhandlung war Goethes Seitenhieb auf die Physik, die sich seiner Ansicht nach ausschließlich um statische Phänomene kümmerte statt um die vitalen Kräfte und Ströme, die jene Formen hervorrufen, die wir in jedem Augenblick erkennen. Ein Teil von Goethes Erbe – ein vernachlässigbarer Teil, soweit es die Literaturhistoriker betraf – wurde von pseudowissenschaftlichen Nachfolgern in Deutschland und in der Schweiz am Leben erhalten, zugleich aber auch von Philosophen wie Rudolf Steiner und Theodor Schwenk. Auch diese Männer bewunderte Libchaber, soweit dies einem Physiker möglich ist.

Sensitives Chaos – *das sensible Chaos* – war Schwenks Ausdruck für die Beziehung zwischen Kraft und Form. Er benutzte ihn im Titel eines seltsamen Büchleins, das erstmals 1965 veröffentlicht und danach sporadisch immer wieder neu aufgelegt wurde. Es war vor allem ein Buch über Wasser. Die englische Ausgabe war mit einem bewundernden Vorwort des Meeresforschers Jacques Y. Cousteau versehen sowie Empfehlungen der Fachzeitschriften *Water Resources Bulletin* und *Journal of the Institute of Water Engineers*. Nur geringe wissenschaftliche und keinerlei mathematische Ansprüche trübten Schwenks Darlegungen. Dennoch waren seine Beobachtungen makellos. Mit Künstlerblick breitete er eine Vielzahl natürlicher Fließbewegungen aus. Er trug Fotografien zusammen und fertigte Dutzende exakter Zeichnungen an, vergleichbar den Skizzen eines Zellbiologen, der zum erstenmal durchs Mikroskop geschaut hat. Er besaß eine geistige Offenheit und Naivität, die Goethe mit Stolz erfüllt hätte.

Fließbewegungen füllen seine Seiten. Große Ströme wie der Mississippi und das Bassin d'Arcachon in Frankreich winden sich in großen Biegungen der offenen See entgegen. Und auch der Golfstrom windet sich durch das Meer in Schleifen, die von West nach Ost und von Ost nach West verlaufen. Er ist ein riesiger Fluß warmen Wassers in kaltem

Wasser, wie Schwenk sich ausdrückt, ein Fluß, der »seine Ufer aus dem kalten Wasser herausbildet«.[9] Ist die Strömung verebbt oder unsichtbar, zeitigt sie doch sichtbare Spuren. Luftströme hinterlassen ihren Abdruck im Wüstensand in Gestalt von Wellen. Die Ebbeströmung schreibt dem Strand ein Netzwerk von Adern ein. Schwenk glaubte nicht an Zufall. Er glaubte an universale Prinzipien, ja mehr noch als an Universalität, er glaubte an einen bestimmten Geist in der Natur, der seinen Stil auf unangenehme Weise anthropomorph erscheinen läßt. Sein »archetypisches Prinzip«[10] ist dies: daß ein Strom »sich selbst verwirklichen will, ungeachtet des ihn umgebenden Materials«.

Innerhalb von Strömungen, so wußte er, gibt es Sekundärströmungen. Wasser, das die Biegungen eines Flusses hinabströmt, fließt in einer Sekundärwicklung quer zum anderen Ufer und dann zur Oberfläche hinauf wie ein Partikel, das sich um eine Achse windet. Die Bahn eines jeden Wasserteilchens zieht einen Faden, der sich um andere Fäden drillt. Schwenk besaß die Vorstellungskraft eines Topologen für solche Muster. »Dieses Bild zu einer Spirale verschlungener Stränge ist nur exakt im Hinblick auf die aktuelle Bewegung. Man spricht oft von Wassersträngen; doch sind sie in Wirklichkeit keine einzelnen Stränge, sondern ganze Oberflächen, räumlich ineinander verwoben und eine über der anderen fließend.«[11] Er erblickte miteinander wetteifernde Rhythmen in Wellen, Wellen, die sich gegenseitig überlagerten, um Ober- und Grenzflächen herauszubilden. Er sah Strudel und Wirbel und Wirbelketten, die er als das »Rollen« einer Oberfläche auf einer anderen verstand. In dieser Sicht kam er so nahe, wie dies für einen Philosophen nur möglich ist, an die Vorstellung der Physik von der Dynamik einer nahenden Turbulenz heran. (Der Philosoph war Ingenieur bei Weleda in Schwäbisch Gmünd!.) Von seinem künstlerischen Standpunkt aus postulierte er Universalität. In Schwenks Augen bedeuteten Strudel Instabilität, und Instabilität bedeutete, daß eine Strömung gegen eine Ungleichheit in sich selbst ankämpfte, und diese Ungleichheit war »archetypisch«. Das Rollen von Wirbeln, die Entfaltung von Farnen, die Auffältelung von Gebirgszügen, die Aushöhlungen tierischer Organe – sie alle folgten in seiner Betrachtungsweise ein und demselben Pfad. Dies hatte nichts mit einem besonderen Medium zu tun, noch mit einer besonderen Differenz. Die Ungleichheiten konnten langsam und schnell sein, warm und kalt, dicht und dünn, salzig und süß, zäh und flüssig, sauer und alkalisch.[12] Und an den Grenzen blühte Leben.

Leben aber war das große Thema D'Arcy Wentworth Thompsons. »Wir können nicht ausschließen«, schrieb dieser außergewöhnliche Naturforscher 1917, »daß all die Energiegesetze, all die Eigenschaften der Materie und alle chemischen Prinzipien der Kolloide sich als ohnmächtig erweisen, den Körper zu erklären, wie sie auch unzulänglich sind, die Seele zu begreifen. Ich für meinen Teil glaube jedenfalls nicht daran.«[13] D'Arcy Thompson brachte zum Studium des Lebens eben das mit, woran es Schwenk fatalerweise mangelte: Mathematik. Schwenk argumentierte mit Analogien. Seine spirituelle, blumige, enzyklopädische Darlegung erschöpfte sich darin, Ähnlichkeiten aufzuweisen. D'Arcy Thompsons Hauptwerk, *On Growth and Form*, hatte einiges mit Schwenks Sichtweise und Methodik gemein. Der moderne Leser fragt sich, wie großes Vertrauen er den sorgfältig gezeichneten Bildern vielzackiger, herabfallender Flüssigkeitströpfchen schenken darf, die zu gewundenen Fäden zerfasern, gemeinsam abgebildet mit lebenden Quallen von verblüffender Ähnlichkeit. Ist dies nicht nur eine Laune des Zufalls? Wenn zwei Formen einander gleichen, müssen wir dann nach gleichen Ursachen suchen?

D'Arcy Thompson gilt zweifellos als der einflußreichste Biologe, der sich je in die Randzonen legitimer Wissenschaft vorgewagt hat. Die Revolution der Biologie dieses Jahrhunderts, die sich bereits zu seinen Lebzeiten abzeichnete, ging völlig an ihm vorbei. Er hatte keine Ahnung von Chemie, deutete die Zelle falsch und hätte sich die explosionsartige Entwicklung der Genetik nicht einmal träumen lassen. Seine Schriften muteten selbst zu seiner Zeit als zu klassisch an, zu literarisch – zu schön –, um zuverlässige Wissenschaft sein zu können. Kein moderner Biologe braucht heute noch D'Arcy Thompson zu lesen. Dennoch fühlen sich gerade die großen Biologen immer wieder zu seinem Buch hingezogen. Sir Peter Medawar nannte es »das fraglos schönste literari-

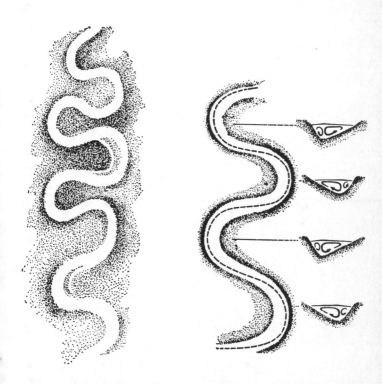

Mäandernde und spiralförmige Strömungen. Theodor Schwenk stellte die Fließverläufe in natürlichen Strömungen als Stränge mit komplizierten Sekundärbewegungen dar. »Diese sind jedoch in Wirklichkeit nicht einzelne Stränge«, schrieb Schwenk, »sondern ganze Oberflächen, die sich im Raum miteinander verweben...«

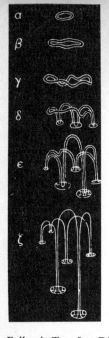
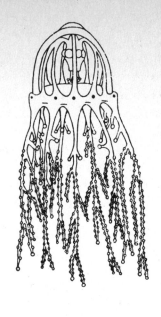

Fallende Tropfen. D'Arcy Wentworth Thompson bildete die hängenden Bögen und Fäden ab, die entstehen, wenn man Tintentropfen in mit Gelatine versetztes Wasser fallen läßt (links) und stellte sie der Form einer im Wasser schwebenden Qualle (rechts) gegenüber. »Es führt zu extrem überraschenden Ergebnissen… zu zeigen, wie sensitiv diese Tropfen auf die physikalischen Bedingungen reagieren. Obwohl wir immer dieselbe Gelatine benutzten und die spezifische Dichte der Flüssigkeit nur um tausendstel variierte, erhielten wir ein ganzes Spektrum von Gebilden vom gewöhnlichen, hängenden Tropfen bis hin zu Tropfen mit gerippter Oberfläche.

sche Werk in den Annalen der Wissenschaft, das je in englischer Sprache verfaßt wurde«.[14] Stephen Jay Gould versprach sich nirgendwo bessere Auskunft über die geistigen Vorfahren seiner heraufdämmernden Ahnung, daß die Natur die Formen der Dinge einschränke. Abgesehen von D'Arcy Thompson haben nicht eben viele moderne Biologen die unleugbare Einheit lebender Organismen untersucht. »Nur wenige fragten sich, ob all die Muster nicht vielleicht auf ein einziges System ursächlicher Kräfte zurückgeführt werden könnten«, bemerkt Gould. »Und nur wenige schienen zu ahnen, welche Bedeutung ein solcher

Nachweis von Einheit für die Erforschung organischer Formen besäße.«[15]

Als Liebhaber der Klassik, Kenner vieler Sprachen, als Mathematiker und Zoologe versuchte D'Arcy Thompson das Leben als Ganzes in den Blick zu nehmen, und das zu einer Zeit, da die Biologie sich gerade mit so ungemein produktiven Resultaten Methoden zuwandte, die Organismen in ihre konstituierenden Funktionsteile zerlegten. Der Reduktionismus triumphierte, am spektakulärsten wohl in der Molekularbiologie, doch ebenso in allen anderen Gebieten, von der Evolutionstheorie bis zur Medizin. Wie sonst sollte man eine Zelle verstehen, wenn nicht durch das Verständnis von Membrane und Kern und schließlich von Proteinen, Enzymen, Chromosomen und Basenpaaren? Als die Biologie in die innere Wirkungsweise von Fistelgängen, Netzhäuten, Nervenbahnen und Hirnwindungen eindrang, war es nur scheinbar abwegig, sich um die *Form* des Schädels zu kümmern. D'Arcy Thompson war der letzte, der dies tat. Er war auch für viele Jahre einer der letzten großen Biologen, der große rhetorische Energie auf die sorgfältige Zergliederung des Begriffes *Ursache* verwandte, besonders auf die Unterscheidung zwischen Zweckursache einerseits und physikalischer beziehungweise Wirkungsursache andererseits. Die Zweckursache basiert auf einer Absicht oder auf einem Plan: Ein Rad ist rund, weil diese Form eine Fortbewegung ermöglicht. Die Wirkungsursache dagegen ist mechanisch: Die Erde ist rund, weil die Anziehungskraft ein umlaufendes Fluid zu einer Kugel zusammenballt. Die Unterscheidung tritt nicht immer so klar zutage. Ein Trinkglas ist rund, weil dies die bequemste Form ist, es zu halten und aus ihm zu trinken. Ein Trinkglas ist rund, weil diese Form von Töpfern und Glasbläsern für die natürliche gehalten wurde.

Aufs Ganze gesehen, dominieren in der Wissenschaft Wirkungsursachen. Als Astronomie und Physik aus dem Schatten der Religion heraustraten, rührte der Trennungsschmerz nicht zuletzt von der Verabschiedung einer vom Plandenken getragenen, endzeitgerichteten Teleologie her – die Erde ist so, wie sie ist, also können die Menschen tun, was sie tun. In der Biologie hingegen verankerte Darwin die Teleologie als den zentralen Aspekt des Ursachenbegriffs. Mag die Biologie auch nicht Gottes Plan erfüllen, so erfüllt sie doch einen Plan, den die natürliche Auslese vorgibt. Natürliche Auslese wirkt nicht auf Gene oder Embryos, sondern auf das Endprodukt. Darum hat eine Adaptionserklärung für die Gestalt eines Organismus oder die Funktion eines Organs immer ihre *Ursache* im Blick, nicht ihre Wirkungsursache, sondern ihre Zweckursache. Zweckursachen leben in der Wissenschaft überall dort fort, wo sich darwinistisches Denken eingebürgert hat. Ein moderner Anthropologe, der über Kannibalismus oder Opferriten spekuliert, wird in der Regel, ob zu Recht oder zu Unrecht, danach fragen, welchem Zweck sie dienen. D'Arcy Thompson sah dies voraus. Er nahm es als gegeben an, daß die Biologie jedoch auch die Wirkungsursache erfassen muß, Mechanik und Teleologie gleichermaßen. Er setzte seinen Ehrgeiz darein, die mathematischen und physikalischen Kräfte zu erklären, die auf das Leben einwirken. Als die Adaptionslehre immer größere Bestätigung fand, schienen solche Erklärungen gegenstandslos. Es wurde nun ein wichtiges und vielverheißendes Problem, das Blatt einer Pflanze unter dem Aspekt zu erklären, auf welche Weise wohl die natürliche Auslese einen so wirksamen Sonnenschutz herausgebildet hatte. Erst viel später begannen einzelne Wissenschaftler wieder über die unerklärt gebliebene Seite der Natur zu rätseln. Blätter treten unter nur wenigen Formen in Erscheinung, und die Form eines Blattes wird nicht durch seine Funktion diktiert.

Die Mathematik, die D'Arcy Thompson zur Verfügung stand, konnte nicht beweisen, was er beweisen wollte. Ihm blieb nichts anderes übrig, als zu zeichnen, etwa die Schädel verwandter Arten mit einer Kreuzschraffur von Koordinaten, um nachzuweisen, daß eine schlichte geometrische Transformation den einen in den anderen verwandelte. Für einfache Organismen – von Formen, die Spritzern, Tropfen und anderen Fließphänomenen so verwirrend ähnlich sehen – nahm er Wirkungsursachen an, zum Beispiel Anziehungskraft und Oberflächenspannung, die aber nicht die formende Wirkung zeitigen konnten, die er ihnen abverlangte. Warum also beschäftigte sich Albert Libchaber mit *On Growth and Form*, als er seine Fließexperimente in Angriff nahm?

D'Arcy Thompsons intuitive Ahnung der Kräfte, die das Leben formen, kam der Perspektive der Strömungsdynamik näher als irgendeine andere Hypothese innerhalb der Biologie. Er dachte Leben als *Leben*, das stets in Rhythmen reagierte – »die tief unterschwelligen Rhythmen des Wachstums«,[16] in denen er universale Formen vermutete. Er betrachtete bei seinen Forschungen nicht nur die materiale Form der Dinge, sondern ihr dynamisches Verhalten – »in Begriffen der Kraft ausgedrückt, die Deutung des Energieflusses«.[17] Er war Mathematiker genug, um zu wissen, daß die Auflistung von Formen noch nichts bewies. Doch war er zugleich Dichter genug, um darauf zu vertrauen, daß weder Zufall noch Zweckmäßigkeit die verblüffende Universalität von Formen erklären konnte, die er in langen Jahren der Naturbeobachtung zusammengetragen hatte. Physikalische Gesetze mußten sie erklären, die Kraft und Wachstum in einer Weise bestimmten, die sich dem Verständnis entzog. *Plato redivivus*. Hinter der besonderen, sichtbaren Gestalt müssen sich geisterhafte Formideen verbergen, die als unsichtbare Schablonen wirken. Formen in Bewegung.

Libchaber wählte flüssiges Helium für sein Experiment. Flüssiges Helium hat eine extrem niedrige Viskosität, so daß es beim leichtesten energetischen Impuls zu fließen beginnt. Ein entsprechendes Experiment mit einem Fluid mittlerer

Viskosität wie Wasser oder Luft hätte eine weitaus größere Apparatur erfordert. Mit niedriger Viskosität konnte Libchaber sein Experiment wärmeempfindlicher machen. Um in seiner millimetergroßen Zelle eine Konvektion hervorzurufen, brauchte er nur für eine Temperaturdifferenz von einem tausendstel Grad zwischen Boden und Deckel zu sorgen. Dies war auch der Grund, warum die Zelle so klein sein mußte. In einem größeren Behälter, in dem die Flüssigkeit mehr Bewegungsfreiheit besaß, würde die entsprechende Bewegung eine geringere, ja viel geringere Wärmezufuhr erfordern. In einem Behälter, der der Kantenlänge zehnmal, dem Volumen nach aber tausendmal so groß war – also von der Größe einer Weintraube –, würde die Konvektion bereits bei einer Wärmedifferenz von einem millionstel Grad einsetzen. Solch winzige Temperaturschwankungen waren jedoch nicht mehr kontrollierbar.

Bei Planung, Gestaltung und Ausführung gaben sich Libchaber und sein Ingenieur die größte Mühe, jede noch so geringfügige Störung auszuschalten. Sie setzten praktisch alles daran, eben die Art von Bewegung zu eliminieren, die sie untersuchen wollten. Eine Fließbewegung, die von stetem in turbulenten Verlauf übergeht, stellt man sich gemeinhin als eine Bewegung im Raum vor. Ihre Komplexität tritt als räumliche Komplexität in Erscheinung, ihre Störungen und Strudel als räumliches Chaos. Doch Libchaber suchte nach Rhythmen, die sich als Veränderungen in der Zeit darstellten. Die Zeit war Tatort und Maßstab zugleich. Er wollte die Temperatur und Temperaturschwankungen messen, und um das möglichst genau tun zu können, ließ er den Raum auf einen nahezu eindimensionalen Punkt zusammenschrumpfen. Er trieb damit eine Technik auf die Spitze, deren sich auch schon seine Vorläufer bei strömungsphysikalischen Experimenten bedient hatten. Jedermann wußte, daß eingeschlossenes Fließverhalten – etwa die Rayleigh-Bénard-Konvektion in einem Gehäuse oder die Couette-Taylor-Rotation in einem Zylinder – leichter zu messen war als eine offene Strömung wie Meereswellen oder Luftströmungen. Bei offenen Strömungen lagen die abgrenzenden Oberflächen frei, was die Komplexität um ein Vielfaches erhöhte.

Jede unnötige Bewegung auszumerzen bedeutete mehr, als nur ein kleines Gehäuse herzustellen. Es erforderte einen wohlüberlegten Entwurf. Da eine Konvektion in einem rechteckigen Behälter Flüssigkeitswalzen bewirkt, vergleichbar etwa Hot Dogs – oder in diesem Fall Sesamkörnern –, wählte er die Dimensionen seiner Zelle sorgfältig so, daß sie exakt zwei Walzen Raum boten. Das flüssige Helium würde im Zentrum aufsteigen, nach rechts und links schießen und dann an den Außenkanten der Zelle herabsinken. Das war gebändigte Geometrie. Die Schwankungen waren begrenzt. Klare Linien und sorgfältig bemessene Proportionen würden jegliche Fluktuation von außen eliminieren. Libchaber konnte sagen, er habe den Raum eingefroren, um mit der Zeit zu spielen.

Sobald das Experiment in Gang kam, das Helium in der Zelle in dem Vakuumbehälter im Stickstoffbad sich zu bewegen begann, brauchte Libchaber eine Möglichkeit, zu beobachten, was in der Zelle geschah. Er installierte zwei mikroskopische Temperatursonden, sogenannte Bolometer, in dem Saphirdeckel der Zelle. Ihre Messungen wurden fortwährend von einem Kurvenschreiber aufgezeichnet. Auf diese Weise konnte Libchaber die Temperaturen an zwei Stellen im oberen Bereich der Flüssigkeit verfolgen. Die ganze Vorrichtung war so empfindlich, so durchdacht konstruiert, daß es Libchaber – so ein anderer Physiker[18] – gelang, die Natur hereinzulegen.

Der Bau dieses Meisterwerks an Präzision im Miniaturformat dauerte zwei Jahre. Dann konnten endlich die Untersuchungen beginnen, aber es war, wie Libchaber sich ausdrückte, der richtige Pinsel für sein Gemälde, weder zu groß noch zu raffiniert. Schließlich sah er alles. Als sein Experiment Stunde um Stunde lief, bei Tag und bei Nacht, beobachtete Libchaber ein weitaus komplizierteres Verhaltensmuster bei der Entstehung von Turbulenz, als er sich je vorgestellt hatte. Die ganze Bifurkationskaskade erschien. Libchaber begrenzte die Bewegung einer bei Hitze aufsteigenden Flüssigkeit und reinigte sie von Nebeneffekten. Der Prozeß beginnt mit der ersten Bifurkation, der Entstehung von Bewegung, sobald der Boden hochreinem Kupfer sich genügend erwärmt, um die Neigung der Flüssigkeit, reglos zu verharren, zu überwinden. Bei ein paar Grad über dem absoluten Gefrierpunkt reicht dazu bereits ein tausendstel Grad. Die Flüssigkeit am Boden erwärmt sich und weitet sich hinreichend aus, um leichter als die darüber befindliche Flüssigkeit zu werden. Damit die warme Flüssigkeit aufsteigen kann, muß die kalte herabsinken. Damit aber beide Bewegungen in Gang kommen, organisiert sich die Flüssigkeit sogleich in ein Paar rollender Zylinder. Diese Walzen erreichen eine konstante Geschwindigkeit, und das System findet in ein Gleichgewicht – ein sich bewegendes Gleichgewicht, bei dem die Wärmeenergie kontinuierlich in Bewegung überführt wird und sich durch Reibung wieder in Wärme verwandelt, die aus der kalten oberen Abdeckung austritt.

Bis dahin wiederholte Libchaber ein wohlbekanntes Experiment der Strömungsmechanik, so wohlbekannt, daß es mit Geringschätzung betrachtet wurde. »Es war klassische Physik«, sagte er, »was unglücklicherweise bedeutete, daß es schon alt war. Das wiederum hieß, es war uninteressant.«[19] Zudem zeigte sich dasselbe Fließverhalten, das bereits Lorenz mit seinem System von drei Gleichungen simuliert hatte. Aber ein reales Experiment – mit wirklicher Flüssigkeit, einem von Mechanikerhand gebauten Gehäuse und einem Labor, das den Vibrationen des Pariser Verkehrs ausgesetzt war – gestaltete die Aufgabe der Datensammlung weitaus schwieriger als die simple Zahlenerzeugung durch einen Computer.

Experimentatoren wie Libchaber benutzten einfache Kurvenschreiber, um die Temperatur aufzuzeichnen, wie sie der Balometer maß, der im Deckel des Behälters untergebracht war. Während der Gleichgewichtsbewegung nach der ersten Bifurkation bleibt die Temperatur an jedem beliebigen Punkt mehr oder weniger gleich, und der Schreiber zeichnet eine mehr oder weniger gerade Linie. Mit höherer Wärmezufuhr setzt größere Instabilität ein. Ein Knick bildet sich in jeder Walze heraus, und der Knick bewegt sich stetig voran. Diese Schwankung zeigt sich auf dem Balometer in Veränderungen der Temperatur, die zwischen zwei Werten steigt und sinkt. Der Schreiber zeichnet nun eine gewellte Linie auf das Blatt Papier.

Bei einer einfachen Temperaturkurve, die sich fortlaufend verändert und von Experimentstörungen abgelenkt wird, ist es unmöglich, den genauen Zeitpunkt einer neuen Bifurkation abzulesen oder Schlüsse über ihr Wesen zu ziehen. Der Graph weist Hügel und Täler auf, die so zufällig erscheinen wie die Börsenkurve während einer Krise. Libchaber analysierte diese Daten, indem er sie in eine Spektraldarstellung verwandelte, um die Hauptfrequenzen zu sichten, die sich in den Temperaturveränderungen verbargen. Die Übertragung von Experimentdaten in eine Spektralabbildung entspricht der Aufzeichnung von Klangfrequenzen, die zusammen in einer Symphonie einen vielstimmigen Akkord bilden. Eine unregelmäßige, wirre Linie verläuft im unteren Teil des Graphen, zusammengesetzt aus verschiedenen Obertönen und einfachen Nebengeräuschen. Die Haupttöne aber zeigen sich als vertikale Ausschläge: je lauter der Ton, desto höher der Ausschlag. Wenn die Daten nun eine dominante Frequenz erzeugen – einen Rhythmus, der etwa einmal pro Sekunde ausschlägt –, dann wird diese Frequenz entsprechend als ein Ausschlag in der Spektraldarstellung erscheinen.

In Libchabers Experiment trat die erste Frequenz in einem Rhythmus von etwa zwei Sekunden auf. Die nächste Bifurkation brachte eine geringfügige Veränderung. Die Walze fuhr fort zu flattern und die Bolometertemperatur fuhr fort, in einem dominanten Rhythmus zu steigen und zu fallen. Aber in unregelmäßigen Zyklen begann die Temperatur ein bißchen höher zu springen als vorher und in regelmäßigen Rhythmen ein wenig tiefer. Tatsächlich teilte sich die Maximaltemperatur, so daß es zwei verschiedene Maximum- und zwei verschiedene Minimumwerte gab. Die Kurve, obwohl schwer zu lesen, zeigte einen Ausschlag auf einem anderen Ausschlag – einen Metaausschlag. Deutlicher zeichnete sich dies in der Spektraldarstellung ab. Die alte Frequenz war immer noch unzweifelhaft zu erkennen, denn die Temperatur stieg weiterhin alle zwei Sekunden an. Nun aber trat eine neue Frequenz in Erscheinung,[20] genau im halben Rhythmus der alten, denn das System zeitigte eine Komponente, die sich alle vier Sekunden wiederholte. Als die Bifurkationen sich vermehrten, war es kaum noch möglich, ein in sich stimmiges Muster zu unterscheiden: Neue Frequenzen erschienen in Verdopplung der alten, so daß sich das Diagramm in den Vierteln und Achteln und Sechzehnteln zu füllen begann, um nach und nach einem Lattenzaun zu gleichen mit abwechselnd langen und kurzen Latten.

Selbst für einen Mann, der gewohnt war, nach verborgenen, idealen Formen in ungeordneten Daten zu fahnden, waren Hunderte von Durchläufen nötig, bevor die Gewohnheiten dieser winzigen Zelle allmählich zutage traten. Es konnte immer etwas Besonderes geschehen, wenn Libchaber und sein Ingenieur langsam die Temperatur erhöhten und das System von einem Gleichgewichtszustand in einen anderen überging. Manchmal traten flüchtige Frequenzen auf, um langsam über das Spektraldiagramm zu gleiten und wieder zu verschwinden. Manchmal auch zeichneten sich – der reinen Geometrie zum Trotz – drei Zylinderwalzen ab statt zwei. Und wie konnten die beiden wirklich wissen, was im Innern der winzigen Zelle vor sich ging?

Wäre Libchaber über Feigenbaums Entdeckung der Universalität im Bilde gewesen, dann hätte er auch gewußt, wo genau er nach seinen Bifurkationen suchen und wie er sie nennen sollte. Um 1979 schenkte zwar eine wachsende Schar von Mathematikern und mathematisch interessierten Physikern Feigenbaums Theorie Aufmerksamkeit, doch die Masse der Wissenschaftler, vertraut mit Problemen realer Systeme, glaubten gut daran zu tun, sich eines Urteils zu enthalten. Komplexität in eindimensionalen Systemen wie in Mays und Feigenbaums Abbildungen war eine Sache. Eine ganz andere Sache aber war sie in ein-, zwei- oder unendlichdimensionalen mechanischen Systemen, die ein Ingenieur bauen konnte. Sie erforderten seriöse Differentialgleichungen, nicht nur schlichte Differenzengleichungen. Und noch eine weitere Kluft schien niedrigdimensionale Systeme von Fließsystemen zu trennen, die Physiker sich

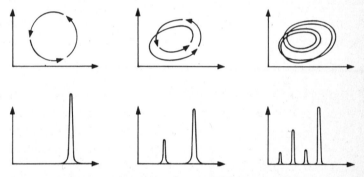

Zwei Möglichkeiten, eine Bifurkation zu beobachten. Wenn ein Experiment wie Libchabers Konvektionszelle eine stetige Oszillation hervorruft, so ist ihre Abbildung im Phasenraum eine Schleife, die sich in regelmäßigen Intervallen wiederholt (oben links). Ein Experimentator, der die Datenfrequenzen mißt, wird eine Spektraldarstellung mit deutlichem Ausschlag in diesem einfachen Rhythmus erhalten. Nach der Periodenverdopplung einer Bifurkation windet sich das System zweimal, bevor es sich exakt wiederholt (Mitte), und der Experimentator sieht einen neuen Rhythmus von der halben Frequenz – zweimal die Periode – des Originals. Neue Periodenverdopplungen füllen die Spektralabbildung mit weiteren Ausschlägen.

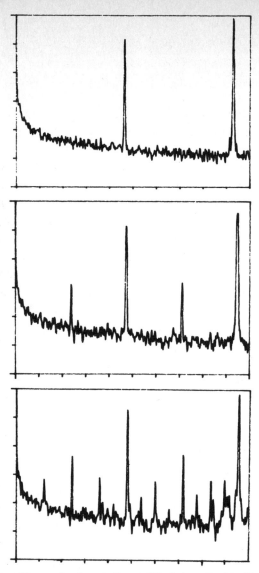

Theoriebestätigung durch reale Daten. Libchabers Spektraldarstellung zeigt deutlich das exakte Muster der Periodenverdopplung, wie von der Theorie vorhergesagt. Die Ausschläge neuer Frequenzen heben sich klar vom allgemeinen Experimentpegel ab. Feigenbaums Skalentheorie sagte nicht nur voraus, wann und wo die neuen Frequenzen auftreten, sondern auch, wie stark sie ausfallen würden – ihre Amplituden.

in der Regel als unendlichdimensionale Systeme vorstellten. Selbst eine so sorgfältig konstruierte Zelle wie die von Libchaber besaß eine potentiell unendlich große Zahl an Flüssigkeitspartikeln. Jedes Partikel bedeutete zumindest die Möglichkeit unabhängiger Bewegung. Unter bestimmten Umständen konnte bei jedem Partikel ein neuer Strudel oder Wirbel entstehen.

»Die Vorstellung, daß die wirklich relevante, fundamentale Bewegung in solchen Systemen sich mit Abbildungen erfassen ließen – das konnte niemand begreifen«,[21] sagte Pierre Hohenberg aus der Forschungsabteilung von A.T.&.T. Bell in New Jersey. Hohenberg war einer der ganz wenigen Physiker, die sowohl die neue Theorie wie auch die neuen Experimente verfolgen sollten. »Feigenbaum hatte vielleicht davon geträumt, aber bestimmt hat er es nicht laut gesagt. Feigenbaums Arbeit betraf Abbildungen. Aber warum sollte sich ein Physiker für Abbildungen interessieren? Das ist ein Spiel. Und wirklich, solange sie nur mit ihren Abbildungen herumspielten, schien es ziemlich weit von dem entfernt, was wir begreifen wollten.

Erst als man die Sache in Experimenten beobachten konnte, wurde sie so richtig spannend. Das Wunder dabei nämlich ist, daß man selbst in Systemen, die *interessant* sind, das Verhalten detailliert begreifen kann mit Hilfe eines Modells von nur wenigen Freiheitsgraden.«

Es war am Ende Hohenberg, der den Theoretiker und den Experimentator zusammenbrachte. Er leitete im Sommer 1979 in Aspen ein Seminar, an dem auch Libchaber teilnahm. (Vier Jahre früher hatte bei demselben Sommerseminar Feigenbaum Steve Smales Vortrag über einen Zahlenwert – nur einen Zahlenwert – gehört, der plötzlich aufzutauchen schien, wenn ein Mathematiker den Übergang zu Chaos in einer bestimmten Gleichung untersuchte.) Als Libchaber seine Experimente mit flüssigem Helium beschrieb, wurde Hohenberg aufmerksam. Auf seinem Weg nach Hause legte Hohenberg eine ungeplante Zwischenstation ein und besuchte Feigenbaum in Neumexiko. Kurze Zeit später war Feigenbaum bei Libchaber in Paris. Sie standen zwischen überall verstreuten Teilen und Instrumenten in Libchabers Labor.[22] Stolz führte Libchaber seine winzige Zelle vor und ließ Feigenbaum seine neueste Theorie erläutern. Dann wanderten sie durch die Straßen von Paris und hielten Ausschau nach einer Tasse guten Kaffees. Libchaber erinnerte sich später, wie verwundert er gewesen war, einem so jungen und, wie er sagte, so *lebendigen* Theoretiker zu begegnen.

Die Zahl der Abbildungen von Fließverhalten wuchs so stark an, daß selbst der Hauptverantwortliche manchmal das Gefühl hatte, alles wäre nur ein Traum. Wie die Natur es fertigbrachte, eine solche Komplexität in solche Einfachheit aufzulösen, lag keineswegs auf der Hand. »Man muß es als eine Art Wunder betrachten, nicht als eine der üblichen Verbindungen von Theorie und Experiment«,[23] meinte Jerry Gollub. Innerhalb weniger Jahre wurde das Wunder in einem gewaltigen Bestiarium von Laborsystemen wieder und wieder nachvollzogen:[24] in größeren Flüssigkeitszellen mit Wasser und Quecksilber, mit elektronischen Oszilatoren und Laserstrahlen, ja selbst mit chemischen Reaktionen. Theoretiker übernahmen Feigenbaums Techniken und fanden andere mathematische Wege zu Chaos, Verwandte der Periodenverdopplung: Muster wie Intermittenz und Quasiperiodizität. Auch sie erwiesen sich in Theorie und Experiment als universal gültig.
Die Entdeckungen der Experimentatoren trugen erheblich dazu bei, die Ära der Computerexperimente einzuleiten. Physiker stellten fest, daß Computer qualitativ gleichwertige Bilder wie reale Experimente hervorbrachten, nur daß sie sie millionenmal schneller und zuverlässiger produzierten. Noch überzeugender als Libchabers Ergebnisse galt in den Augen vieler ein Strömungsmodell,[25] das Valter

Franceschini von der italienischen Universität Modena konstruierte – ein System von fünf Differentialgleichungen, das Attraktoren und Periodenverdopplungen zeitigte. Franceschini hatte keine Ahnung von Feigenbaums Arbeiten, doch sein komplexes, vieldimensionales Modell förderte dieselben Konstanten zutage, die Feigenbaum in seinen eindimensionalen Abbildungen entdeckt hatte. 1980 stellte ein europäisches Team eine überzeugende mathematische Erklärung vor:[26] die Dissipation blutet ein komplexes System widerstreitender Bewegungen gleichsam aus, bis sie am Ende das Verhalten von vielen Dimensionen auf eine reduziert.

Einen seltsamen Attraktor in einem Fließexperiment außerhalb des Computers zu finden blieb eine ernsthafte Herausforderung, die Experimentatoren wie Harry Swinney bis in die achtziger Jahre hinein beschäftigte. Doch wenn sie Erfolg hatten, beschieden ihnen die neuen Computerexperten meist nur, daß sie nur die groben, berechenbaren Abbilder der wunderbar detaillierten Diagramme entdeckt hätten, die ihre Graphikterminals bereits generierten. Wenn man in einem Computerexperiment Tausende oder Millionen von Datenpunkten erzeugt, werden die Muster mehr oder weniger gut sichtbar. In einem Labor hingegen mußten wie in der wirklichen Welt nützliche Informationen von Störeffekten unterschieden werden. Bei einem Computerexperiment strömten die Daten wie Wein aus einem magischen Kelch. Bei einem Laborexperiment mußte man um jeden Tropfen kämpfen.

Dennoch hätten die neuen Theorien von Feigenbaum und anderen nicht allein dank dieser Computerexperimente eine so breite wissenschaftliche Beachtung finden können. All die Modifikationen, die Kompromisse und Annäherungen, die erforderlich waren, um Systeme nichtlinearer Differentialgleichungen zu digitalisieren, mußten Skepsis wecken. Simulationen zerlegen die Realität in Teile, in möglichst viele zwar, doch immer noch relativ wenige. Ein Computermodell ist nur ein Resultat willkürlicher Regeln, die ein Programmierer festgelegt hat. Ein reales Fließsystem hingegen, selbst wenn es auf einen Millimeter verkleinert ist, birgt das unleugbare Potential all der freien, ungebändigten Bewegung natürlicher Unordnung. Es birgt mögliche Überraschungen.

Im Zeitalter der Computersimulationen, da Fließverhalten in allen erdenklichen Systemen, von Flugzeugturbinen bis zu künstlichen Herzklappen, simuliert wird, kann man sich nur schwer vergegenwärtigen, wie leicht die Natur einen Experimentator in Verlegenheit bringen kann. Tatsächlich aber kann auch heute noch kein Computer ein so einfaches System simulieren wie Libchabers Heliumzelle. Wenn ein ernsthafter Physiker eine Simulation untersucht, muß er sich stets fragen, welcher Aspekt der Natur ausgeschieden und welche mögliche Überraschung verdrängt wurde. Libchaber sagte oft, er hätte keine Lust, in einem simulierten Flugzeug zu fliegen – er würde sich unweigerlich fragen, von welchen Aspekten man wohl abgesehen habe. Auch vertrat er die Meinung, daß Computersimulationen zwar helfen können, Intuition zu entwickeln oder Berechnungen zu präzisieren, doch fördern sie keine wirkliche Entdeckung zutage. Dies ist auf jeden Fall das Credo des Experimentators.

Libchabers Experiment war so makellos, seine wissenschaftlichen Ziele so abstrakt, daß es immer noch Physiker gab, die seine Arbeit als philosophischen oder mathematischen statt physikalischen Beitrag betrachteten. Er hingegen glaubte, daß die herrschende Ausrichtung seines Fachs reduktionistisch orientiert sei und vorrangigen Wert den Eigenschaften von Atomen beimesse. »Ein Physiker würde mich fragen: Wie kommt das Atom hierher oder warum bleibt es dort? Und wie steht es um die Empfindlichkeit der Oberfläche? Können Sie mir die Hamiltonfunktion des Systems aufschreiben?

Und wenn ich ihm dann sage, darum kümmere ich mich nicht, was mich interessiert, ist die *Form*, die mathematische

Beschreibung der Form und ihre Entwicklung, die Bifurka-
tion von dieser Form zu jener Form und zu einer dritten
Form, dann wird er mir sagen, das sei nicht Physik, sondern
Mathematik. Auch heute noch wird er das behaupten. Nun,
und was kann ich darauf antworten? Ja, natürlich, das ist
Mathematik. Aber es bezieht sich auf etwas, das uns umgibt.
Auch das ist Natur.«[27]

Die Muster, die er entdeckte, waren in der Tat abstrakt. Sie
waren mathematischer Art. Sie sagten nichts aus über die
Eigenschaften von flüssigem Helium oder Kupfer oder über
das Verhalten von Atomen nahe dem absoluten Gefrierpunkt. Aber es waren die Muster, von denen Libchabers
mystische Vorfahren geträumt hatten. Sie legitimierten einen Forschungsbereich, den viele Wissenschaftler, von Che-
mikern bis zu Elektroingenieuren, schon bald untersuchen
sollten, sie alle auf der Suche nach neuen Aspekten von
Bewegung. Die Muster waren erstmals zu sehen, als es ihm
gelang, die Temperatur hinreichend zu erhöhen, um die
erste Periodenverdopplung zu isolieren und dann die nächste und wieder die nächste. Der neuen Theorie zufolge
müßten die Bifurkationen eine Geometrie mit exakter Skalierung hervorrufen, und genau das konnte Libchaber beobachten: die universalen Feigenbaumkonstanten, die sich in
diesem Augenblick von einer mathematischen Idee in eine
physikalische Realität verwandelten, die meßbar und repro-
duzierbar war. Er konnte sich noch lange später an das
Gefühl erinnern, staunend eine Bifurkation nach der andern
zu beobachten, um dann gewahr zu werden, daß er eine
ganze, reich strukturierte Kaskade sah. Es war, wie er sagte,
amüsant.

1. Libchaber, Kadanoff.
2. Libchaber.
3. Albert Libchaber, »Experimental Study of Hydrodynamic Instabilities. Rayleigh-Bénard Experiment: Helium in a Small Box«, *Nonline-*

ar Phenomena at Phase Transitions and Instabilities, hrsg. v. T. Riste (New York: Plenum, 1982), S. 259.

4. Libchaber, Feigenbaum.

5. Libchaber.

6. Libchaber.

7. Wallace Stevens, »This Solitude of Cataracts«, *The Palm at the End of the Mind*, hrsg. v. Holly Stevens (New York: Vintage, 1972), S. 321.

8. »Reality Is an Activity of the Most August Imagination«, ibid., S. 396.

9. Theodor Schwenk, *Sensitive Chaos* (New York: Schocken, 1976), S. 19.

10. Ibid.

11. Ibid., S. 16.

12. Ibid., S. 39.

13. D'Arcy Wentworth Thompson, *On Growth and Form*, hrsg. v. J. T. Bonner (Cambridge: Cambridge University Press, 1961), S. 8.

14. Ibid., S. VIII

15. Stephen Jay Gould, *Hen's Teeth and Horse's Toes* (New York: Norton, 1983), S. 369.

16. *On Growth and Form*, S. 267.

17. Ibid., S. 114.

18. Campbell.

19. Libchaber.

20. Libchaber und Maurer, 1980 und 1981. Desgleichen gibt Cvitanović in seiner Einführung einen erhellenden Überblick.

21. Hohenberg.

22. Feigenbaum, Libchaber.

23. Gollub.

24. Die Literatur dazu ist ebenso umfassend. Einen Überblick über erste Verschmelzungen von Theorie und Experiment in einer Reihe von Systemen bietet Harry L. Swinney, »Observations of Order and Chaos in Nonlinear Systems«, *Physica* 7D (1983), S. 3–15; Swinney liefert eine Liste von Quellen, die nach Kategorien unterschieden sind und elektronische wie chemische Oszillatoren umfassen, aber auch esoterische Experimente.

25. Valter Franceschini und Claudio Tebaldi, »Sequence of Infinite Bifurcations and Turbulence in a Five-Mode Truncation of the Navier-Stokes Equations«, *Journal of Statistical Physics* 21 (1979), S. 707–726.

26. P. Collet, J.-P. Eckmann und H. Koch, »Period Doubling Bifurkations for Families of Maps on R^n«, *Journal of Statistical Physics* 25 (1981), S. 1.

27. Libchaber.

Bilder des Chaos

Was noch, wenn Chaos alle Kraft nach innen zieht
Ein einziges Blatt zu formen.

Conrad Aiken

Michael Barnsley lernte Mitchell Feigenbaum 1979 auf einer Konferenz in Korsika kennen.[1] Damals hörte Barnsley, ein in Oxford ausgebildeter Mathematiker, zum erstenmal von Universalität, Periodenverdopplung und unendlichen Bifurkationskaskaden. Eine gute Idee, dachte er, genau das, was mit Sicherheit eine Menge Wissenschaftler anzieht, die sich davon ein Stück für ihre eigene Arbeit abschneiden wollen. Barnsley selber glaubte, er sehe etwas, das noch kein anderer bemerkt habe.

Woher kamen diese Zyklen von 2, 4, 8, 16, die Feigenbaum-Reihen eigentlich? Tauchten sie durch Zauberei aus einem mathematischen Nichts auf, oder verwiesen sie auf einen tiefer liegenden Sachverhalt? Barnsley spürte intuitiv, daß sie Teil eines bisher dem Blick entgangenen, phantastischen fraktalen Gebildes sein mußten.

Er dachte bei dieser Idee an einen konkreten Zusammenhang, an die Zahlenmenge der komplexen Ebene. Auf der komplexen Ebene liegen die Zahlen von minus unendlich bis unendlich – also alle reellen Zahlen – auf einer Achse, die sich sozusagen vom fernen Westen bis in den fernen Osten erstreckt und deren Zentrum der Nullpunkt ist. Diese Achse ist allerdings nur der Äquator einer Welt, die sich auch unendlich weit nach Norden und Süden ausdehnt. Jede Zahl dieser Ebene setzt sich aus zwei Teilen zusammen, dem *Realteil,* der dem west-östlichen Längengrad entspricht, und einem *Imaginärteil,* der dem nord-südlichen Breitengrad entspricht. Solche komplexen Zahlen werden üblicherweise so geschrieben: 2 + 3i, wobei i den Imaginärteil bezeichnet. Die zwei Teile weisen jeder Zahl auf dieser zweidimensionalen Ebene einen eindeutig definierten Platz zu. Die Achse der reellen Zahlen, von der wir ausgegangen sind, ist also nur ein Sonderfall, die Zahlenmenge, deren Imaginärteil gleich Null ist. Sich auf der komplexen Ebene nur mit reellen Zahlen zu beschäftigen – also nur mit den auf dem Äquator liegenden Punkten –, hieße, sich auf die gelegentlichen Schnittpunkte bestimmter Formen mit dieser Achse beschränken, die ihr Geheimnis erst preisgeben würden, wenn man sie in der zweidimensionalen Ebene betrachtete. Das jedenfalls war die Vermutung Barnsleys.

Die Bezeichnungen *reell* und *imaginär* stammen aus einer Zeit, als gewöhnliche Zahlen noch realer schienen als die neuen zusammengesetzten Zahlen. Inzwischen hatte man allerdings erkannt, daß diese Bezeichnungen willkürlich gewählt waren, da beide Arten von Zahlen genauso real oder imaginär waren wie jede andere Klasse von Zahlen. Historisch gesehen wurden imaginäre Zahlen erfunden, um das durch folgende Frage entstandene konzeptionelle Vakuum zu füllen: Was ist die Quadratwurzel einer negativen Zahl? Man kam überein, die Quadratwurzel von −1 als i zu definieren, die Quadratwurzel von −4 als 2i und so fort. Von hier war es nur noch ein kleiner Schritt zur Erkenntnis, daß Kombinationen reeller und imaginärer Zahlen neue Möglichkeiten des Rechnens mit polynomischen Gleichungen zuließ. Komplexe Zahlen kann man addieren und multiplizieren, man kann ihren Durchschnittswert ermitteln, sie in Faktoren zerlegen und mit ihnen Integralrechnungen durchführen. So gut wie alle mit reellen Zahlen durchgeführten Rechenoperationen kann man es auch mit komplexen Zahlen versuchen. Als Barnsley begann, Feigenbaums Funktionen in die komplexe Ebene zu übersetzen, sah er vor seinen Augen die Umrisse einer bizarren Formenfamilie heranwachsen, die ganz offensichtlich mit den dynamischen Ideen zu tun hatten, die die Experimentalphysiker beschäftigten, die aber auch als mathematische Konstrukte verblüfften. Barnsley wurde klar, daß solche Zyklen nicht einfach aus nichts entstehen. Sie schneiden die reelle Achse, liegen selbst aber in der komplexen Ebene, wo es, sieht man genau hin, eine ganze Konstellation von Zyklen verschiedener Grade gibt. Dort gab es schon immer einen Zweierzyklus, einen Dreierzyklus, einen Viererzyklus, Zyklen, die gewissermaßen knapp außer Sichtweite schweben, bis sie die reelle Achse schneiden. Barnsley eilte von Korsika in sein Büro im Georgia Institute of Technology zurück und schrieb einen Aufsatz. Den Aufsatz schickte er zur Veröffentlichung an die *Communications in Mathematical Physics*. Der Herausgeber war kein anderer als David Ruelle, und Ruelle hatte schlechte Nachrichten für Barnsley. Barnsley hatte, ohne es zu wollen, die vergessene, bereits fünfzig Jahre alte Arbeit eines französischen Mathematikers wiederentdeckt. Barnsley erinnert sich: »Ruelle schickte mir den Artikel zurück wie eine heiße Kartoffel mit der Bemerkung: ›Michael, Sie sprechen von Julia-Mengen.‹« Ruelle gab noch einen Tip: »Setzen Sie sich mit Mandelbrot in Verbindung.«[2]

John Hubbard, der amerikanische Mathematiker mit einem Faible für modisch gewagte Hemden, hatte drei Jahre vor dieser Zeit Erstsemester der Universität Orsay in Frankreich in den Anfängen der Integral- und Differentialrechnung unterrichtet. Zu den Standardthemen seines Unterrichts gehörte das klassische Newtonsche Näherungsverfahren, das Gleichungen durch laufend verbesserte Näherungswerte löst. Die Standardthemen hatten allerdings begonnen, Hubbard zu langweilen, er beschloß deshalb, das Newtonsche Verfahren einmal auf eine Weise zu lehren, die seine Studenten zum Nachdenken zwingen würde.[3]
Das Newtonsche Verfahren ist alt, und es war schon alt, als

Newton es erfand. Schon die alten Griechen bedienten sich einer Version dieser Methode zur Berechnung von Quadratwurzeln. Man nimmt einen Anfangswert an. Die erste Annahme führt zu einer verbesserten Annahme, und die Wiederholung dieses Verfahrens führt zur Annäherung an eine Lösung, vergleichbar einem dynamischen System, das dem stabilen Zustand zustrebt. Man nähert sich der Lösung dabei schnell, da sich die Zahl der richtigen Dezimalstellen im allgemeinen mit jedem Schritt verdoppelt. Heute können Quadratwurzeln natürlich mit analytischen Verfahren angegangen werden, was auch für alle in Polynomen zweiten Grades gesuchten Werte gilt – Gleichungen, in denen die Variablen nur in die zweite Potenz erhoben werden. Aber das Newtonsche Verfahren funktioniert auch mit Polynomen höheren Grades, die nicht auf direktem Weg gelöst werden können. Das Verfahren funktioniert gleichfalls wunderbar mit verschiedenen Computeralgorithmen, die Iteration ist ja sowieso die Stärke des Computers. Ein kleines Manko des Newtonschen Verfahrens ist, daß Gleichungen normalerweise mehr als nur eine Lösung zulassen, besonders wenn man auch komplexe Lösungen einbezieht. Zu *welcher* Lösung das Verfahren kommt, hängt von dem anfangs angenommenen Wert ab. In der Praxis haben Studenten damit freilich keinerlei Probleme. Meist hat man eine gute Idee, wo man anfangen könnte, und wenn die Lösung dann in eine falsche Richtung steuert, fängt man einfach woanders an.

Nun könnte man fragen, welchen Weg genau das Newtonsche Verfahren zurücklegt, wenn es sich auf den gesuchten Wert eines Polynoms zweiten Grades auf der komplexen Ebene zubewegt. Geometrisch gedacht könnte man antworten, daß das Verfahren demjenigen der beiden Werte zustrebt, der näher liegt. Genau das sagte Hubbard seinen Studenten in Orsay, als die Frage eines Tages aufkam.

»Allerdings scheint mir die Lage im Fall von, sagen wir, Gleichungen dritten Grades komplizierter«, meinte Hub-

bard. Er war aber zuversichtlich: »Ich werde darüber nachdenken und Ihnen die Lösung nächste Woche sagen.«[4]
Hubbard glaubte immer noch, die eigentliche Schwierigkeit sei, den Studenten beizubringen, wie man Iterationen berechnete, daß die Annahme eines Ausgangswertes dagegen leicht sein würde.[5] Je mehr er allerdings nachdachte, desto unklarer wurde ihm alles – was etwa eine sinnvolle Annahme ausmachte oder wie das Newtonsche Verfahren wirklich funktionierte. Vom geometrischen Standpunkt lag es nahe, die Ebene in drei gleich große Kuchenstücke aufzuteilen, von denen jedes einen der gesuchten Werte enthielt. Hubbard mußte allerdings feststellen, daß es so einfach nicht funktionieren würde. An den Grenzen zwischen diesen Stücken ereigneten sich seltsame Dinge. Hubbard entdeckte außerdem, daß er nicht als erster Mathematiker auf diese überraschend schwierige Frage gestoßen war. Lord Arthur Cayley hatte 1879 versucht, von den noch handhabbaren Gleichungen zweiten Grades zu den erschreckend unzugänglichen Gleichungen dritten Grades vorzustoßen. Hubbard hatte allerdings hundert Jahre später ein Werkzeug zur Hand, das Cayley noch nicht gehabt hatte.
Hubbard war einer jener rigorosen Mathematiker, die auf Annahmen, Näherungswerte und auf Intuition und nicht Beweise gegründete Halbwahrheiten verächtlich herabsahen. Er gehörte zu den Mathematikern, die auch noch zwanzig Jahre, nachdem Edward Lorenz' Attraktor in die Literatur eingegangen war, Wert auf die Feststellung legten, daß niemand wirklich *wußte*, ob aus diesen Gleichungen ein seltsamer Attraktor hervorging. Letzteres sei eine unbewiesene Annahme. Die vertraute Doppelspirale sei kein Beweis, sondern nur Anschauungsmaterial, ein Computerbild. Ganz gegen seine Überzeugung begann Hubbard nun allerdings, mit Hilfe eines Computers das zu tun, was die orthodoxen Techniken nicht geleistet hatten. *Beweisen* würde der Computer nichts. Aber vielleicht würde er wenigstens die Wahrheit dem Blick enthüllen, damit die Mathematiker

wußten, *was* sie da beweisen sollten. Hubbard begann also zu experimentieren. Er setzte das Newtonsche Verfahren nicht zur Lösung von Problemen ein, sondern machte es selbst zum Problem. Hubbard ging vom einfachsten Fall eines Polynoms dritten Grades aus, der Gleichung $x^3 - 1 = 0$. Anders ausgedrückt: Finde die Kubikwurzel von 1. In reellen Zahlen gibt es dafür natürlich nur eine triviale Lösung: 1. Das Polynom hat allerdings noch zwei komplexe Lösungen: $-\frac{1}{2} + i\sqrt{\frac{3}{2}}$ und $-\frac{1}{2} - i\sqrt{\frac{3}{2}}$. In der komplexen Ebene graphisch dargestellt, bilden die drei gesuchten Werte ein gleichseitiges Dreieck. Einer der Punkte liegt, am Zifferblatt einer Uhr veranschaulicht, auf drei Uhr, einer auf sieben Uhr und der dritte auf elf Uhr. Wählte man also eine beliebige komplexe Zahl als Ausgangspunkt, stellte sich die Frage, zu *welcher* dieser drei Lösungen das Newtonsche Verfahren kommen würde. Das Newtonsche Verfahren war gewissermaßen ein dynamisches System, und die drei Lösungen waren drei Attraktoren. In anderen Worten, die komplexe Ebene war eine glatte Oberfläche, die sich nach drei tiefen Tälern hin senkte. Eine Murmel, die an einem beliebigen Punkt der Ebene ins Rollen kam, würde in eins der drei Täler rollen – nur in welches?

Hubbard ging daran, stichprobenartig die unendlich vielen Punkte der komplexen Ebene zu untersuchen. Er ließ seinen Computer von Punkt zu Punkt fahren, für jeden dieser Punkte das Newtonsche Näherungsverfahren durchrechnen und die Ergebnisse farblich kennzeichnen. Ausgangspunkte, die zur ersten Lösung führten, wurden blau gefärbt, Punkte, die zur zweiten Lösung führten, rot und Punkte, die zur dritten führten, grün. Hubbard stellte fest, daß die Dynamik des Newtonschen Verfahrens die Ebene tatsächlich annäherungsweise in drei Kuchenstücke teilte. Im allgemeinen mündeten die Punkte in der Nähe einer bestimmten Lösung schnell in diese Lösung. Eine systematische Computeranalyse ergab allerdings im Detail eine unvorstellbar komplizierte Organisation, die früheren Mathematikern, die nur in der Lage gewesen waren, hier und da einen Punkt zu berechnen, unzugänglich bleiben mußte. Während einige der Ausgangswerte sich schnell einem Wert näherten, sprangen andere scheinbar willkürlich herum, bevor sie sich zuletzt einer Lösung näherten. Manchmal hatte es den Anschein, als falle ein Punkt in ein zyklisches Verhalten, das sich endlos wiederholte – ein periodischer Zyklus –, ohne sich je für eine der drei Lösungen zu entscheiden.

Als Hubbard daranging, die noch freien Zwischenräume mit seinem Computer nach immer feineren Details zu untersuchen, waren er und seine Studenten verblüfft über das Bild, das vor ihren Augen entstand. Statt sauberer Kammlinien zwischen den blauen und roten Tälern etwa sahen sie grüne Flecken, die wie Perlen an einer Schnur aufgereiht waren. Man hatte den Eindruck, als ob eine Murmel, die den kollidierenden Anziehungskräften der zwei nächsten Täler ausgesetzt war, sich statt dessen für das dritte, am weitesten entfernte Tal entschied. Nie kam es zu einer sauberen Grenze zwischen zwei Farben.[6] Bei noch genauerem Hinsehen stellte sich heraus, daß die Grenzlinie zwischen einem grünen Fleck und dem blauen Tal mit roten Flecken besetzt war. Und so ging es weiter – Hubbard sah schließlich, daß die Grenze eine merkwürdige Eigenschaft hatte, die sogar den mit Mandelbrots monströsen Fraktalen vertrauten Forscher verblüffen mußte: Es gab *keinen* Punkt, der die Grenze zwischen nur zwei Farben markiert hätte. Sobald zwei Farben zusammenzukommen versuchten, schob sich die dritte mit einer Kette neuer, selbst-ähnlicher Einlagerungen dazwischen. So unmöglich es klingen mochte, jeder Grenzpunkt grenzte an Felder von jeder der drei Farben.

Hubbard machte sich an die Untersuchung dieser komplizierten Formen und ihrer Bedeutung für die Mathematik. Die Arbeit Hubbards und seiner Kollegen ging das Problem dynamischer Systeme von einer neuen Seite an. Hubbard erkannte, daß die Abbildung des Newtonschen Verfahrens nur ein Vertreter einer ganzen noch nicht erforschten Familie von Bildern war, die das Verhalten von Kräften der realen Welt spiegelten. Michael Barnsley beschäftigte sich mit anderen Mitgliedern dieser Familie. Benoit Mandelbrot war, wie beide Männer bald erfahren sollten, dabei, den Ahnen all dieser Formen zu entdecken.

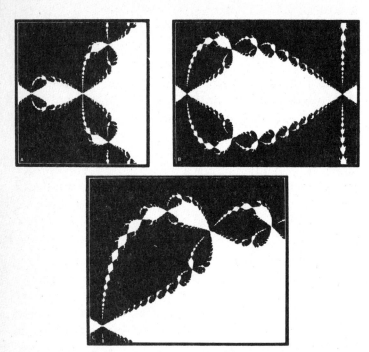

Grenzen unendlicher Komplexität. Schneidet man einen Kuchen in drei Teile, treffen sich diese Teile in einem Punkt, und jeweils zwei Stücke stoßen glatt aneinander. Durch viele Prozesse der abstrakten Mathematik und der Physik entstehen allerdings Grenzen, die fast unvorstellbar komplex sind.

Auf dem oberen Bild teilt das Newtonsche Näherungsverfahren zur Berechnung der Kubikwurzel von −1 die Ebene in drei identische Felder, von denen eines weiß dargestellt ist. Alle weißen Punkte werden von dem gesuchten Wert »angezogen«, der im größten weißen Feld liegt; alle schwarzen Punkte werden von einem der anderen Werte angezogen. Die Grenze hat die eigenartige Eigenschaft, daß jeder auf ihr liegende Punkt an alle drei Felder stößt. Wie die vergrößerten Ausschnitte zeigen, hat die Grenze eine fraktale Struktur, die das Grundmuster in immer kleinerem Maßstab wiederholt.

Die Mandelbrot-Menge[7] ist der komplexeste Gegenstand der Mathematik, pflegen ihre Anhänger zu sagen.[8] Auch wenn man ewig Zeit hätte, man würde sie nicht alle sehen können, die mit stachligen Dornen besetzten Scheiben, die Spiralen und feinen Fäden, die sich nach auswärts und im Kreis drehen und knollige Moleküle tragen, die in unendlicher Vielfalt wie Trauben in Gottes eigenem Weinberg hängen. In Farbe durch das entsprechend eingestellte Fenster eines Computerbildschirms betrachtet, scheint die Mandelbrot-Menge fraktaler als jedes Fraktal, so reich ist ihre komplizierte Struktur in allen Maßstäben. Für eine Übersicht über die verschiedenen Bilder innerhalb der Menge oder eine numerische Beschreibung der einzelnen Formen brauchte man unendlich viele Informationen. Hier allerdings besteht ein Paradox: Um eine vollständige Beschreibung der Menge über eine Leitung zu schicken, braucht man nur einige wenige Dutzend Codezeichen. Ein kurzes Programm enthält alle Informationen, die ganze Menge zu reproduzieren. Die Forscher, die zuerst erkannten, wie in der Mandelbrot-Menge Komplexität und Einfachheit miteinander vermischt sind, waren davon völlig überrascht – sogar Mandelbrot. Die Mandelbrot-Menge wurde eine Art offizielles Emblem für Chaos. Sie erschien auf den Hochglanzumschlägen von Konferenzprospekten und technischen Vierteljahreszeitschriften und war das Kernstück einer Ausstellung über Computerkunst, die 1985 und 1986 international gezeigt wurde. Die Schönheit dieser Bilder war jedem zugänglich; weniger leicht hatten es die Mathematiker, die Bedeutung der Menge zu verstehen, in deren Struktur sie eindrangen.

Man kann durch iterative Verfahren in der komplexen Ebene die verschiedensten fraktalen Formen bilden, aber es gibt nur eine Mandelbrot-Menge. Die Mandelbrot-Menge tauchte zum erstenmal vage und geisterhaft auf, als Mandelbrot versuchte, zu allgemeinen Aussagen über eine Formenklasse zu kommen, die als Julia-Mengen bekannt sind. Die-

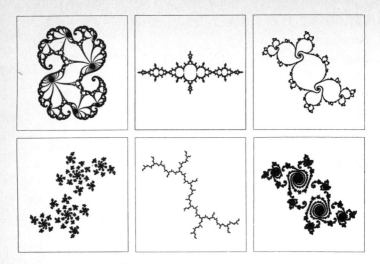

Verschiedene Julia-Mengen.

se Mengen wurden während des Ersten Weltkriegs von den französischen Mathematikern Gaston Julia und Pierre Fatou entdeckt und untersucht, die noch ohne die Bilder auskommen mußten, die ein Computer erzeugen kann. Mandelbrot hatte im Alter von zwanzig Jahren die bescheidenen Zeichnungen und die Arbeiten dieser Mathematiker studiert – beides war bereits damals in Vergessenheit geraten. Julia-Mengen in den verschiedensten Gestalten waren genau die Objekte, die auch Barnsley beschäftigten. Einige sehen aus wie Kreise, die man an vielen Stellen eingedellt und deformiert hat, um ihnen die Struktur eines Fraktals zu verleihen. Andere sind in verschiedene Felder aufgesplittert, wieder andere sehen aus wie Wolken freischwebender Staubpartikel. Man kann sie weder mit Worten noch mit den Begriffen der euklidischen Geometrie beschreiben. Der französische Mathematiker Adrien Douady meint: »Es gibt eine unglaubliche Vielzahl von Julia-Mengen: Einige sehen aus wie dicke Wolken, andere wie ein dorniges Gestrüpp, wieder andere wie die Funken, die nach der Explosion eines Feuerwerkskörpers in der Luft schweben. Eine sieht aus wie

310

ein Kaninchen, viele andere haben geringelte Schwänze wie Seepferdchen.«[9]

Mandelbrot entdeckte 1979, daß er in der komplexen Ebene ein Bild erzeugen konnte, das als Muster aller Julia-Mengen dienen konnte, als Leitfaden zu jeder einzelnen dieser Mengen.[10] Er stellte Versuche mit der Iteration komplizierter Prozesse an, mit Gleichungen, die Quadratwurzeln und Sinus- und Kosinusfunktionen enthielten. Selbst Mandelbrot, der den Satz, daß Einfachheit Komplexität erzeugt, zu seinem intellektuellen Credo gemacht hatte, erkannte die außergewöhnliche Bedeutung des Gebildes nicht sofort, das da knapp außerhalb des Gesichtsfeldes seiner Computerbildschirme bei IBM und in Harvard schwebte. Er drängte seine Programmierer, ihm mehr Details zu liefern, und schwitzend arbeiteten diese an der noch besseren Ausnutzung des bereits stark strapazierten Speichers und der Interpolation neuer Punkte auf einer IBM-Zentraleinheit mit einer einfachen schwarzweißen Bildröhre. Die Arbeit der Programmierer wurde noch dadurch erschwert, daß sie vor dem Auftreten von »Artefakten« auf der Hut sein mußten, einer Falle, deren man bei der Arbeit am Computer ständig gewärtig sein mußte. Dabei handelte es sich um Gebilde, die ihre Existenz einzig und allein einer Macke des Computers oder Programms verdankten und die verschwanden, wenn das betreffende Programm umgeschrieben wurde.

Mandelbrot konzentrierte sich nun ganz auf eine einfache Abbildungsfunktion, die besonders leicht zu programmieren war. Das Programm durchlief die Rückkopplungsschleife nur wenige Male und erzeugte dadurch auf einem groben Raster die ersten Umrisse von Scheiben. Eine kurze Nachrechnung von Hand ergab, daß die Scheiben eine mathematische Entsprechung hatten und nicht nur Produkte einer Laune des Computers waren. Rechts und links der großen Scheiben waren weitere Formen zu erahnen. Mandelbrot sah noch mehr vor seinem geistigen Auge, wie er später sagte: eine ganze Hierarchie von Formen, Atome, aus denen in endloser Fortsetzung immer kleinere Atome hervorsprossen. Und dort, wo die Menge die reelle Achse schnitt, produzierte sie die Feigenbaumsche Bifurkationsreihe.

Mandelbrot fühlte sich ermutigt, weiter vorzustoßen und die ersten, noch unvollkommenen Bilder zu verfeinern. Bald entdeckte er eine Art Dreck, der die Ränder der Scheiben verunklärte und auch im Raum um die Scheiben schwebte. Als er die Rechnung noch genauer machen wollte, hatte er plötzlich das Gefühl, daß seine Glückssträhne zu Ende war.[11] Statt schärfer wurden die Bilder jetzt verschwommener. Mandelbrot kehrte deshalb in das IBM-Forschungszentrum in Westchester County zurück, um dort mit firmeneigenen Computern zu arbeiten, die mehr Kapazität hatten als die Computer Harvards. Zu seiner Überraschung stellte sich heraus, daß die wachsende Unschärfe einen durchaus realen Hintergrund hatte. Träge breitete sich von der Hauptinsel ein Gewirr von Sprossen und Ranken aus. Mandelbrot sah, wie sich eine zunächst glatt scheinende Grenzlinie in eine Kette von Spiralen auflöste, die wie die Schwänze von Seepferdchen aussahen. Das Irrationale gebar das Rationale.

Die Mandelbrot-Menge ist eine Menge von Punkten. Jeder Punkt auf der komplexen Ebene – also jede komplexe Zahl – gehört entweder zur Menge oder nicht. Man kann die Menge definieren, indem man für jeden Punkt der Ebene Tests durchführt. Es geht dabei um simple iterative Arithmetik. Um einen Punkt zu überprüfen, nimmt man die entsprechende komplexe Zahl, erhebt sie ins Quadrat, addiert die ursprüngliche Zahl, quadriert wieder das Ergebnis, addiert wieder die ursprüngliche Zahl, quadriert das Ergebnis – und so weiter, immer wieder nach demselben Schema. Wenn die Gesamtsumme gegen unendlich geht, gehört der Punkt nicht zur Mandelbrot-Menge. Bleibt die Summe endlich (sei es, daß sie sich in einer sich wiederholenden Schleife fängt oder chaotisch zunimmt und abnimmt), gehört der Punkt zur Mandelbrot-Menge.

Das Verfahren, einen Prozeß endlos zu wiederholen und

dabei zu fragen, ob das Ergebnis gegen unendlich strebt, erinnert an Rückkopplungsprozesse des Alltags. Angenommen, man will in einem Vortragssaal ein Mikrofon, Verstärker und Lautsprecher installieren. Man macht sich dabei Sorgen über das Pfeifen der akustischen Rückkopplung. Fängt das Mikrofon ein Geräusch auf, das laut genug ist, kommt es verstärkt vom Lautsprecher zurück zum Mikrofon in einer immer lauter werdenden Endlosschleife. Ist das Geräusch auf der anderen Seite relativ leise, wird es schließlich ganz absterben. Will man diesen Rückkopplungsprozeß mit Zahlen veranschaulichen, nimmt man eine Zahl als Ausgangsbasis, multipliziert sie mit sich selbst, multipliziert das Ergebnis mit sich selbst und so weiter. Man wird dabei feststellen, daß große Zahlen schnell gegen unendlich streben: 10, 100, 10 000 … Zahlen, die kleiner sind als 1 oder Brüche dagegen gehen gegen Null: 1:2, 1:4, 1:16… Will man das geometrisch darstellen, definiert man eine Menge aller Punkte, die nicht gegen unendlich geht, wenn man sie in die soeben beschriebene Gleichung einsetzt. Man berücksichtigt alle Punkte, die auf einer von Null nach oben gehenden Geraden liegen. Löst ein Punkt das Pfeifen der Rückkopplung des Mikrofons aus, wird er weiß gefärbt, andernfalls schwarz. Bald wird man eine Abbildung erhalten, die aus einer schwarzen Linie von 0 nach 1 besteht.

Im Fall eines eindimensionalen Prozesses sind empirische Experimente eigentlich überflüssig. Man kann schnell feststellen, daß Zahlen größer als eins gegen unendlich streben, die übrigen Zahlen dagegen nicht. Will man allerdings eine durch einen iterativen Prozeß definierte geometrische Form in den zwei Dimensionen der komplexen Ebene darstellen, reicht es im allgemeinen nicht aus, die Gleichung zu kennen. Anders als die traditionellen Formen der Geometrie wie Kreise, Ellipsen und Parabeln läßt die Mandelbrot-Menge kein abgekürztes Verfahren zu. Welche Form zu welcher spezifischen Gleichung gehört, läßt sich nur empirisch ermitteln, und die empirische Methode machte die Forscher

Die Mandelbrot-Menge entsteht. Auf Benoit Mandelbrots ersten, noch unvollkommenen Computerausdrucken war eine grobe Struktur zu sehen, die immer genauer hervortrat, als die Genauigkeit des Rechenergebnisses verbessert wurde. Waren die wanzenartigen, freischwebenden »Moleküle« isolierte Inseln? Oder waren sie mit dem Hauptkörper durch Fäden verbunden, die zu fein waren, um wahrgenommen zu werden? Es war unmöglich, diese Frage zu beantworten.

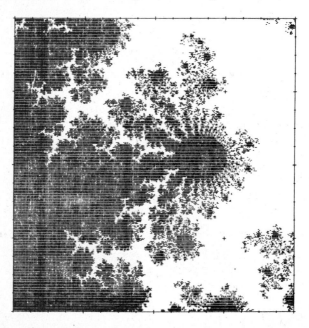

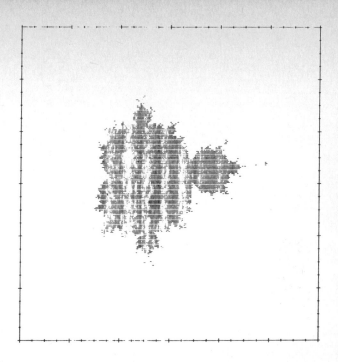

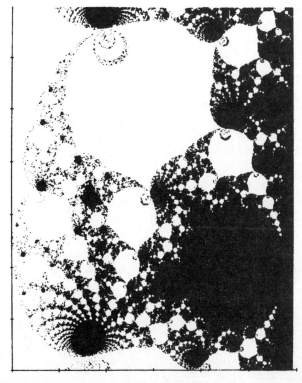

auf diesem neuen Terrain eher zu Geistesverwandten Magellans als Euklids.

Die Welt der Formen in dieser empirischen Weise mit der Welt der Zahlen zu verbinden, kam einem Bruch mit der Vergangenheit gleich. Neue Geometrien entstehen immer dann, wenn jemand eine fundamentale Regel ändert. *Angenommen, ein Raum ist gekrümmt statt linear*, sagt der Experte der Geometrie, und das Ergebnis ist eine groteske Parodie auf Euklid und damit genau der richtige Rahmen für die Allgemeine Relativitätstheorie. Angenommen, ein Raum kann vier, fünf oder sechs Dimensionen haben. Angenommen, es kann fraktale Dimensionen geben, deren Zahl ein Bruch ist. Angenommen, geometrische Formen können verdreht, gedehnt, verknotet sein. Oder, wie in unserem Fall, Formen werden nicht durch die einmalige Lösung einer Gleichung definiert, sondern durch die Wiederholung der Gleichung in einer Rückkopplungsschleife.

Julia, Fatou, Hubbard, Mandelbrot – diese Mathematiker haben die Regeln geändert, nach denen man geometrische Formen konstruierte. Mit der Umsetzung von Gleichungen in Kurven nach den Regeln der euklidischen und kartesischen Geometrie ist jeder vertraut, der auf der Schule Geometrie gelernt hat oder auf einer Landkarte schon Punkte mit Hilfe zweier Koordinaten gefunden hat. Die Standardgeometrie nimmt eine Gleichung und fragt nach der Zahlenmenge, die deren Bedingungen *erfüllt*. Die Lösungen einer Gleichung wie $x^2 + y^2 = 1$ lassen sich als geometrische Form darstellen, in diesem Fall ein Kreis. Andere einfache Gleichungen erzeugen andere Bilder wie die Ellipsen, Parabeln und Hyperbeln von Kegelschnitten oder auch die komplizierten Formen, denen Differentialgleichungen im Phasenraum zugrunde liegen. Wird eine Gleichung nun allerdings wiederholt statt gelöst, wird sie von der Beschreibung einer Form zu einem Prozeß. Sie wird dynamisch statt statisch. Wird eine Zahl in die Gleichung eingesetzt, erhält man eine neue Zahl; die Gleichung wird mit der neuen Zahl wiederholt und so fort, und die entsprechenden Punkte springen auf der Ebene von Ort zu Ort. Ein Punkt wird nicht eingezeichnet, wenn er die Gleichung erfüllt, sondern wenn er ein bestimmtes Verhalten auslöst. Ein solches Verhalten kann ein stabiler Zustand sein, es kann sich auf die periodische Wiederholung bestimmter Zustände einpendeln oder drittens dadurch charakterisiert sein, daß es außer Kontrolle gerät und gegen unendlich ausreißt.

Vor dem Zeitalter des Computers hatten auch Julia und Fatou, die die Möglichkeiten dieser neuen Art der geometrischen Abbildung erkannten, nicht die Mittel, daraus eine Wissenschaft zu machen. Erst mit dem Computer wurde die empirische Geometrie möglich. Hubbard untersuchte das Newtonsche Verfahren, indem er für einen Punkt nach dem anderen das jeweilige Verhalten berechnete, und Mandelbrot tat mit seiner Menge zunächst dasselbe, indem er mit einem Computer die Punkte der Ebene einen nach dem anderen anfuhr. Natürlich nicht alle Punkte. Zeit und Computer sind endlich, man benutzt für solche Rechnungen also ein Punkteraster. Ein feineres Raster ergibt ein schärferes Bild, allerdings auf Kosten einer längeren Rechenzeit. Im Fall der Mandelbrot-Menge war die Rechnung einfach, weil der Prozeß selbst einfach war: Es ging um die Iteration der Abbildungsfunktion $z - z^2 + c$ auf der komplexen Ebene. Man nehme eine Zahl, multipliziere sie mit sich selbst und addiere die ursprüngliche Zahl.

Als Hubbard sich mit der neuen Methode, geometrische Formen mit dem Computer zu untersuchen, vertraut gemacht hatte, brachte er auch eine innovative mathematische Methode zur Anwendung. Er bediente sich der Methoden der komplexen Analysis, einem Gebiet der Mathematik, das bislang noch nicht auf dynamische Systeme angewandt worden war. Hubbard hatte jetzt das Gefühl, daß alles zueinanderpaßte. Getrennte Disziplinen innerhalb der Mathematik konvergierten an einem entscheidenden Punkt. Hubbard wußte, daß es nicht damit getan war, die Mandelbrot-Menge nur zu *sehen*; er würde erst mit ihr fertig sein, wenn er sie auch mathematisch verstanden hatte. Tatsächlich behauptete er später, sie verstanden zu haben.

Wenn die Grenzen der Mandelbrot-Menge nur fraktal im Sinn von Mandelbrots monströsen Gebilden waren, dann mußte jedes neue Bild mehr oder weniger wie das vorhergehende aussehen. Das Prinzip der Selbst-Ähnlichkeit in verschiedenen Maßstäben hätte die Voraussage ermöglicht, was das Elektronenmikroskop jeweils auf der nächsten Stufe der Vergrößerung sehen würde. Statt dessen förderte jedes tiefere Eindringen in die Mandelbrot-Menge neue Überraschungen zutage. Mandelbrot begann darüber zu grübeln, ob er nicht eine zu enge Definition von *fraktal* gegeben hatte; denn dieser Begriff sollte auf alle Fälle auch auf das neue Gebilde anwendbar sein.[12] Bei genügender Vergrößerung konnte man erkennen, daß die Menge ungefähre Abbildungen von sich selbst enthielt, die wie winzige, wanzenartige Objekte um den Hauptkörper schwebten. Ein größerer Abbildungsmaßstab zeigte allerdings, daß keins dieser Moleküle das exakte Abbild eines anderen war. Es tauchten immer neue Arten von Seepferdchen und verschlungenen exotischen Pflanzen auf. Egal wie stark man vergrößerte, kein Teil der Menge stimmte mit einem anderen völlig überein.

Die Entdeckung der freischwebenden Moleküle warf allerdings eine Frage von unmittelbarer Relevanz auf. War die Mandelbrot-Menge ein zusammenhängendes Gebilde, ein einziger Kontinent mit ausgedehnten Halbinseln? Oder war sie Staub, ein Hauptkörper, der von kleinen Inselchen umgeben war? Die Antwort darauf lag keineswegs auf der Hand. Was man von Julia-Mengen wußte, half dabei nicht, da Julia-Mengen in beiden Varianten vorkamen, sowohl als geschlossene Formen wie als Staub. Der Staub hatte aufgrund seiner fraktalen Struktur die Eigenschaft, daß kein Staubpartikel mit einem anderen »zusammenhängt« – jedes Partikelchen ist von den anderen durch einen Leerraum getrennt –, daß aber trotzdem kein Partikel »allein« ist, weil man überall dort, wo man eines findet, eine Gruppe beliebig naher weiterer Partikel finden kann.[13] Im Fortgang der Untersuchungen seiner Bilder mußte Mandelbrot erkennen, daß diese grundsätzliche Frage nicht durch das Experiment mit dem Computer gelöst werden konnte. Er versuchte, die um den Hauptkörper schwebenden Flecken schärfer ins Bild zu bekommen. Einige verschwanden, andere wurden zu klar erkennbaren Beinahrepliken. Die Flecken schienen voneinander unabhängig. Aber vielleicht waren sie durch Linien verbunden, die so fein waren, daß sie immer noch durch das Raster der berechneten Punkte schlüpften.

Durch die Kombination einer Reihe neuer mathematischer Verfahren gelang Douady und Hubbard schließlich der glänzende Nachweis, daß tatsächlich jedes schwebende Molekül an einem feinen Faden hängt, der es mit dem Rest verbindet, einem zarten Gespinst, das aus winzigen Ausbuchtungen der Hauptmenge entspringt, ein »Teufelspolymer«, wie Mandelbrot es nannte. Die Mathematiker bewiesen, daß ein beliebiger Ausschnitt – egal an welcher Stelle und wie klein – bei entsprechender Vergrößerung durch das Computermikroskop neue Moleküle zeigen würde, von denen jedes der Hauptmenge ähnlich sah, ohne mit ihr identisch zu sein. Jedes neue Molekül würde von seinen eigenen Spiralen und flammenartigen Vorsprüngen umgeben sein, die ihrerseits wieder notwendigerweise noch winzigere Moleküle enthielten, immer einander ähnlich, nie identisch, in Erfüllung eines Auftrags unendlicher Vielfalt, ein Wunder der Miniaturisierung, in dem jedes neue Detail ein eigenes Universum bildete, mannigfaltig und in sich geschlossen.

»Es war alles sehr geometrisch, man wollte nur gerade Linien«, sagt Heinz-Otto Peitgen in Anspielung auf einen Trend der modernen Kunst.[14] »Zum Beispiel Josef Albers mit seinen Werken. Er wollte die Beziehung der Farben

zueinander entdecken und legte dafür einfach verschieden-
farbige Quadrate aufeinander. So was war damals äußerst
populär. Schaut man sich das heute an, wirkt es überholt.
Die Leute können einfach nichts mehr damit anfangen. In
Deutschland baute man riesige Häuserblocks im Bauhaus-
stil, und die Leute ziehen aus, die wollen da nicht drin
wohnen. Mir scheint, daß das Unbehagen der heutigen Gesellschaft über einige Aspekte unseres Naturbegriffs tiefe
Ursachen hat.« Peitgen hatte einem Besucher geholfen,
vergrößerte Bilder auszuwählen – Bilder von Ausschnitten
der Mandelbrot-Menge, von Julia-Mengen und anderen
komplexen iterativen Prozessen, alle in brillanten Farben.
In seinem kleinen Büro in Kalifornien hatte Peitgen Dias,
große Transparente und sogar einen Kalender der Mandelbrot-Menge anzubieten. »Wir sind deshalb so begeistert,
weil sich hier eine neue Perspektive der Naturbetrachtung
eröffnet. Wie sieht ein Objekt der Natur wirklich aus? Sagen
wir, ein Baum – was ist daran wichtig? Die gerade Linie oder
die fraktale Struktur?« In Cornell hatte sich inzwischen
Hubbard den Forderungen des Kommerzes zu stellen.[15] Das
mathematische Institut bekam Hunderte von Briefen mit
Bitten um Bilder der Mandelbrot-Menge. Hubbard wurde
klar, daß er nicht umhin konnte, Mustersammlungen und
Preislisten anzulegen. In seinen Computern hatte er bereits
Dutzende von Bildern berechnet und gespeichert, die mit
Hilfe eines höhersemestrigen Studenten, der das entspre-
chende technische Know-how parat hatte, jederzeit auf den
Bildschirm geholt werden konnten. Die spektakulärsten
Bilder mit der feinsten Auflösung und den lebhaftesten
Farben kamen allerdings von zwei Deutschen, Peitgen und
Peter H. Richter, und ihrem Wissenschaftlerteam an der
Universität Bremen, das von einer Bremer Bank begeistert
unterstützt wurde.
Peitgen und Richter, ein Mathematiker und ein Physiker,
hatten ihre wissenschaftlichen Karrieren ganz in den Dienst
der Erforschung der Mandelbrot-Menge gestellt. Für sie

eröffnete sich hier eine Welt neuer Ideen: eine moderne Kunstphilosophie, eine Rechtfertigung für die neue Rolle des Experiments in der Mathematik und ein Mittel, komplexe Systeme einer breiten Öffentlichkeit zugänglich zu machen. Sie veröffentlichten Kataloge und Bücher auf Hochglanzpapier und reisten mit einer Galerie von Computerbildern um die Welt. Richter war von der Physik über die Chemie und dann die Biochemie zu komplexen Systemen gekommen, als er oszillierende Stoffwechselvorgänge untersucht hatte.[16] In einer Reihe von Aufsätzen über Phänomene wie das Immunsystem und die Umwandlung von Zucker in Energie durch Hefe war er zu dem Ergebnis gekommen, daß oft Oszillationen die Dynamik von Prozessen charakterisierten, die gemeinhin als statisch angesehen wurden, einfach deshalb, weil es schwierig ist, an lebenden Systemen Untersuchungen durchzuführen. Richter hatte an sein Fensterbrett ein gut geöltes Doppelpendel geklemmt, sein »dynamisches Lieblingssystem«, das von der universitätseigenen Maschinenwerkstatt speziell für ihn angefertigt worden war. Von Zeit zu Zeit versetzte er das Pendel in Rhythmen von chaotischer Unregelmäßigkeit, die er auch auf dem Computer simulieren konnte. Der Rhythmus des Pendels reagierte so empfindlich auf die Ausgangsbedingungen, daß die Anziehungskraft eines einzigen Regentropfens in einer Meile Entfernung sich auf die Bewegung von fünfzig bis sechzig Ausschlägen in einer Zeit von etwa zwei Minuten auswirkte. Auf Richters farbigen Abbildungen des Phasenraums seines Doppelpendels war zu sehen, wie sich periodische und chaotische Felder mischten. Dasselbe Abbildungsverfahren benutzte Richter, um beispielsweise ideale Magnetisierungsfelder eines Metalls darzustellen oder die Mandelbrot-Menge zu untersuchen.

Sein Kollege Peitgen sah in der Untersuchung komplexer Phänomene die Chance, neue Traditionen in der Wissenschaft zu begründen, statt nur Probleme zu lösen. »Auf einem noch so unberührten Gebiet wie diesem fängt man heute mit dem Denken an und kommt als guter Wissenschaftler vielleicht schon in wenigen Tagen oder in einer Woche oder einem Monat zu interessanten Lösungen. Das Thema ist noch nicht vorstrukturiert.

In einem vorstrukturierten Gebiet weiß man genau, was bekannt ist und was nicht, was andere Forscher schon versucht haben und was zu nichts führt. Man muß an einem Problem arbeiten, das anerkanntermaßen ein Problem ist, sonst geht man unter. Aber ein Problem, von dem man weiß, daß es ein Problem ist, ist notwendigerweise ein schwieriges Problem, sonst wäre es schon gelöst worden.«[17]

Peitgen teilte das Unbehagen anderer Mathematiker über den Einsatz von Computern zur Durchführung von Experimenten nur in geringem Maß. Natürlich muß ein Ergebnis am Schluß durch die üblichen Beweisverfahren erhärtet werden, sonst verläßt man das Gebiet der Mathematik. Ein Bild auf einem Bildschirm zu sehen, ist noch keine Garantie, daß dieses Bild auch in der Sprache des mathematischen Theorems und des Beweises existiert. Die bloße Existenz solcher Bilder reichte allerdings schon aus, die Entwicklung der Mathematik zu beeinflussen. Peitgen glaubte, daß die Computerforschung Mathematikern die Freiheit geben würde, einen natürlicheren Weg zu gehen. Vorläufig, für den Moment, konnte der Mathematiker auf die Notwendigkeit des strengen Beweises verzichten. Wie der Physiker konnte er sich von seinen Experimenten leiten lassen. Die Rechenkapazität des Computers und die ihre Intuition anregenden Bilder würden den Mathematikern neue, vielversprechende Zugänge eröffnen und ihnen Sackgassen ersparen. Und wenn die neuen Wege gefunden und die neuen Objekte isoliert waren, konnte der Mathematiker zur gewohnten Beweisführung zurückkehren. »Der strenge Beweis ist die Stärke der Mathematik«, sagt Peitgen. »Daß wir in der Lage sind, einem Gedankengang zu folgen, dessen Gültigkeit absolut feststeht – darauf wollen Mathematiker nicht verzichten. Man kann sich aber auch mit Dingen beschäftigen, die wir heute nur *teilweise* verstehen können und vielleicht künftige Generationen erst mit der notwendigen Exaktheit. Strenger Beweis ja, aber nicht unter der Bedingung, daß ich einen Gedankengang fallenlassen muß, nur weil ich ihn jetzt noch nicht beweisen kann.«[18]

Anfang der 80er Jahre konnten schließlich auch Personal Computer so präzise rechnen, daß man mit ihnen bunte Bilder der Mandelbrot-Menge erzeugen konnte. Hobbymathematiker steigerten sich bei der Untersuchung dieser Bilder geradezu in einen Vergrößerungsrausch hinein. Stellte man sich die ganze Menge als ein Gebilde von der Größe eines Planeten vor, konnte ein PC entweder den ganzen Planeten zeigen oder Teile von der Größe einer Stadt, eines Gebäudes, eines Zimmers, eines Buches, eines Buchstabens, eines Bakteriums oder eines Atoms. Alle, die solche Bilder betrachteten, sahen, daß die Abbildungen der verschiedenen Maßstäbe ähnliche Muster aufwiesen, trotzdem aber voneinander verschieden waren. Und alle diese mikro-

---

*Für ein Programm zur Generierung der Mandelbrot-Menge braucht es nur wenige wichtige Bestandteile. Hauptsache ist eine Programmschleife, die bei einer komplexen Zahl beginnt und auf diese eine arithmetische Regel anwendet. Im Fall der Mandelbrot-Menge lautet diese Regel: $z - z^2 + c$, wobei z bei Null anfängt und c die dem untersuchten Punkt entsprechende komplexe Zahl ist. *Man nimmt also 0, multipliziert 0 mit sich selbst und addiert die Ausgangszahl; man multipliziert das Ergebnis – die Ausgangszahl – mit sich selbst und addiert die Ausgangszahl; man multipliziert das neue Ergebnis mit sich selbst und addiert die Ausgangszahl.* Arithmetische Operationen mit komplexen Zahlen sind einfach. Eine komplexe Zahl wird durch zwei Teile ausgedrückt, beispielsweise $2 + 3i$ (die Koordinaten des Punkts auf der komplexen Ebene sind 2 auf der reellen Achse und 3 auf der imaginären Achse). Man addiert zwei komplexe Zahlen, indem man ihre Realteile zu einem neuen Realteil und ihre Imaginärteile zu einem neuen Imaginärteil addiert:

$$\begin{array}{r} 2 + 4i \\ + 9 - 2i \\ \hline 11 + 2i \end{array}$$

Um aus seiner Schleife ausbrechen zu können, muß das Programm die Entwicklung der Ergebnisse verfolgen. Wenn die Gesamtsumme ge-

skopischen Landschaften wurden durch dieselben wenigen Zeilen eines Computercodes generiert.

An der Grenze verbringt das Programm der Mandelbrot-Menge die meiste Zeit, und an ihr muß es Kompromisse eingehen. Auch wenn ein Punkt nach 100, 1000 oder 10 000 Iterationen noch nicht ausgerissen ist, weiß das Programm

Man multipliziert zwei komplexe Zahlen, indem man jeden Teil der einen Zahl mit jedem Teil der anderen multipliziert und die vier Ergebnisse addiert. Weil i multipliziert mit sich selbst nach der ursprünglichen Definition imaginärer Zahlen −1 ergibt, geht ein Teil der Endsumme in einem anderen auf.

$$
\begin{array}{r}
2 + 3i \\
\times\ 2 + 3i \\
\hline
6i + 9i2 \\
4 + 6i \\
\hline
4 + 12i + 9i2 \\
= 4 + 12i - 9 \\
= -5 + 12i
\end{array}
$$

gen unendlich strebt und sich immer weiter vom Zentrum der Ebene entfernt, gehört der Ausgangspunkt nicht zur Menge. Sobald die Summe in ihrem Realteil oder Imaginärteil größer als 2 oder kleiner als −2 wird, ist das ein sicheres Anzeichen dafür, daß sie gegen unendlich strebt – das Programm kann zum nächsten Punkt übergehen. Wiederholt das Programm die Rechnung allerdings viele Male, *ohne* daß die Summe größer als 2 wird, gehört der Punkt zur Menge. Wie oft man die Rechnung wiederholen muß, hängt von der Vergrößerung ab. Für den PC-zugänglichen Maßstab sind oft schon 100 bis 200 Wiederholungen viel und 1000 führen zu einem sicheren Ergebnis.

Das Programm muß dieses Verfahren für jeden der Tausende von Punkten eines Rasters wiederholen, wobei der Maßstab des Rasters vergrößert werden kann. Und das Programm muß seine Ergebnisse graphisch darstellen. Zur Menge gehörende Punkte können schwarz dargestellt werden, die anderen weiß. Will man ein eindrucksvolleres Bild, kann man die weißen Punkte durch verschiedene Farbabstufungen ersetzen. Wenn die Iteration zum Beispiel schon nach zehn Durchläufen abbricht, könnte das Programm einen roten Punkt einzeichnen, bei zwanzig Durchläufen einen orangenen Punkt, bei vierzig einen gelben, und so weiter. Die Wahl der Farben und die Zahl der Durchläufe kann der Programmierer nach seinem Geschmack bestimmen. Die Farben veranschaulichen die Struktur des an die Menge angrenzenden Gebiets. Die einzige absolute Unterteilung ist die zwischen Schwarz und nicht Schwarz an den Grenzen der Menge.

noch nicht mit absoluter Sicherheit, ob der Punkt zur Menge gehört. Wer kann sagen, was die millionste Iteration bringt? Die Programme, die die eindrucksvollsten, am stärksten vergrößerten Bilder der Menge liefern, laufen deshalb auf leistungsstarken Zentraleinheiten oder auf parallelverarbeitenden Computern, wobei Tausende individueller Elektronengehirne im Gleichschritt dieselben Rechenoperationen vollziehen. Es ist die Grenze, an der die Punkte am längsten brauchen, der Anziehungskraft der Menge zu entkommen, gleichsam als ob sie rivalisierenden Attraktoren ausgesetzt wären, von denen einer bei Null liegt und der andere die Menge in unendlicher Entfernung begrenzt.

Als die Wissenschaftler sich von der Mandelbrot-Menge neuen, reale physikalische Probleme repräsentierenden Phänomenen zuwandten, traten die Eigenschaften der Grenze noch mehr in den Vordergrund. Die Grenze zwischen zwei oder mehr Attraktoren eines dynamischen Systems schien vergleichbar jenen Schwellenwerten, die so charakteristisch für viele alltägliche Prozesse sind, etwa wenn ein Material bricht oder jemand eine Entscheidung trifft. Jeder Attraktor eines solchen Systems hat sein eigenes Einzugsgebiet, ähnlich dem Einzugsgebiet eines Flusses. Jedes dieser Einzugsbecken oder Bassins hat einen Rand. Eine einflußreiche Gruppe von Wissenschaftlern sah zu Beginn der 80er Jahre in der Untersuchung der fraktalen Ränder von Bassins das vielversprechendste neue Gebiet der Mathematik und Physik.[19]

Dieser neue Zweig der Dynamik beschäftigt sich nicht mit der Beschreibung des stabilen Endverhaltens von Systemen, sondern versucht herauszufinden, wie ein System sich zwischen zwei konkurrierenden Optionen entscheidet. Ein System wie das mittlerweile klassische Modell von Lorenz hat nur einen Attraktor. Ein charakteristisches Verhalten setzt sich durch, wenn sich das System einpendelt, und der Attraktor des Systems ist ein chaotischer Attraktor. Daneben gibt es Systeme, die in ein nichtchaotisches, stetiges Verhalten münden – die dafür aber alternativ zu verschiedenen stabilen Zuständen führen können. Bei der Erforschung fraktaler Bassinränder ging es um die Untersuchung von Systemen, die sich alternativ auf verschiedene nichtchaotische Endzustände einpendeln konnten, wobei sich die Frage ergab, wie man jeweils voraussagen konnte, auf *welchen*.

James Yorke, der der Chaosphysik ihren Namen gegeben hatte, war ein Jahrzehnt später ein Pionier der Untersuchung fraktaler Bassinränder. Er veranschaulichte das Problem an einem Flipperautomaten.[20] Wie beim Flipper hatte man einen Schießer mit einer Feder. Man zog den Schießer und ließ ihn los, um den Ball ins Spielfeld zu katapultieren. Das Gerät hatte das übliche geneigte Spielfeld mit Gummipuffern und elektrischen Vorrichtungen, die dem Ball einen Stoß zusätzlicher Energie versetzten. Der Stoß ist wichtig: Er bedeutet, daß die Energie nicht konstant abnimmt. Der Einfachheit halber hat Yorkes Gerät unten keine Flipper, sondern nur zwei Ausgangslöcher. Der Ball muß entweder durch das eine oder das andere Loch verschwinden.

Es ging um einen deterministischen Flipper – am Kasten zu rütteln war verboten. Der Weg des Balls wird von nur einem Parameter bestimmt, der anfänglichen Stellung des Schießers. Man könnte sich vorstellen, das Gerät sei so konstruiert, daß ein schwacher Zug am Schießer immer bedeutet, daß der Ball durch das rechte Loch verschwindet, während ein starker Zug immer bedeutet, daß der Ball links verschwindet. Im Zwischenbereich zeigt der Ball ein komplexes Verhalten und springt in der bekannten turbulenten und geräuschvollen Weise mehr oder weniger lang von Puffer zu Puffer, bis er sich zuletzt für den einen oder den anderen Ausgang entscheidet.

Jetzt stelle man sich vor, man wolle das Ergebnis aller denkbaren Anfangspositionen des Schießers graphisch darstellen. Der Graph ist eine einfache Linie. Verschwindet der Ball bei einer bestimmten Position auf der rechten Seite, wird ein roter Punkt eingetragen, verschwindet er links, ein grüner. Mit welchem Ergebnis können wir bezüglich dieser Attraktoren als Funktion der Anfangsposition rechnen?

Es stellt sich heraus, daß die Grenze zwischen beiden Attraktoren eine fraktale Beschaffenheit hat, nicht unbedingt selbst-ähnlich, aber unendlich strukturiert. Einige Abschnitte der Linie werden nur rot oder nur grün sein, während andere bei entsprechender Vergrößerung innerhalb des Grüns neue rote Abschnitte und innerhalb des Rots grüne Abschnitte zeigen. In anderen Worten, bei einigen Stellungen des Schießers hat eine kleine Veränderung keinen Einfluß auf das Ergebnis. In anderen Fällen führt selbst eine willkürlich kleine Änderung zum Umschlag von einer Farbe in die andere.

Das Ganze um eine zweite Dimension erweitern heißt, einen zweiten Parameter hinzufügen, einen zweiten Grad an Freiheit. Bei einem Flipper beispielsweise könnte man die Neigung des Spielfelds veränden. Man würde ein abwechselnd mehr oder weniger komplexes Verhalten entdecken, der Alptraum der Techniker, die die Stabilität empfindlicher energetischer Systeme der Wirklichkeit mit mehr als einem Parameter zu überwachen haben – wie elektrische Versorgungsnetze oder Atomkraftwerke, die beide in den 80er Jahren Gegenstand der von Chaos inspirierten Forschung wurden. Für einen bestimmten Wert des Parameters A konnte Parameter B ein beruhigend regelmäßiges Verhalten mit kohärenten stabilen Regionen an den Tag legen. Ingenieure konnten dieses Verhalten untersuchen und davon Graphen anfertigen, die ganz der linearen Tradition entsprachen, in der diese Wissenschaftler ausgebildet worden waren. Und doch konnte dicht daneben ein anderer Wert für Parameter A lauern, der Parameter B ein vollkommen anderes Aussehen gab.

Auf Konferenzen pflegte Yorke Bilder von fraktalen Bassinrändern zu zeigen. Einige Bilder zeigten das Verhalten angetriebener Pendel, das zu einem von zwei möglichen Endzuständen führen konnte – und das angetriebene Pendel war, wie seine Zuhörer nur zu gut wußten, ein Oszillator von grundlegender Bedeutung, der im täglichen Leben in vielen Formen vorkam. »Und keiner soll mir damit kommen, daß ich das System dadurch manipuliere, daß ich ein Pendel nehme«, pflegte Yorke schmunzelnd zu bemerken. »So etwas kommt in der Natur überall vor. Das Verhalten des Pendels ist aber völlig verschieden von allem, was man in der Literatur darüber lesen kann. Es hat einen extrem fraktalen Charakter.«[21] Auf den Bildern waren fantastische Wirbel in Schwarz und Weiß zu sehen, als ob die Schüssel eines Küchenmixers beim Zusammenrühren von Vanille- und Schokoladenpudding ein paarmal stehengeblieben wäre. Um solche Bilder zu erstellen, hatte Yorke mit seinem Computer ein Raster von 1000 mal 1000 Punkten angefahren, von denen jeder eine andere Ausgangsposition des Pendels darstellte, und das Ergebnis aufzeichnen lassen: schwarz oder weiß. Es waren Attraktoren und Bassins, zusammengemischt und gefaltet nach den vertrauten Newtonschen Bewegungsgleichungen, und das Ergebnis waren mehr Ränder als sonst irgend etwas: Charakteristischerweise bestand der Phasenraum zu über drei Vierteln aus Rand.[22]

Für Forscher und Ingenieure war in diesen Bildern eine Lektion enthalten – eine Lektion und eine Warnung. Die potentielle Spannweite des Verhaltens komplexer Systeme mußte nur zu oft auf der Grundlage einer geringen Datenmenge abgeschätzt werden. Wenn ein System normal arbeitete und die Werte seiner Parameter einen eng begrenzten Bereich nicht überschritten, machten die Ingenieure das zur Grundlage ihrer Überlegungen und hofften, davon mehr oder weniger linear auf ungewöhnlicheres Verhalten extrapolieren zu können. Wissenschaftler, die die fraktalen Ränder von Bassins untersuchten, konnten allerdings zeigen, daß die Grenze zwischen Ruhe und Katastrophe weit komplexer sein konnte, als man je geträumt hatte.[23] »Das elektrische Versorgungsnetz der Ostküste ist ein oszillierendes System, die meiste Zeit stabil, aber man wüßte gern, was passiert, wenn man es stört«, meinte Yorke. »Dafür müßte man wissen, wie die Grenze des Systems beschaffen ist. Tatsächlich aber hat man davon keinerlei Vorstellung.« Mit den fraktalen Bassinrändern berührte man weitreichende Probleme der theoretischen Physik. Bei Phasenübergängen ging es immer um Schwellenwerte, und Peitgen und Richter beschäftigten sich mit einer der besterforschten Arten solcher Übergänge, der Magnetisierung und Entmagnetisierung von Werkstoffen. Auf ihren Bildern solcher Grenzen waren wieder jene eigenartig schönen komplexen Gebilde zu sehen, die mittlerweile schon so natürlich wirkten, blumenkohlähnliche Formen mit einem an den Rändern immer dichter werdenden Gewirr aus Knötchen und Fur-

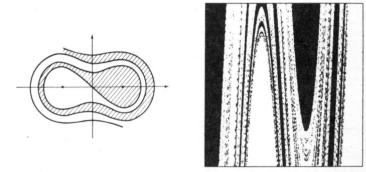

Fraktale Bassinränder. Auch wenn das langfristige Verhalten eines dynamischen Systems nicht chaotisch ist, kann Chaos an der Grenze zwischen zwei Arten stabilen Verhaltens auftreten. Ein dynamisches System hat oft mehr als nur einen Gleichgewichtszustand, wie ein Pendel, das alternativ an einem der beiden Magneten zum Stillstand kommen kann, die sich an seiner Basis befinden. Jeder Gleichgewichtszustand ist ein Attraktor, und die Grenze zwischen zwei Attraktoren kann kompliziert und zugleich glatt sein (links). Genausogut kann sie kompliziert und nicht glatt sein. Bei der ausgeprägt fraktalen Mischung von Schwarz und Weiß (rechts) handelt es sich um das Phasenraumdiagramm eines Pendels. Das System wird sich mit Sicherheit auf einen der beiden möglichen stabilen Zustände einpendeln. Für einige Anfangsbedingungen ist das Ergebnis leicht voraussagbar – schwarz ist schwarz und weiß ist weiß. An den Rändern freilich wird die Voraussage unmöglich.

chen. Als Peitgen und Richter die Parameter veränderten und einzelne Details vergrößerten, schien ein Bild willkürlicher zusammengesetzt als das andere, bis plötzlich und unerwartet mitten im Herzen eines verwirrenden Durcheinanders eine vertraute, an den Polen abgeflachte und mit Knospen besetzte Kugelform erschien: die Mandelbrot-Menge mit all ihren Ranken und Atomen an Ort und Stelle. Es war ein weiteres Zeichen ihrer Universalität. »Vielleicht sollten wir jetzt an Zauberei glauben«, schrieben Peitgen und Richter daraufhin.[24]

Michael Barnsley wollte nicht an Zauberei glauben. Er beschäftigte sich mit den in der Natur selbst vorkommenden Bildern, besonders den von lebenden Organismen geschaffenen Strukturen. Er experimentierte mit Julia-Mengen und anderen Verfahren und war ununterbrochen auf der Suche nach Methoden, möglichst noch vielfältigere Gebilde zu generieren. Zuletzt wandte er sich dem Zufall als Basis einer neuen Technik der Erzeugung natürlicher Formen zu. In seinen Schriften nennt er diese Technik »die globale Konstruktion von Fraktalen mit Hilfe iterativer Funktionssysteme«. Im Gespräch nennt er sie schlicht »das Chaosspiel«.[25] Um das Chaosspiel schnell spielen zu können, braucht man einen Computer mit einem Graphikbildschirm und einen Zufallszahlengenerator. Im Prinzip genügt aber auch ein Blatt Papier und eine Münze. Man wählt irgendwo auf dem Papier einen Anfangspunkt, wo genau, ist ganz egal. Dann erfindet man zwei Regeln, eine Kopfregel und eine Wappenregel. Die Regel bestimmt, wie man von einem Punkt zum nächsten vorrückt: »Gehe fünf Zentimeter nach Nordosten«, oder: »Rücke 25 Prozent näher zur Mitte«. Dann fängt man an, die Münze zu werfen und die Punkte einzuzeichnen, wobei man nach der Kopfregel vorgeht, wenn der Kopf der Münze oben liegt, und nach der Wappenregel, wenn die Wappenseite oben liegt. Vernachlässigt man die ersten fünfzig Punkte wie beim »Blackjack«, einer amerikanischen Variante des Glücksspiels »Siebzehnundvier«, bei der die ersten Karten einer neuen Runde beiseite gelegt werden, wird man feststellen, daß das Chaosspiel kein Bild willkürlich verteilter Punkte ergibt, sondern eine bestimmte Form, die im Verlauf des Spiels mit immer größerer Klarheit zutage tritt.

Barnsley hatte folgende zentrale Erkenntnis gehabt: Julia-Mengen und andere Fraktale, die man gemeinhin als Ergebnis eines deterministischen Prozesses interpretierte, konnten mit gleicher Berechtigung als *Grenzwerte* eines Zufallsprozesses angesehen werden. Barnsley schlug vor, sich als Analogie dazu eine mit Kreide auf den Boden eines Zimmers gezeichnete Karte Großbritanniens vorzustellen. Ein mit herkömmlichen Instrumenten ausgerüsteter Landvermesser würde seine Schwierigkeiten haben, dieses Gebiet mit seinen unregelmäßigen Ecken und seinen gewissermaßen fraktalen Küstenlinien auszumessen. Angenommen aber, man wirft Reiskörner eines nach dem anderen in die Luft und läßt sie nach dem Zufallsprinzip auf dem Boden aufkommen. Dann zählt man die Körner, die auf der Karte landen. Das Ergebnis nähert sich nach einiger Zeit den Umrissen des Landes an – als der Grenzwert eines Zufallsprozesses. Mit einem Begriff der Dynamik ausgedrückt heißt das: Barnsleys Formen erwiesen sich als Attraktoren. Das Chaosspiel machte sich die fraktalen Eigenschaften bestimmter Bilder zunutze, Bilder, die aus kleineren Kopien des großen Bildes zusammengesetzt waren. Schrieb man nun einige Regeln auf, die nach dem Zufallsprinzip wiederholt werden sollten, so hatte man damit gewisse umfassende Informationen über eine Form niedergelegt, und die Iteration der Regeln spuckte diese Informationen ohne Rücksicht auf den Maßstab wieder aus. Je fraktaler eine Form in diesem Sinn war, desto einfacher würden die zugehörigen Regeln sein. Barnsley stellte schnell fest, daß er alle der mittlerweile klassischen Fraktale aus dem Buch Mandelbrots generieren konnte. Mandelbrots Technik war eine endlose Folge der Konstruktion und Verfeinerung gewesen. Für die Kochsche Kurve (die Formen der Schneeflocke ähnelt) oder für die Sierpiński-Teppiche mußte man Abschnitte der Geraden entfernen und durch besondere Figuren ersetzen. Barnsley benutzte statt dessen das Chaosspiel und konnte so Bilder erzeugen, die zunächst wie verschwommene Parodien aussahen und dann zunehmend schärfer wurden. Ein Verfeinerungsprozeß war dabei nicht notwendig: Alles, was man brauchte, war eine Anzahl von Regeln, die irgendwie die fertige Form verkörperten.

Barnsley und seine Mitarbeiter machten sich jetzt daran, mit

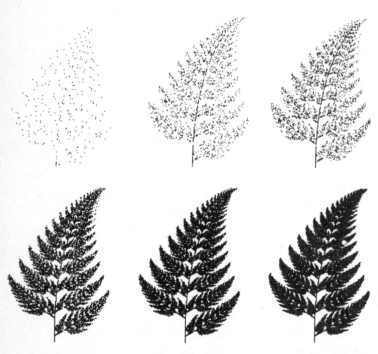

Das Chaos-Spiel. Jeder neue Punkt wird nach dem Zufallsprinzip gesetzt, doch nach und nach entsteht das Bild eines Farnblattes. Die ganze erforderliche Information ist in wenigen einfachen Regeln enthalten.

ihrem Programm alle möglichen Bilder zu produzieren, Kohlköpfe, Schimmelpilze und Matsch. Die entscheidende Frage war, wie man den Prozeß umkehren konnte: Wie konnte man zu einer gegebenen Form die entsprechenden Regeln finden? Die Antwort, die Barnsley »Collagen-Theorem« nannte, war so banal und einfach, daß Barnsleys Zuhörer manchmal glaubten, dahinter stecke noch ein Trick. Man begann mit einer Zeichnung der Form, die man reproduzieren wollte. Barnsley, der schon seit langem ein Fan von Farnen war, nahm für eines seiner ersten Experimente den schwarzen Milzfarn. Mit einem Computerterminal und einer Maus als Zeichengerät legte man kleinformatige Kopien des Originals über dessen Form, wobei die Ränder sich im Bedarfsfall großzügig überlappen durften. Eine Form mit ausgeprägt fraktaler Struktur konnte leicht mit Kopien ihrer selbst ausgelegt werden, eine weniger fraktale Form weniger leicht. Annäherungsweise konnte man allerdings jede Form auslegen.

»Ist das Bild kompliziert, werden auch die entsprechenden Regeln kompliziert sein«, sagt Barnsley. »Wenn das Objekt auf der anderen Seite nach einer verborgenen fraktalen Ordnung strukturiert ist – und es ist eine zentrale Beobachtung Benoit Mandelbrots, daß ein großer Teil der Natur nach dieser verborgenen Ordnung aufgebaut ist –, dann wird es möglich sein, es mit wenigen Regeln zu decodieren. Ein solches Modell ist deshalb interessanter als ein durch die euklidische Geometrie geschaffenes Modell, weil wir wissen, daß wir, wenn wir den Rand eines Blattes ansehen, keine gerade Linie sehen.« Barnsleys erster Farn, geschaffen mit einem kleinen Tischrechner, war das genaue Abbild des Bilds in dem Farnbuch, das er besaß, seit er ein kleines Kind war. »Das Bild war verblüffend, es stimmte in allen Einzelheiten mit dem Original überein. Kein Biologe hätte Schwierigkeiten, den Farn zu bestimmen.«[26]

Barnsley ist überzeugt, daß die Natur auf irgendeine Art ihre eigene Version des Chaosspiels spielt: »Die Sporen

enthalten nur die Informationsmenge, die zur Codierung eines Farns notwendig ist. Die komplexe Struktur, die das Wachstum eines Farns bestimmt, hat also eine Grenze. Es ist daher nicht überraschend, daß wir knappe und ausreichende Informationen finden können, um Farne zu beschreiben. Es wäre überraschend, wenn es nicht so wäre.« Aber war der Zufall notwendig? Auch Hubbard beschäftigte sich mit den Parallelen zwischen der Mandelbrot-Menge und der biologischen Codierung von Informationen; erwähnte man ihm gegenüber die Möglichkeit, daß solche Prozesse von der Wahrscheinlichkeit abhängen könnten, sträubten sich ihm die Haare. »In der Mandelbrot-Menge gibt es keinen Zufall«, meint er. »Nichts, was ich tue, wird vom Zufall bestimmt. Ich glaube auch nicht, daß die Möglichkeit des Zufalls von direkter Relevanz für die Biologie ist. In der Biologie ist Zufall gleichbedeutend mit Tod, wie auch Chaos Tod ist. Alles ist hochstrukturiert. Wenn man Pflanzen klont, erhält man bei allen Exemplaren exakt dieselbe Anordnung der Äste. Die Mandelbrot-Menge gehorcht einem außerordentlich präzisen Schema, in dem nichts dem Zufall überlassen ist. Ich bin überzeugt, wenn man eines Tages herausfindet, wie das Gehirn aufgebaut ist, wird man zugleich mit Erstaunen feststellen, daß seinem Aufbau ein Codierungsschema von außerordentlicher Präzision unterliegt. Die Vorstellung von Zufall in der Biologie ist nur ein Reflex unserer eigenen Gedanken.«[27]
In Barnsleys Methode ist der Zufall daher auch nur ein Mittel zum Zweck. Die Ergebnisse sind determiniert und vorhersagbar. Während überall auf dem Bildschirm Punkte aufblitzen, kann niemand sagen, wo der nächste auftauchen wird; das hängt davon ab, wie die in der Maschine eingebaute Münze fällt. Und doch werden die leuchtenden Punkte sich immer innerhalb der Grenzen aufhalten, die das entstehende phosphoreszierende Gebilde definieren. In dieser Hinsicht ist die Rolle des Zufalls also eine Illusion. »Von Zufall zu sprechen, ist irreführend«, meint Barnsley. »Er ist

wichtig, um Bilder zu erhalten, die zum Teil unabhängig vom Maßstab sind und zu einem fraktalen Objekt gehören. Aber dieses Objekt selbst hängt nicht vom Zufall ab. Man zeichnet mit hundertprozentiger Wahrscheinlichkeit immer dasselbe Bild.

Es ist äußerst erhellend, mit einem Zufallsalgorithmus fraktale Objekte aufzuschließen. Es ist, wie wenn wir ein uns unbekanntes Zimmer betreten: Wir lassen unsere Augen durch das Zimmer schweifen in einer Abfolge, die wir wohl zutreffend als zufällig bezeichnen können, und wir verschaffen uns dadurch einen genauen Eindruck vom Zimmer. Das Zimmer verändert sich dadurch nicht. Das Objekt existiert unabhängig davon, was ich zufälligerweise gerade tue.«[28]

Auf dieselbe Art existiert die Mandelbrot-Menge. Es gab sie bereits, bevor Peitgen und Richter sie zu einer Kunstform machten, bevor Hubbard und Douady ihren mathematischen Aufbau verstanden, ja noch bevor Mandelbrot sie entdeckte. Sie existierte, sobald die Wissenschaft die Voraussetzungen dafür geschaffen hatte – einen Kontext aus komplexen Zahlen und die Vorstellung iterativer Funktionen. Dann wartete sie drauf, entdeckt zu werden. Und vielleicht gab es sie sogar noch früher, sobald die Natur damit begonnen hatte, sich mittels einfacher physikalischer Gesetze zu organisieren – überall auf dieselbe Weise mit unendlicher Geduld wiederholt .

1. und 2. Barnsley.
3. Hubbard; vgl. auch Adrien Douady, »Julia Sets and the Mandelbrot Set«, S. 161–173. Der Haupttext von *The Beauty of Fractals* gibt ebenfalls eine Zusammenfassung der mathematischen Operationen des Newtonschen Verfahrens und geht auch auf die anderen, in diesem Kapitel besprochenen Berührungspunkte mit der komplexen Dynamik ein.
4. »Julia Sets and the Mandelbrot Set«, S. 170.
5. Hubbard.
6. Hubbard; *The Beauty of Fractals;* Peter H. Richter und Heinz-Otto Peitgen, »Morphology of Complex Boundaries«, *Bunsen-Gesellschaft für Physikalische Chemie* 89 (1985), S. 575–588.

7. Ein lesbare Einführung mit einer Anleitung, wie man ein Programm für Mikrorechner selbst schreiben kann, ist A. K. Dewdney, »Computer-Kurzweil«, *Spektrum der Wissenschaft* (Juli 1985), S. 8–12. Peitgen und Richter gehen in *The Beauty of Fractals* ausführlich auf die mathematischen Verfahren ein und zeigen einige der spektakulärsten Bilder.

8. Zum Beispiel Hubbard.

9. »Julia Sets and the Mandelbrot Set«, S. 161.

10. Mandelbrot, Laff, Hubbard. Ein persönlicher Erfahrungsbericht Mandelbrots ist »Fractals and the Rebirth of Iteration Theory«, in *The Beauty of Fractals,* S. 151–160.

11. Mandelbrot; *The Beauty of Fractals.*

12. Mandelbrot.

13. Hubbard.

14. Peitgen.

15. Hubbard.

16. Richter.

17. und 18. Peitgen.

19. Yorke; eine gute Einführung für den technisch Interessierten ist Steven W. MacDonald, Celso Grebogi, Edward Ott und James A. Yorke, »Fractal Basin Boundaries«, *Physica* 17D (1985), S. 125–183.

20. Yorke.

21. Yorke, auf einer Konferenz zum Thema »Perspektiven in der biologischen Dynamik und der theoretischen Medizin«, National Institutes of Health, Bethesda, Maryland, 10. April 1986.

22. Yorke.

23. Ähnlich warnen H. Bruce Stewart und J. M. Thompson in ihrer für Ingenieure gedachten Einführung in die Chaosphysik: »Durch seine Vertrautheit mit dem *eindeutigen* Verhalten eines linearen Systems in ein falsches Gefühl der Sicherheit versetzt, ruft der unternehmungslustige Analytiker und Experimentator ›Heureka, da haben wir die Lösung‹, sobald ein am Computer simuliertes System sich auf das Gleichgewicht eines regelmäßigen zyklischen Verhaltens einpendelt; er bringt nicht mehr die Geduld auf, zu untersuchen, wie das Ergebnis bei geänderten Anfangsbedingungen aussieht. Um potentiell gefährliche Irrtümer und Katastrophen zu vermeiden, müssen die Ingenieure der Industrie sich mehr als bisher bemühen, den ganzen Bereich des dynamischen Verhaltens ihres Systems zu untersuchen.«

24. *The Beauty of Fractals,* S. 136.

25. So in »Iterated Function Systems and the Global Construction of Fractals«, *Proceedings of the Royal Society of London,* A 399 (1985), S. 243–275.

26. Barnsley.

27. Hubbard.

28. Barnsley.

Die Arbeitsgemeinschaft
Dynamische Systeme

*Die Verständigung zwischen den beiden durch die Revolution
getragten Lagern ist unweigerlich parteiisch.*

Thomas S. Kuhn

Santa Cruz war der neueste Ableger der University of California in Santa Cruz.[1] Der Campus lag in märchenhafter
Szenerie eine Stunde südlich von San Francisco, und manche Leute meinten, er sehe mehr aus wie ein Nationalpark
als ein College. Die Gebäude duckten sich unter mächtigen
Redwoods, und dem Geist der Zeit entsprechend hatte man
bei der Planung darauf geachtet, daß alle Bäume erhalten
blieben. Kleine Fußwege verbanden die verschiedenen Institute. Der ganze Campus lag auf einem Hügel, und die
Bäume gaben immer wieder den Blick nach Süden auf die
glitzernden Wellen der Monterey Bay frei. Santa Cruz öff-
nete seine Tore 1966, und innerhalb weniger Jahre war es,
kurz gesagt, zum Geheimtip unter den kalifornischen Colleges avanciert. Für die Studenten war der Name mit vielen
Idolen der intellektuellen Avantgarde verbunden: Norman
O. Brown, Gregory Bateson und Herbert Marcuse hielten
hier Vorlesungen, Tom Lehrer sang. Aber auch der Lehrbetrieb für höhersemestrige Studenten mußte natürlich erst
neu aufgebaut werden, die Zukunft war hier zunächst ungewiß, und auch der Fachbereich Physik bildete dabei keine
Ausnahme. Der Lehrkörper bestand aus rund fünfzehn,
überwiegend jungen und dynamischen Physikern und paßte
gut zu der bunten Mischung eigenwilliger Nonkonformi-
sten, die sich in Santa Cruz einfanden. Der ungebundene
Geist der Zeit war allenthalben zu spüren; freilich blickten

auch die Physiker von Santa Cruz nach Süden zum California Institute of Technology, im Bewußtsein, daß auch sie
feste Standards für ihre Arbeit brauchen würden, um ihre
Seriosität zu beweisen.

Einer der fortgeschrittenen Studenten, an dessen Seriosität
niemand zweifelte, war Robert Stetson Shaw, ein bärtiger
Bostoner und Absolvent Harvards, ältestes von sechs Kindern eines Arztes und einer Krankenschwester. Shaw wurde
1977 einunddreißig Jahre alt und war damit etwas älter als
die meisten anderen Studenten, die ihr Studium abgeschlos-
sen hatten. Er hatte sein Studium in Harvard einige Male
unterbrochen, um in der Armee zu dienen, in einer Kommu-
ne zu leben und andere spontane Erfahrungen zu sammeln,
die irgendwo zwischen diesen Extremen lagen. Warum er
nach Santa Cruz gekommen war, wußte er nicht.[2] Er hatte
den Campus vorher nie gesehen, alles, was er kannte, war
ein Prospekt mit Bildern der Redwoods und einem Text, in
dem von neuen Bildungsidealen die Rede war. Shaw war ein
ruhiger Mensch – scheu, aber in seiner Art überzeugend. Er
war ein tüchtiger Student und hatte nur noch wenige Monate
bis zur Fertigstellung seiner Dissertation über Supraleitung.
Daß er daneben einen Teil seiner Zeit im Keller des Physikgebäudes zubrachte, um dort mit einem Analogrechner zu
spielen, interessierte niemanden besonders.

Die Ausbildung eines Physikers beruht auf einem System
von Mentoren und Schülern. Etablierte Professoren suchen
sich Forschungsassistenten, die ihnen bei der Laborarbeit
und langwierigen Rechnungen zur Hand gehen. Im Gegen-
zug bekommen die Doktoranden und fertig promovierten
Studenten einen Teil der Stipendiengelder ihres Professors
und werden an Veröffentlichungen beteiligt. Ein guter Mentor hilft seinem Studenten, Probleme auszuwählen, die er-
giebig sind und bewältigt werden können. Ist die Beziehung
fruchtbar, hilft der Einfluß des Professors seinem Schützling, eine Anstellung zu finden. Oft sind die Namen beider
für immer verbunden. Wenn eine Wissenschaft freilich noch

gar nicht richtig existiert, sind auch nur wenige Leute bereit, sie zu unterrichten. 1977 gab es für Chaos keine Mentoren. Es gab keine Kurse in Chaosphysik, keine Zentren für nichtlineare Studien und die Erforschung komplexer Systeme, keine Chaoslehrbücher, ja nicht einmal eine Chaoszeitschrift.

William Burke, Kosmologe und Relativitätstheoretiker aus Santa Cruz, stieß um ein Uhr morgens in der Lobby eines Bostoner Hotels per Zufall auf seinen Freund Edward A. Spiegel, einen Astrophysiker.[3] Beide nahmen in Boston an einer Konferenz zur Allgemeinen Relativitätstheorie teil. »Guten Morgen, ich habe soeben dem Lorenz-Attraktor gelauscht«, sagte Spiegel. Er hatte das Chaosemblem mittels einiger an eine Stereoanlage angeschlossener provisorischer Schaltkreise in eine Art Antimelodie aus gedehnten Pfeiftönen umgewandelt. Jetzt schleppte er Burke auf einen Drink in die Bar, um ihm zu erklären, wie er das gemacht hatte.

Spiegel kannte Lorenz persönlich, und die Chaosphysik war ihm seit den 60er Jahren ein Begriff. Er beschäftigte sich damit, die Bewegungen von Sternen an Modellen nach Anhaltspunkten für unregelmäßiges Verhalten zu untersuchen und stand mit den französischen Mathematikern in Kontakt. Als Professor der Columbia University hatte er dann Turbulenzen im Raum – »kosmische Arhythmien« – in den Mittelpunkt seiner astronomischen Forschung gestellt.[4] Er hatte ein Geschick dafür, Kollegen für neue Ideen einzunehmen, und im Lauf dieser Nacht konnte er auch Burke begeistern. Burke war für solche Dinge offen. Er hatte sich einen Namen gemacht, indem er sich intensiv mit einer der paradoxeren Hinterlassenschaften Einsteins an die Physik, dem Gedanken, daß Gravitationswellen sich in Raum und Zeit ausbreiten, auseinandergesetzt hatte. Das war ein in höchstem Maße nichtlineares Problem; das dabei auftretende unregelmäßige Verhalten hatte mit den ungeklärten Nichtlinearitäten der Strömungslehre zu tun. Es war ein recht abstraktes und theoretisches Problem, aber Burke konnte sich auch für eine bodenständigere Physik erwärmen; einmal hatte er einen Aufsatz über die optischen Eigenschaften von Biergläsern veröffentlicht: Wie dick durfte das Glas sein, wenn man trotzdem noch den Eindruck haben wollte, daß es die volle Menge Bier faßte. Burke pflegte von sich zu sagen, er sei eigentlich ein Atavismus, weil er immer noch glaubte, daß Physik Wirklichkeit sei. Außerdem hatte er Robert Mays Aufsatz in *Nature* gelesen, in dem May in klagendem Ton eine bessere Ausbildung in einfachen nichtlinearen Systemen forderte, und er hatte nach der Lektüre selbst einige Stunden auf einem Rechner mit Mays Gleichungen gespielt. Der Lorenz-Attraktor klang für Burke also interessant. Er hatte allerdings nicht die Absicht, ihm zu lauschen. Er wollte ihn sehen. Nach Santa Cruz zurückgekehrt, gab er Robert Shaw einen Zettel, auf den er drei Differentialgleichungen gekritzelt hatte, mit der Bitte, sie dem Analogrechner einzugeben.

Analogrechner stellen in der Entwicklung des Computers eine Sackgasse dar. Sie hatten in einem Institut für Physik nichts zu suchen, und es war purer Zufall, daß es in Santa Cruz so etwas überhaupt gab: Die ursprünglichen Pläne für den Campus hatten eine Ingenieurschule vorgesehen; als man dieses Vorhaben dann gestrichen hatte, hatte ein eifriger Einkäufer schon einige Maschinen angeschafft.[5] Digitale Computer, die aus Schaltungen aufgebaut sind, die entweder auf Ein oder auf Aus stehen, auf Null oder Eins, Ja oder Nein, konnten die Fragen der Programmierer präzise beantworten und erwiesen sich angesichts der immer schnelleren Rechengeschwindigkeit und der Miniaturisierung der Technik, die für die Computerrevolution charakteristisch waren, als viel geeigneter. Alles, was man mit einem digitalen Computer anstellte, konnte man mit exakt demselben Ergebnis wiederholen und im Prinzip auf jedem anderen

Computer auch machen. Analogrechner waren demgegenüber aufgrund ihrer Bauweise ungenau. Die Elemente, aus denen sie aufgebaut waren, waren keine Ja-Nein-Schaltungen, sondern elektronische Elemente wie Widerstände und Kondensatoren – all denen auf den ersten Blick vertraut, die wie Shaw in jener den Transistorgeräten vorausgehenden Ära mit Radios gebastelt hatten. Bei dem Rechner in Santa Cruz handelte es sich um einen Systron-Donner, einen schweren, verstaubten Kasten mit einem Schaltbrett als Vorderseite, ähnlich den Schaltbrettern, die früher in Telefonzentralen verwendet wurden. Einen Analogrechner programmieren hieß, die gewünschten elektronischen Komponenten auszuwählen und die entsprechenden Stecker in das Schaltbrett zu stecken.

Durch die jeweils verschiedene Kombination der Rechenelemente konnte ein Programmierer Systeme von Differentialgleichungen in einer Weise simulieren, die den Problemen der Ingenieure entgegenkamen.[6] Man will beispielsweise die Aufhängung der Räder eines Autos mit Federn, Stoßdämpfern und Masse simulieren, um die beste Federung zu ermitteln. Die Oszillationen des Rechners können so geschaltet werden, daß sie den Oszillationen des physikalischen Systems entsprechen. Ein Kondensator entspricht einer Feder, Spulen repräsentieren Masse usw. Die Rechnungen sind nicht präzise. Numerische Rechenoperationen werden umgangen. Man hat statt dessen ein Modell aus Metall und Elektronen, das recht schnell arbeitet und sich – was der größte Vorteil ist – leicht programmieren läßt. Durch das bloße Drehen von Knöpfen kann man Variablen einstellen und die Feder stärker oder die Reibung schwächer machen. Und man kann die Veränderung der Ergebnisse in der Zeit beobachten als Muster, das über den Schirm eines Oszilloskops wandert.

Ein paar Treppen höher saß Shaw in seinem Labor und arbeitete sich lustlos dem Ende seiner Dissertation über die Supraleitung entgegen. Er verbrachte immer mehr Zeit mit dem Systron-Donner im Keller. Er war inzwischen so weit gediehen, daß er Bilder einiger einfacher Systeme im Phasenraum sehen konnte – Darstellungen periodischer Orbits oder Grenzzyklen. Wenn er Chaos in der Form seltsamer Attraktoren gesehen hatte, hatte er es mit Sicherheit nicht erkannt. Die Lorenz-Gleichungen auf dem Zettel, den er erhalten hatte, waren nicht komplizierter als die Systeme, mit denen er bisher herumgebastelt hatte. Er brauchte nur einige Stunden, um die richtigen Stecker hineinzustecken und die Knöpfe einzustellen. Wenige Minuten später wußte Shaw, daß er seine Dissertation über die Supraleitung nie fertigschreiben würde.[7]

Er brachte einige Nächte im Keller zu und beobachtete, wie der grüne Punkt des Oszilloskops auf dem Bildschirm umherschoß und immer wieder das charakteristische Eulengesicht des Lorenz-Attraktors zeichnete. Die Kurven dieser Form blieben auf der Netzhaut haften, ein flackerndes und flimmerndes Etwas, das keinem der Gebilde ähnelte, die Shaws Experimente bisher erbracht hatten. Das Gebilde schien ein eigenes Leben zu haben. Wie eine Flamme zog es die Gedanken in seinen Bann, indem es Muster beschrieb, die sich nie wiederholten. Die Ungenauigkeit des Analogrechners und seine Eigenschaft, keine Rechnung exakt wiederholen zu können, wirkten sich in diesem Fall zu Shaws Vorteil aus. Shaw merkte schnell, wie empfindlich das Gebilde auf die Anfangszustände reagierte, ein Umstand, der Edward Lorenz von der Vergeblichkeit langfristiger Wettervoraussagen überzeugt hatte. Shaw gab seine Anfangszustände ein, drückte den Startknopf, und schon schoß der Attraktor los. Dann gab er dieselben Bedingungen noch einmal ein – so genau wie physisch möglich – und erhielt einen Orbit, der sich nicht mit dem bisherigen Orbit deckte, trotzdem aber auf demselben Attraktor endete.

Als Kind hatte Shaw davon geträumt, was Wissenschaft für ihn sein würde – der romantische Vorstoß ins Ungewisse. Hier hatte er endlich die Art von Forschung gefunden, die

seinen Träumen entsprach. Einem Tüftler mochte die Tieftemperaturphysik mit ihren vielen Leitungen und Anzeigen,
den großen Magneten und dem flüssigen Helium Spaß machen. Für Shaw führte sie nirgendwo hin. Bald schaffte er
den Analogrechner nach oben, und sein Zimmer wurde nie
wieder für die Forschung über Supraleitung benutzt.

»Man braucht nur seine Hände auf die Knöpfe zu legen, und
schon taucht man in jene andere Welt ein, in der man einer
der ersten Reisenden ist. Man will gar nicht mehr auftauchen, um Luft zu schnappen.« Das sagt Ralph Abraham,
Professor für Mathematik und einer der ersten, die Shaw
aufsuchten, um den Lorenz-Attraktor in Bewegung zu sehen. Abraham war zusammen mit Stephen Smale in Berkeley gewesen, als die Universität im Zenit ihres Ruhms stand,
er war damit einer der wenigen Mitglieder des Lehrkörpers
von Santa Cruz, die den Hintergrund hatten, die Bedeutung
der Spiele Shaws zu erkennen. Seine erste Reaktion war
Erstaunen über die Geschwindigkeit des Orbits auf dem
Bildschirm – zumal als Shaw ihm sagte, daß er zusätzliche
Kondensatoren einsetzte, um ein noch schnelleres Tempo
zu verhindern. Außerdem war der Attraktor robust. Das
bewies die Ungenauigkeit des Analogrechners – man mochte noch so sehr an den Knöpfen drehen, der Attraktor
verschwand nicht, er verwandelte sich auch nicht in ein
willkürliches Gebilde, sondern drehte und bog sich in einer
Weise, die allmählich Sinn zu ergeben begann. »Rob hatte
eine jener spontanen Beobachtungen gemacht, wo sich einem, wenn man noch ein wenig tiefer eindringt, alle Geheimnisse enthüllen«, sagt Abraham. »Man stößt gleichsam
wie von selbst auf alle wichtigen Ideen wie den Ljapunow-
Exponenten und die fraktale Dimension. Man sieht etwas
und fängt an, es zu untersuchen.«[8]
Aber war das noch Naturwissenschaft? Mathematik war es
sicher nicht, dieses Produkt eines Computers, das ohne

formale Verfahren und Beweise zustande gekommen war, und daran konnte auch die noch so große Sympathie und Ermutigung von Leuten wie Abraham nichts ändern. Auch die Physiker sahen keinen Grund, warum das Physik sein sollte. Aber was immer es war, es begann Publikum anzuziehen. Shaw arbeitete gewöhnlich mit offener Tür, und der Eingang zum physikalischen Institut lag zufälligerweise auf demselben Gang gegenüber. Der Fußgängerverkehr war beträchtlich. Bereits nach kurzer Zeit hatte Shaw Gesellschaft bekommen.

Die Gruppe, die sich später Arbeitsgemeinschaft Dynamische Systeme nannte – manche nannten sie auch einfach die Chaos-Clique –, war auf Shaw als ihren ruhenden Pol ausgerichtet. Shaw war etwas schüchtern, wenn es darum ging, seine Ideen auf dem akademischen Markt zu verkaufen; aber zum Glück für ihn hatten seine neuen Mitarbeiter in dieser Beziehung keine Probleme. Seine Mitarbeiter wiederum orientierten sich immer wieder an seiner unbeirrbaren Vision eines Forschungsprogramms, für das es keine Vorgaben gab und das auf dem Gebiet einer Wissenschaft forschte, die noch nicht anerkannt war.

Doyne Farmer, aus Texas gebürtig, groß, knochig und mit sandfarbenen Haaren, wurde der beredte Sprecher der Gruppe.[9] Er war 1977 vierundzwanzig Jahre alt, steckte voller Energie und Begeisterung und erzeugte Ideen am laufenden Band. Wer ihn kennenlernte, hielt ihn manchmal zunächst für einen Schwätzer. Norman Packard war drei Jahre jünger und ein Jugendfreund Farmers. Packard war in derselben Stadt aufgewachsen wie Farmer, in Silver City in Neumexiko, und kam in jenem Herbst nach Santa Cruz, als Farmer sich gerade ein Urlaubsjahr genommen hatte. Farmer wollte seine ganze Kraft darauf verwenden, die Bewegungsgesetze des Roulette zu erforschen. Das Vorhaben war abwegig, zugleich aber ernst gemeint. Farmer und eine wechselnde Besetzung von Kollegen aus der Physik, professionellen Spielern und sonstigem Gefolge verfolgten den

Traum vom Roulettesystem über zehn Jahre. Farmer gab ihn auch nicht auf, als er als Mitarbeiter in die Theoretische Abteilung des Laboratoriums in Los Alamos eintrat. Man berechnete Neigungswinkel und Trajektorien, schrieb immer wieder neue Spezialsoftware, baute Computer in Schuhe ein und begab sich damit voller Erwartung auf Beutezug in die Spielcasinos. Nichts funktionierte freilich, wie es sollte. Zur einen oder anderen Zeit vertieften sich alle Mitglieder der Arbeitsgemeinschaft außer Shaw in die Probleme des Roulette. Zwar trainierten sie sich durch das Projekt auf ungewöhnliche Weise in der schnellen Analyse dynamischer Systeme, das Projekt trug aber wenig dazu bei, die Physikdozenten von Santa Cruz davon zu überzeugen, daß Farmer die Wissenschaft ernst nahm.

Das vierte und jüngste Mitglied der Gruppe war James Crutchfield, der einzige gebürtige Kalifornier. Er war klein und stämmig, ein eleganter Windsurfer und, für das Kollektiv besonders wichtig, ein Naturtalent im Rechnen. Crutchfield kam als Studienanfänger nach Santa Cruz, arbeitete noch bei Shaws Experimenten zur Supraleitung als Laborassistent mit, pendelte ein Jahr »über den Hügel«, wie es in Santa Cruz hieß, um im Forschungszentrum von IBM in San Jose zu arbeiten, und schrieb sich erst 1980 als Doktorand für Physik in Santa Cruz ein. Bis dahin hatte er zwei Jahre in Shaws Labor verbracht und sich wißbegierig die Mathematik angeeignet, die er brauchte, um dynamische Systeme zu verstehen. Wie der Rest der Gruppe scherte er aus dem Standardprogramm des Fachbereichs Physik aus.

Es wurde Frühjahr 1978, bis man im Institut endlich glauben konnte, daß Shaw seine Dissertation über Supraleitung endgültig aufgeben wollte. Er hatte sie doch schon fast fertig gehabt. Auch wenn die Arbeit ihn jetzt langweile, so argumentierte man in der Fakultät, könne er schnell die Formalitäten hinter sich bringen, seinen Doktor machen und sich dann der wirklichen Welt zuwenden. Was Chaos anbelangte, so sei die akademische Eignung dieses Themas fraglich.

In Santa Cruz war keiner der Dozenten dafür qualifiziert, Doktoranden auf diesem Gebiet zu betreuen, das noch nicht einmal einen Namen hatte. Keiner hatte je darin promoviert. Mit Sicherheit gab es für Doktoranden mit dieser Art von Spezialisierung später keine Stellen. Ein weiteres Problem war die Geldfrage. Die Physik in Santa Cruz wurde, wie an jeder anderen amerikanischen Universität, hauptsächlich von der National Science Foundation und anderen Behörden der Bundesregierung durch Stipendien an die Mitglieder der Fakultät finanziert.[10] Navy, Air Force, Energieministerium und CIA – sie alle gaben riesige Summen für die reine Forschung aus, ohne daß sie gleich die unmittelbare Anwendbarkeit der Ergebnisse auf die Hydrodynamik, die Aerodynamik, das Energiewesen oder das Nachrichtenwesen erwartet hätten. Ein Physikdozent bekam genug, um die Laborausrüstung und die Gehälter seiner Assistenten zu bezahlen – Studenten höheren Semesters, die sich an sein Stipendium anhängten. Er zahlte ihre Fotokopien, die Reisen, die sie zu Kongressen machten, und sogar Gehälter, die sie in den Sommermonaten über Wasser halten sollten. Ohne diese Unterstützung war ein Student finanziell auf sich selbst angewiesen. Das war das System, von dem Shaw, Farmer, Packard und Crutchfield sich jetzt abschnitten.

Als in der Folgezeit bestimmte elektronische Geräte zu verschwinden begannen, war es ratsam, immer zuerst in Shaws früherem Tieftemperaturlabor nachzuschauen. Gelegentlich gelang es auch einem Mitglied der Arbeitsgemeinschaft, hundert Dollar von der Studentenvertretung zu ergattern, oder das physikalische Institut fand einen Weg, Summen dieser Größenordnung zu bewilligen. Plotter, Konverter und elektronische Filter begannen sich anzusammeln. Eine Gruppe Hochenergiephysiker am anderen Ende des Gangs hatte einen kleinen, ausrangierten Digitalrechner übrig; der Rechner landete in Shaws Labor. Farmer wurde zum Spezialisten, wenn es darum ging, Rechenzeit zu schnorren. Eines Sommers hielt er sich als Gast im National

Center for Atmospheric Research in Boulder, Colorado, auf, wo riesige Rechner an Aufgaben wie der globalen Wettersimulation arbeiten. Farmer entwickelte ein solches Geschick, von der teuren Rechenzeit dieser Maschinen einen Teil für sich abzuzweigen, daß er die Klimatologen verblüffte.

Die Fähigkeit, mit behelfsmäßigen Vorrichtungen zu improvisieren, leistete der Gruppe gute Dienste. Shaw war selbst schon als Kind ein »Allerweltsbastler« gewesen.[11] Packard hatte als Junge in Silver City Fernseher repariert. Crutchfield gehörte zur ersten Generation Mathematiker, die gleichsam mit der Logik der Rechenprozessoren aufgewachsen war. Das Physikgebäude selbst im Schatten der Redwoods sah mit seinen uniformen Betondecken und den Wänden, von denen die Farbe abblätterte, aus wie zahllose Institute für Physik in den USA. Aber das Zimmer, das die Chaosleute belegt hatten, entwickelte eine eigene Atmosphäre; überall lagen Stöße von Papier, und an den Wänden hingen Bilder der Inselbewohner Tahitis, zu denen bald Ausdrucke seltsamer Attraktoren kamen. Ein Besucher konnte zu fast jeder Stunde Mitglieder der Gruppe antreffen – bei Nacht allerdings sicherer als am Morgen –, die damit beschäftigt waren, neue Schaltungen zu bauen, Steckschnüre herauszureißen, über Bewußtsein und Evolution zu diskutieren, den Bildschirm eines Oszilloskops einzustellen oder nur wie gebannt auf einen leuchtenden grünen Punkt zu starren, der eine Kurve aus Licht beschrieb und dessen Orbit flimmerte und zuckte wie ein Lebewesen.

»Eigentlich lockte uns alle dasselbe: die Vorstellung, daß etwas determiniert ist und zugleich wiederum nicht«, sagt Farmer. »Der Gedanke, daß die ganzen klassischen deterministischen Systeme, die wir gelernt hatten, Zufall erzeugen konnten, faszinierte uns. Wir wollten einfach wissen, was da dahintersteckte.

Man kann nicht nachvollziehen, was für ein Offenbarungs-erlebnis das für uns war, wenn man nicht sechs oder sieben Jahre lang die Gehirnwäsche eines typischen Physiklehr-plans über sich ergehen lassen mußte. Man lernt, daß es klassische Modelle gibt, in denen alles durch die Anfangszu-stände determiniert ist, und daß es außerdem die Modelle der Quantenmechanik gibt, in denen die Dinge determiniert sind, man aber in bezug auf die zugänglichen Anfangsinfor-mationen an eine Grenze stößt. *Nichtlinear* war ein Wort, das erst auf den letzten Seiten des Physikbuchs auftauchte. Wenn ein Physikstudent einen Kurs in Mathematik belegte, war erst das letzte Kapitel des Lehrbuchs den nichtlinearen Gleichungen gewidmet. Das ließ man im allgemeinen aus, und wenn nicht, ging man nur so weit, daß man nichtlineare Gleichungen auf lineare Gleichungen zurückführte, man bekam also sowieso nur ungefähre Lösungen heraus. Es war einfach frustrierend.

Wir hatten keine Ahnung, was für einen Unterschied Nicht-linearität in einem Modell macht. Der Gedanke, daß die Lösungen einer Gleichung scheinbar willkürlich springen konnten – das war eine aufregende Idee. Wir fragten uns: ›Woher kommt diese willkürliche Bewegung? Man sieht es den Gleichungen nicht an.‹ Es schien wie etwas für nichts, oder etwas, das aus nichts bestand.«

Crutchfield sagt: »Es war eine Erkenntnis, festzustellen, daß es in der Physik einen ganzen Erfahrungsbereich gab, der nicht in den gängigen Rahmen paßte. Warum war das nicht ein Teil unseres Unterrichts gewesen? Hier bot sich uns die Chance, einen Blick auf unsere unmittelbare Umge-bung zu werfen – der Welt in all ihrer irdischen Vielfalt – und etwas davon zu verstehen.«

Die vier berauschten sich an ihrer eigenen Vision und ver-schreckten ihre Professoren durch ihre direkten Fragen nach Determinismus, dem Wesen der Intelligenz und der Richtung der biologischen Evolution.

»Der Kitt, der uns zusammenhielt, war eine langfristige

Vision«, sagt Packard. »Was uns an den regelmäßigen physikalischen Systemen, die von der klassischen Physik zu Tode analysiert worden waren, so verblüffte, war, daß man nur eine kleine Änderung im Parameterraum zu machen brauchte, und schon erhielt man Ergebnisse, auf die sich der ganze ungeheure Regelapparat nicht mehr anwenden ließ. Das Phänomen Chaos hätte schon sehr viel früher entdeckt werden können. Wenn das nicht der Fall war, so teilweise deshalb, weil die unzähligen Arbeiten über die Dynamik regelmäßiger Bewegungen nicht in diese Richtung wiesen. Aber man brauchte nur die Augen aufzumachen, und schon sah man das Chaos. Daraus lernten wir, daß man sich von physikalischen Beobachtungen leiten lassen mußte, um dann zu sehen, was für ein theoretisches Bild man sich davon machen konnte. Langfristig sahen wir in der Untersuchung komplizierter dynamischer Systeme einen Ausgangspunkt, der uns vielleicht das Verständnis wirklich komplexer dynamischer Systeme ermöglichen würde.«

Farmer schließlich meint: »Vom philosophischen Gesichtspunkt hatte ich das Gefühl, daß es mit Chaos möglich würde, den freien Willen so zu definieren, daß man ihn mit dem Determinismus versöhnen könnte. Das System ist deterministisch, aber man kann nicht vorhersagen, was es als nächstes tun wird. Zugleich hatte ich schon immer den Eindruck, daß die wichtigen Probleme in der Welt draußen mit der Organisation von Leben oder Intelligenz zu tun haben. Aber wie packt man so etwas an? Was die Biologen machten, schien zu zweckgebunden und spezifisch; die Chemiker leisteten es auch nicht, die Mathematiker schon gar nicht, und die Physiker ignorierten das Problem einfach. Ich war immer der Ansicht, daß die spontane Herausbildung selbstorganisierter Gebilde eigentlich Teil der Physik sein sollte. Man kann das mit den zwei Seiten einer Münze vergleichen. Hier war die Ordnung, aus der Zufall entstand, und einen Schritt weiter herrschte der Zufall mit seiner eigenen Ordnung.«

Shaw und seine Mitarbeiter mußten ihren ungezügelten Enthusiasmus in ein wissenschaftliches Programm einbinden. Sie mußten Fragen stellen, auf die es Antworten gab und die es wert waren, beantwortet zu werden. Sie mußten nach Wegen suchen, Theorie und Experiment zu verbinden – diese Lücke, das wußten sie, mußte geschlossen werden. Bevor sie aber überhaupt damit anfangen konnten, mußten sie lernen, was bereits bekannt war und was nicht, und das allein war schon eine gewaltige Herausforderung.

Hinderlich war, daß der Informationsaustausch in den Naturwissenschaften oft nur stockend funktioniert, besonders wenn ein neues Thema zahlreiche etablierte Teildisziplinen tangiert. Oft hatte die Gruppe um Shaw keine Ahnung, ob sie sich auf neuem oder altem Territorium bewegte. Eine Abhilfe von unschätzbarem Wert konnte hier Joseph Ford schaffen, ein Anhänger der Chaosphysik am Georgia Institute of Technology. Ford war für sich zu dem Schluß gekommen, daß die Zukunft der Physik – die ganze Zukunft – der nichtlinearen Dynamik gehörte, und er hatte eine Informationszentrale für Zeitschriftenartikel zur Chaosphysik eingerichtet.[12] Er selbst kam vom nichtdissipativen Chaos her, dem Chaos der astronomischen Systeme oder der Hochenergiephysik. Er hatte, was selten war, eine intime Kenntnis der Arbeiten der sowjetischen Schule und machte es sich zur Aufgabe, zu all denen Verbindung aufzunehmen, die dem Geist der neuen Philosophie in irgendeiner Weise verbunden waren. Ford hatte überall Freunde. Die Aufsätze, die bei Ford zu Themen der nichtlinearen Wissenschaft eingingen, wurden zusammengefaßt und einer wachsenden Liste ähnlicher Kurzfassungen eingegliedert. Die Studenten aus Santa Cruz hörten von Fords Liste und füllten eine Bestellkarte aus, um die Vorabdrucke noch nicht veröffentlichter Artikel anzufordern. Bald trafen die ersten Vorabdrucke ein.

Die Studenten stellten fest, daß man ganz verschiedene Fragen zu seltsamen Attraktoren stellen konnte.[13] Welche

Formen waren für sie charakteristisch? Welche topologische Struktur hatten sie? Was sagte die Geometrie über die physikalischen Eigenschaften der entsprechenden dynamischen Systeme? Eine erste Annäherung waren die praktischen Experimente Shaws. Zwar beschäftigte sich ein großer Teil der mathematischen Literatur direkt mit Strukturen, aber Shaw hatte das Gefühl, daß der mathematische Ansatz sich in Details verlor – es gab immer noch zu viele Bäume und zu wenig Wald. Als er sich durch die Literatur arbeitete, bekam er den Eindruck, daß die Mathematiker, die sich durch ihre eigenen Traditionen den Zugang zu den neuen Rechinstrumenten verstellt hatten, in einer Unmenge spezifischer komplexer Eigenschaften von Orbitstrukturen steckengeblieben waren, in Unendlichkeiten hier und Diskontinuitäten dort. Die Mathematiker hatten nicht genügend über die Unschärfe des Analogrechners nachgedacht – jene Unschärfe, die nach Überzeugung der Physiker die Systeme der wirklichen Welt beherrschte. Shaw sah auf seinem Oszilloskop nicht vereinzelte Orbits, sondern die Umhüllungen, in die die Orbits eingebettet waren. Es waren die Umhüllungen, die sich änderten, wenn er vorsichtig an den Knöpfen drehte. Er konnte für die Falten und Schlingen keine stringente Erklärung in der Sprache der mathematischen Topologie geben. Trotzdem hatte er zunehmend das Gefühl, daß er diese Gebilde verstand.

Ein Physiker will etwas messen. Aber was konnte man an diesen sich unaufhörlich verändernden Gebilden messen? Shaw und seine Mitarbeiter versuchten, die besonderen Eigenschaften zu isolieren, die seltsame Attraktoren so faszinierend machten. *Die empfindliche Reaktion auf die Anfangszustände* – die Tendenz benachbarter Trajektorien, auseinanderzustreben. Das war die Eigenschaft, die Lorenz zu der Einsicht gebracht hatte, daß eine deterministische, langfristige Wetterprognose unmöglich sei. Aber wo waren die Geräte, mit denen man diese Eigenschaft messen konnte? Konnte man die Nichtvorhersagbarkeit selber messen?

Die Antwort auf diese Frage lag in einem russischen Konzept, dem Ljapunow-Exponenten. Diese Zahl ermöglichte, topologische Eigenschaften zu messen, die dem Gedanken der Nichtvorhersagbarkeit entsprachen. Die Ljapunow-Exponenten eines Systems ermöglichten es, die kollidierenden Auswirkungen der Streckung, Kontraktion und Faltung im Phasenraum eines Attraktors zu messen. Sie stellten sämtliche Eigenschaften eines Systems dar, die zu stabilem oder instabilem Verhalten führten. War ein Exponent größer als Null, bedeutete das Streckung – nebeneinandergelegene Punkte werden getrennt. War ein Exponent kleiner als Null, bedeutete das Kontraktion. Für einen Fixpunkt-Attraktor waren alle Ljapunow-Exponenten negativ, da die Anziehungskraft nach innen auf einen stabilen Endzustand gerichtet war. Ein Attraktor in der Form eines periodischen Orbits hatte einen Exponenten von exakt Null und weitere negative Exponenten. Ein seltsamer Attraktor mußte, wie sich herausstellte, mindestens einen positiven Ljapunow-Exponenten haben.

Die Studenten aus Santa Cruz waren zwar zu ihrem großen Verdruß nicht selber auf diese Idee gekommen, sie fanden dafür aber die verschiedensten praktischen Anwendungsmöglichkeiten und lernten dabei, Ljapunow-Exponenten zu messen und sie zu anderen wichtigen Eigenschaften in Beziehung zu setzen. Mit Hilfe von Computern stellten sie Zeichentrickfilme her, die den Zusammenstoß von Ordnung und Chaos in dynamischen Systemen illustrierten. Ihre Untersuchungen zeigten eindringlich, daß einige Systeme in einer Richtung ein ungeordnetes Verhalten zeigen, während sie in einer anderen völlig geordnet und regelmäßig ablaufen. In einem Film war zu sehen, was mit einem winzigen Cluster dicht nebeneinanderliegender Punkte – den Anfangszuständen – auf einem seltsamen Attraktor geschah, wenn das System sich in der Zeit veränderte. Der Cluster begann sich auszubreiten und an Schärfe zu verlieren. Er wurde zu einem Punkt und dann einem Klecks. Bei bestimmten Arten von Attraktoren breitete dieser Klecks sich schnell nach allen Seiten aus. Solche Attraktoren waren wirksame *Mischer*. Bei anderen Attraktoren breitete der

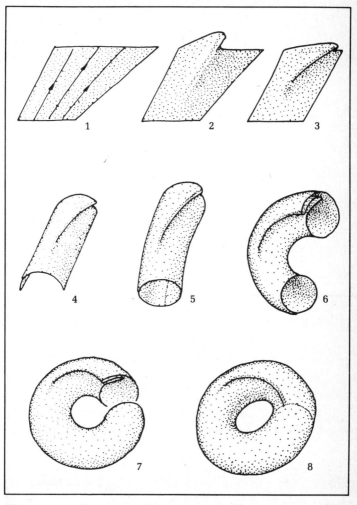

Faltungen von Phasenraum. Die topologische Umgestaltung von Phasenraum erzeugt einen Attraktor in der Art eines Schmalzkringels, der jedoch in sich selbst hineingefaltet ist. Das Experiment ist bekannt als »Birkhoffs Kringel«.

Fleck sich nur in bestimmte Richtungen aus. Er wurde zu einem Streifen, chaotisch entlang der einen Achse, geordnet entlang einer anderen, so, als ob das System zur gleichen Zeit zur Ordnung und zur Unordnung strebte und beide Impulse sich entkoppelten. Während der eine Impuls zu willkürlichem, nicht vorhersagbarem Verhalten führte, legte der andere das präzise Verhalten einer Uhr an den Tag. Beide Impulse konnten definiert und gemessen werden.

Die deutlichsten Spuren, die Santa Cruz in der Chaosforschung hinterließ, hatten mit einem Gebiet der Mathematik und Philosophie zu tun, das den Namen Informationstheorie trug und Ende der vierziger Jahre von Claude Shannon, einem Forscher der Laboratorien der Bell-Telefongesellschaft, erfunden worden war.[14] Shannon hatte seine Arbeit »The Mathematical Theory of Communication« genannt, da es dabei aber um eine sehr spezielle, Information genannte Größe ging, war der Name Informationstheorie hängen geblieben. (Der dt. Titel ist deshalb: »Mathematische Grundlagen der Informationstheorie«.) Die Theorie war ein Produkt des elektronischen Zeitalters. Datenleitungen und Radiowellen transportierten ein gewisses Etwas, das bald auch von Computern auf Lochkarten oder Magnetzylindern gespeichert werden sollte, und dabei handelte es sich weder um Wissen noch um Bedeutung. Die Grundeinheiten, aus denen dieses Etwas bestand, waren keine Ideen oder Gedanken, nicht einmal notwendigerweise Worte oder Zahlen. Das Etwas konnte sinnvoll sein oder unsinnig – aber Ingenieure und Mathematiker konnten es messen, übertragen und Übertragungen auf ihre Exaktheit überprüfen. *Information* war dafür keine schlechtere Bezeichnung als ein anderes Wort, vorausgesetzt man vergaß nicht, daß man den Begriff in einem speziellen, wertfreien Sinn verwendete und dabei nicht an die üblichen Konnotationen wie Fakten, Gelehrsamkeit, Weisheit, Einsicht und Aufklärung dachte.

Die Hardware bestimmte die Form der Theorie. Weil Informationen in sogenannten Bits in binären Ein-Aus-Schaltern gespeichert wurden, wählte man den Bit als Grundeinheit der Information. Vom technischen Standpunkt wurde es durch die Informationstheorie möglich, zu verstehen, wie Rauschen in der Form zufälliger Fehler den Datenfluß stören kann. So konnte man die notwendige Belastbarkeit von Datenleitungen, Compact-disks und anderen Technologien berechnen, auf denen Sprache, Klänge oder Bilder kodiert wurden. Man bekam eine Theorie an die Hand, mit der die Wirksamkeit verschiedener Verfahren zur Fehlerverbesserung berechnet werden konnten – man konnte zum Beispiel mit einigen zusätzlichen Bits andere Bits überprüfen. Der entscheidende Gedanke der »Redundanz« wurde dadurch erst in ein griffiges Konzept gebracht. Shannons Informationstheorie zufolge enthält die Alltagssprache über fünfzig Prozent Redundanz in Form von Lauten oder Buchstaben, die zur Übermittlung einer Nachricht nicht unbedingt notwendig sind. Jeder kennt das; das Funktionieren der Kommunikation in einer Welt der Nuschler und Druckfehler hängt von Redundanz ab. Die berühmte Reklame für einen Kurs in Stenographie – *Wnn S dsn Stz lsn knnn...* – veranschaulicht das, und mit Hilfe der Informationstheorie konnte die Redundanz jetzt gemessen werden. Redundanz ist eine vorhersagbare Abweichung vom Zufall. Ein Teil der Redundanz der Alltagssprache liegt auf der Ebene der Bedeutung, und dieser Teil, der von der Sprachkompetenz und Welterfahrung abhängt, die den Kommunikationspartnern gemeinsam ist, läßt sich schwer messen. Er ist es, der es möglich macht, Kreuzworträtsel zu lösen oder das fehlende Wort am Ende eines Satzes zu ergänzen. Andere Arten der Redundanz dagegen lassen sich leichter in Zahlen ausdrücken. Die statistische Wahrscheinlichkeit, daß ein Buchstabe in einem englischen Wort »e« ist, ist viel größer als eins zu sechsundzwanzig. Dazu kommt, daß man Buchstaben nicht als isolierte Einheiten betrachten darf. Weiß man, daß ein

Buchstabe in einem englischen Text »t« ist, erhöht das die Wahrscheinlichkeit, daß der nächste »h« oder »o« ist; weiß man zwei Buchstaben, steigt die Wahrscheinlichkeit noch mehr und so fort. Die statistische Häufigkeit des Auftauchens verschiedener Kombinationen aus zwei oder drei Buchstaben läßt einen tiefen Einblick in die Struktur einer Sprache zu. Ein Computer, der nur nach der relativen Häufigkeit der im Englischen möglichen Dreierkombinationen vorgeht, kann eine ansonsten willkürliche Kette von Unsinn produzieren, der trotzdem eindeutig *englischer* Unsinn ist. Bei der Entschlüsselung einfacher Codes macht man sich solche statistischen Muster seit langem zunutze. Kommunikationstechniker können mit ihrer Hilfe Daten komprimieren, indem sie Redundanzen beseitigen, um auf einer Datenleitung oder Speicherplatte Platz zu sparen. Für Shannon stellte sich das Wesen solcher Muster so dar: Ein Datenstrom der Alltagssprache ist weniger als Zufall; jedes neue Bit ist teilweise durch die vorhergehenden Bits festgelegt; jedes neue Bit trägt also etwas weniger an wirklicher Information, als einem Bit entspricht. In dieser Formulierung schwang ein paradoxes Element mit. Je willkürlicher die Datenkette war, desto mehr Information wurde durch ein neues Bit übermittelt.

Über ihre technische Eignung für das anbrechende Computerzeitalter hinaus erwarb Shannons Informationstheorie sich auch einen bescheidenen philosophischen Ruf; die Anziehungskraft der Theorie über Shannons Forschungsgebiet hinaus beruhte dabei erstaunlicherweise fast ausschließlich auf der Verwendung eines einzigen Worts: Entropie. Warren Weaver schreibt in seiner klassischen Einführung in die Informationstheorie: »Stößt man in der Kommunikationstheorie auf das Konzept der Entropie, darf man zu Recht gespannt sein – man darf mit Recht annehmen, auf etwas gestoßen zu sein, das womöglich von grundlegender und großer Bedeutung ist.«[15] Der Gedanke der Entropie kommt aus der Thermodynamik. Er gehört zum 2. Hauptsatz der

Thermodynamik, der besagt, daß das Universum und jedes abgeschlossene System innerhalb des Universums unweigerlich die Tendenz haben, auf einen Zustand größter Unordnung zuzustreben. Teilt man ein Schwimmbecken in der Mitte durch eine Barriere, füllt die eine Hälfte mit Wasser, die andere mit Tinte, wartet, bis keine Strömungen durch das Eingießen mehr vorhanden sind, und zieht dann die Trennwand hoch, so werden sich allein aufgrund der »willkürlichen« Bewegung der Moleküle Wasser und Tinte allmählich vermischen. Die Mischung kehrt sich nicht mehr um, auch wenn man bis zum Ende des Universums wartet, und man sagt deshalb oft, daß der 2. Hauptsatz der Thermodynamik der Teil der Physik ist, der die Zeit zu einer Einbahnstraße macht. Entropie bezeichnet die Eigenschaft, die in abgeschlossenen Systemen aufgrund des 2. Hauptsatzes zunimmt – Mischung, Unordnung, Zufall. Man kann den Gedanken besser intuitiv verstehen als ihn in realen Situationen messen. Womit konnte man den Mischungszustand zweier Substanzen verläßlich messen? Man konnte sich vorstellen, stichprobenartig die Moleküle beider Substanzen zu zählen. Aber was, wenn deren Ordnung ja-nein-ja-nein-ja-nein-ja-nein war? Man könnte kaum von einer hohen Entropie sprechen. Dann konnte man nur die geraden Moleküle zählen; aber angenommen, man erhielt die Anordnung ja-nein-nein-ja-ja-nein-nein-ja? Noch dem einfachsten Abzählalgorithmus zum Trotz schleicht sich Ordnung ein. Und in der Informationstheorie stellen Probleme der Bedeutung und der Repräsentation zusätzliche Komplikationen dar. Eine Folge wie 01 0100 0100 0010 111 010 11 00 000 0010 111 010 11 0100 0 000 000 … wird wohl nur dem geordnet erscheinen, der mit dem Morsealphabet und Shakespeare vertraut ist. Und was sollte man erst zu den perversen topologischen Mustern seltsamer Attraktoren sagen?
Für Robert Shaw waren seltsame Attraktoren Produzenten von Information. In seinem ersten und bedeutendsten Beitrag zu diesem Thema sah Shaw in Chaos die Möglichkeit,

die Ideen, die die Informationstheorie sich von der Thermodynamik geborgt hatte, auf natürlichem Weg und um neue Aussagekraft bereichert wieder der Physik einzugliedern. Seltsame Attraktoren, die Ordnung und Unordnung vereinigten, gaben der Frage nach der Meßbarkeit der Entropie eines Systems eine provozierende Wendung. Seltsame Attraktoren waren effiziente Mischer. Sie stellten Unberechenbarkeit her. Sie erhöhten die Entropie und produzierten, so Shaw, Information, wo vorher keine existiert hatte.

Eines Tages stieß Norman Packard bei der Lektüre des *Scientific American* auf die Ausschreibung eines Aufsatzwettbewerbs, des sogenannten Louis-Jacot-Wettbewerbs.[16] Das ganze klang ziemlich verschroben – den lukrativen Preis hatte ein französischer Finanzmagnat gestiftet, der eine eigene Theorie über den Aufbau des Universums aus ineinandergeschachtelten Galaxien entwickelt hatte. Verlangt waren Aufsätze zu Jacots Thema, was immer das bedeutete. (»Ich dachte unwillkürlich an einen Haufen wissenschaftlicher Spinner«, meinte Farmer.) Aber die Jury des Wettbewerbs war eine eindrucksvolle Versammlung von Größen des französischen Wissenschaftsbetriebs, und auch die als Preis ausgesetzte Summe war eindrucksvoll. Letzter Abgabetermin war der Neujahrstag 1978.

Die Arbeitsgemeinschaft traf sich inzwischen regelmäßig in einem mächtigen alten Haus in Santa Cruz nicht weit vom Strand. Im Haus sammelten sich Möbel vom Flohmarkt und Computerausrüstung, von der ein großer Teil dem Problem des Roulette gewidmet war. Shaw hatte auch ein Klavier herbeigeschafft, auf dem er Barockmusik spielte oder in seiner persönlichen Mischung aus Klassik und Moderne improvisierte. Auf ihren Zusammenkünften entwickelten die Physiker einen Arbeitsstil und eine Arbeitsroutine, nach der Ideen entwickelt und auf ihre Durchführbarkeit geprüft wurden, Literatur gelesen und Aufsätze geschrieben wurden. Die Gruppe lernte schließlich auch, auf leidlich effiziente Weise gemeinsam Zeitschriftenartikel zu verfassen.

Der erste Aufsatz allerdings stammte von Shaw; er gehörte zu den wenigen Aufsätzen, die Shaw schreiben sollte, und Shaw hatte ihn bezeichnenderweise allein geschrieben. Bezeichnend war auch, daß er ihn zu spät abschickte.

Im Dezember 1977 macht Shaw sich von Santa Cruz auf, um die erste Konferenz der New Yorker Akademie der Wissenschaften zur Chaosforschung zu besuchen.[17] Sein früherer Doktorvater bezahlte den Flug. Shaw, der nicht eingeladen war, konnte jetzt endlich die Wissenschaftler persönlich hören, die er bisher nur von ihren Publikationen her kannte: David Ruelle, Robert May, James Yorke. Shaw war von diesen Männern und gleichfalls von dem astronomischen Zimmerpreis von 35 Dollar im Barbizon Hotel tief beeindruckt. Als Zuhörer schwankte er zwischen dem Gefühl, daß er in seiner Ignoranz Dinge neu erfunden hatte, die diese Männer bereits detailliert ausgearbeitet hatten, und dem Gefühl, daß er einen wichtigen neuen Aspekt beitragen konnte. Er hatte den noch nicht fertiggestellten Entwurf seines Aufsatzes zur Informationstheorie mitgebracht, den er auf verschiedene Zettel in einem Hefter gekritzelt hatte, und er versuchte nun erfolglos zuerst im Hotel und dann in New Yorker Reparaturwerkstätten eine Schreibmaschine aufzutreiben. Schließlich nahm er den Ordner wieder mit zurück. Von seinen Freunden später um genauere Auskunft gebeten, erzählte er ihnen, der Höhepunkt sei ein Abendessen zu Ehren Edward Lorenz' gewesen, der endlich die Anerkennung erhalten habe, auf die er so viele Jahre vergeblich gewartet hatte. Als Lorenz schüchtern an der Hand seiner Frau den Raum betreten habe, seien die Wissenschaftler aufgestanden, um ihn mit einer Ovation zu begrüßen.[18] Shaw war aufgefallen, wie verschüchtert der Meteorologe aussah.

Einige Wochen später, auf der Fahrt nach Maine, wo seine Eltern ein Ferienhaus hatten, schickte Shaw seinen Aufsatz endlich mit der Post an den Jacot-Wettbewerb.[19] Neujahr war bereits um, aber der amerikanische Postmeister datierte den Umschlag großzügig zurück. Der Aufsatz, eine Mischung aus esoterischer Mathematik und spekulativer Philosophie und illustriert mit cartoonartigen Zeichnungen von Shaws Bruder Chris, gewann eine ehrenvolle Erwähnung. Shaw erhielt einen Geldpreis, der ausreichte, um nach Paris zu fliegen und dort die Ehrung entgegenzunehmen. Auch wenn es eine kleine Anerkennung war, kam sie doch zur rechten Zeit. Die Beziehungen der Gruppe zum Fachbereich Physik waren an einem schwierigen Punkt angelangt, und jede Bestätigung von außen war hoch willkommen. Farmer war dabei, die Astrophysik ganz aufzugeben, Packard hatte dasselbe mit der statistischen Mechanik vor, und Crutchfield war immer noch nicht bereit, sich für ein Graduiertenprogramm einzuschreiben. Im Fachbereich hatte man das Gefühl, daß es so nicht weitergehen konnte.

Shaws Aufsatz »Strange Attractors, Chaotic Behaviour, and Information Flow«, der erste, sorgfältige Versuch, Informationstheorie und Chaosphysik aufeinander zu beziehen, zirkulierte in diesem Jahr als Vorabdruck und erreichte schließlich etwa 1000 Leser.

Shaw hatte eine Reihe von Annahmen der klassischen Mechanik aus dem Schattendasein befreit, das sie bisher gefristet hatten. Energie existiert in natürlichen Systemen auf zwei Ebenen: im Makroskopischen, wo man sichtbare Objekte zählen und messen kann, und im Mikroskopischen, wo zahllose Atome in zufälliger Bewegung durcheinanderschwirren, die man nur als Durchschnittsgröße messen kann, als Temperatur. Shaw stellte fest, daß die Gesamtenergie im Mikroskopischen die Energie im Makroskopischen überwiegen konnte, daß diese Wärmebewegung in klassischen Systemen aber nicht berücksichtigt wurde – ein isoliertes Phänomen, das nicht nutzbar gemacht werden konnte. Zwischen den Ebenen gab es keine Kommunikation. »Man braucht die Temperatur nicht zu kennen, um ein

Problem der klassischen Mechanik zu lösen«, meint Shaw. Seiner Meinung nach überbrückten chaotische und fast-chaotische Systeme die Kluft zwischen den beiden Bereichen. Chaos war die Schöpfung von Information.

Man kann sich das an Wasser veranschaulichen, das an einem Hindernis vorbeifließt. Wie jeder Hydrodynamiker und Wildwasserkanute weiß, bildet Wasser, wenn es schnell genug fließt, unterhalb des Hindernisses Wirbel. Bei einer bestimmten Geschwindigkeit bleiben die Wirbel an Ort und Stelle. Fließt das Wasser schneller, wandern sie. Im Experiment kann man durch verschiedenen Methoden versuchen, ein solches System zu messen. Man kann die Geschwindigkeit untersuchen und anderes mehr. Konnte man aber nicht auch einfach einen Punkt gleich hinter dem Hindernis bestimmen und in regelmäßigen Zeitintervallen überprüfen, ob der Wirbel sich rechts oder links davon befand?

Handelt es sich um stationäre Wirbel, wird der Datenstrom so aussehen: links-links-links-links-links-links-links-links-links-links-links-links-links-links-links-links-links. Verfolgt man die Daten eine Zeitlang, wird man den Eindruck bekommen, daß neue Daten nichts Neues über das System aussagen.

Die Wirbel können auch periodisch hin und her wandern: links-rechts-links-rechts-links-rechts-links-rechts-links-rechts-links-rechts-links-rechts-links-rechts-links-rechts-links-rechts-. Obwohl dieses System zunächst etwas interessanter erscheint, wird man schnell feststellen, daß es auch in diesem Fall keine eigentlichen Überraschungen gibt.

Wird das System dagegen chaotisch, weil sich sein Verhalten nicht mehr voraussagen läßt, erzeugt es einen stetigen Informationsfluß. Jede neue Beobachtung bringt eine neue Information. Das schafft für den Experimentator, der das System vollständig charakterisieren möchte, ein Problem. »Er könnte das Zimmer praktisch nie verlassen«, meint Shaw. »Der Datenstrom brächte in einem fort neue Informationen.«

Woher kommt diese Information? Vom Wärmebad im Mikroskopischen, wo Milliarden von Molekülen ihren wirren thermodynamischen Tanz aufführen. So wie durch Turbulenzen Energie vom Makroskopischen über Strudelketten nach unten übertragen wurde und sich im Kräftebereich der Viskosität der Flüssigkeit verteilte, wurde umgekehrt Information vom Mikroskopischen zurückübertragen – so jedenfalls beschrieben Shaw und seine Kollegen das Phänomen zunächst. Und der Kanal, durch den die Information nach oben übertragen wird, ist der seltsame Attraktor, der den anfänglichen Zufall vergrößert, so wie sich im Schmetterlingseffekt kleine Zufallsfaktoren zu großflächigen Wetterfronten auswachsen.

Die Frage war nur, nach welchem Vergrößerungsfaktor. Auch hier mußte Shaw feststellen, daß sowjetische Wissenschaftler zuerst dagewesen waren und daß er, ohne es zu wissen, einen Teil ihrer Arbeit noch einmal geleistet hatte. A. N. Kolmogorow und Jascha Sinai hatten einige erhellende mathematische Verfahren entwickelt, wie sich die »Entropie pro Zeiteinheit« eines Systems auf die geometrische Darstellung sich streckender und faltender Oberflächen im Phasenraum beziehen ließ.[20] Konzeptioneller Kern des Verfahrens war es, ein beliebig kleines Kästchen um eine Menge von Anfangszuständen zu zeichnen, so wie man auf einen Luftballon ein kleines Viereck zeichnet, und dann die Wirkung verschiedener Dehnungen und Drehungen auf das Kästchen zu berechnen. Es konnte sich beispielsweise in einer Richtung strecken, während es in der anderen klein blieb. Eine Veränderung des Feldes entsprach der Einführung von Ungewißheit bezüglich der Vergangenheit des Systems, einem Zuwachs oder Verlust an Information.

In dem Maß, in dem Information nur ein anderes Wort für nicht voraussagbares Verhalten war, entsprach Shaws Theorie nur Gedanken, die Wissenschaftler wie Ruelle entwickelt hatten. Der Bezug auf die Informationstheorie ermöglichte der Gruppe aus Santa Cruz allerdings, eine Reihe mathematischer Operationen anzuwenden, die von Kommunikationstheoretikern bereits gründlich erprobt worden waren. Die Schwierigkeit beispielsweise, bei einem an sich deterministischen System Störungen von außen berücksichtigen zu müssen, war in der Dynamik neu, in den Kommunikationswissenschaften dagegen zur Genüge bekannt. Der eigentliche Anreiz, den die Informationstheorie den jungen Wissenschaftlern bot, beruhte freilich nur zum Teil auf der Mathematik. Wenn sie von Systemen sprachen, die Informationen erzeugten, meinten sie damit die spontane Erzeugung von Ordnungsmustern in der Welt. »Den Gipfelpunkt komplizierter dynamischer Systeme bilden die Prozesse der biologischen Evolution und des Denkens«, pflegte Packard zu sagen. »Man meint intuitiv zu erkennen, daß hinter diesen letztlich komplizierten Systemen der Informationserzeugung ein klarer Sinn steckt. Vor einigen Milliarden Jahren gab es nur Tropfen von Protoplasma; jetzt, Milliarden Jahre später, gibt es uns. Information wurde geschaffen und in unserer Struktur angelegt. In der Entwicklung des individuellen Bewußtseins wird von Geburt an Information offensichtlich nicht nur gesammelt, sondern auch neu erzeugt – neu geschaffen aus Verbindungen, die vorher nicht da waren.«[21] Solche Reden waren dazu angetan, daß einem nüchternen Physiker schwindlig wurde.

In erster Linie waren die vier Studenten allerdings Bastler und Tüftler, und erst in zweiter Philosophen. »Allerweltsbastler«, hatte Shaw sich selbst ironisch genannt. Aber würde es ihnen gelingen, eine Brücke von den seltsamen Attraktoren, die sie so gut kannten, zu den Experimenten der klassischen Physik zu schlagen? Es war eine Sache, zu sagen, daß die Folge rechts-links-rechts-rechts-links-rechts-links-links-links-rechts nicht voraussagbar war und Informationen erzeugte, und eine ganz andere, einen wirklichen Datenstrom herzunehmen und seinen Ljapunow-Exponenten, seine Entropie und seine Dimension zu bestimmen. Immerhin hatten die Physiker aus Santa Cruz sich inzwischen mit solchen Gedanken vertrauter gemacht als manche ihrer älteren Kollegen. Weil der Gedanke an seltsame Attraktoren sie Tag und Nacht begleitete, waren sie allmählich fest davon überzeugt, daß ihnen solche Attraktoren auf Schritt und Tritt im Alltag begegneten, überall dort, wo etwas flatterte, sich schüttelte, schlug oder schwankte

Die vier setzten sich ins Café und spielten ein Spiel. Die Frage lautete: Wie weit war der nächste seltsame Attraktor weg? War es dieser klappernde Kotflügel? Jene Fahne, die unregelmäßig in der frischen Brise knatterte? Ein wirbelndes Blatt? »Man sieht erst dann etwas, wenn man die richtige Metapher hat, die es einem sichtbar macht«, sagt Shaw in Anklang an Thomas S. Kuhn.[22] Ihr Freund, der Relativitätstheoretiker Bill Burke, war bald überzeugt, daß der Tachometer seines Autos in der nichtlinearen Weise eines seltsamen Attraktors ratterte. Und als Shaw schließlich mit dem Experiment begann, das ihn die kommenden Jahre beschäftigen sollte, war seine Wahl auf ein so einfaches System gefallen, wie es sich kein Physiker einfacher hätte ausdenken können: einen tropfenden Wasserhahn. Meist denkt man bei dem berüchtigten tropfenden Hahn an erbarmungslose Regelmäßigkeit, aber das muß nicht unbedingt so sein, wie ein kurzes Experiment zeigen kann. »Es handelt sich um ein einfaches Beispiel für ein System, das von einem berechenbaren Verhalten in ein unberechenbares Verhalten umkippt«, meint Shaw. »Dreht man den Hahn nur etwas stärker auf, erreicht man einen Punkt, wo das Tropfen unregelmäßig wird. Es stellt sich heraus, daß man die Tropffolge nicht für einen längeren Zeitraum voraussagen kann. Schon etwas so Simples wie ein Wasserhahn kann also ein Muster erzeugen, das ewig kreativ ist.«[23]

Als Generator von Organisation kann der tropfende Hahn allerdings wenig bieten. Er erzeugt Tropfen, und jeder Tropfen ist mehr oder weniger derselbe wie sein Vorgänger.

Für den Einstieg in die Chaosforschung bot der tropfende Hahn allerdings gewisse Vorteile. Jeder hat bereits eine ungefähre Vorstellung davon, wie ein Hahn funktioniert. Der Datenstrom war so eindimensional wie nur möglich: die rhythmischen Schläge einzelner Punkte, gemessen in der Zeit. Keine dieser Eigenschaften war in den Systemen zu finden, die die Gruppe von Santa Cruz später untersuchte – dem menschlichen Immunsystem beispielsweise,[24] oder dem rätselhaften Strahl-Strahl-Effekt (im Original beam-beam effect), der auf unerklärliche Weise Experimente mit kollidierenden Teilchenstrahlen im Stanford Linear Accelerator Center im Norden störte. Forscher wie Libchaber und Swinney erhielten einen eindimensionalen Datenstrom, indem sie einen willkürlich herausgegriffenen Punkt eines geringfügig komplexeren Systems untersuchten. Im Fall des tropfenden Hahns gibt es nur eine einzige Datenfolge. Es geht dabei weder um eine sich fortwährend verändernde Geschwindigkeit oder Temperatur – nur um die zeitliche Abfolge von Tropfen.

Aufgefordert, ein solches System in den Griff zu bekommen, fängt der traditionelle Physiker etwa damit an, ein möglichst vollständiges physikalisches Modell zu entwerfen. Die Prozesse, die die Bildung und das Herabfallen von Tropfen bestimmen, sind bekannt, wenn auch nicht ganz so eindeutig, wie es scheinen mag. Eine wichtige Variable ist die Geschwindigkeit des Durchflusses.[25] (Anders als bei den meisten hydrodynamischen Systemen mußte sie langsam sein. Shaw arbeitete normalerweise mit einer Tropfenfrequenz von 1 bis 10 Tropfen pro Sekunde, was über einen Zeitraum von zwei Wochen einem Durchfluß von gut 1000 Litern entsprach). Weitere Variable sind etwa die Viskosität der Flüssigkeit oder deren Oberflächenspannung. Ein Wassertropfen, der an einem Hahn hängt und darauf wartet, herunterzufallen, nimmt eine komplizierte dreidimensionale Form an, und allein die Berechnung dieser Form war, nach Shaw, »eine Herausforderung für modernste Computer«.[26] Die Form war auch keineswegs statisch. Ein sich bildender Wassertropfen ist wie eine kleine elastische Tasche aus Oberflächenspannung, die hierhin und dorthin oszilliert, an Masse zunimmt und ihre Wände dehnt, bis sie einen kritischen Punkt überschreitet und herunterfällt. Ein Physiker, der alle Bedingungen dieses Problems erfassen wollte und dafür Folgen nichtlinearer partieller Differentialgleichungen mit gekoppelten Variablen mit den entsprechenden Grenzbedingungen aufschriebe und sie dann zu lösen versuchte, würde sich in einem ausweglosen Dickicht verlieren.

Als alternative Methode bot sich an, die Physik zunächst einmal zu vergessen und sich auf die Daten zu konzentrieren, gleichsam als ob diese aus einer Black Box kämen. Konnte ein Experte der Chaosdynamik mit Hilfe einer Liste von Zahlen, die die Intervalle zwischen den Tropfen repräsentierten, sinnvolle Aussagen machen? Wie sich herausstellte, konnte man tatsächlich Methoden für die Organisation solcher Daten finden und sich dann in die Physik zurückarbeiten. Diese Methoden waren von entscheidender Bedeutung für die Anwendbarkeit der Chaosforschung auf die Probleme der Wirklichkeit.

Shaw selbst ging einen Mittelweg zwischen diesen Extremen. Er erstellte eine Art Karikatur eines vollständigen physikalischen Modells. Er ignorierte die Tropfenform, er ignorierte die komplexen Bewegungen in drei Dimensionen und faßte die Tropfenphysik grob so zusammen: Er dachte sich ein Gewicht, das an einer Feder hing. Dann stellte er sich vor, daß das Gewicht mit der Zeit immer schwerer wurde. Je schwerer das Gewicht wurde, desto mehr zog die Feder sich auseinander, und das Gewicht kam immer tiefer zu hängen. Erreichte es einen bestimmten Punkt, brach ein Teil des Gewichts ab. Der Umfang des Teils, der sich löste, so nahm Shaw willkürlich an, hing allein von der Geschwindigkeit ab, mit der das abwärtsfedernde Gewicht den kritischen Punkt erreichte.

Der Rest des Gewichts schnellte daraufhin natürlich wieder nach oben, wenn die Feder sich zusammenzog, und dabei traten Oszillationen auf, die fortgeschrittene Studenten mit Standardgleichungen lösen konnten. Das Interessante an diesem Modell – das *einzige Interessante*, die nichtlineare Eigenschaft, die zu chaotischem Verhalten führte – war der Umstand, daß der nächste Tropfen von der Interaktion zwischen der Elastizität der Feder und dem beständig zunehmenden Gewicht abhing. Federte das Gewicht nach unten, konnte es den kritischen Punkt weit früher erreichen, federte es nach oben, konnte das den Prozeß ein wenig verzögern. Die Tropfen eines wirklichen Wasserhahns haben nicht alle dieselbe Größe. Die Größe hängt von der Geschwindigkeit des Durchflusses ab und davon, ob die Feder gerade nach oben oder nach unten schwingt. Befindet sich ein Tropfen zum Zeitpunkt seiner Entstehung auf dem Weg nach unten, wird er sich früher lösen. Passiert dasselbe auf dem Weg nach oben, kann der Tropfen noch etwas dicker werden, bevor er sich löst. Shaws Modell war gerade so allgemein, daß es sich durch drei Differentialgleichungen zusammenfassen ließ, dem für Chaos notwendigen Minimum, wie Poincaré und Lorenz gezeigt hatten. Aber würde das Modell die Komplexität eines wirklichen Wasserhahns generieren können? Und würde es dieselbe Art von Komplexität sein?

Da saß Shaw also im Labor des Physikgebäudes, über seinem Kopf eine große Plastikwanne mit Wasser, von der ein Schlauch nach unten führte zu einem erstklassigen, in einem Haushaltswarengeschäft erstandenen Messinghahn. Jeder herunterfallende Tropfen unterbrach einen Lichtstrahl, und ein Computer im nächsten Zimmer hielt die genaue Zeit fest. Zugleich ließ Shaw seine drei willkürlich erstellten Gleichungen auf dem Analogrechner laufen, der einen Strom imaginärer Daten produzierte. Eines Tages gab er der Fakultät eine Demonstration seiner Versuche – ein »Pseudokolloquium«, wie Crutchfield meinte,[27] weil Doktoranden keine offiziellen Kolloquien abhalten durften. Shaw spielte ein Tonband ab, auf dem das Trommelfeuer eines Wasserhahns auf einem Blech zu hören war. Dazu schaltete er seinen Rechner ein, der in flotten Synkopen losratterte und dem Ohr erkennbare Muster produzierte. So hatte er das Problem zugleich von vorne und von hinten gelöst, und seine Zuhörer konnten die Tiefenstruktur eines scheinbar ungeordneten Systems hören. Um von hier aus weiterzukommen, mußte die Gruppe allerdings eine Methode finden, mit der man einem Experiment die rohen Daten entnehmen konnte, um sich anschließend zu den für Chaos charakteristischen Gleichungen und seltsamen Attraktoren zurückzuarbeiten.

Bei einem komplizierteren System konnte man sich vorstellen, die Werte einer Variablen gegen die Werte einer anderen aufzutragen und so Veränderungen der Temperatur oder Geschwindigkeit auf den zeitlichen Verlauf zu beziehen. Der tropfende Hahn ergab natürlich nur eine Serie von Zeitpunkten. Shaw verfiel also auf eine Technik, die vielleicht den genialsten und gültigsten praktischen Beitrag der Gruppe von Santa Cruz zur Entwicklung der Chaosphysik darstellt. Die Methode bestand darin, einen Phasenraum für einen unsichtbaren seltsamen Attraktor zu rekonstruieren, und sie konnte auf jede beliebige Datenfolge angewandt werden. Für die Daten des tropfenden Hahns entwarf Shaw ein zweidimensionales Diagramm, in dem die x-Achse das Zeitintervall zwischen zwei Tropfen repräsentierte und die y-Achse das *nächste* Intervall. Vergingen 150 Millisekunden zwischen Tropfen eins und Tropfen zwei und dann wieder 150 Millisekunden zwischen Tropfen drei und Tropfen vier, zeichnete Shaw einen Punkt in der Position 150-150 ein.

Das war bereits alles. Erfolgte das Tropfen regelmäßig, wie es meist der Fall war, wenn das Wasser langsam floß und das System so regelmäßig wie eine Wasseruhr funktionierte, war das Diagramm entsprechend uninteressant. Jeder Punkt landete an demselben Ort. Das Diagramm bestand dann aus einem einzigen Punkt. Oder fast. In Wirklichkeit war der wichtigste Unterschied zwischen dem tropfenden Hahn des Computers und dem realen tropfenden Hahn der, daß die reale Version höchst empfindlich auf Störungen reagierte. »Das Ding ist ein exzellentes Seismometer«, meint Shaw ironisch, »man kann damit kleinste Störungen in den wahrnehmbaren Bereich bringen.«[28] Shaw arbeitete zuletzt meist nachts, weil dann der Fußgängerverkehr auf den Gängen des Physikgebäudes am geringsten war. Störungen bedeuteten, daß er statt des einzigen, von der Theorie vorausgesagten Punktes einen etwas verschwommenen Fleck sah.

Wurde der Durchfluß erhöht, durchlief das System eine periodenverdoppelnde Bifurkation. Die Tropfen fielen in Paaren. Das erste Intervall konnte beispielsweise 150 Millisekunden betragen, das nächste dann 80. Das Diagramm zeigte also zwei verschwommene Flecken, der eine bei 150-80 und der andere bei 80-150. Die eigentliche Bewährungsprobe kam, wenn das Muster chaotisch wurde. War die Abfolge dann tatsächlich willkürlich, würden die Punkte auf dem ganzen Diagramm verstreut sein. Man würde zwischen dem einen Intervall und dem nächsten keine Beziehung feststellen können. War aber ein seltsamer Attraktor in den Daten verborgen, würde er sich vielleicht zeigen, wenn die verschwommenen Punkte zu erkennbaren Strukturen verschmolzen.

Oft waren drei Dimensionen notwendig, um die Struktur eines Attraktors zu erkennen, aber das war kein Problem. Shaws Technik konnte leicht für höherdimensionale Diagramme verallgemeinert werden. Statt ein Intervall n gegen ein Intervall n+1 aufzutragen, konnte man ein Intervall n gegen ein Intervall n+1 gegen ein Intervall n+2 auftragen. Es war ein einfacher Trick. Im allgemeinen mußte man für ein dreidimensionales Diagramm drei unabhängige Variablen eines Systems kennen. Der Trick verschaffte einem drei Variablen zum Preis einer einzigen. Darin zeigte sich der feste Glaube dieser Wissenschaftler an eine Ordnung, die so fest in der scheinbaren Unordnung verwurzelt war, daß sie sich auf irgendeine Art ausdrücken würde, selbst wenn die Wissenschaftler nicht wußten, welche physikalischen Variablen sie mit ihren Experimenten messen sollten, oder solche Variablen gar nicht direkt messen konnten. Farmer drückt das so aus: »Wenn man über eine Variable nachdenkt, kommt man zu dem Schluß, daß ihre Entwicklung durch alle die Variablen beeinflußt worden sein muß, mit denen sie zusammenhängt. Die Werte der anderen Variablen müssen auf irgendeine Art in der Geschichte dieser Variablen enthalten sein. Sie müssen dort ihre Spuren hinterlassen haben.«[29] Im Fall von Shaws tropfendem Wasserhahn veranschaulichten die Bilder diesen Sachverhalt. Insbesondere auf der dreidimensionalen Abbildung zeigten sich Muster, ähnlich den Schleifen aus Rauch, die ein außer Kontrolle geratenes Flugzeug für Himmelsschrift erzeugt. Es gelang Shaw, Graphen experimenteller Daten mit Graphen von Daten, die sein Modell auf dem Analogrechner produziert hatte, zur Deckung zu bringen. Der Hauptunterschied war nur der, daß die realen Daten aufgrund von Störungen immer verschwommener und unklarer waren. Aber auch so war die gemeinsame Struktur unverkennbar. Die Gruppe aus Santa Cruz begann, mit so erfahrenen Experimentatoren wie Harry Swinney zusammenzuarbeiten, der an die Universität von Texas in Austin umgezogen war, und lernte, wie man seltsame Attraktoren aus allen Arten von Systemen erhalten konnte. Entscheidend war, die Daten in einen Phasenraum mit ausreichend vielen Dimensionen einzubetten. Wenig später legte Floris Takens, der zusammen mit David Ruelle die seltsamen Attraktoren erfunden hatte, die mathematische Grundlegung dieser Methode vor, mit der man auf so effektive Weise für einen realen Datenstrom den Phasenraum eines Attraktors rekonstruieren konnte.[30] Wie zahlreiche Forscher bald entdeckten, unterschied Takens' Methode zwischen bloßen Störungen und Chaos im neuen Sinn: einer geordneten Unordnung, die durch einfache Prozesse erzeugt wurde. Tatsächlich willkürliche Daten bilden ein undefinierbares Durcheinander. Chaos dagegen – deterministisch und strukturiert – gibt den Daten eine sichtbare Form. Von den vielen möglichen Wegen der Unordnung begünstigt die Natur nur wenige.

Der Übergang vom Rebellen zum Physiker ging kontinuierlich vor sich. Immer wieder mußte der eine oder andere der Studenten im Café oder bei der Arbeit im Labor sein Erstaunen darüber unterdrücken, daß dieser wissenschaftliche Tagtraum noch nicht zu Ende war. *Mein Gott, wir sind immer noch dran und sehen immer noch einen Sinn darin,* pflegte Jim Crutchfield zu sagen. *Wir sind immer noch hier. Aber wie lang noch?*[31]

Ihre Hauptfürsprecher in der Fakultät waren der Smale-Schüler Ralph Abraham vom Fachbereich Mathematik und Bill Burke vom Fachbereich Physik, der sich selbst zum »Zaren des Analogrechners« ernannt hatte, um dadurch den Anspruch der Gruppe auf dieses Gerät zu schützen. Der Rest des physikalischen Fachbereichs sah sich in einer schwierigeren Position. Ein paar Jahre später stritten einige Professoren erbittert ab, daß die Arbeitsgemeinschaft gegen Gleichgültigkeit oder Widerstand seitens des Fachbereichs habe kämpfen müssen.[32] Die Studenten ihrerseits reagierten nicht weniger erbittert auf diese aus ihrer Sicht revisionistische Geschichtsschreibung verspäteter Chaoskonvertiten. »Wir hatten keinen Berater, niemanden, der uns gesagt hätte, was wir tun sollten«, meint Shaw. »Wir waren jahrelang die bösen Buben, und das gilt auch heute noch. Finanziell sind wir von Santa Cruz nie unterstützt worden. Wir alle haben beträchtliche Zeit ohne Bezahlung gearbeitet, das Unternehmen stand von vorn bis hinten auf wackligen Füßen, eine intellektuelle oder sonstige Anleitung gab es nicht.«[33]

Die Fakultät freilich tolerierte, ja unterstützte nach ihrem

Verständnis über eine lange Zeit ein Forschungsprojekt, das zu keinerlei greifbaren wissenschaftlichen Ergebnissen zu führen schien. Shaws Doktorvater für die Arbeit zur Supraleitung bezahlte Shaw sogar noch etwa ein Jahr lang, nachdem dieser sich von der Tieftemperaturphysik getrennt hatte. Niemand ordnete je an, daß die Chaosforschung aufzuhören hatte. Schlimmstenfalls zeigte die Fakultät eine Haltung wohlwollender Entmutigung. Von Zeit zu Zeit wurden die Mitglieder der Gruppe einzeln zu persönlichen Gesprächen beiseite genommen. Man warnte die Studenten, daß, selbst wenn man Promotionen irgendwie rechtfertigen könnte, ihnen niemand würde helfen können, auf einem Gebiet, das gar nicht existierte, eine Stelle zu finden. Chaos sei vielleicht nur eine vorübergehende Mode, war von der Fakultät immer wieder zu hören, und was dann? Aber außerhalb des von Redwoods behüteten Refugiums von Santa Cruz entstand ein eigener Wissenschaftsbetrieb um Chaos, und die »Arbeitsgemeinschaft Dynamische Systeme« mußte sich ihm anschließen.

Eines Tages kam Mitchell Feigenbaum nach Santa Cruz. Feigenbaum machte eine Vortragsreise, um seine bahnbrechende Erkenntnis der Universalität bekanntzumachen. Wie immer waren seine Vorträge voll der abstrusesten Mathematik; die Theorie der Renormierungsgruppen war ein esoterischer Zweig der Physik der kondensierten Materie, mit der die Studenten der Arbeitsgemeinschaft sich nicht befaßt hatten. Außerdem waren sie mehr an Systemen der Wirklichkeit interessiert als an komplizierten eindimensionalen Abbildungen.[34] Doyne Farmer hatte mittlerweile von einem Mathematiker in Berkeley gehört, Oscar Lanford, der zum Thema Chaos forschte, und fuhr dorthin, um mit Lanford zu sprechen. Lanford hörte ihm höflich zu, sah Farmer dann an und sagte, leider hätten sie nichts gemeinsam. Ihm selbst gehe es darum, Feigenbaum zu verstehen.[35] *So ein Quatsch! Was für einen Horizont hatte dieser Bursche denn?* dachte Farmer. »Der sah sich seine kleinen Orbits an, und wir waren inzwischen dabei, die Informationstheorie in ihrer ganzen Tiefe auszuloten und Chaos auseinanderzunehmen, um zu verstehen, was dahintersteckte; wir versuchten, metrische Entropie und Ljapunow-Exponenten auf mehr statistische Meßeinheiten zu beziehen.«

Lanford hatte in seinem Gespräch mit Farmer keine besondere Betonung auf Universalität gelegt, und Farmer erkannte erst später, daß ihm der wichtigste Gedanke entgangen war. »Es war meine eigene Naivität. Die Idee der Universalität war nicht nur ein bedeutendes Rechenergebnis. Mitchells Gedanke war zugleich eine Technik, mit der man die ganze Armee arbeitsloser Physiker in Brot setzen konnte, die sich gern mit kniffligen Fragen beschäftigten.

Bis dahin hatte es so ausgesehen, als müsse man nichtlineare Systeme fallweise gesondert behandeln. Wir versuchten zwar, eine Sprache zu finden, mit der man sie quantifizieren und beschreiben konnte, glaubten aber trotzdem, daß man jedes System für sich angehen müsse. Wir sahen keine Möglichkeit, Systeme zu klassifizieren und Lösungen zu finden, die, wie bei linearen Systemen, für eine ganze Klasse gültig waren. Universalität hieß, Eigenschaften zu finden, die auf quantifizierbare Weise für jedes Mitglied einer Klasse gleich waren. *Vorhersagbare Eigenschaften.* Das machte die Universalität so wichtig.

Zusätzliche Aktualität erhielt die Idee aus einem soziologischen Grund. Mitchell hat seine Ergebnisse in der Sprache der Renormierung formuliert. Er machte von allen Tricks Gebrauch, die Physiker entwickelt hatten, die sich mit kniffligen Fragen beschäftigten. Diese Burschen durchlebten eine harte Zeit, weil es so aussah, als sei für sie überhaupt kein interessantes Problem mehr übrig. Sie waren dabei, sich nach etwas anderem umzusehen, damit sie ihre Trickkiste auspacken konnten. Und plötzlich tauchte Feigenbaum auf, der die ganzen Tricks für eine höchst bedeutende Entdeckung gebrauchen konnte. Dadurch wurde eine ganz neue Teildisziplin ins Leben gerufen.«[36]

Unabhängig davon begannen die Studenten von Santa Cruz jetzt freilich, selbst Aufmerksamkeit zu erregen. Im Fachbereich für Physik begann ihr Stern nach dem überraschenden Auftritt Shaws auf einer Konferenz zur Physik der kondensierten Materie in Laguna Beach im Winter 1978 aufzugehen. Organisiert hatte die Konferenz Bernardo Huberman vom Xerox-Forschungszentrum Palo Alto und der Universität Stanford. Die Gruppe war nicht eingeladen worden, machte sich aber trotzdem mit Shaws Wagen, einem »Cream Dream« genannten Ford Kombi Baujahr 1959, auf den Weg. Nur für alle Fälle brachten die Studenten auch einiges Gerät mit, darunter einen riesigen Fernsehbildschirm und ein Videoband. Als einer der geladenen Redner in letzter Minute absagte, lud Huberman Shaw ein, an dessen Stelle zu sprechen. Es war genau der richtige Zeitpunkt. Chaos war bereits zum Schlagwort geworden, aber wenige der Physiker, die an der Konferenz teilnahmen, wußten, was darunter zu verstehen war. Shaw fing also an, Attraktoren im Phasenraum zu erläutern: zuerst die Fixpunkte (das System kommt zum Stillstand), dann Grenzzyklen (das System führt periodische Oszillationen aus) und schließlich seltsame Attraktoren (alle übrigen Systeme). Dann veranschaulichte er das Gesagte mit seinen Computergraphiken auf Videoband. (»Audiovisuelle Hilfen hatten für uns einen Vorteil«, sagte er. »Wir konnten die Attraktoren mit Blitzlichtern [im Original flashing lights] hypnotisieren.«)[37] Er zeigte Beispiele für den Lorenz-Attraktor und den tropfenden Wasserhahn. Er erklärte die dazugehörige Geometrie – wie Formen gestreckt und gefaltet wurden und was das nach den allgemeinen Aussagen der Informationstheorie bedeutete. Und zuletzt sagte er noch einiges zum Thema Paradigmenwechsel. Der Vortrag war ein Riesenerfolg. Unter den Zuhörern befanden sich einige Mitglieder der Fakultät von Santa Cruz, die Chaos jetzt zum erstenmal mit den Augen ihrer Kollegen sahen.

1979 besuchte die Gruppe die zweite Konferenz der New

Yorker Akademie der Wissenschaften zur Chaosforschung, diesmal jedoch als Teilnehmer. Das Gebiet weitete sich mittlerweile explosionsartig aus. Die Konferenz von 1977, in deren Mittelpunkt Lorenz gestanden hatte, war von einigen Dutzenden Spezialisten besucht worden. Diesmal dominierte die Konferenz Feigenbaum, und die Wissenschaftler kamen zu Hunderten. Während vor zwei Jahren Robert Shaw schüchtern versucht hatte, eine Schreibmaschine zu organisieren, um einen Aufsatz zu tippen, den er anderen Leuten vor die Tür legen wollte, war mittlerweile aus der »Arbeitsgemeinschaft Dynamische Systeme« geradezu eine Druckerpresse geworden, die als Autorenkollektiv einen Aufsatz nach dem anderen produzierte.

Die Gruppe konnte allerdings nicht ewig fortbestehen. Je mehr sie sich der wirklichen Welt der Wissenschaft näherte, desto näher kam sie ihrer Auflösung. Eines Tages rief Bernardo Huberman an.[38] Er wollte eigentlich Robert Shaw sprechen, bekam aber durch Zufall Crutchfield ans Telefon. Crutchfield, das jüngste Mitglied des Kollektivs, befürchtete, nur für den »Hacker« der Gruppe gehalten zu werden; er sah immer deutlicher, daß die Fakultät von Santa Cruz in einer Sache immer recht gehabt hatte: Jeder der Studenten würde sich eines Tages nach seiner individuellen Leistung beurteilen lassen müssen. Im Unterschied zu den Studenten wußte Huberman außerdem, wie man sich in den Kreisen der professionellen Physiker zu bewegen hatte, und insbesondere wußte er, wie man die geleistete Arbeit am besten ausschlachten konnte. Huberman hatte das Labor der Studenten gesehen und war skeptisch gewesen: »Es war alles sehr vage, wissen Sie, Sofas und Sitzsäcke, als ob man durch eine Zeitmaschine zurückversetzt worden wäre, zu den Blumenkindern der sechziger Jahre«.[39] Aber Huberman brauchte einen Analogrechner, und tatsächlich gelang es Crutchfield, Hubermans Forschungsprogramm stundenlang auf dem Rechner in Santa Cruz laufenzulassen. Die Gruppe war allerdings ein Problem. »Die anderen wollen auch beteiligt werden«, sagte Crutchfield einmal, aber Huberman lehnte entschieden ab. »Es geht nicht nur um den Ruhm, es geht um die Verantwortung für Fehler. Angenommen, die Schlußfolgerungen in dem Aufsatz sind falsch – dann wird ein Kollektiv zur Verantwortung gezogen. Ich bin nicht Teil eines *Kollektivs*.« Huberman wollte einen Partner für eine Arbeit mit eindeutig identifizierbaren Verfassern.

Das Ergebnis entsprach den Hoffnungen, die Huberman sich gemacht hatte: Der erste Aufsatz über Chaos entstand, der in den *Physical Review Letters* veröffentlicht wurde, der wichtigsten amerikanischen Zeitschrift für bahnbrechende Erkenntnisse in der Physik.[40] Das war in Sachen Wissenschaftspolitik keine kleine Leistung. »Für uns war es eigentlich nichts Neues«, meinte Crutchfield, »aber Bernardo wußte, daß man damit eine ungeheure Wirkung erzielen konnte.« Es war zugleich der Anfang der Eingliederung der Gruppe in die wirkliche Welt. Farmer war verärgert. Für ihn untergrub Crutchfield durch seinen Abfall den Gemeinschaftsgeist der Gruppe.[41]

Crutchfield war allerdings nicht der einzige, der außerhalb der Gruppe aktiv wurde. Bald arbeiteten auch Farmer selbst und Packard mit etablierten Physikern und Mathematikern zusammen, mit Huberman, Swinney und Yorke. Die Ideen, die in der intensiven Zusammenarbeit in Santa Cruz geformt worden waren, wurden zum festen Bestandteil der modernen Untersuchung dynamischer Systeme. Wollte ein Physiker eine Datenmenge auf ihre Dimension oder ihre Entropie hin untersuchen, war es gut möglich, daß er dafür die Definitionen und Arbeitstechniken brauchte, die in der jahrelangen Arbeit mit den Steckern und dem Oszilloskop des Systron-Donner-Analogrechners entwickelt worden waren. Klimaspezialisten führten heftige Debatten darüber, ob das Chaos der Erdatmosphäre und der Weltmeere unendlich viele Dimensionen hatte, wie in der traditionellen Dynamik angenommen wurde, oder einem niedrigdimensionierten seltsamen Attraktor entsprach.[42] Volkswirtschaftler, die die

Daten der Börse analysierten, versuchten, Attraktoren der Dimension 3,7 oder 5,3 zu finden.[43] Je niedriger die Dimension, desto einfacher das System. Viele mathematische Besonderheiten mußten geordnet und verstanden werden. Die fraktale Dimension, die Hausdorff-Dimension, die Ljapunow-Dimension, die Dimension der Information – die Feinheiten solcher Meßeinheiten chaotischer Systeme konnten am besten von Farmer und Yorke erklärt werden.[44] Die Dimension eines Attraktors enthielt »die elementaren Informationen, die notwendig waren, um seine Eigenschaften zu charakterisieren«. Durch diese wurden »die Informationen angegeben, die man brauchte, um die Lage eines Punktes auf dem Attraktor innerhalb einer vorgegebenen Genauigkeit zu bestimmen«.[45] Die Studenten von Santa Cruz und ihre älteren Mitarbeiter entwickelten Methoden, die solche Ideen mit anderen wichtigen Verfahren verbanden, mit denen Systeme gemessen werden konnten: der Verfallsrate der Vorhersagbarkeit, der Geschwindigkeit des Informationsflusses, der Tendenz zur Mischung. Wissenschaftler, die mit diesen Methoden arbeiteten, mußten Daten in Diagramme eintragen, kleine Kästchen zeichnen und die Zahl der Datenpunkte in jedem Kästchen zählen. Gerade durch solche scheinbar primitiven Techniken rückten chaotische Systeme zum erstenmal in die Reichweite wissenschaftlichen Verstehens.

Inzwischen durchsuchten Wissenschaftler, die gelernt hatten, in knatternden Fahnen und ratternden Tachometern nach seltsamen Attraktoren Ausschau zu halten, die ganze aktuelle physikalische Literatur nach den Spuren des deterministischen Chaos. Rätselhaftes Rauschen, überraschende Fluktuationen, Regelmäßigkeit, die sich mit Unregelmäßigkeit mischte – solche Phänomene tauchten in experimentellen Arbeiten zu den verschiedensten Themen auf, vom Teilchenbeschleuniger über Laser bis zu Josephson-Kontakten. Die Chaosspezialisten nahmen diese Symptome für sich in Anspruch; sie sagten denen, die noch nicht bekehrt waren, damit mehr oder weniger: Eure Probleme sind in Wirklichkeit unsere. Ein Artikel fing oft so an: »Experimente zu Josephson-Kontaktoszillatoren haben einen auffälligen Anstieg des Rauschens ergeben, der nicht mit Wärmefluktuationen begründet werden kann.«

Als die Arbeitsgruppe auseinanderging, hatten sich zwar auch einige Mitglieder der Fakultät von Santa Cruz der Chaosforschung zugewandt. Dennoch hatten einige Physiker im Rückblick das Gefühl, daß man in Santa Cruz versäumt hatte, eines jener nationalen Zentren für die Erforschung nichtlinearer dynamischer Systeme einzurichten, die bald an anderen Universitäten entstanden. Zu Beginn der 80er Jahre promovierten die Mitglieder der Arbeitsgruppe und gingen auseinander. Shaw stellte seine Dissertation 1980 fertig, Farmer 1981 und Packard 1982. Crutchfields Promotion erschien 1983. Typographisch handelte es sich um eine bunte Mischung, denn er hatte selbstgetippte Seiten mit weiteren Seiten aus nicht weniger als elf Aufsätzen gemischt, die er bereits in physikalischen und mathematischen Zeitschriften veröffentlicht hatte. Crutchfield ging an die University of California in Berkeley. Farmer trat in die theoretische Abteilung in Los Alamos ein. Packard und Shaw schlossen sich dem Institute for Advanced Studies in Princeton an. Crutchfield beschäftigte sich mit Rückkopplungsschleifen im Videobereich. Farmer arbeitete mit »dikken Fraktalen« und entwarf ein Modell der komplexen Dynamik des menschlichen Immunsystems. Packard erforschte Chaos im Raum und die Bildung von Schneeflocken. Nur Shaw schien nicht in der Lage, sich der allgemeinen Strömung anzuschließen. Seine eigene einflußreiche Hinterlassenschaft umfaßt nur zwei Aufsätze, den Aufsatz, der ihm die Reise nach Paris eingebracht hatte, und den Aufsatz über den tropfenden Wasserhahn, der die Summe seiner Forschung in Santa Cruz zog. Einige Male war er nahe daran, die Wissenschaft überhaupt aufzugeben. Wie einer seiner Freunde sagte: Shaw oszillierte.

1. Farmer, Shaw, Crutchfield, Packard, Burke, Nauenberg, Abrahams, Guckenheimer. Eine Darstellung der Roulette-Abenteuer der Studenten von Santa Cruz und zugleich ein farbiges Bild dieser Jahre gibt Thomas Bass, *The Eudemonic Pie* (Boston: Houghton Mifflin, 1985). Robert Shaw hat seine wichtigsten Ergebnisse aus der Anwendung der Informationstheorie auf Chaos in *The Dripping Faucet as a Model Chaotic System* niedergelegt (Santa Cruz: Aerial, 1984), daneben in »Strange Attractors, Chaotic Behavior, and Information Theory«, *Zeitschrift für Naturforschung* 36a (1981), S. 80.

2. Shaw.

3. Burke, Spiegel.

4. Edward A. Spiegel, »Cosmic Arrhythmias«, in *Chaos in Astrophysics*, J. R. Buchler et al., eds. (New York: D. Reichel, 1985), S. 91 bis 135.

5. Farmer, Crutchfield.

6. Shaw, Crutchfield, Burke.

7. Shaw.

8. Abraham.

9. Farmer ist in *The Eudemonic Pie*, der Geschichte des Roulette-Projekts, die von einem ehemaligen Mitarbeiter der Gruppe verfaßt wurde, die Hauptfigur, Packard eine Nebenfigur.

10. Burke, Farmer, Crutchfield.

11. Burke.

12. Shaw.

13. Ford.

14. Shaw, Farmer.

15. Der klassische und immer noch lesenswerte Text ist Claude E. Shannon und Warren Weaver, *The Mathematical Theory of Communication* (Urbana: University of Illinois, 1963), mit einer hilfreichen Einleitung Weavers.

16. Ibid., S. 13.

17. Packard.

18. Shaw.

19. Shaw, Farmer.

20. »Strange Attractors, Chaotic Behavior, and Information Flow.«

21. Sinai, persönliche Mitteilung.

22. Packard.

23. Shaw.

24. Shaw.

25. Farmer; J. Doyne Farmer, Norman H. Packard und Alan S. Perelson haben versucht, das Immunsystem als dynamisches System zu verstehen und ein Modell der kreativen Fähigkeit des menschlichen Körpers, sich an Muster zu »erinnern« und sie zu erkennen, zu entwerfen in »The Immune System, Adaptation, and Machine Learning«, Vorabdruck, Los Alamos National Laboratory, 1986.

26. *The Dripping Faucet,* S. 4.

27. Ibid.

28. Crutchfield.

29. Shaw.

30. Farmer.

31. Dieses Verfahren, das auf vielen verschiedenen Gebieten zum zentralen Bestandteil experimenteller Techniken wurde, ist von den Forschern in Santa Cruz und anderen Experimentatoren und Theoretikern noch wesentlich ausgebaut und verfeinert worden. Ein wichtiger Beitrag von Santa Cruz war Norman H. Packard, James P. Crutchfield, J. Doyne Farmer und Robert S. Shaw [die kanonische Verfasserzeile], »Geometry from a Time Series«, *Physical Review Letters* 47 (1980), S. 712. Der einflußreichste Aufsatz zum Thema von Floris Takens war »Detecting Strange Attractors in Turbulence«, in *Lecture Notes in Mathematics* 898, D. A. Rand und L. S. Young, eds. (Berlin: Springer-Verlag, 1981), S. 336. Einen frühen, aber recht umfassenden Überblick über die Techniken der Rekonstruktion von Diagrammen im Phasenraum ist Harold Froehling, James P. Crutchfield, J. Doyne Farmer, Norman H. Packard und Robert S. Shaw, »On Determining the Dimension of Chaotic Flows«, *Physica* 3D (1981), S. 605 – 617.

32. Crutchfield.

33. So Nauenberg.

34. Shaw.

35. Das heißt nicht, daß die Studenten Abbildungen nicht beachtet hätten. Crutchfield beschäftigte sich, angeregt von der Arbeit Mays, 1978 so intensiv mit der Erstellung von Bifurkationsdiagrammen, daß ihm der Zutritt zum Plotter des Rechenzentrums verboten wurde. Zu viele der Druckernadeln waren beim Einzeichnen der Tausende von Punkten kaputtgegangen.

36. Farmer.

37. Farmer.

38. Shaw.

39. Crutchfield, Huberman.

40. Huberman.

41. Bernardo A. Huberman und James P. Crutchfield, »Chaotic States of Inharmonic Systems in Periodic Fields«, *Physical Review Letters* 43 (1979), S. 1743.

42. Crutchfield.

43. Die Debatte dauert an, so in der Zeitschrift *Nature.*

44. Ramsey.

45. J. Doyne Farmer, Edward Ott und James A. Yorke, »The Dimension of Chaotic Attractors«, *Physica* 7D (1983), S. 153 – 180.

46. Ibid., S. 154.

Innere Rhythmen

Die Naturwissenschaften wollen nicht erklären, und sie wollen selten etwas interpretieren, sie schaffen in der Hauptsache Modelle. Mit einem Modell ist ein mathematisches Konstrukt gemeint, das unter Zusatz bestimmter sprachlicher Interpretationen Phänomene der Beobachtungswelt beschreibt. Die Berechtigung eines solchen mathematischen Konstrukts beruht einzig und allein auf der Hoffnung, daß es funktioniert.

John von Neumann

Bernardo Huberman[1] musterte sein Publikum, das sich aus Wissenschaftlern der theoretischen und experimentellen Biologie, der reinen Mathematik, der Physik und der Psychiatrie zusammensetzte. Er war sich bewußt, daß er vor einem Kommunikationsproblem stand. Man schrieb das Jahr 1986, und Huberman hatte soeben einen ungewöhnlichen Vortrag auf einem ungewöhnlichen Kongreß gehalten, auf der ersten großen Tagung zum Thema Chaos in Biologie und Medizin unter der gemeinsamen Schirmherrschaft der New Yorker Akademie der Wissenschaften, dem National Institute of Mental Health und dem Office of Naval Research. Huberman sah vor sich im höhlenartig gewölbten Masur-Auditorium der National Institutes of Health außerhalb Washingtons eine Menge vertrauter Gesichter, erfahrene Chaosspezialisten, daneben aber auch viele Unbekannte. Ein erfahrener Vortragsredner mußte damit rechnen, daß das Publikum ungeduldig war – es war der letzte Tag der Konferenz, und die Mittagspause war bereits gefährlich nahegerückt.

Huberman war ein lebhafter, schwarzhaariger Kalifornier, den es aus Argentinien in die Staaten verschlagen hatte. Sein Interesse an Chaos hatte seit der Zusammenarbeit mit

381

den Studenten von Santa Cruz nicht nachgelassen. Er gehörte dem Forschungszentrum der Xerox Corporation in Palo Alto an. Manchmal widmete er sich freilich nebenbei Projekten, die nicht in den Aufgabenbereich der Gesellschaft fielen, und eines dieser Projekte hatte er hier auf dem Biologenkongreß gerade vorgestellt: ein Modell der ziellos wandernden Augenbewegung der Schizophrenen.

Seit Generationen bemühen Psychiater sich um eine Definition der Schizophrenie und eine Klassifikation der Schizophrenen. Die Beschreibung der Krankheit ist um nichts leichter als ihre Heilung. Die meisten Symptome betreffen den Geisteszustand und das Verhalten der Schizophrenen. Seit 1908 allerdings kennt die Wissenschaft auch eine physische Manifestation der Krankheit, die nicht nur bei den Schizophrenen selbst aufzutreten scheint, sondern auch bei deren Verwandten. Patienten, die auf ein langsam schwingendes Pendel sehen, sind nicht in der Lage, der Bewegung des Pendels mit ihren Augen kontinuierlich zu folgen. Im Normalfall ist das Auge ein bemerkenswert an seine Aufgabe angepaßtes Instrument. Die Augen eines Gesunden können ein sich bewegendes Objekt ohne die geringste bewußte Anstrengung verfolgen; sich bewegende Bilder bleiben auf der Netzhaut auf demselben Platz fixiert. Aber die Augen eines Schizophrenen springen in kleinen, unregelmäßigen Bewegungen hin und her, schießen über ihr Ziel hinaus oder bleiben davor zurück und schaffen so einen ständigen Nebel störender Bewegungen. Und niemand weiß warum.

Physiologen haben im Verlauf vieler Jahre Daten gesammelt und Tabellen und Diagramme angelegt, die die Muster dieser ziellosen Augenbewegung zeigen. Man nahm allgemein an, daß die unregelmäßigen Schwankungen von Schwankungen des Signals herrührten, mit dem das zentrale Nervensystem die Augenmuskeln steuert. Störungen im Output setzten Störungen im Input voraus, dachte man, vielleicht war die Augenbewegung also Ausdruck einiger zufälliger Störungen im Gehirn von Schizophrenen. Huberman, ein Physiker, ging von einer anderen Überlegung aus und hatte zu diesem Zweck ein einfaches Modell entworfen. Er legte sich die Mechanik des Auges so einfach wie möglich zurecht und schrieb dazu eine Gleichung. Die Gleichung enthielt einen Term für die Amplitude des schwingenden Pendels und einen für dessen Frequenz, einen Term für die Trägheit des Auges, die die Augenmuskeln überwinden müssen, wenn sie das Auge bewegen oder anhalten wollen, und einen für die Dämpfung oder Reibung. Sie enthielt weitere Terme für die Fehlerkorrektur, die dem Auge die Erfassung und Verfolgung des Ziels ermöglichen sollten.

Wie Huberman seinem Publikum erklärte, beschreibt die Gleichung, die man dabei erhält, ein dem Auge analoges mechanisches System: einen hin und her rollenden Ball in einer Wanne mit gekrümmten Wänden, die hin und her schwingt. Die Bewegung von einer Seite zur anderen entspricht der Bewegung des Pendels, und die Wände der Wanne entsprechen der Einrichtung der Fehlerkorrektur, die den Ball immer wieder in die Mitte rollen läßt. Huberman hatte, wie bei der Untersuchung solcher Gleichungen inzwischen üblich, das Modell stundenlang auf einem Computer laufen lassen und dabei die verschiedenen Parameter verändert und daraus resultierende Verhaltensweisen in Diagrammen aufgezeichnet. Er hatte sowohl Ordnung als auch Chaos gefunden. Bei bestimmten Parametern verfolgte das Auge sein Objekt kontinuierlich; sobald aber der Grad an Nichtlinearität erhöht wurde, durchlief das System eine schnelle Folge der Periodenverdopplung und produzierte eine Unordnung, die nicht von der in der medizinischen Literatur beschriebenen Unordnung unterscheidbar war.

Zielloses Verhalten war im Modell nicht von äußerlichen Signalen abhängig. Es war vielmehr unweigerlich die Folge einer zu großen Nichtlinearität im System. Einer Reihe von Ärzten im Publikum erschien Hubermans Modell durchaus als plausible Entsprechung zu einem genetischen Modell der Schizophrenie. Eine Nichtlinearität, die das System entweder stabilisierte oder durcheinanderbrachte, je nachdem, ob sie schwach oder stark ausgeprägt war, konnte sie ihrer Meinung nach durchaus einem genetischen Merkmal entsprechen. Ein Psychiater verglich das Konzept mit der Genetik der Gicht, bei der ein zu hoher Harnsäurespiegel zu pathologischen Symptomen führt. Andere, die sich in der klinischen Literatur besser auskannten als Huberman, deuteten an, daß es entsprechende Probleme auch außerhalb der Schizophrenie gebe; so könnten auch bei Patienten aus der Neurologie verschiedene Störungen der Augenbewegung beobachtet werden. Jeder, der bereit war, vorhandene Daten aufzuarbeiten und die Instrumente der Chaosforschung darauf anzuwenden, würde in Hülle und Fülle auf periodische Oszillationen, aperiodische Oszillationen und alle möglichen dynamischen Verhaltensweisen stoßen.

Aber im Publikum kam auf jeden Wissenschaftler, für den sich hier neue Forschungsmöglichkeiten eröffneten, ein anderer, der den Verdacht hatte, Huberman habe sein Modell in unzulässiger Weise vereinfacht. Als Fragen an den Referenten gestellt werden durften, machten die Kritiker ihrem angestauten Ärger Luft. »Was ich nicht verstehen kann: Wie gehen Sie vor, wenn sie ein Modell schaffen?« fragte einer dieser Wissenschaftler. »Warum bemühen Sie ausgerechnet die spezifischen Elemente einer nichtlinearen Dynamik, warum Bifurkationen und chaotische Lösungen?«

Huberman überlegte. »Also gut. Es ist mir anscheinend nicht gelungen, klarzumachen, was das alles soll. Das Modell ist einfach. Jemand kommt zu mir und sagt: Wir haben die und die Beobachtung gemacht, was steckt Ihrer Meinung nach dahinter? Ich frage zunächst: Was halten Sie für eine mögliche Erklärung? Und ich höre, das einzige, was man anzubieten hätte, sei, daß es sich um Fluktuationen irgendeiner Art im *Kopf* innerhalb eines kurzen Zeitraums handeln muß. Ich sage also: Sehen Sie, ich bin eine Art

Chaotiker, und ich weiß, daß das einfachste nichtlineare Modell für Ihr Problem, also wirklich das *einfachste,* die und die allgemeinen Eigenschaften hat, unbesehen der spezifischen Eigenschaften der jeweiligen Fälle. Ich führe das also vor, und die Leute sagen dann, ach so, das ist ja interessant, wir hätten nie gedacht, daß es sich um systemimmanentes Chaos handeln könnte.

Das Modell enthält keinerlei neurophysiologische Daten, die ich verteidigen wollte. Ich sage nur, daß das *einfachste* Modell einer solchen Bewegung so funktioniert, daß zunächst Fehler gemacht und diese dann verbessert werden. So bewegen wir unsere Augen, und so folgt eine Radarantenne einem Flugzeug. Man kann dieses Modell auf die verschiedensten Gegenstände anwenden.«

Im Publikum griff ein weiterer Biologe, der nicht verwinden konnte, wie einfach Hubermans Modell war, nach dem Mikrofon. Die Muskeln wirklicher Augen würden von vier Systemen gleichzeitig gesteuert, begann er. Er ließ eine höchst technische Beschreibung eines seiner Meinung nach realistischen Modells folgen und erklärte, wie beispielsweise der Term für Masse vollkommen falsch bestimmt worden sei, weil das Auge stark überdämpft sei. »Und eine zusätzliche Komplikation besteht darin, daß die jeweilige Masse von der Drehgeschwindigkeit abhängt, weil ein Teil der Masse zurückbleibt, wenn das Auge eine schnelle Bewegung ausführt. Die Gallerte im Auge bleibt zurück, wenn sich die äußere Umhüllung sehr schnell dreht.«

Stille. Huberman war matt gesetzt. Schließlich übernahm Arnold Mandell das Mikrofon, einer der Organisatoren der Konferenz und ein Psychiater, der sich bereits seit langem für Chaos interessierte.

»Lassen Sie mich als Psychiater dazu etwas sagen. Was Sie eben erlebt haben, passiert dann, wenn ein Experte der nichtlinearen Dynamik, der mit niedrigdimensionalen globalen Systemen arbeitet, mit einem Biologen redet, der mit mathematischen Instrumenten arbeitet. Der Gedanke, daß manche Systeme tatsächlich universale Eigenschaften haben, die sehr einfach dargestellt werden können, befremdet uns alle. Von daher unsere Einwände: ›Um welchen Typ von Schizophrenie handelt es sich denn?‹, ›Das Auge hat aber doch vier Steuersysteme‹, oder ›Wie muß ein Modell aussehen, das vom wirklichen physischen Aufbau des Auges ausgeht?‹ Und schon beginnt das Modell sich aufzulösen. In Wirklichkeit spielt sich folgendes ab: Ärzte und Wissenschaftler lernen sämtliche fünfzigtausend Teile aller möglichen Muskeln und Zellen und wollen deshalb nichts davon wissen, daß es vielleicht tatsächlich universale Elemente der Bewegung gibt. Sie sehen ja selbst, was passiert, wenn Bernardo hier mit so etwas anfängt.«

Huberman sagte: »Dieselbe Skepsis gab es vor fünf Jahren in der Physik, aber jetzt glaubt man dort daran.«

Man steht immer vor derselben Wahl. Man kann ein Modell komplexer und wirklichkeitsgetreuer machen oder einfacher und dafür leichter zu handhaben. Nur der einfältigste Wissenschaftler wird glauben, daß das perfekte Modell jenes ist, das die Realität vollkommen abbildet. Ein solches Modell hätte dieselben Nachteile wie ein Stadtplan, der so groß und detailliert ist wie die Stadt, die er abbildet, ein Plan also, der jeden Park, jede Straße, jedes Gebäude, jeden Baum, jedes Schlagloch und jeden Einwohner in dieser Stadt abbildet. Selbst wenn ein solcher Plan möglich wäre, seine Ausführlichkeit würde seinem Zweck widersprechen: zu verallgemeinern und zu abstrahieren. Kartographen heben je nach Wunsch des Kunden bestimmte Merkmale hervor. Was immer der Zweck einer Karte sein sollte, Karten und Modelle dürfen die Welt nicht nur abbilden, sie müssen sie zugleich vereinfachen.

Ein gutes Modell ist für Ralph Abraham, den Mathematiker aus Santa Cruz, die »Gänseblümchenwelt« James E. Lovelocks und Lynn Margulis', Vertretern der sogenannten

Gaiahypothese, derzufolge die für das Leben notwendigen Bedingungen durch das Leben selbst in einem selbsterhaltenden Prozeß der dynamischen Rückkopplung erzeugt und erhalten werden. Die Gänseblümchenwelt ist vielleicht die einfachste denkbare Version der Gaiahypothese, so einfach, daß sie fast schon wieder schwachsinnig erscheint. »Es gibt dreierlei«, meint Abraham, »weiße Gänseblümchen, schwarze Gänseblümchen und pflanzenlose Wüste. Drei Farben: Weiß, Schwarz und Rot. Was sagt uns das über unseren Planeten? Es erklärt uns, wie sich eine Regulation der Temperatur herausbildet. Es erklärt, warum unser Planet eine für das Leben günstige Temperatur hat. Die Gänseblümchenwelt ist ein einfaches Modell, aber sie lehrt uns, wie die biologische Homöostase der Erde entstand.«

Weiße Gänseblümchen reflektieren das Licht und kühlen den Planeten ab. Schwarze Gänseblümchen absorbieren Licht und erwärmen ihn. Aber weiße Gänseblümchen brauchen warmes Wetter, das heißt, sie gedeihen am besten, wenn die Temperatur steigt. Schwarze Gänseblümchen brauchen kühles Wetter. Man kann diese Eigenschaften durch eine Reihe von Differentialgleichungen ausdrücken und die Gänseblümchenwelt dann auf dem Computer in Bewegung setzen. Eine Vielzahl von Anfangszuständen wird in einen Gleichgewichtszustand einmünden, einen Attraktor, wobei das Gleichgewicht nicht notwendigerweise statisch sein muß.

»Es handelt sich nur um das mathematische Modell einer vorgestellten Welt, aber genau das brauchen wir – wir brauchen keine naturgetreuen Modelle biologischer oder sozialer Systeme«, meint Abraham. »Man gibt die Albedos ein und einige Pflanzen und beobachtet dann, wie Milliarden von Jahren der Evolution vorübergehen. Und wir erziehen unsere Kinder, damit sie unseren Planeten einmal besser verwalten als wir.«[2]

Das Paradebeispiel eines komplexen Systems und für viele Wissenschaftler deshalb der Prüfstein, an dem sich Untersuchungsmethoden komplexer Systeme zu bewähren haben, ist der menschliche Körper. Der Physiker hat kein Studienobjekt, das aus einer solchen Kakophonie gegeneinander agierender rhythmischer Bewegungen im makroskopischen wie mikroskopischen Bereich besteht: der Bewegung von Muskeln, Flüssigkeiten, elektrischen Strömen, Fasern und Zellen. Kein physikalisches System war einem so zwanghaften Reduktionismus ausgesetzt: Jedes Organ hat seine eigene Mikrostruktur und seine eigene Chemie, und Studenten der Physiologie verbringen Jahre damit, nur die einzelnen Teile benennen zu lernen. Und doch, wie schwer faßbar können diese Teile sein. Im konkretesten Fall ist ein Körperteil ein festes, scheinbar klar definiertes Organ wie die Leber. Es kann aber auch eine komplizierte räumliche Struktur, ein Netz fester und flüssiger Substanzen sein wie das Gefäßsystem. Oder es ist ein unsichtbarer Zusammenhang, in jeder Beziehung so abstrakt wie »Verkehr« oder »Demokratie«, etwa das Immunsystem mit seinen Lymphozyten und T-4-Molekülstrukturen, eine miniaturisierte, schnell arbeitende Maschine zur Verschlüsselung von geheimen Nachrichten. Solche Systeme ohne detaillierte Kenntnis ihrer Anatomie und ihres chemischen Aufbaus zu untersuchen wäre sinnlos; Herzspezialisten lernen also den Ionentransport durch das Muskelgewebe der Herzkammern, Hirnspezialisten die elektrochemischen Einzelheiten der Depolarisierung von Nervenzellen und Augenspezialisten Bezeichnung, Lage und Zweck sämtlicher Augenmuskeln. In den achtziger Jahren wurde durch Chaos eine neue Physiologie des Lebens möglich, die auf dem Gedanken aufbaute, daß mathematische Verfahren Wissenschaftlern helfen können, globale komplexe Systeme unabhängig von lokalen Details zu verstehen. Der Körper wurde in der Forschung zunehmend zu einem Ort der Bewegung und Oszillation – und die Forschung entwickelte Methoden, auf seinen variationsreichen Rhythmus zu hören.[3] Man entdeckte Rhythmen, die auf den Gefrierschnitten unter dem Mikroskop und in den täglichen Blutproben nicht zu sehen waren. Man untersuchte Chaos in Störungen der Atemwege. Man erforschte Rückkopplungsmechanismen, die das Verhältnis von roten zu weißen Blutkörperchen regulieren. Krebsspezialisten spekulierten über Periodizität und Irregularität im Zyklus des Zellwachstums. Psychiater dachten darüber nach, wie man die Verschreibung von Antidepressiva auf mehrdimensionale Weise angehen konnte. Beherrscht wurde der Aufstieg dieser neuen Physiologie allerdings von den überraschenden Erkenntnissen über ein ganz bestimmtes Organ, und dieses Organ war das Herz, dessen lebendige Rhythmen, ob stabil oder instabil, gesund oder pathologisch, den Unterschied zwischen Leben und Tod so genau bezeichneten.

Sogar David Ruelle, der Formalist, zeigte sich an Spekulationen über das Chaos des Herzens interessiert – »ein dynamisches System von lebenswichtigem Interesse für jeden von uns«, schreibt er.

»Die normale Herztätigkeit ist periodisch, es gibt allerdings viele aperiodische pathologische Abweichungen (wie das Kammerflimmern), deren stabiler Endzustand der Tod ist. Die computergesteuerte Erforschung eines realistischen mathematischen Modells, das die verschiedenen dynamischen Herzrhythmen reproduzieren kann, verspricht vom medizinischen Standpunkt aus gesehen größten Nutzen.«[4] Forscherteams in den Vereinigten Staaten und Kanada nahmen die Herausforderung an. Herzrhythmusstörungen waren schon längst bekannt und wurden seit langer Zeit untersucht, isoliert und klassifiziert. Das geübte Ohr kann Dutzende unregelmäßiger Rhythmen unterscheiden. Dem geübten Auge geben die gezackten Kurven des Elektrokardiogramms Hinweise bezüglich Ursache und Bedeutung einer Herzrhythmusstörung. Der Laie kann den Facettenreichtum des Problems an der Vielfalt von Namen erkennen, die für die verschiedenen Arten von Herzrhythmusstörungen zur Verfügung stehen.

So gibt es ektopische Schläge, Alternans, Torsade-des-pointes, Blocks höheren Grades, ventrikuläre Rhythmen, Parasystolen (des Vorhofs oder der Kammer, rein oder moduliert), Wenckebach-Rhythmen (einfach und komplex) und Tachykardie. Am geringsten ist die Überlebenschance bei Kammerflimmern. Verschiedene Rhythmen benennen zu können, gibt den Ärzten auf ähnliche Weise wie die Benennung einzelner Körperteile ein Gefühl der Sicherheit. Die Diagnose von Herzstörungen läßt sich spezifizieren, man kann das betreffende Problem gezielter angehen. Forscher, die sich der Instrumente der Chaosforschung bedienten, fanden allerdings nach und nach heraus, daß die traditionelle Kardiologie bei Herzrhythmusstörungen von falschen Verallgemeinerungen ausging, daß sie, ohne es zu wollen, tieferliegende Ursachen durch oberflächliche Klassifizierungen verdeckte.

Die Forscher entdeckten das dynamische Herz. Der Hintergrund dieser Männer war fast immer ungewöhnlich. Leon Glass von der McGill-Universität in Montreal war gelernter Physiker und Chemiker. Er war besonders an Zahlen und unregelmäßigen Prozessen interessiert und hatte eine Doktorarbeit über die atomare Bewegung in Flüssigkeiten geschrieben, bevor er sich dem Problem der Herzrhythmusstörungen zuwandte. Seiner Meinung nach war es bezeichnend, daß Kardiologen die verschiedenen Herzrhythmusstörungen dadurch diagnostizierten, daß sie sich kurze Streifen eines Elektrokardiogramms ansahen. »Für Ärzte geht es darum, bestimmte Muster wiederzuerkennen, Muster zu identifizieren, die sie aus Lehrbüchern und ihrer bisherigen Praxis kennen. Eine detaillierte Analyse des dynamischen Verlaufs dieser Rhythmen spielt dabei eigentlich keine Rolle. Diese Dynamik ist viel komplexer, als man nach der Lektüre der medizinischen Lehrbücher vermuten würde.«[5]

Ary L. Goldberger, Mediziner in Harvard und einer der

Direktoren des Labors für Herzrhythmusstörungen im Beth Israel Hospital in Boston, glaubte, daß mit der Herzforschung eine neue Ära der Zusammenarbeit zwischen Physiologen, Mathematikern und Physikern begonnen hätte. »Wir stehen an einer Grenze und sehen vor uns eine ganz neue Art der Phänomenologie«, sagt er. »Wir sehen Bifurkationen und abrupte Verhaltensänderungen, für die wir in konventionellen linearen Modellen keinerlei Erklärung finden können. Wir brauchen offensichtlich ganz anders geartete Modelle, und es sieht so aus, als könne die Physik uns diese Modelle anbieten.« Erst einmal mußten Dr. Goldberger und andere Wissenschaftler allerdings die Barrieren der Wissenschaftssprache und der institutionellen Aufteilung dieser Gebiete überwinden. Eine nicht unbeträchtliche Hemmschwelle sah Goldberger in der Abneigung und Antipathie, mit der viele Physiologen der Mathematik gegenüberstanden. »1986 werden Sie in keinem Buch über Physiologie das Wort Fraktal finden«, sagt er. »Ich glaube, daß Sie 1996 kein Buch über Physiologie ohne das Wort finden werden.«[6] Ein Arzt, der das Herz abhört, hört ein Zischen und Schlagen, wenn Flüssigkeit auf Flüssigkeit trifft, Flüssigkeit auf feste Materie stößt und feste Materie auf feste Materie. Blut, das von einer Kammer in die andere strömt, wird durch sich zusammenziehende Muskeln hineingedrückt, und es dehnt dann seinerseits die vor ihm liegenden Wände. Fibröse Klappen schnappen hörbar zu, um zu verhindern, daß das Blut zurückfließt. Die Muskelkontraktion ihrerseits hängt von einer komplexen, dreidimensionalen Welle elektrischer Aktivität ab. Wollte man einen Teil der Herztätigkeit als Modell am Computer simulieren, würde das bereits einen Supercomputer auslasten; den ganzen komplexen Zyklus zu simulieren wäre unmöglich. Computergerechte Modelle dagegen, mit denen ein Experte der Strömungslehre vertraut ist, der für Boeing Flugzeugtragflächen oder für die NASA Triebwerksströmungen entwickelt, sind den medizinischen Technikern fremd.

So ist man beispielsweise bei der Konstruktion künstlicher Herzklappen, jener Vorrichtungen aus Metall und Plastik, die heute das Leben von Patienten verlängern, deren natürliche Klappen kaputtgegangen sind, empirisch vorgegangen. Die von der Natur selbst geschaffene Herzklappe, ein hauchzartes, geschmeidiges und durchscheinendes Teilchen aus drei winzigen, Fallschirmen ähnelnden Schalen, verdient in den Annalen der Technik einen besonderen Platz. Damit Blut in die Herzkammern gepumpt werden kann, muß die Klappe sich geschmeidig öffnen. Um zu verhindern, daß das hineingepumpte Blut wieder zurückströmt, muß die Klappe sich unter Druck füllen und schließen, und zwar ohne zu lecken oder zu zerreißen, und insgesamt zwei- bis dreimilliardenmal im Laufe eines Menschenlebens. Die menschliche Technik war weniger erfolgreich. Künstliche Herzklappen sind mehr oder weniger dem Klempner abgeschaut; Standardausführungen wie das »Kugelventil« sind mit großem Aufwand an Tieren getestet worden. Die auf der Hand liegenden Probleme der Dichte und Belastbarkeit zu bewältigen war schwer genug. Wenige konnten vorausahnen, wie schwer es sein würde, ein weiteres Problem auszuschalten. Künstliche Klappen ändern den Strömungsverlauf des Bluts im Herzen und schaffen Turbulenzen und Zonen der Stagnation; wenn Blut zum Stillstand kommt, bildet es Klümpchen; wenn solche Klümpchen sich lösen und ins Gehirn wandern, verursachen sie einen Schlaganfall. Diese Verklumpung war das entscheidende Hindernis bei der Konstruktion eines künstlichen Herzes. Erst als Mitte der 80er Jahre Mathematiker vom Courant Institute der Universität New York mit neuen Techniken der Computersimulation an das Problem herangingen, konnte die zur Verfügung stehende Technologie voll für die Herstellung künstlicher Herzklappen ausgenützt werden.[7] Der Computer produzierte Filme des schlagenden Herzes, auf denen trotz der Zweidimensionalität des Bildes alle wichtigen Details zu erkennen waren. Hunderte von Pünktchen, die die Blutkörperchen darstellen, strömen durch die Klappe, dehnen die elastischen Wände des Herzes und erzeugen Wirbel. Die Mathematiker stellten fest, daß das Herz dem Standardproblem der Strömungslehre eine ganz neue komplexe Ebene hinzufügt, weil ein realistisches Modell die Elastizität der Herzwände selbst berücksichtigen muß. Statt über eine feste Oberfläche zu strömen, wie die Luft über den Flügel eines Flugzeuges, ändert das Blut die Oberfläche des Herzes entsprechend einer nichtlinearen Dynamik.

Noch verzwickter und lebensgefährlicher war das Problem der Herzrhythmusstörungen. Kammerflimmern verursacht allein in den Vereinigten Staaten jährlich Hunderttausende von Todesfällen. In vielen dieser Fälle hat das Flimmern einen bestimmten, wohlbekannten Auslöser: Arterienverschluß führt zum Absterben des Herzmuskels. Einnahme von Rauschgift, Streß, Hypothermie – auch das kann zu Kammerflimmern führen. In vielen Fällen bleibt die Ursache des Flimmerns allerdings ein Rätsel. Ein Arzt, der einen Patienten behandelt, der einen Anfall von Kammerflimmern überlebt hat, möchte natürlich eine Schädigung sehen, irgendeinen Hinweis auf die Ursache des Flimmerns. Aber auch ein Patient mit einem scheinbar gesunden Herzen erleidet mit erhöhter Wahrscheinlichkeit einen neuen Anfall.[8]

Für Herzflimmern gibt es eine klassische Metapher: einen Sack voll Würmer. Statt sich in einem periodischen Zyklus immer wieder zusammenzuziehen und zu entspannen, flattert das Herzmuskelgewebe unkoordiniert und kann kein Blut mehr pumpen. Beim normal schlagenden Herz breitet sich das elektrische Signal als koordinierte Erregungswelle durch die dreidimensionale Struktur des Herzens aus. Trifft das Signal ein, zieht die jeweilige Zelle sich zusammen. Dann entspannt sie sich wieder für eine entscheidende Ruhephase, vor deren Ablauf sie nicht wieder angesprochen werden kann. Beim flimmernden Herz bricht die Welle auf. Das Herz ist nie ganz kontrahiert oder entspannt.

Verblüffend ist bei diesem Flimmern, daß viele der einzelnen Komponenten des Herzes durchaus normal funktionieren können. Die den Rhythmus des Herzes regulierenden Knötchen senden oft weiter regelmäßig ihre elektrischen Impulse aus. Die einzelnen Muskelzellen reagieren darauf ordnungsgemäß. Jede Zelle empfängt ihren Impuls, zieht sich zusammen, gibt den Impuls weiter und entspannt sich und wartet auf den nächsten. Es kann vorkommen, daß das Muskelgewebe bei der Autopsie überhaupt keine Schädigung aufweist. Unter anderem deshalb glaubten Chaos-Experten, daß man hier eine völlig neue, umfassende Perspektive bräuchte: Die einzelnen Teile eines flimmernden Herzes scheinen normal zu arbeiten, aber das Ganze hat einen Fehler mit tödlichen Folgen. Herzflimmern ist das ungeordnete Verhalten eines komplexen Systems, das, ähnlich wie auch die geistige Verwirrung nur Unordnung eines komplexen Systems ist.

Das Herz hört nicht von selbst auf zu flimmern. Diese Art Chaos ist stabil. Nur der elektrische Schlag eines Geräts zur Defibrillation – ein Schlag, den jeder Dynamiker als massive Störung kennt – kann das Herz wieder in seinen regelmäßigen Rhythmus versetzen. Defibrillatoren (nicht identisch mit »Herzschrittmacher« AdÜ.) sind im großen und ganzen wirksame Instrumente. Um sie zu bauen, war man allerdings wie im Fall der künstlichen Herzklappe großenteils auf Vermutungen angewiesen. »Die Stärke und Art des Elektroschocks zu bestimmen war ausschließlich Ergebnis empirischer Versuche«, sagt Arthur T. Winfree, Spezialist für theoretische Biologie. »Es gab dafür bisher keine Theorie. Jetzt stellt sich heraus, daß einige Annahmen nicht korrekt sind. Man kann ganz andere Defibrillatoren bauen und damit deren Wirksamkeit und zugleich die Erfolgsaussichten um ein Vielfaches erhöhen.« Für andere Herzrhythmusstörungen hat man verschiedene medikamentöse Therapien erprobt, ebenfalls überwiegend auf empirischer Grundlage – »Schwarze Magie«, meint Dr. Winfree. Ohne ein solides theoretisches Verständnis der Dynamik des Herzes ist es eine heikle Sache, die Wirkung eines bestimmten Medikaments vorauszusagen. »Man hat in den letzten Jahren in der Membranphysiologie bei der Bestimmung einzelner Teile und der genauen Arbeitsweise der unerhört komplexen Organisation des Herzes im einzelnen Enormes geleistet. Auf diesem wichtigen Aufgabengebiet haben wir gute Fortschritte gemacht. Was dabei übersehen wurde, ist der andere Teil, der Versuch, von einer übergeordneten Perspektive aus zu verstehen, wie das alles zusammenwirkt.«[9]

Winfree stammte aus einer Familie, in der kein Mitglied ein College besucht hatte. Die fehlende Ausbildung habe den Grundstein zu seiner Karriere gelegt, pflegte er zu sagen. Sein Vater war vom kleinen Angestellten einer Lebensversicherung bis zum Vizepräsidenten aufgestiegen und zog mit der Familie fast jährlich um, die Ostküste auf und ab. Winfree hatte bis zum Abschluß der High-School über ein Dutzend Schulen besucht. Er hatte den Eindruck gewonnen, daß die wichtigsten Dinge der Welt mit Biologie und Mathematik zu tun hatten, und glaubte außerdem, daß keine der herkömmlichen Kombinationen der beiden Fächer dem gerecht wurde, was daran interessant war. Er beschloß also, nicht den üblichen Weg zu gehen. Er belegte einen fünfjährigen Kurs für technische Physik an der Cornell-Universität und lernte dabei angewandte Mathematik und die verschiedensten praktischen Labortechniken kennen. Bestens für eine Stelle im militärisch-industriellen Komplex vorbereitet, bekam er ein Promotionsstipendium in Biologie. In seiner Dissertation versuchte er Experiment und Theorie auf neue Weise zu verbinden. Er begann an der Johns-Hopkins-Universität, ging dort weg, weil er Streit mit der Fakultät bekam, setzte seine Studien in Princeton fort, ging auch dort wegen Streitigkeiten mit der Fakultät und bekam schließlich von Princeton seinen Doktor verliehen, als er bereits an der Universität von Chicago lehrte.

Winfree gilt in biologischen Kreisen als ungewöhnlicher Denker, der in seine Arbeit über Probleme der Physiologie einen ausgeprägten Sinn für Geometrie einbringt.[10] Begonnen hatte er mit der Erforschung biologischer dynamischer Systeme, als er sich Anfang der 70er Jahre der Untersuchung biologischer Uhren zuwandte – circadianen Rhythmen. Dieses Gebiet war traditionell stark von herkömmlichen naturwissenschaftlichen Methoden bestimmt: Jedem Lebewesen wurde ein bestimmter Rhythmus zugeordnet. Winfree hielt es für möglich, dem Problem circadianer Rhythmen mit mathematischen Verfahren zu Leibe zu rücken. »Ich wußte einiges über nichtlineare dynamische Systeme und sah die Möglichkeit, ja Notwendigkeit, das Problem qualitativ anders im Sinn dieser Systeme anzugehen. Niemand wußte, wie eine biologische Uhr funktionierte. Man hat also die Wahl. Entweder man wartet, bis die Biochemiker den Mechanismus solcher Uhren entdecken, und versucht dann, davon das Verhalten der entsprechenden Lebewesen abzuleiten, oder man untersucht die Arbeitsweise solcher Uhren von der Theorie komplexer Systeme und der nichtlinearen und topologischen Dynamik· her. Ich entschied mich für letzteres.«[11]

Einmal hatte er das Labor voller Moskitos in Käfigen. Wie jeder Camper weiß, werden Moskitos jeden Tag bei Einbruch der Dämmerung munter. In einem Labor, in dem Temperatur und Licht konstant gehalten werden, um den Einfluß von Tag und Nacht auszuschalten, stellt sich heraus, daß Moskitos einen inneren Zyklus von dreiundzwanzig statt vierundzwanzig Stunden haben. Alle dreiundzwanzig Stunden summen sie besonders aufgeregt herum. Im Freien wird ihr Rhythmus durch den Lichtimpuls geregelt, den sie jeden Tag erhalten; dadurch wird ihre innere Uhr sozusagen neu gestellt.

Winfree beleuchtete seine Moskitokäfige mit sorgfältig regulierten Dosen künstlichen Lichts. Mit Lichtreizen beschleunigte oder verzögerte er den Beginn des nächsten

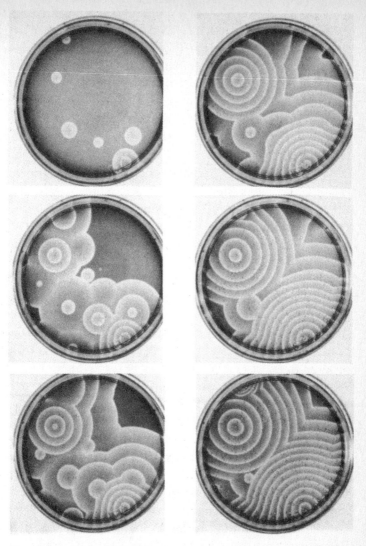

Chemisches Chaos. Wellen, die in konzentrischen Ringen nach außen streben, waren Signale von Chaos in einer vielfach wiederholten chemischen Reaktion, bekannt als Beluzow-Zhabotinsky-Reaktion. Ähnliche Muster wurden auf Versuchsplatten bei Populationen von Millionen von Amöben beobachtet. Arthur Winfree stellte die Hypothese auf, daß solche Wellen den Wellen elektrischer Ladungen bei der Stimulation des Herzmuskels analog seien, unabhängig ob sie regelmäßig oder unregelmäßig verliefen.

Zyklus. Die Wirkung trug er gegen die Dauer der Lichtreize auf. Statt dann Vermutungen über die beteiligten biochemischen Prozesse anzustellen, ging er das Problem topologisch an – das heißt, er untersuchte die qualitative Gestalt der Daten und nicht ihre quantitativen Details. Er kam zu einem verblüffenden Schluß: Die geometrische Darstellung des Verhaltens enthielt eine *Singularität,* einen Punkt, der sich von allen anderen Punkten unterschied. Im Hinblick auf diese Singularität sagte Winfree voraus, daß ein einziger, zeitlich genau abgestimmter Lichtreiz die biologische Uhr der Moskitos oder eines beliebigen anderen Lebewesens vollkommen durcheinanderbringen konnte.

So überraschend die Vorhersage war, Winfrees Experiment bestätigte sie. »Man verabreicht dem Moskito um Mitternacht eine bestimmte Anzahl von Photonen, und dieser zeitlich genau berechnete Reiz schaltet die Uhr des Moskitos aus. Danach kann er nicht mehr schlafen – er döst, summt eine Weile herum, ohne jede Regel, und er macht das so lang, wie man zuschauen will, oder bis man ihm einen weiteren Reiz versetzt. Man hat seinen Rhythmus wie durch eine chronische Zeitverschiebung gestört.«[12] Anfang der 70er Jahre stieß Winfrees mathematische Untersuchung circadianer Rhythmen nur auf geringes allgemeines Interesse. Außerdem war es schwierig, die Labortechnik auf Arten auszudehnen, die sich nicht monatelang in kleine Käfige einsperren ließen.

Die Störung des menschlichen Rhythmus durch Zeitverschiebung und Schlaflosigkeit steht nach wie vor auf der Liste der ungelösten Rätsel der Biologie. Beides provoziert immer wieder die übelsten Quacksalbereien – wirkungslose Pillen und Patentrezepte. Forscher sammeln massenhaft Daten über menschliche Versuchspersonen, gewöhnlich Studenten und Rentner oder Bühnenautoren, die unter Zeitdruck Stücke fertigschreiben müssen und bereit sind, gegen einige hundert Dollar wöchentlich in »Zeitisolation« zu leben: kein Tageslicht, keine Temperaturveränderung, keine Uhr und kein Telefon. Menschen haben einen Schlaf-Wach-Rhythmus und einen Rhythmus der Körpertemperatur, beides nichtlineare Oszillatoren, die sich nach geringfügigen Störungen wieder auf ein Gleichgewicht einpendeln. Isoliert, also ohne den täglich regulierenden Impuls, scheint der Temperaturzyklus bei ungefähr fünfundzwanzig Stunden zu liegen, wobei der Tiefpunkt während des Schlafes erreicht wird. Experimente deutscher Forscher haben allerdings ergeben, daß sich der Schlaf-Wach-Rhythmus nach einigen Wochen vom Temperaturrhythmus trennt und unregelmäßig schwankt. Einige Menschen bleiben zwanzig oder dreißig Stunden am Stück wach und schlafen dann zehn oder zwanzig Stunden. Die Versuchspersonen waren sich dabei nicht bewußt, daß ihr Tag länger geworden war, und wollten es auch nicht glauben, als man es ihnen sagte. Erst Mitte der 80er Jahre freilich begann die Forschung, auch Winfrees systematische Methode auf Menschen anzuwenden. Den Anfang machte eine ältere Frau, die am Abend vor einer ganzen Batterie Lichter Klöppelarbeiten ausführte. Ihr Rhythmus änderte sich abrupt, und sie meinte, sie fühle sich phantastisch, gleichsam als ob sie in einem Auto mit offenem Verdeck fahre.[13] Winfree hatte sich zu dieser Zeit bereits einem neuen Thema zugewandt, dem Herzrhythmus.

Er selbst hätte nicht von einem »neuen Thema« gesprochen. Für ihn war es das alte – andere chemische Prozesse, aber dieselbe Dynamik. Sein besonderes Interesse am Herzen war erwacht, nachdem er hilflos hatte zuschen müssen, wie zwei Menschen einen plötzlichen Herztod starben, ein Verwandter in den Sommerferien und ein Mann in einem Schwimmbecken, in dem auch Winfree sich aufgehalten hatte.[14] Warum brach ein Rhythmus, der ein Leben lang in regelmäßiger Folge und ohne Unterbrechung zwei Milliarden oder mehr Zyklen hinter sich gebracht hatte, der dem Wechsel von Entspannung und Belastung ausgesetzt gewesen war und sich entsprechend beschleunigt und verlangsamt hatte, plötzlich in unkontrollierte und vollkommen wirkungslose hektische Tätigkeit aus?

Winfree erzählt dazu die Geschichte eines der ersten Forscher auf diesem Gebiet, George Mines, der 1914 achtundzwanzig Jahre alt war, also etwa gleich alt wie Winfree, als er seine Forschungen begann. Mines hatte in seinem Labor an der McGill-Universität in Montreal ein kleines Gerät konstruiert, das dem Herzen kleine, genau regulierte elektrische Impulse versetzen konnte.

»Als Mines zu dem Schluß kam, es sei an der Zeit, das Gerät am Menschen zu erproben, wählte er die Versuchsperson, die am leichtesten zugänglich war, nämlich sich selbst«, schreibt Winfree. »Gegen sechs Uhr an jenem Abend betrat ein Pförtner, dem die Stille im Labor aufgefallen war, den Raum. Mines lag in einem Gewirr von Kabeln unter dem Arbeitstisch des Labors. An seiner Brust war über dem Herzen ein Instrument befestigt, das nicht mehr funktionierte. Ein weiteres Instrument in der Nähe zeichnete noch immer seinen schwächer werdenden Herzschlag auf. Mines starb, ohne das Bewußtsein wiedererlangt zu haben.«[15]

Die Vermutung liegt nahe, daß ein kleiner, aber gezielt eingesetzter Schock das Herz zum Flimmern bringen kann, und tatsächlich hatte auch Mines kurz vor seinem Tod diese Vermutung. Andere Schocks können den nächsten Schlag vorverlegen oder verzögern, wie bei circadianen Rhythmen. Ein entscheidender Unterschied zwischen Herzen und biologischen Uhren, der auch bei einem vereinfachten Modell nicht außer acht gelassen werden darf, besteht allerdings darin, daß das Herz eine räumliche Ausdehnung hat. Man kann es in der Hand halten. Man kann eine elektrische Welle durch drei Dimensionen verfolgen.

Dazu braucht es allerdings einige Findigkeit.[16] Als Raymond E. Ideker vom Duke University Medical Center 1983 im *Scientific American* einen Artikel Winfrees las, fielen ihm eine Reihe spezifischer Voraussagen zur Auslösung und Beendigung von Herzflimmern auf, die Winfree auf der Basis der nichtlinearen Dynamik und Topologie gemacht hatte. Ideker konnte nicht so recht an diese Voraussagen glauben. Sie erschienen ihm zu spekulativ und, aus der Perspektive des Kardiologen, zu abstrakt. Innerhalb von drei Jahren waren dann freilich alle vier Voraussagen überprüft und bestätigt, und Ideker leitete ein Projekt, das mit den Methoden des Raumzeitalters auf einer breiten Basis die Daten sammelte, die man für die Erforschung des Herzes als eines dynamischen Systems brauchte. Es war, in den Worten Winfrees, »das Pendant der Kardiologie zum Zyklotron«.[17]

Das herkömmliche Elektrokardiogramm gibt nur eine ungefähre, eindimensionale Darstellung. Ein Arzt kann während einer Herzoperation in einem Zeitraum von zehn Minuten mit einer Elektrode fünfzig bis sechzig verschiedene Stellen des Herzens anfahren und so eine Art zusammengesetztes Bild erstellen. Tritt Kammerflimmern ein, hat dieses Verfahren allerdings keinen Sinn. Das Herz pulsiert dann viel zu schnell und unregelmäßig. Ideker ging deshalb anders vor: Er bettete 128 Elektroden in ein Gewebe ein, das er über das Herz zog wie eine Socke über einen Fuß; für die Auswertung bediente er sich der Echtzeitverarbeitung am Computer. Wenn eine Erregungswelle sich durch den Muskel ausbreitete, zeichneten die Elektroden das Spannungsfeld auf, und der Computer erstellte ein Kardiogramm.

Ideker wollte damit nicht nur Winfrees Theorien testen, sondern ganz konkret die elektrischen Geräte verbessern, mit denen man Kammerflimmern stoppen konnte. Zur Ausrüstung der Notärzte gehören Standardversionen von Defibrillatoren, mit denen man einen starken Stromschlag durch den Brustkorb betroffener Patienten schicken kann. Auf experimentellem Weg haben Kardiologen ein kleines Gerät entwickelt, das man in die Brusthöhle besonderer Risikopatienten einpflanzen kann, obwohl die Bestimmung solcher

Patienten nach wie vor eine Herausforderung ist. Ein solcher einpflanzbarer Defibrillator ist etwas größer als ein Herzschrittmacher; er hört den regelmäßigen Herzschlag ab und wartet, bis es nötig wird, einen Stromschlag auszusenden. Ideker begann, sich das physikalische Wissen anzueignen, das nötig war, um die Konstruktion von Defibrillatoren, bisher eine kostspielige Spekulation, auf eine stabilere wissenschaftliche Basis zu stellen.[18]

Was konnte der Grund dafür sein, daß die Gesetze des Chaos sich auf das Herz mit seiner ganz eigenen Struktur anwenden ließen – mit seinen Zellen, die miteinander verbundene und sich verästelnde Fasern bildeten und Kalzium-, Kalium- und Natriumionen transportierten? Diese Frage beschäftigte die Wissenschaftler an der McGill-Universität und am Massachusetts Institute of Technology.
Leon Glass und seine Kollegen Michael Guevara und Alvin Schrier führten eines der meistdiskutierten Forschungsunternehmen der kurzen Geschichte der nichtlinearen Dynamik durch. Sie arbeiteten mit winzigen Aggregaten aus Herzzellen sieben Tage alter Hühnerembryos. Gab man diese Bällchen mit einem Durchmesser von $\frac{1}{10}$ Millimeter in eine Schale und schüttelte sie durcheinander, so begannen sie spontan, ohne die Hilfe eines äußeren Schrittmachers, mit einer Frequenz von einem Schlag pro Sekunde zu schlagen. Die pulsierende Bewegung war unter dem Mikroskop deutlich sichtbar. Der nächste Schritt war der Einsatz auch eines äußeren Rhythmusgebers; die Wissenschaftler an der McGill-Universität verwendeten dazu eine Mikroelektrode, ein dünnes Glasröhrchen mit einer feinen Spitze, das in eine der Zellen eingeführt wurde. Dann wurde ein elektrisches Potential durch das Röhrchen geschickt, das die Zellen zu einem Schlagrhythmus stimulierte, dessen Stärke und Frequenz nach Belieben verändert werden konnte.[19]
Die Wissenschaftler faßten ihre Ergebnisse 1981 in *Science*

folgendermaßen zusammen: »Werden biologische Oszillatoren periodisch gestört, dürfte das im allgemeinen zu jenem exotischen dynamischen Verhalten führen, das bereits
bei mathematischen Untersuchungen und physikalischen
Experimenten beobachtet wurde.«[20] Die Wissenschaftler
sahen Periodenverdopplungen – Rhythmen, die bei ver-
ändertem Stimulus immer wieder neue Bifurkationen produzierten. Sie erstellten Poincaré-Abbildungen und Kreis-
abbildungen. Sie untersuchten verschiedene periodische
Rhythmen und die Phasenkopplung. »Mit einem Stimulus
und einem kleinen Stück Hühnerherz können die verschiedensten Rhythmen erzeugt werden«, meint Glass. »Mit Hilfe der nichtlinearen Mathematik können wir die Struktur
dieser Rhythmen recht gut verstehen. Zum gegenwärtigen
Zeitpunkt enthält die Ausbildung der Kardiologen allerdings so gut wie keine Mathematik. Aber unsere Methodik
wird in Zukunft einmal für alle Forscher auf diesem Gebiet
verbindlich sein.«[21]

Mittlerweile hatte der Kardiologe und Physiker Richard J.
Cohen in einem von Harvard und MIT gemeinsam durchgeführten medizinisch-technologischen Forschungsprogramm
bei Experimenten mit Hunden verschiedene Sequenzen der
Periodenverdopplung gefunden. Mit Hilfe von Computer-
modellen erprobte er ein plausibles Szenario, in dem eine
sich ausbreitende Erregungswelle sich an Gewebeinseln
bricht. »Es handelt sich dabei eindeutig um das Feigen-
baum-Phänomen«, meint Cohen, »um regelmäßiges Verhalten, das unter bestimmten Umständen chaotisch wird.
Man kann feststellen, daß die elektrische Tätigkeit des Herzes viele Parallelen zu anderen Systemen aufweist, die ein
chaotisches Verhalten entwickeln.«[22]

Die Wissenschaftler der McGill-Universität untersuchten
auch älteres Datenmaterial zu verschiedenen Herzrhythmusstörungen. Bei einem bekannten Syndrom wechseln
anormale ektopische Schläge mit dem normalen Sinusrhyth-
mus ab. Glass und seine Kollegen untersuchten diese Rhyth-

men und zählten jeweils die Zahl der normalen Schläge zwischen den ektopischen Schlägen. Bei einer Reihe von Patienten war die Zahl zwar unterschiedlich groß, aber aus irgendeinem Grund immer ungerade, also 3, 5 oder 7. Bei anderen Patienten war die Zahl der normalen Schläge immer eine Zahl aus der Folge 2, 5, 8, 11...

»Man hat solche eigenartigen Zahlenverhältnisse beobachten können, aber es ist nicht leicht, den dahinterstehenden Mechanismus zu verstehen«, sagt Glass. »Während man oft eine gewisse Regelmäßigkeit beobachten kann, sind die Zahlenfolgen andererseits auch oft völlig unregelmäßig. Einer der Leitsätze unseres Geschäfts ist: Ordnung in Chaos.«[23]

Die Überlegungen zum Kammerflimmern lassen sich zwei Richtungen zuordnen. Der eine klassische Gedanke geht davon aus, daß anormale Zentren im Herzmuskel selbst sekundäre rhythmische Signale aussenden, die mit dem Hauptsignal in Konflikt geraten. Winzige ektopische Zentren senden in vom normalen Rhythmus abweichenden Abständen Erregungswellen aus, und man nimmt an, daß die daraus resultierende Wechselwirkung und Überschneidung die koordinierte Kontraktion des Herzes stört. Die Forschung der Wissenschaftler von McGill stärkte diese Vermutung. Man konnte zeigen, daß aus der Wechselwirkung zwischen externem Puls und dem vom Herzgewebe ausgesandten Rhythmus die verschiedensten dynamischen Fehlverhalten resultieren können. Warum solche sekundären Schrittmacherzentren allerdings überhaupt entstehen, ist nach wie vor schwer zu erklären.

Die andere Richtung beschäftigt sich nicht mit der Entstehung der Erregungswellen, sondern untersucht, auf welchem Weg die Wellen sich durch das Herz ausbreiten. Vor allem die Forscher aus Harvard und vom MIT folgten diesem Ansatz. Sie stellten fest, daß Störungen der Erregungswelle zum Re-Entry führen können, bei dem der Kreis, den die Welle durchläuft, immer enger wird; einige Zonen beginnen zu früh mit dem neuen Schlag und machen so die für koordiniertes Schlagen notwendige Ruhephase des Herzes unmöglich.

Beide Richtungen stützten sich auf die Methoden der nichtlinearen Dynamik und konnten sich so die Erkenntnis zunutze machen, daß die geringfügige Veränderung eines Parameters – etwa eine Veränderung der zeitlichen Koordinierung oder der elektrischen Leitfähigkeit – ein ansonsten gesundes System über einen kritischen Bifurkationspunkt hinausbringen und dadurch ein qualitativ neues Verhalten verursachen konnte. Es gelang außerdem, das Terrain für eine umfassende Untersuchung der Funktionsstörungen des Herzes auszubauen und einen Zusammenhang zwischen Störungen zu sehen, von denen man bisher geglaubt hatte, daß sie nichts miteinander zu tun hätten. Winfree selbst glaubte, daß trotz ihrer unterschiedlichen Ausrichtung beide Schulen recht hatten. Seine topologische Methode versuchte zu demonstrieren, daß die beiden Richtungen in Wirklichkeit ein und dieselbe wären.

»Dynamische Vorgänge laufen im allgemeinen der Intuition zuwider, und das Herz bildet hier keine Ausnahme«, sagt Winfree.[24] Die Kardiologen hofften, die Forschung würde ihnen zu einer Methode verhelfen, mit der man mit wissenschaftlicher Exaktheit von Kammerflimmern bedrohte Risikogruppen identifizieren und neue Defibrillatoren und Medikamente entwickeln könnte. Winfree hoffte außerdem, daß eine umfassende mathematische Perspektive eine Disziplin befruchten würde, die in den Vereinigten Staaten noch kaum existierte, die theoretische Biologie.

Heute sprechen einige Physiologen von dynamischen Krankheiten: Gemeint sind Störungen von Systemen, der Zusammenbruch koordinierter Vorgänge und kontrollierter Arbeitsweisen. Das drückt man dann etwa so aus: »Systeme, die normalerweise oszillieren, hören auf zu oszillieren oder fangen an, auf neue und unerwartete Weise zu oszillieren, und Systeme, die normalerweise nicht oszillieren, fangen an zu oszillieren.«[25] Entsprechende Syndrome sind Atmungsstörungen wie keuchender oder stöhnender Atem, Cheyne-Stokes-Atmung oder kindliche Apnoe, gefolgt von plötzlichem Kindstod (gebräuchlicher Begriff der Medizin zur Bezeichnung von unerklärlichen Todesfällen bei Kleinkindern). Ferner gehören dazu dynamische Blutkrankheiten, darunter eine Art der Leukämie, bei der Störungen das Gleichgewicht zwischen weißen und roten Blutkörperchen und Thrombozyten und Leukozyten verändern. Einige Wissenschaftler vermuten, daß auch die Schizophrenie und bestimmte Formen der Depression zu dieser Kategorie gehören.

Die Physiologen beginnen allerdings auch zu erkennen, daß Chaos Gesundheit bedeuten kann. Man weiß seit langem, daß Nichtlinearität in Rückkopplungsprozessen eine regulierende Kontrolle ausübt. Einfach ausgedrückt neigt ein linearer Prozeß, der einen leichten Stoß erhält, dazu, die neue, leicht veränderte Richtung beizubehalten. Ein nichtlinearer Prozeß, der denselben Stoß erhält, kehrt gewöhnlich zum Ausgangsverhalten zurück. Christiaan Huygens, der holländische Physiker des siebzehnten Jahrhunderts, der zur Erfindung der Pendeluhr und zur Begründung der klassischen Dynamik beigetragen hat, stieß auf eines der klassischen Beispiele für diese Art der Regulation, wenn man der Überlieferung glauben darf. Er stellte eines Tages fest, daß eine Reihe an der Wand stehender Pendeluhren in perfekter Synchronisation genau im selben Rhythmus schwang. Er wußte, daß der Mechanismus der Uhren eigentlich gar nicht so genau sein konnte. Die damals für die Pendelbewegung verfügbare mathematische Beschreibung konnte für diese geheimnisvolle Ordnung, die sich von Pendel zu Pendel fortpflanzte, keine Erklärung anbieten. Huygens nahm korrekt an, daß die Uhren durch die durch das Holz übertragenen Schwingungen koordiniert wurden. Dieses Phänomen, bei dem ein regelmäßiger Zyklus den anderen bestimmt, wird heute Mitnahme oder Phasenkopplung genannt. Phasenkopplung erklärt, warum der Mond immer mit der gleichen Seite der Erde zugewandt ist, oder warum ganz allgemein Trabanten und Satelliten sich in einem ganzzahligen Verhältnis zu ihrer Umlaufbahn um sich selbst drehen: 1 zu 1, 2 zu 1 oder 3 zu 2. Liegt dieses Verhältnis nahe einer ganzen Zahl, ist die Nichtlinearität innerhalb der Gezeitenkräfte die Ursache der Phasenkopplung des Satelliten. Phasenkopplung begegnet einem in der Elektronik auf Schritt und Tritt; sie ermöglicht beispielsweise, daß das Empfängerteil eines Radios Signale empfängt, auch wenn deren Frequenz leichten Schwankungen unterworfen ist. Phasenkopplung erklärt die Fähigkeit von Gruppen von Oszillatoren, darunter biologische Oszillatoren wie Herzzellen und Nervenzellen, in Synchronisation zu arbeiten. Ein spektakuläres Beispiel der Natur dafür ist eine südostasiatische Spezies des Glühwürmchens: Zur Paarungszeit versammeln sich Tausende dieser Glühwürmchen in den Bäumen und veranstalten dort ein fantastisches Blinkfeuer in gespenstischer Harmonie.

Ein entscheidender Aspekt solcher Reguliermechanismen ist ihre Robustheit, also die Frage, wie gut ein System kleinere Stöße verkraften kann. Für biologische Systeme gleichermaßen entscheidend ist Flexibilität: Wie gut funktioniert ein System in einem bestimmten Frequenzbereich? Die Festlegung auf einen einzigen Modus kann starre Abhängigkeit bedeuten und das System daran hindern, sich Veränderungen anzupassen. Organismen müssen auf Umstände reagieren, die sich schnell und unerwartet verändern; der Herzschlag oder Atemrhythmus darf nicht auf das strenge periodische Verhalten eines einfachen physikalischen Modells fixiert sein, und dasselbe gilt für die komplexeren Rhythmen des übrigen Körpers. Forscher wie Ary Goldberger von der Harvard Medical School meinen deshalb, daß die Dynamik gesunder Körperfunktionen fraktale physische

Strukturen aufweisen – Beispiele wären das verzweigte Netz der Bronchien in der Lunge oder die Fasern des Reizleitungssystems im Herzen –, die einen großen Bereich verschiedener Rhythmen zulassen. In Anklang an Robert Shaws Überlegungen schreibt Goldberger: »Fraktale Prozesse, die man sich als skalierte Breitbandspektren denken

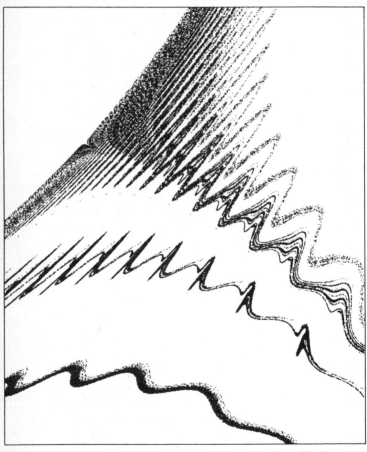

Harmonien im Chaos. Das Zusammenspiel verschiedener Rhythmen, beispielsweise von Radiofrequenzen oder Planetenumläufen, erzeugt eine besondere Form von Chaos. Unten und auf der gegenüberliegenden Seite Computerbilder einiger »Attraktoren«, die entstehen, wenn drei verschiedene »Rhythmen« zusammenkommen.

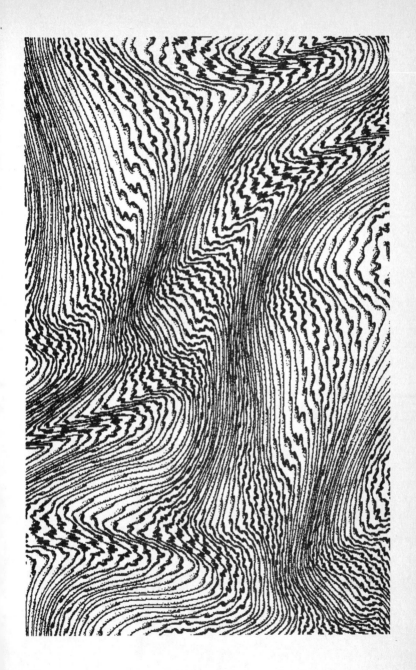

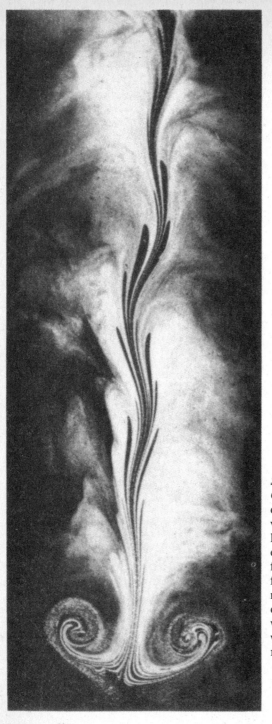

Strömungen im Chaos. Ein Stock, der durch eine viskose Flüssigkeit gezogen wird, erzeugt eine einfache Wellenform. Wenn er mehrmals hindurchgezogen wird, entstehen weit kompliziertere Formen.

kann, sind ›informationsreich‹. Periodische Zustände dagegen lassen sich durch Schmalbandspektren ausdrücken; sie werden durch monotone, sich fortwährend wiederholende Folgen charakterisiert, die keinen Informationsgehalt tragen.«[26] Goldberger und andere Physiologen vermuten, daß die erfolgreiche Behandlung von Funktionsstörungen von der Erweiterung der spektralen Reserve eines Systems abhängen könnte, der Fähigkeit eines Systems also, verschiedene Frequenzen zu verkraften, ohne in ein starres, periodisches Verhalten zu verfallen.

Arnold Mandell, der Psychiater und Dynamiker aus San Diego, der Bernardo Huberman beim Problem der Augenbewegung bei Schizophrenen zu Hilfe gekommen war, machte über die Rolle von Chaos in der Physiologie noch weitreichendere Aussagen: »Kann es sein, daß die mathematische Pathologie, also Chaos, Gesundheit bedeutet? Und daß mathematische Gesundheit, in anderen Worten die Vorhersagbarkeit und Differenzierbarkeit einer bestimmten Struktur, Krankheit bedeutet?«[27] Mandell hatte sich bereits 1977 Chaos zugewandt, als er ein »eigenartiges Verhalten« bestimmter Enzyme im Gehirn beobachtet hatte, das nur mit den neuen Verfahren der nichtlinearen Mathematik erklärt werden konnte. Er war dann dafür eingetreten, die oszillierenden dreidimensionalen Strukturen von Eiweißmolekülen nach demselben Muster zu untersuchen; statt statische Strukturen zu zeichnen, sollten Biologen diese Moleküle seiner Meinung nach als dynamische Systeme verstehen, die zu Phasenübergängen in der Lage waren. Mandell ist, wie er selbst sagt, ein Fanatiker, und er interessiert sich hauptsächlich für das chaotischste aller Organe. »Was in der Biologie einen Gleichgewichtszustand erreicht, ist tot«, sagt er. »Wenn ich Sie frage, ob Ihr Gehirn ein Gleichgewichtssystem ist, brauche ich Sie nur zu bitten, einige Minuten nicht an Elefanten zu denken, und schon *wissen* Sie, daß das nicht der Fall ist.«[28]

Für Mandell machen die Entdeckungen der Chaosforschung

ein Umdenken in der klinischen Behandlung psychischer Störungen erforderlich. Vom objektiven Standpunkt müsse das moderne Geschäft der »Psychopharmakologie« – dem Einsatz von Medikamenten, die von Angstgefühlen und Schlaflosigkeit bis zur Schizophrenie alles heilen sollen – als gescheitert betrachtet werden. Wenn überhaupt, würden nur wenige Patienten geheilt. Zwar könne man extreme Symptome einer Geisteskrankheit damit unter Kontrolle halten, aber niemand wisse, was das für langfristige Folgen habe. Mandell schrieb seinen Kollegen eine ernüchternde Beurteilung der am häufigsten verwendeten Medikamente ins Stammbuch. Phenothiazine, die Schizophrenen verschrieben werden, verschlimmerten die zugrundeliegende Störung. Trizyklische Antidepressiva »beschleunigen die Abfolge manischer und depressiver Phasen und führen langfristig zu einem Anwachsen der Zahl der Rückfälle in einen psychopathologischen Zustand«. Und so weiter. Nach Mandell konnte man mit Lithium Erfolge erzielen, allerdings nur bei bestimmten Störungen.[29]

Für Mandell handelte es sich um eine Frage der Konzeption. Die herkömmlichen Behandlungsmethoden dieser »so labilen, dynamischen und endlos-dimensionalen Maschine« waren linear und reduktionistisch. »Das zugrundeliegende Paradigma sieht nach wie vor so aus: Ein Gen → ein Peptid → ein Enzym → ein Neurotransmitter → ein Rezeptor → das bestimmte Verhalten eines Lebewesens → ein klinisches Syndrom → ein Medikament → ein klinisches Beurteilungsschema. Von diesem Ansatz waren Forschung und Praxis der Psychopharmakologie fast vollständig bestimmt. Es gibt über 50 Transmitter, Tausende verschiedener Zellarten und komplexe elektromagnetische Phänomene, und auf allen Ebenen finden unausgesetzt auf Instabilität beruhende autonome Aktivitäten statt, von der Ebene der Proteine bis zum Elektroenzephalogramm – und immer noch gilt das Gehirn als chemische Schalttafel mit Punkt-zu-Punkt-Verbindungen.«[30] Wer mit der Welt der nichtlinearen Dynamik vertraut war, konnte da nur sagen: Wie naiv! Mandell drängte seine Kollegen, in die fließenden Geometrien einzudringen, die der Struktur komplexer Systeme wie des menschlichen Geistes zugrundelagen.

Eine große Anzahl weiterer Wissenschaftler machte sich daran, die Strukturen des Chaos für die Schaffung künstlicher Intelligenzen fruchtbar zu machen. Die Dynamik von Systemen beispielsweise, die zwischen verschiedenen Anziehungsbassins schwanken, war für Wissenschaftler attraktiv, die nach Wegen suchten, Symbole und Erinnerungen zu modellieren.[31] Ein Physiker, für den *Ideen* Regionen mit unscharfen Rändern waren, getrennt und doch überlappend, anziehend wie Magneten und zugleich das Gegenteil, würde sich ganz natürlich dem Phasenraum mit »Anziehungsbassins« zuwenden. Solche Modelle schienen dafür maßgeschneidert: Punkte der Stabilität gemischt mit Instabilität und Felder mit veränderlichen Grenzen.[32] Die fraktale Struktur solcher Modelle bot jene Art von sich endlos auf sich selbst beziehenden Qualitäten, die so entscheidend für die Fähigkeit des Geistes zu sein scheint, einen solchen Reichtum an Ideen, Entscheidungen, Gefühlen und all den anderen Produkten des Bewußtseins hervorzubringen. Mit oder ohne Chaos, der ernsthafte Wissenschaftler, dem es um die Erkenntnis geht, kann sich den Geist nicht länger als statische Struktur vorstellen. Er sieht von der Nervenzelle an aufwärts eine Hierarchie von Ebenen, auf denen sich jenes Wechselspiel des Makroskopischen und des Mikroskopischen abspielt, das so charakteristisch ist für Strömungsturbulenzen und andere komplexe dynamische Prozesse.

Mitten aus der Formlosigkeit wird eine Struktur geboren: Darauf beruht letztlich die Schönheit der Biologie – und ihr Geheimnis. Leben saugt Ordnung aus einem Meer von Unordnung. Erwin Schrödinger, der Pionier der Quantentheorie und einer jener Physiker, die als Nichtspezialisten Spekulationen auf dem Gebiet der Biologie wagten, drückte das vor vierzig Jahren so aus: Ein lebender Organismus hat »die verblüffende Gabe, einen ›Strom der Ordnung‹ auf sich zu konzentrieren und so dem Verfall ins atomare Chaos zu entgehen«.[33] Für Schrödinger als Physiker war klar, daß die Struktur lebender Materie sich von jener Art der Materie unterschied, die seine Kollegen untersuchten. Der Baustein des Lebens – er wurde damals noch nicht DNA genannt – war ein *aperiodischer Kristall.* »In der Physik haben wir uns bisher nur mit *periodischen Kristallen* befaßt. Für die bescheidenen Kräfte des Physikers sind solche Kristalle hochinteressante und komplizierte Gebilde; sie gehören zu den faszinierendsten und komplexesten materiellen Strukturen, mit denen die unbelebte Natur seinen Scharfsinn herausfordert. Verglichen mit dem aperiodischen Kristall freilich sind sie primitiv und langweilig.«[34] Der Unterschied entsprach dem Unterschied zwischen einer Tapete und einem Gobelin, zwischen der regelmäßigen Wiederholung eines Musters und der reichen, in sich zusammenhängenden künstlerischen Schöpfung. Die Physiker hatten erst gelernt, die Tapete zu verstehen. Kein Wunder also, daß sie bisher so wenig zur Biologie beigetragen hatten.

Schrödingers Ansicht war ungewöhnlich. Daß Leben sowohl geordnet als auch komplex ist, war eine banale Wahrheit; aperiodische Strukturen dagegen für den Ursprung der besonderen Qualitäten des Lebens zu halten, grenzte ans Mystische. Zu Schrödingers Zeit hatten weder Mathematik noch Physik stichhaltige Argumente für diesen Gedanken geben können. Es gab keine Instrumente, Irregularität als Baustein des Lebens zu analysieren. Heute gibt es diese Instrumente.

1. Huberman, Mandell, Interviews und Kommentare anläßlich der Konferenz zu Perspektiven in der biologischen Dynamik und der theoretischen Medizin, Bethesda, Maryland, 11. April 1986.

2. Abraham. Die grundlegende Einführung in die Gaiahypothese – ein gedankliches Modell der dynamischen Selbstregulierungsprozesse der komplexen Systeme der Erde, dessen Wert durch seinen bewußten Anthropomorphismus allerdings etwas geschmälert wird – ist J. E. Lovelock, *Gaia: A New Look at Life on Earth* (Oxford: Oxford University Press, 1979).

3. Im folgenden einige willkürlich herausgegriffene bibliographische Hinweise zu Themen der Physiologie (in den Aufsätzen finden sich jeweils weitere nützliche Literaturangaben): Ary L. Goldberger, Valmik Bhargava und Bruce J. West, »Nonlinear Dynamics of the Heartbeat«, *Physica* 17D (1985), S. 207–214. Michael C. Mackay und Leon Glass, »Oscillation and Chaos in Physiological Control Systems«, *Science* 197 (1977), S. 287. Mitchell Lewis und D. C. Rees, »Fractal Surfaces of Proteins«, *Science* 230 (1985), S. 1163–65. Ary L. Goldberger et. al., »Nonlinear Dynamics in Heart Failure: Implications of Long-Wavelength Cardiopulmonary Oscillations«, *American Heart Journal* 107 (1984), S. 612–615. Teresa Ree Chay und John Rinzel, »Bursting, Beating, and Chaos in an Excitable Membrane Model«, *Biophysical Journal* 47 (1985), S. 357–366. Eine besonders brauchbare und umfassende Sammlung weiterer Aufsätze zum Thema bietet *Chaos,* Arun V. Holden, ed. (Manchester: Manchester University Press, 1986).

4. Ruelle, »Strange Attractors«, S. 48.

5. Glass.

6. Goldberger.

7. Peskin; David M. McQueen und Charles S. Peskin, »Computer-Assisted Design of Pivoting Disc Prosthetic Mitral Valves«, *Journal of Thoracic and Cardiovascular Surgery* 86 (1983), S. 126–135.

8. Cohen.

9. Winfree.

10. Winfree entwickelt seine Überlegungen zur geometrischen Zeit in biologischen Systemen in seinem schönen und provokativen Buch *When Time Breaks Down: The Three-Dimensional Dynamics of Electrochemical Waves and Cardiac Arrhythmias* (Princeton: Princeton University Press, 1987); einen Überblick über die Anwendungsmöglichkeiten auf Herzrhythmen gibt Arthur T. Winfree, »Sekundenherztod: Hilfe von der Topologie?«, *Spektrum der Wissenschaft* (Juli 1983), S. 98–111.

11. Winfree.

12. Winfree.

13. Strogatz; Charles A. Czeisler et. al., »Bright Light Resets the Human Circadian Pacemaker Independent of the Timing of the Sleep-

Wake Cycle«, *Science* 233 (1986), S. 667-670. Steven Strogatz, »A Comparative Analysis of Models of the Human Sleep-Wake Cycle«, Vorabdruck, Harvard University, Cambridge, Massachusetts.

14. Winfree.

15. »Sekundenherztod.«

16. Ideker.

17. Winfree.

18. Ideker.

19. Glass.

20. Michael R. Guevara, Leon Glass und Alvin Schrier, »Phase Locking, Period-Doubling Bifurcations, and Irregular Dynamics in Periodically Stimulated Cardiac Cells«, *Science* 214 (1981), S. 1350.

21. Glass.

22. Cohen.

24. Winfree.

25. Leon Glass und Michael C. Mackay, »Pathological Conditions Resulting from Instabilities in Physiological Control Systems«, *Annals of the New York Academy of Sciences* 316 (1979), S. 214.

26. Ary L. Goldberger, Valmik Bhargava, Bruce J. West und Arnold J. Mandell, »Some Observations on the Question: Is Ventricular Fibrillation ›Chaos‹«, Vorabdruck.

27. Mandell.

28. Mandell.

29. Arnold J. Mandell, »From Molecular Biological Simplification to More Realistic Central Nervous System Dynamics: An Opinion«, in *Psychiatry: Psychobiological Foundations of Clinical Psychiatry* 3:2, J. O. Cavenar et. al., eds. (New York: Lippincott, 1985).

30. Ibid.

31. Huberman.

32. Bernardo A. Huberman und Tad Hogg, »Phase Transitions in Artificial Intelligence Systems«, Vorabdruck, Xerox Palo Alto Research Center, Palo Alto, Kalifornien, 1986. Außerdem Tad Hogg und Bernardo A. Huberman, »Understanding Biological Computation: Reliable Learning and Recognition«, *Proceedings of the National Academy of Sciences* 81 (1984), S. 6871 – 75.

33. Erwin Schrödinger, *What is Life?* (Cambridge: Cambridge University Press, 1967); (dt. »Was ist Leben? Die lebende Zelle mit den Augen des Physikers betrachtet.« München, 1987) S. 82.

34. Ibid., S. 5.

Chaos und jenseits von Chaos

Die Klassifikation der Bestandteile eines Chaos, nichts Geringeres wird hier versucht.

Hermann Melville: Moby Dick

Vor zwei Jahrzehnten dachte Eward Lorenz über das Klima nach, Michel Hénon über die Sterne, Robert May über das Gleichgewicht der Natur. Benoit Mandelbrot war ein unbekannter Mathematiker bei IBM, Mitchell Feigenbaum ein Vordiplomstudent am City College in New York, Doyne Farmer ein Junge, der in Neumexiko aufwuchs. Die meisten praktizierenden Wissenschaftler teilten eine Reihe von Glaubenssätzen über das Wesen der Komplexität. Sie waren mit diesen Glaubenssätzen so fest verwachsen, daß sie sie nicht einmal in Worte zu fassen brauchten. Erst später wurde es möglich, diese Glaubenssätze zu artikulieren und der Überprüfung zu unterziehen.

Einfache Systeme zeitigen einfaches Verhalten. Ein mechanischer Apparat wie ein Pendel, ein kleiner Stromkreis, eine idealisierte Fischpopulation in einem Teich – solange diese Systeme sich auf einige wenige, vollkommen verstandene und vollkommen deterministische Gesetze reduzieren ließen, war ihr Langzeitverhalten im allgemeinen stabil und berechenbar.

Komplexes Verhalten impliziert komplexe Folgen. Eine mechanische Einrichtung, ein Stromkreis, eine freilebende Population, eine Strömung, ein biologisches Organ, ein Teilchenstrahl, eine Volkswirtschaft – ein System, das offensichtlich instabil, unberechenbar und nicht zu kontrollieren war, mußte entweder von einer Vielzahl voneinander unab-

418

hängiger Komponenten beherrscht werden oder zufälligen Außeneinflüssen unterliegen.

Unterschiedliche Systeme zeitigen unterschiedliches Verhalten. Ein Neurobiologe, der seine berufliche Tätigkeit damit zubrachte, die chemischen Prinzipien des menschlichen Neurons zu erforschen, ohne etwas über Gedächtnis oder Wahrnehmung zu lernen, ein Flugzeugbauer, der mit Windkanälen arbeitete, um aerodynamische Probleme zu lösen, ohne die mathematischen Grundlagen von Turbulenzen zu begreifen, ein Ökonom, der die Psychologie von Kaufentscheidungen analysierte, ohne Verfahren zu entwickeln, langfristige Trends vorauszusagen – all diese Wissenschaftler gingen davon aus, daß die Bestandteile ihrer Disziplinen voneinander verschieden waren, und sahen es als gegeben an, daß komplexe Systeme, die aus Milliarden dieser Bestandteile zusammengesetzt waren, sich auch voneinander unterscheiden mußten.

Inzwischen hat sich dies alles geändert. Während der vergangenen zwanzig Jahre haben Physiker, Mathematiker, Biologen und Astronomen einen alternativen Ideenkanon geschaffen. Einfache Systeme lassen komplexes Verhalten zu. Komplexe Systeme lassen einfaches Verhalten zu. Und am wichtigsten: Die Gesetze der Komplexität haben universale Gültigkeit, ohne sich im geringsten um die Details der atomaren Bestandteile in einem System zu kümmern.

Für den Großteil der praktizierenden Wissenschaftler – Teilchenphysiker, Neurologen, ja sogar Mathematiker – blieben diese Veränderungen ohne unmittelbare Folgen. Sie arbeiteten weiter an den Forschungsproblemen ihrer jeweiligen Disziplin. Aber sie hatten von einer Erscheinung namens Chaos gehört. Sie wußten, daß manche komplexe Phänomene erklärt worden waren, und sie wußten auch, daß andere Phänomene plötzlich neuer Erklärungen bedurften. Ein Wissenschaftler, der chemische Reaktionen in einem Labor untersuchte oder Insektenvölker in dreijähriger Feldforschung beobachtete oder die Schwankungen der

Ozeantemperatur simulierte, konnte nicht mehr in herkömmlicher Weise auf das Auftreten unerwarteter Fluktuationen oder Oszillationen reagieren – das heißt, indem er sie ignorierte. Für einige bedeutete dies Ärger. In praktischer Hinsicht aber wußten sie, daß für diese quasimathematische Wissenschaft bei der Regierung und privaten Forschungsinstitutionen etwas zu holen war. Immer mehr von ihnen erkannten, daß Chaos neue Möglichkeiten bot, alte Daten zu interpretieren, die irgendwo vergessen in Schreibtischschubladen lagen, weil sie sich als zu regellos erwiesen hatten. Mehr und mehr empfanden die Forscher die Fachspezialisierung der Wissenschaft als Hemmschuh ihrer Arbeit. Mehr und mehr Wissenschaftler verspürten ein Gefühl der Sinnlosigkeit, wenn sie einzelne Teile isoliert vom Ganzen untersuchten. In ihren Augen bedeutete Chaos das Ende des reduktionistischen Gedankens innerhalb der Wissenschaft.

Unverständnis, Widerstand, Verärgerung, Zustimmung: Jeder Forscher, der Chaos über lange Zeit verfolgte, stieß auf all diese Reaktionen. Joseph Ford, ein theoretischer Physiker am Georgia Institute of Technology, erinnerte sich, wie er in den siebziger Jahren vor einer Zuhörerschaft von Thermodynamikern las und dabei erwähnte, daß in der Duffing-Gleichung, einem wohlbekannten Lehrbuchmodell für einen einfachen, durch Reibung beeinflußten Oszillator, chaotisches Verhalten auftrete. Ford betrachtete das Auftreten von Chaos in der Duffing-Gleichung als eine kuriose Tatsache – eben als eines jener Phänomene, von denen er wußte, daß es sie gab, obwohl mehrere Jahre verstrichen, bis sie in der Fachzeitschrift *Physical Review Letters* veröffentlicht wurden. Doch genausogut hätte er Paläontologen erzählen können, daß Dinosaurier Federn hätten. Sie wußten es besser.

»Als ich das sagte? Mein Gott, die Zuhörer fingen an, von ihren Stühlen aufzuspringen. Ich konnte sie regelrecht hören: ›Mein Papa hat mit der Duffing-Gleichung gespielt, mein Großpapa hat mit der Duffing-Gleichung gespielt, und keiner hat je etwas davon gesehen, was Sie uns hier erzählen.‹ Mit der Vorstellung, daß die Natur kompliziert ist, stößt man natürlich auf Widerstand. Was ich aber nicht verstand, das war die feindselige Haltung.«[1]

Wir saßen gemütlich in seinem Arbeitszimmer in Atlanta. Während draußen gerade die Wintersonne unterging, schlürfte Ford Mineralwasser aus einem überdimensionierten Becher mit der Aufschrift CHAOS, aufgemalt in leuchtenden Farben. Sein jüngerer Kollege Ronald Fox erzählte von seiner eigenen Konversion, kurz nachdem er einen Apple-II-Computer für seinen Sohn gekauft hatte. Kein Physiker, der etwas auf sich hielt, kaufte sich damals für seine Arbeit ein solches Gerät. Fox hörte, daß Mitchell Feigenbaum universale Gesetze entdeckt hätte, die das Verhalten von Rückkopplungsfunktion steuerten. Er beschloß, ein kurzes Programm zu schreiben, das ihm das Verhalten auf dem Monitor seines Apple zeigen sollte. Und siehe da, alles leuchtete vor ihm auf dem Bildschirm auf: sich gabelnde Bifurkationen, stabile Linien, die in zwei Teile zerfallen, dann in vier, dann in acht; das Auftreten von Chaos selbst; und inmitten von Chaos jene verblüffende geometrische Regelmäßigkeit. »In ein paar Tagen konnte man den ganzen Feigenbaum nachvollziehen«,[2] meinte Fox. Die eigene Erfahrung am Computer überzeugte ihn und so manchen andern, die angesichts einer schriftlich fixierten Beweisführung ihre Zweifel gehabt hätten.

Manche Wissenschaftler spielten mit solchen Programmen eine Zeitlang herum und hörten dann auf. Andere aber, ob sie wollten oder nicht, empfanden eine grundlegende Veränderung in ihrem Denken. Fox war einer von ihnen; er war sich nun der Grenzen linearer Standardwissenschaft bewußt. Ihm war klar, daß er bislang die wirklich schweren, nichtlinearen Probleme ausgeklammert hatte. In der Praxis sagte am Ende für gewöhnlich jeder Physiker: *Das ist ein Problem, da muß ich noch zu einem Handbuch für spezielle*

421

Funktionen greifen, und das ist das letzte, was ich will. Ich werde den Teufel tun und mich an so eine Maschine setzen und loslegen. Dafür bin ich zu clever.

»Das allgemeine Bild von Nichtlinearität erweckte die Aufmerksamkeit vieler Leute – zuerst nur allmählich, dann immer mehr«, sagte Fox. »Für jeden, der es anschaute, trug es Früchte. Die Probleme erscheinen einem nun in einem anderen Licht als zuvor, gleichgültig, welche Wissenschaft man gerade treibt. Es gab einen Punkt, wo man aufhörte, sie weiterzuverfolgen, weil sie dort nichtlinear wurden. Jetzt aber wissen wir, wie wir sie anschauen müssen, und kehren zu ihnen zurück.« Ford fügt hinzu: »Wenn ein Bereich anfängt zu wachsen, so darum, weil eine Reihe von Leuten meinten, daß sich ihnen dort etwas *bietet* – daß die Anerkennung, wenn sie die Art ihrer Forschung verändern, sehr groß sein wird. Für mich ist Chaos wie ein Traum. Wenn man rüberkommt und mitspielt, bietet es einem die Möglichkeit, die Hauptader anzuzapfen.«

Dennoch mochte sich keiner mit dem Wort selbst so recht anfreunden.[3]

Philip Holmes, ein weißbärtiger Mathematiker und Dichter, der über Oxford nach Cornell gelangt war: *Die komplizierten, aperiodischen Attraktor-Orbits bestimmter (gewöhnlich niedrigdimensionaler) dynamischer Systeme.*

Hao Bai-Lin, ein Physiker in China, der viele historische Aufsätze über Chaos zu einem einzigen Quellenband zusammengetragen hat: *Eine Art Ordnung ohne Periodizität.* Und: *Ein rasch sich ausweitender Forschungsbereich, zu dem Mathematiker, Physiker, Hydrodynamiker, Wirtschaftswissenschaftler und viele andere gleichermaßen bedeutende Beiträge geliefert haben.* Und: *Eine kürzlich erkannte, ubiquitäre Klasse natürlicher Phänomene.*

H. Bruce Stewart, ein Vertreter der angewandten Mathematik im Brookhaven National Laboratory auf Long Island: *Offensichtlich wiederkehrendes Zufallsverhalten in einem einfachen (uhrwerkähnlichen) System.*

Roderick V. Jensen von der Yale University, ein Vertreter der theoretischen Physik, der die Möglichkeit einer chaotischen Quantendynamik erforscht: *Das regellose, unvorhersagbare Verhalten deterministischer, nichtlinearer dynamischer Systeme.*

James P. Crutchfield aus Santa Cruz: *Dynamik mit positiver, endlicher, metrischer Entropie. Die Übersetzung von »mathese« lautet: Verhalten, das Information produziert, vergrößert kleine Unsicherheiten, doch ist nicht völlig unvorhersagbar.*

Und Ford, der selbsternannte Evangelist von Chaos: *Endlich wurde die Dynamik von den Fesseln der Ordnung und Vorhersagbarkeit befreit... Den Systemen war es endlich möglich, alle ihre dynamischen Möglichkeiten in voller Willkür zu erkunden... Überraschende Vielfalt, eine Fülle an Alternativen, ein Füllhorn der Möglichkeiten.*

John Hubbard, der Iterationsfunktionen und die grenzenlose fraktale Wildnis der Mandelbrot-Menge untersuchte, betrachtete den Begriff »Chaos« als unzulängliche Bezeichnung seiner Arbeit, weil er Zufall und Willkür bedeute. Seiner Ansicht nach soll die überragende Botschaft gerade sein,[4] daß einfache Prozesse in der Natur die großartigsten komplexen Gebäude errichten können, und zwar *ohne* Zufallsfaktor. In Nichtlinearität und Rückkopplung waren alle Voraussetzungen angelegt, um so reiche Strukturen wie das menschliche Hirn zu verschlüsseln und zu entfalten.

In den Augen anderer Wissenschaftler wie Arthur Winfrees, der die globale Topologie biologischer Systeme erforschte, war Chaos ein zu enger Begriff.[5] Er bedeutete einfache Systeme wie die eindimensionalen Abbildungen Feigenbaums oder die zwei- oder drei-(beziehungsweise gebrochen-)dimensionalen seltsamen Attraktoren Ruelles. Niedrigdimensionales Chaos sei ein Sonderfall, mutmaßte Winfree. Ihn interessierten die Gesetze vieldimensionaler Komplexität – und er war überzeugt, daß es solche Gesetze geben müsse. Zu viele Phänomene innerhalb des Universums schienen über den Bereich von eindimensionalem Chaos hinauszuweisen.

In der Zeitschrift *Nature* wurde eine fortlaufende Debatte über die Frage ausgetragen, ob das Erdklima einem seltsamen Attraktor folge. Ökonomen suchten nach erkennbaren seltsamen Attraktoren in Börsentrends, doch bislang ohne Ergebnis. Dynamiker hofften, mit dem Rüstzeug von Chaos eine voll entwickelte Turbulenz erklären zu können. Albert Libchaber, heute an der Universität Chicago, stellte seinen eleganten Experimentierstil in den Dienst der Turbulenzforschung und schuf einen Behälter mit flüssigem Helium, der mehrere tausend Mal größer war als seine winzige Zelle von 1977. Ob solche Experimente, die Unregelmäßigkeiten von Strömungen sowohl im Raum wie in der Zeit freisetzten, zu einfachen Attraktoren führen würden, wußte niemand. Wie der Physiker Bernardo Huberman meinte: »Wenn Sie einen turbulenten Strom hätten und würden eine Sonde hineinfahren und sagen: ›Schau, hier ist ein niedrigdimensionaler seltsamer Attraktor‹ – wir würden alle unsere Hüte abnehmen und staunen.«[6]

Chaos stand für eine Reihe von Ideen, die all diesen Wissenschaftlern das Gefühl vermittelte, Mitglieder an einem gemeinsamen Unternehmen zu sein. Ob Physiker oder Biologe oder Mathematiker, sie alle glaubten, daß einfache, deterministische Systeme Komplexität ausbilden könnten, und zugleich, daß Systeme, die der herkömmlichen Mathematik als zu komplex erschienen, womöglich einfachen Gesetzen folgten. Und schließlich glaubten sie, daß ihre Aufgabe darin bestünde, Komplexität selbst zu begreifen.

»Schauen wir uns einmal die Hauptsätze der Thermodynamik an«, schrieb James E. Lovelock, der Schöpfer der Gaiahypothese. »Zugegeben, auf den ersten Blick lesen sie sich wie die Inschrift am Tor von Dantes Hölle...«[7] Doch nur auf den ersten Blick...

Der zweite Hauptsatz der Thermodynamik beinhaltet eine technische Katastrophennachricht der Wissenschaft, die auch im nichtwissenschaftlichen Leben feste Wurzeln geschlagen hat. Alles strebt dem Zustand der Unordnung zu. Jeder Prozeß, der Energie von der einen in die andere Form verwandelt, muß Energie in Form von Wärme abgeben. Eine vollkommene Ausnutzung ist unmöglich. Das Universum ist eine Einbahnstraße. *Die Entropie muß im Universum wie auch in jedem hypothetischen isolierten System innerhalb des Universums zunehmen.* Wie man den zweiten Hauptsatz auch formulieren mag, er bringt ein Gesetz zum Ausdruck, gegen das keine Berufung möglich scheint. In der Thermodynamik trifft dies auch zu. Doch begann der zweite Hauptsatz ein Eigenleben in Bereichen des Geistes zu entwickeln, die weit von den Naturwissenschaften entfernt waren; man gab ihm die Schuld für den Zerfall von Gesellschaften, für wirtschaftlichen Niedergang, für das Dahinschwinden der guten Sitten und viele andere Beispiele aus dem Katalog der Dekadenz. Diese sekundären, metaphorischen Inkarnationen des zweiten Hauptsatzes scheinen heute völlig in die Irre zu führen. In unserer Welt blüht gerade Komplexität, und wer auf der Suche nach einem allgemeinen Verständnis der Natur und ihrer Gewohnheiten die Wissenschaft um Rat angeht, dem wird mit den Gesetzen von Chaos besser gedient sein.

Schließlich gelingt es dem Universum doch irgendwie, die interessantesten Strukturen herauszubilden, während es auf seinen ausgeglichenen Endzustand im merkmalslosen Wärmetod maximaler Entropie hinstrebt. Nachdenkliche Physiker, die sich mit der Funktionsweise der Thermodynamik beschäftigen, werden gewahr, wie verwirrend die Frage ist, »auf welche Weise ein sinnloser Energiestrom Leben und Bewußtsein in die Welt zu spülen vermag«.[8] Die Ungewißheit wird noch gesteigert durch den vagen Begriff der Entropie, der zwar für thermodynamische Zwecke durch Wärme und Temperatur wohldefiniert ist, doch sich nur verteufelt schwer fassen läßt als ein Maß für *Unordnung*. Physiker haben schon Schwierigkeiten genug, um den Grad von Ordnung in Wasser zu messen, etwa wenn sich beim Übergang zu Eis kristalline Strukturen bilden, während die ganze Zeit über Energie verlorengeht. Doch scheitert die thermodynamische Entropie kläglich als ein Maß für die sich wandelnden Grade von Form und Formlosigkeit bei der Schaffung von Aminosäuren, von Mikroorganismen, sich reproduzierenden Pflanzen und Tieren oder komplexen Informationssystemen wie dem Gehirn. Gewiß müssen auch diese entstehenden Inseln der Ordnung dem zweiten Hauptsatz gehorchen. Die wichtigen Gesetze aber, die kreativen Gesetze, sind woanders zu suchen.

Die Natur formt Muster. Manche sind ungeordnet im Raum, aber geordnet in der Zeit, andere geordnet in der Zeit, aber ungeordnet im Raum. Manche Muster sind fraktal und weisen maßstabsübergreifende Selbst-Ähnlichkeit auf. Andere ermöglichen stete oder oszillierende Zustände. Musterbildung ist ein Zweig der Physik und Materialkunde geworden, der es Wissenschaftlern ermöglicht, die Ansammlung von Partikeln zu Trauben zu simulieren, die gebrochene Streuung von elektrischen Entladungen sowie von Kristallen in Eis und Metallegierungen. Die dynamischen Prozesse scheinen von fundamentaler Bedeutung zu sein – Formen, die sich in Raum und Zeit verändern –, und dennoch steht erst heute das Rüstzeug bereit, sie zu begreifen. Erst heute ist es legitim, einen Physiker zu fragen: »Warum sind alle Schneeflocken voneinander verschieden?«

Eiskristalle formen in der turbulenten Luft mit einer großartigen Mischung von Symmetrie und Zufall die besondere Schönheit sechsfacher Unbestimmtheit. Wenn Wasser gefriert, bilden die Kristalle Zacken; die Zacken wachsen, ihre Randzonen werden instabil, und neue Zacken schießen an ihren Seiten empor. Schneeflocken gehorchen verblüffend subtilen mathematischen Gesetzen, und es war unmöglich,

Verästelung und Formenbildung. Das Studium der Formenbildung, mit ausgelöst und ermutigt durch fraktale Mathematik, setzte solche natürlichen Formen wie die einem Blitz ähnelnden Linien einer elektrischen Entladung in Bezug mit der simulierten Anordnung sich zufällig bewegender Teilchen.

vorherzusagen, wie schnell eine Zacke wachsen, wie spitz sie sein und wie oft sie sich verzweigen würde. Generationen von Wissenschaftlern waren damit beschäftigt, diese bunte Mustervielfalt zu zeichnen und zu katalogisieren: Platten und Säulen, Kristalle und Polykristalle, Kristallnadeln und Dendriten. Mangels besserer Annäherungsmöglichkeiten faßten solche Abhandlungen die Kristallbildung als ein Klassifikationsproblem auf.

Das Wachstum solcher Zacken[9] – Dendriten – wird heute als ein hochgradig nichtlineares Problem instabiler, offener Grenzen angesehen. Das aber bedeutet, daß entsprechende Modelle ein komplexes, verwickeltes Grenzverhalten beim dynamischen Übergang nachzeichnen müssen. Wenn die Erstarrung von außen nach innen vordringt, wie es im Eisfach eines Kühlschranks geschieht, so bleibt die Randzone in der Regel stabil und glatt, solange die Geschwindigkeit von der Fähigkeit der Wände kontrolliert wird, die Hitze abzuleiten. Wenn aber ein Kristall aus einem Anfangskeim heraus erstarrt, wie eine Schneeflocke es tut, und Wassermoleküle an sich zieht, während es durch die feuchte Luft fällt – dann wird der Prozeß instabil. Jeder noch so winzige Grenzabschnitt, der über seine Nachbarn hinausragt, kann mehr neue Wassermoleküle binden, und wächst darum um so schneller – der sogenannte »Blitzableitereffekt«. Neue Verästelungen bilden sich und dann Unterverästelungen.

Eine Schwierigkeit lag in der Entscheidung, welche der vielen beteiligten physikalischen Kräfte wichtig sind und welche mit Sicherheit vernachlässigt werden können. Am wichtigsten ist, und das wußten Wissenschaftler schon seit langem, die Hitzediffusion, während das Wasser gefriert. Doch Thermophysiker können nicht vollständig die Muster erklären, die Forscher beobachten, wenn sie Schneeflocken unter Mikroskopen betrachten oder Schneeflocken im Labor züchten. Kürzlich erarbeiteten Wissenschaftler ein Verfahren, einen anderen Prozeß nachzuvollziehen: Oberflächenspannung. Das Kernstück dieses Modells macht das Wesen von Chaos aus: ein delikates Gleichgewicht von stabilen Kräften und instabilen Kräften; ein eindrucksvolles Wechselspiel von Kräften mikroskopischen Maßstabs und Kräften alltäglichen (makroskopischen) Maßstabs.

Wo Wärmediffusion dazu neigt, Instabilität zu erzeugen, dort erzeugt die Oberflächenspannung Stabilität. Der Einfluß der Oberflächenspannung bewirkt, daß eine Substanz glatte Begrenzungen, wie die Wand einer Seifenblase oder eines Tropfens, vorzieht. Es kostet Energie, Oberflächen rauh zu machen. Das Gleichgewicht dieser Neigungen hängt von der Größe des Kristalls ab. Während die Diffusion im wesentlichen ein makroskopischer Prozeß ist, zeigt sich die Oberflächenspannung am stärksten im mikroskopischen Skalenbereich.

Da die Effekte der Oberflächenspannung so klein waren, nahmen Forscher herkömmlicherweise an, daß sie für praktische Zwecke außer Betracht bleiben könnten. Das ist aber keineswegs der Fall. Die winzigsten Maßstäbe erwiesen sich als entscheidend; dort zeigten sich die Oberflächeneffekte unendlich empfindlich gegenüber der Molekularstruktur einer erstarrenden Substanz. Im Fall von Eis gibt eine natürliche, sechszackige Molekularsymmetrie eine eingebaute Präferenz für sechs Wachstumsrichtungen vor. Zu ihrer Überraschung fanden Wissenschaftler heraus, daß es der Mischung von Stabilität und Instabilität gelingt, diese mikroskopische Präferenz zu erhöhen, indem sie das quasifraktale Gitterwerk herausbildet, das Schneeflocken ausmacht. Die mathematischen Prinzipien erschlossen nicht Wetterkundler, sondern theoretische Physiker zusammen mit Metallurgen, die dabei ihre eigenen Forschungsinteressen verfolgten. Die Molekularsymmetrie von Metallen ist andersgeartet und desgleichen die charakteristischen Kristalle, die dazu beitragen, die Festigkeit einer Legierung zu bestimmen. Die mathematischen Prinzipien bleiben jedoch dieselben: Die Gesetze der Musterbildung sind universal.

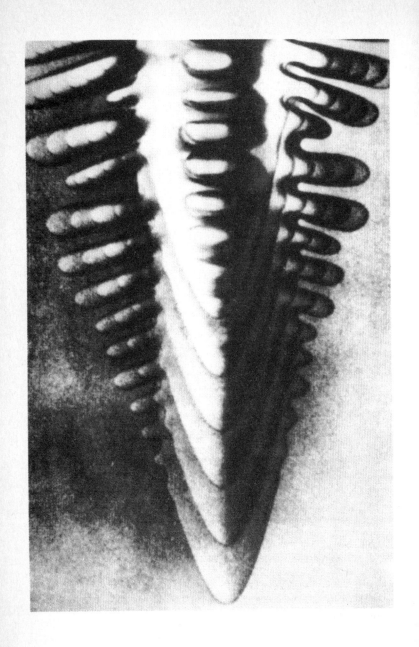

Balance zwischen Stabilität und Instabilität. Wenn eine Flüssigkeit in den kristallinen Zustand übergeht, bildet sich eine wachsende Spitze (mehrfach belichtet auf einem Foto) mit einer Randzone, die unstabil wird und selbst Seitenäste austreibt (Bild links). Computersimulation der hochkomplexen thermodynamischen Prozesse imitieren die Formen echter Schneeflocken (oben).

Sensitive Abhängigkeit von den Anfangsbedingungen dient nicht der Erzeugung oder Zerstörung. Wenn eine Schneeflocke zur Erde herabfällt, wobei sie meistens eine Stunde oder länger im Wind treibt, hängt die jeweilige Wahl, die die sich verästelnden Zacken treffen, stets empfindlich von Faktoren ab wie Temperatur, Luftfeuchtigkeit oder Verunreinigungen der Atmosphäre. Die sechs Zacken einer einzigen Schneeflocke, die sich auf einem Millimeter Raum ausbreiten, sind derselben Temperatur ausgesetzt, und da die Wachstumsgesetze rein deterministischer Art sind, behalten sie eine nahezu vollkommene Symmetrie bei. Aber Luftturbulenzen bewirken ihrem Wesen nach, daß jedes Schneeflockenpaar höchst verschiedenen Pfaden folgt. Die endgültige Schneeflocke bewahrt in sich die Geschichte all der sich wandelnden Wetterbedingungen auf, die sie erlebt hat, und entsprechend unbegrenzt sind die Kombinationsmöglichkeiten.

Physiker nennen Schneeflocken gern »Ungleichgewichtsphänomene«. Sie sind Resultate von Unregelmäßigkeiten im Energiefluß von einem Stück Natur zu einem andern. Der Fluß verwandelt eine Grenzzone in eine Zacke, die Zacke in eine Anordnung von Verästelungen, die Anordnung in eine komplexe Struktur, die noch nie dagewesen war. Als Wissenschaftler allmählich beobachten konnten, daß solche Instabilitäten den universalen Gesetzen von Chaos gehorchen, gelang es ihnen nach und nach, dieselben Methoden auf eine Vielzahl physikalischer und chemischer Probleme anzuwenden; heute, wie könnte es anders sein, vermuten sie, daß als nächstes die Biologie an der Reihe ist. Während sie am Computerbildschirm Simulationen von Dendritenwachstum verfolgen, sehen sie vor ihrem geistigen Auge bereits, wie Algen, Zellwände und Organismen knospen und sich teilen.[10]

Ob es sich um mikroskopisch kleine Partikel oder um komplexe Strukturen des Alltags handelt – viele neue Pfade scheinen sich nun zu öffnen. In den Vereinigten Staaten treibt die mathematische Physik die Bifurkationstheorie von Feigenbaum und seinen Kollegen weiter voran. In den abstrakten Bereichen der theoretischen Physik beschäftigen Wissenschaftler sich mit einer Reihe neuer Probleme, etwa mit der unbeantworteten Frage nach einem Quantenchaos: Erlaubt die Quantenmechanik das Chaosphänomen der klassischen Mechanik? Auf dem Gebiet der Strömungsphysik baut Libchaber gerade seinen riesigen Behälter mit flüssigem Helium, während Pierre Hohenberg und Gunther Ahlers die seltsam geformten laufenden Wellen der Konvektion untersuchen.[11] In der Astronomie ziehen Chaosexperten unerwartete Gravitationsschwankungen heran, um den Ursprung von Meteoriten[12] zu erklären – die scheinbar unerklärlichen Asteroidenschauer, die weit hinter dem Mars ins All katapultiert werden. Wissenschaftler machen sich die physikalischen Prinzipien dynamischer Systeme zunutze, um das menschliche Immunsystem zu untersuchen mit seinen Milliarden einzelner Komponenten und seiner Fähigkeit, zu lernen, sich zu erinnern und Erkennungsmuster auszubilden; gleichzeitig erforschen sie die Evolution in der Hoffnung, universale Adaptionsmechanismen herauszufinden. Bei der Erstellung solcher Modelle treten rasch Strukturen auf, die sich reproduzieren und einander widerstreiten, um sich durch natürliche Auslese fortzuentwickeln.[13]

»Evolution ist Chaos plus Rückkopplung«,[14] sagte Joseph Ford. Das Universum ist ein Gebilde von Zufall und Dissipation, gewiß. Aber ausgerichteter Zufall kann verblüffende Komplexität herbeiführen. Und wie Lorenz schon vor so langer Zeit herausgefunden hat, ist Dissipation ein Agens der Ordnung.

»Gott würfelt mit dem Universum«,[15] lautet Fords Erwiderung auf Einsteins berühmte Sentenz. »Doch sind die Würfel präpariert. Und das Hauptziel der Physik ist heute, herauszufinden, nach welchen Regeln sie präpariert worden sind und wie wir sie für unsere eigenen Zwecke benutzen können.«

Solche Ideen tragen dazu bei, das kollektive Unternehmen der Wissenschaft voranzutreiben. Doch scheint noch keine Theorie, noch kein Beweis, noch kein Experiment gesichert genug, um die einzelnen Forscher, für die die Wissenschaft zunächst und vor allem eine Arbeitsmethode bereitstellen muß, völlig in den Bann zu schlagen. Aber in so manchem Labor beginnen die herkömmlichen Methoden zu versagen. Die traditionelle Wissenschaft geht mehr und mehr in die Irre, wie T. S. Kuhn behauptete; ein Experiment hier, ein Versuch dort widerspricht den Erwartungen: »Die Forschung kann Anomalien nicht länger ausweichen.«[16] Für den einzelnen Forscher konnte die Chaostheorie erst die Oberhand gewinnen, als die Methoden von Chaos sich als unumgänglich erwiesen.

Wissenschaft bedeutete keine Abstraktion in den Augen von William M. Schaffer, einem Ökologen, der sich auf Feldforschung spezialisiert hat, nachdem er seine Ausbildung als letzter Student von Robert MacArthur abschloß, dem großen alten Mann seines Fachs in den fünfziger und sechziger Jahren. MacArthur entwarf eine Konzeption der Natur, die die Idee einer *natürlichen Balance* auf ein festes Fundament stellte. Seine Modelle gingen davon aus, daß es ein Gleichgewicht gab und die Populationen von Pflanzen und Tieren sich eng an ihm orientierten. Nach MacArthurs Auffassung eignete der Balance in der Natur eine nahezu moralische Qualität – Gleichgewichtszustände in seinen Modellen hatten die effizienteste Nutzung von Nahrungsressourcen sowie ihre geringste Vergeudung zur Folge. Die Natur, sofern sie sich selbst überlassen wurde, war gut.

Zwei Jahrzehnte später mußte MacArthurs letzter Student feststellen, daß eine Ökologie, die auf der Vorstellung eines Gleichgewichts beruhte, zum Scheitern verurteilt schien. Die traditionellen Modelle sind ein Opfer ihrer eigenen linearen Vorurteile. Die Natur ist weitaus komplizierter. Schaffer hält Chaos vielmehr für »inspirierend, aber auch ein wenig bedrohlich«.[17] Chaos, so äußert er gegenüber seinen Kollegen, könne die zählebigsten Annahmen der Ökologie unterminieren. »Vorstellungen, die heute noch als fundamentale Konzeptionen der Ökologie gelten, sind dem Nebel vergleichbar, der dem losbrechenden Sturm vorangeht – in diesem Fall einem gewaltigen nichtlinearen Sturm.«[18]

Schaffer benutzt seltsame Attraktoren, um die epidemologische Verbreitung von Kinderkrankheiten wie Masern und Windpocken zu untersuchen.[19] Er hat dazu Daten gesammelt, erst in New York und Baltimore, dann in Aberdeen, Schottland und schließlich in ganz England und Wales. Er hat ein dynamisches Modell erstellt, das einem gedämpften, angetriebenen Pendel gleicht. Die Krankheiten werden jedes Jahr angetrieben durch die vermehrte Ansteckung der Kinder bei Schulbeginn und gedämpft von den natürlichen Widerstandskräften. Schaffers Modell sagt ein auffallend anderes Verhalten für diese Krankheiten voraus. Windpokken sollten periodisch variieren, Masern hingegen chaotisch. Tatsächlich bestätigten die Daten exakt Schaffers Prognose. Einem herkömmlichen Epidemologen schienen die jährlichen Masernschwankungen unerklärlich – als zufällige, fehlerbehaftete Erscheinungen. Schaffer aber, der sich der Darstellungstechniken im Phasenraum bediente, konnte zeigen, daß die Masern einem seltsamen Attraktor folgten, mit einer fraktalen Dimension von etwa 2,5.

Schaffer berechnete Ljapunow-Exponenten und machte Poincaré-Schnitte. »Der entscheidende Punkt aber ist«, sagte Schaffer, »daß einem die Erkenntnis förmlich in die Augen springt, wenn man das Bild nur anschaut, und man sagt: ›Mein Gott, das ist ja dasselbe.‹«[20] Auch wenn der Attraktor sich chaotisch verhält, ermöglicht die deterministische Grundstruktur des Modells eine gewisse Vorhersagbarkeit. Auf ein Jahr hoher Masernansteckung folgt ein Zusammenbruch. Nach einem Jahr mittlerer Ansteckung wird sich das Niveau nur leicht ändern. Die größte Unberechenbarkeit aber führt ein Jahr niedriger Ansteckung herbei. Schaffers

Modell sagte auch die Folgen voraus, die eine Dämpfung der Dynamik durch Volksimpfungen bewirken würde – Folgen, die die traditionelle Epidemologie nicht vorhersagen konnte.

Im kollektiven wie im persönlichen Maßstab entwickeln sich die Ideen der Chaostheorie in verschiedenen Richtungen und aus verschiedenen Gründen voran. Für Schaffer wie für viele andere erfolgte der Übergang von traditioneller Wissenschaft zu Chaos unerwartet. Im Grunde war er der ideale Adressat für Robert Mays missionarisches Plädoyer von 1975; doch las er Mays Aufsatz nur, um sogleich wieder zur Tagesordnung zurückzukehren. Er hielt die mathematischen Gedanken für unrealistisch im Hinblick auf die Art von Systemen, die ein Ökologe untersuchte. So seltsam es klingen mag: Er wußte zuviel über Ökologie, um den Kern von Mays Argumentation zu begreifen. Das seien eindimensionale Abbildungen, dachte er – was könnten die schon über fortwährend sich wandelnde Systeme aussagen? Ein Kollege gab ihm den Rat: »Lesen Sie Lorenz.« Er schrieb den Hinweis auf einen Zettel und dachte nicht im entferntesten daran, ihn zu befolgen.

Jahre später lebte Schaffer in der Wüste von Tucson, Arizona. Die Sommermonate verbrachte er in den nördlich gelegenen Santa-Catalina-Bergen, Inseln von Büffelgras, wo es angenehm kühl war, während die Wüste in der Sonne brütete.[21] In den üppigen Monaten Juni und Juli, nach der Frühlingsblüte und vor dem Sommerregen, beobachteten Schaffer und seine Examensstudenten Bienen und Blumen verschiedener Arten. Das ökologische System ließ sich trotz der jährlichen Schwankungen leicht berechnen. Schaffer zählte die Bienen auf jedem Halm, berechnete die Pollenmengen, indem er die Blumen mit einer Pipette drainierte, und unterzog die Daten einer mathematischen Analyse. Hummeln konkurrierten mit Honigbienen und Honigbienen mit Holzbienen, und Schaffer entwarf ein überzeugendes Modell, um die Populationsfluktuationen zu erklären.

1980 bemerkte er, daß etwas nicht stimmen konnte. Sein Modell brach zusammen. Dabei fiel die Schlüsselrolle einer Spezies zu, die er übersehen hatte: Ameisen. Manche Kollegen vermuteten untypisches Winterwetter, andere untypisches Sommerwetter. Schaffer erwog bereits, sein Modell dadurch zu komplizieren, daß er ihm weitere Variablen hinzufügte. Er war zutiefst enttäuscht. Unter den Studenten hieß es in jenem Sommer, in zweitausend Meter Höhe sei mit Schaffer nicht gut Kirschen essen. Doch dann sollte sich alles ändern.

Zufällig geriet ihm ein Vorabdruck über chemisches Chaos bei einem komplizierten Laborexperiment in die Hände, und er sah, daß die Verfasser genau auf sein Problem gestoßen waren: Ebenso, wie es unmöglich war, Dutzende schwankender Reaktionsprodukte in einem Reagenzglas zu überwachen, so war es auch unmöglich, Dutzende von Spezies in den Bergen von Arizona zu kontrollieren. Doch war ihnen eben dort Erfolg beschieden, wo er gescheitert war. Er las über Darstellungen im Phasenraum. Schließlich las er Lorenz, Yorke und andere. Die Universität von Arizona veranstaltete eine Vortragsreihe mit dem Thema »Ordnung im Chaos«. Harry Swinney kam, und Swinney wußte, wie man über derartige Experimente reden mußte. Als er chemisches Chaos erläuterte, bei dem das Bild eines seltsamen Attraktors erkennbar wurde, und hinzufügte: »Das sind reale Daten!« – da rann Schaffer ein Schauer den Rücken hinab.

»Plötzlich wußte ich, daß dies mein Schicksal war«, sagte Schaffer. Er hatte im nächsten Jahr zwei Freisemester. Er zog seinen Förderantrag bei der nationalen Wissenschaftsstiftung zurück und bewarb sich um ein Guggenheim-Stipendium. Er wußte, oben in den Bergen wechseln die Ameisen mit der Jahreszeit. Bienen sausten und schwirrten in einem dynamischen Gesumm umher. Wolken wirbelten am Himmel. Er konnte nicht mehr auf die alte Art und Weise weiterarbeiten.

1. Ford.
2. Fox.
3. Holmes, *SIAM Review* 28 (1986), S. 107; Hao, *Chaos* (Singapore: World Scientific, 1984), S. 1; Stewart, »The Geometry of Chaos«, *The Unity of Science*, Brookhaven Lecture Series, No. 209 (1984), S. 1; Jensen, »Classical Chaos«, *American Scientist* (April 1987); Crutchfield, persönliche Mitteilung; Ford, »Book Reviews«, *International Journal of Theoretical Physics* 25 (1986), No. 1.
4. Hubbard.
5. Winfree.
6. Huberman.
7. *Gaia*, S. 125.
8. P. W. Atkins, *The Second Law* (New York: W. H. Freeman, 1984), S. 179. Dieses hervorragende, unlängst erschienene Buch bietet eine der wenigen Darstellungen des zweiten Hauptsatzes der Thermodynamik, um die kreative Kraft der Dissipation in chaotischen Systemen zu erforschen. Eine höchst individuelle und philosophische Betrachtung der Beziehungen zwischen thermodynamischen und dynamischen Systemen ist Ilya Prigogine, *Order out of Chaos: Man's new Dialogue With Nature* (New York: Bantam, 1984).
9. Langer. Die jüngere Literatur über die Dynamik der Schneeflocke ist sehr umfangreich. Am nützlichsten sind: James S. Langer, »Instabilities and Pattern Formation«, *Reviews of Modern Physics* 52 (1980), S. 1–28; Johann Nittmann und H. Eugene Stanley, »Tip Splitting without Interfacial Tension and Dendritic Growth Patterns Arising from Molecular Anisotropy«, *Nature* 321 (1986), S. 663–668; David A. Kessler und Herbert Levine, »Pattern Selection in Fingered Growth Phenomena«, erscheint demnächst in *Advances in Physics*.
10. Gollub, Langer.
11. Ein interessantes Beispiel dieser Annäherung bei der Untersuchung von Musterbildungen bieten P. C. Hohenberg und M. C. Cross, »An Introduction to Pattern Formation in Nonequilibrium Systems«, Manuskript, A.T.&T. Bell Laboratories, Murray Hill, New Jersey.
12. Wisdom; Jack Wisdom, »Meteorites May Follow a Chaotic Route to Earth«, *Nature* 315 (1985), S. 731–733; sowie »Chaotic Behavior and the Origin of the 3/1 Kirkwood Gap«, *Icarus* 56 (1983), S. 51–74.
13. Mit den Worten Farmers und Packards: »Adaptives Verhalten ist eine auftauchende Eigenschaft, die spontan durch die Interaktion einfacher Komponenten in Erscheinung tritt. Gleichgültig, ob diese Komponenten Neuronen, Aminosäuren, Ameisen oder Teilchenketten sind, kann sich Adaption nur einstellen, wenn das kollektive Verhalten des Ganzen sich qualitativ von dem der Summe der Einzelteile unterscheidet. Eben das aber ist die genaue Definition des Begriffs Nichtlinearität.« »Evolution, Games, and Learning: Models for

Adaptation in Machines and Nature«, Einführung zu den Kongreßakten des Center for Nonlinear Studies, Los Alamos National Laboratory, Mai 1985.

14. »What is Chaos«, S. 14.
15. Ford.
16. *Structure*, S. 5.
17. William M. Schaffer, »Chaos in Ecological Systems: The Coals That Newcastle Forgot«, *Trends in Ecological Systems* 1 (1986), S. 63.
18. William M. Schaffer und Mark Kot, »Do Strange Attractors Govern Ecological Systems?« *BioScience* 35 (1985), S. 349.
19. William M. Schaffer und Mark Kot, »Nearly One Dimensional Dynamics in an Epidemic«, *Journal of Theoretical Biology* 112 (1985), S. 403–427.
20. Schaffer.
21. Schaffer; vgl. William M. Schaffer, »A Personal Hejeira«, unveröffentlichtes Manuskript.

Anmerkung zu den Quellen und weiterführender Lektüre

Dieses Buch basiert auf den Äußerungen von etwa zweihundert Wissenschaftlern in öffentlichen Vorlesungen, in Fachpublikationen und vor allem in Gesprächen, die ich von April 1984 bis Dezember 1986 führte. Manche dieser Wissenschaftler waren Chaosspezialisten, andere nicht. Manche stellten sich über Monate hinweg für viele Stunden zur Verfügung, wobei sie Einblicke in die Geschichte und Praxis der Wissenschaft boten, die hier nur annähernd gewürdigt werden können. Einige trugen bisher unveröffentlichte Aufzeichnungen bei.

Wenige nützliche Sekundärquellen über Chaos liegen vor, so daß der Laie bei seiner Suche nach weiterer Lektüre nur auf wenige Orte verwiesen werden kann. Die vielleicht erste allgemeine Einführung in Chaos – die immer noch auf beredte Weise die Faszination des Gegenstands vermittelt und zugleich präzise die fundamentalen mathematischen Implikationen umreißt – war Douglas R. Hofstadters Beitrag im *Scientific American* vom November 1981, wiederabgedruckt in *Metamagical Themas* New York: Basic Books, 1985). Zwei nützliche Anthologien der einflußreichsten wissenschaftlichen Aufsätze sind Hao Bai-Lin, *Chaos* (Singapore: World Scientific, 1984) und Predrag Cvitanović, *Universality in Chaos* (Bristol: Adam Hilger, 1984). Überraschenderweise überschneidet sich ihre Auswahl nur selten; die erste Sammlung ist vielleicht ein wenig stärker historisch orientiert. Für den Leser, der sich für die Ursprünge der Fraktalgeometrie interessiert, bleibt die unverzichtbare, enzyklopädische und ärgerliche Quelle Benoit Mandelbrot, *The Fractal Geometry of Nature* (New York: Freeman, 1977). *The Beauty of Fractals* von Heinz-Otto Peitgen und Peter H. Richter (Berlin: Springer, 1986) dringt auf europäisch-romantische Weise in viele Bereiche der mathematischen Chaosforschung ein, neben unschätzbaren Beiträgen von Mandelbrot, Adrein Douady und Gert Eilenberger; das Werk enthält zudem viele aufwendige Graphiken in Farbe und Schwarzweiß, von denen verschiedene auch in diesem Buch abgedruckt wurden. Einen reich illustrierten Überblick über die mathematischen Prinzipien, der sich an Ingenieure und andere praktisch orientierte Leser wendet, bieten H. Bruce Stewart und J. M. Thompson, *Nonlinear Dynamics and Chaos* (Chichester: Wiley, 1986). Keines dieser Bücher aber ist Lesern ohne eine gewisse fachliche Vorbildung zugänglich.

Bei Beschreibung der Geschehnisse in diesem Buch sowie der Motive und Perspektiven der Wissenschaftler habe ich die Wissenschaftssprache vermieden, wo immer dies möglich war, in der Annahme, daß der Fachgelehrte auch so weiß, wann es um Integrierbarkeit, algebraisches Skalenverhalten oder komplexe Analysis geht. Leser, die eine mathematisch differenzierte Darstellung und spezifische Hinweise wünschen, werden diese in den Anmerkungen zu den einzelnen Kapiteln finden. Bei der Auswahl einiger weniger Zeitschriftenbeiträge unter den Tausenden, die hier hätten zitiert werden können, entschied ich mich entweder für die Aufsätze, die am direktesten Einfluß nahmen auf die in diesem Buch geschilderten Ereignisse, oder aber für solche, die den größten Nutzen für Leser versprechen, welche die sie interessierenden Ideen vor einem breiteren Horizont betrachten möchten.

Beschreibungen einzelner Örtlichkeiten basieren in der Regel auf meinen Besuchen dieser Stätten. Folgende Institutionen boten mir Zugang zu ihren Forschungsabteilungen, zu ihren Bibliotheken und in manchen Fällen auch zu ihren Computeranlagen: Boston University, Cornell University, Courant Institute of Mathematics, European Center for Medium-Range Weather Forecasts, Georgia Institute of Technology, Harvard University, IBM, Thomas J. Watson Research Center, Institute for Advanced Study, Lamont-Doherty Geophysical Observatory, Los Alamos National Laboratory, Massachusetts Institute of Technology, National Center for Atmosphere Research, National Institutes of Health, National Meteorological Center, New York University, Observatoire de Nice, Princeton University, University of California/Berkeley, University of California/Santa Cruz, University of Chicago, Woods Hole Oceanographic Institute, Xerox Palo Alto Research Center.

Zu einzelnen Zitaten und Ideen verweisen die untenstehenden Anmerkungen auf meine wichtigsten Quellen. Bücher und Zeitschriftenartikel zitiere ich in der üblichen Weise; wo nur ein Nachname aufgeführt wird, beziehe ich mich auf einen der folgenden Wissenschaftler, die sich bei meinen Nachforschungen als besonders hilfreich erwiesen:

Ralph H. Abraham	Richard J. Cohen
Gunther Ahlers	James Crutchfield
F. Tinto Arecchi	Predrag Cvitanović
Michael Barnsley	Minh Duong-van
Lennart Bengtsson	Freeman Dyson
William D. Bonner	Jean-Pierre Eckmann
Robert Buchal	Fereydon Family
William Burke	J. Doyne Farmer
David Campbell	Mitchell J. Feigenbaum
Peter A. Carruthers	Joseph Ford

Ronald Fox
Robert Gilmore
Ary L. Goldberger
Ralph E. Gomory
Leon Glass
James Glimm
Jerry P. Gollub
Ralph Gomory
Stephen Jay Gould
John Guckenheimer
Brosl Hasslacher
Michel Hénon
Douglas R. Hofstadter
Pierre Hohenberg
Frank Hoppensteadt
Hendrik Houthakker
John. H. Hubbard
Bernardo Huberman
Raymond E. Ideker
Erica Jen
Roderick V. Jensen
Leo Kadanoff
Donald Kerr
Joseph Klafter
Thomas S. Kuhn
Mark Laff
Oscar Lanford
James Langer
Joel Lebowitz
Cecil E. Leith
Herbert Levine
Albert Libchaber
Edward N. Lorenz
Willem Malkus
Syukuro Manabe
Benoit Mandelbrot
Arnold Mandell
Arnold J. Mandell
Philip Marcus

Paul C. Martin
Robert M. May
Francis C. Moon
Jürgen Moser
David Mumford
Michael Nauenberg
Norman Packard
Heinz-Otto Peitgen
Charles S. Peskin
James Ramsey
Peter H. Richter
Otto Rössler
David Ruelle
William M. Schaffer
Stephen H. Schneider
Christopher Scholz
Robert Shaw
Michael F. Shlesinger
Yasha G. Sinai
Stephen Smale
Edward Spiegel
H. Bruce Stewart
Stephen Strogatz
Harry Swinney
Tomas Toffoli
Felix Villars
Richard Voss
Bruce J. West
Robert White
Gareth P. Williams
Kenneth G. Wilson
Arthur T. Winfree
Jack Wisdom
Helena Wisnievski
Steven Wolfram
J. Austin Woods
William M. Visscher
James A. Yorke

Register

443

444

445

Farbtafeln zwischen S. 192 und 193: Lorenz-Attraktor – James P. Crutchfield; Kochsche Kurve – Benoit Mandelbrot, *The Fractal Geometry of Nature* (New York: Freeman, 1977); Newtonsches Verfahren – Scott Burns, Harold E. Benzinger, Julian Palmore; Fraktale Klümpchenbildung – Richard F. Voss; Jupiter – National Aeronautic and Space Administration/Simulation des roten Flecks – Philip Marcus.

Farbtafeln zwischen S. 256 und 257: Mandelbrot-Menge – Heinz-Otto Peitgen, Peter H. Richter, The Beauty of Fractals (Berlin: Springer-Verlag, 1986).

Schwarzweiß-Abbildungen zwischen den S. 224 und 225: John Milnor.